基 本 単 位

長　さ	メートル	m	熱 力 学 温　度	ケルビン	K
質　量	キログラム	kg			
時　間	秒	s	物 質 量	モ　ル	mol
電　流	アンペア	A	光　度	カンデラ	cd

SI 接 頭 語

10^{24}	ヨ　タ	Y	10^{3}	キ　ロ	k	10^{-9}	ナ　ノ	n
10^{21}	ゼ　タ	Z	10^{2}	ヘ ク ト	h	10^{-12}	ピ　コ	p
10^{18}	エ ク サ	E	10^{1}	デ　カ	da	10^{-15}	フェムト	f
10^{15}	ペ　タ	P	10^{-1}	デ　シ	d	10^{-18}	ア　ト	a
10^{12}	テ　ラ	T	10^{-2}	セ ン チ	c	10^{-21}	セ プ ト	z
10^{9}	ギ　ガ	G	10^{-3}	ミ　リ	m	10^{-24}	ヨ ク ト	y
10^{6}	メ　ガ	M	10^{-6}	マイクロ	μ			

〔換算例：1 N＝1/9.806 65 kgf〕

	SI		SI 以外		
量	単位の名称	記　号	単位の名称	記　号	SI単位からの換算率
エネルギー，熱量，仕事およびエンタルピー	ジュール （ニュートンメートル）	J (N·m)	エルグ カロリ（国際） 重量キログラムメートル キロワット時 仏馬力時 電子ボルト	erg cal_{IT} kgf·m kW·h PS·h eV	10^{7} 1/4.186 8 1/9.806 65 $1/(3.6\times10^{6})$ $\approx 3.776\,72\times10^{-7}$ $\approx 6.241\,46\times10^{18}$
動力，仕事率，電力および放射束	ワ ッ ト （ジュール毎秒）	W (J/s)	重量キログラムメートル毎秒 キロカロリ毎時 仏 馬 力	kgf·m/s kcal/h PS	1/9.806 65 1/1.163 ≈1/735.498 8
粘度，粘性係数	パスカル秒	Pa·s	ポ ア ズ 重量キログラム秒毎平方メートル	P $kgf{\cdot}s/m^2$	10 1/9.806 65
動粘度，動粘性係数	平方メートル毎秒	m^2/s	ストークス	St	10^{4}
温度，温度差	ケルビン	K	セルシウス度，度	℃	〔注(1)参照〕
電流，起磁力	アンペア	A			
電荷，電気量	クーロン	C	（アンペア秒）	(A·s)	1
電圧，起電力	ボ ル ト	V	（ワット毎アンペア）	(W/A)	1
電界の強さ	ボルト毎メートル	V/m			
静電容量	ファラド	F	（クーロン毎ボルト）	(C/V)	1
磁界の強さ	アンペア毎メートル	A/m	エルステッド	Oe	$4\pi/10^{3}$
磁束密度	テ ス ラ	T	ガ ウ ス ガ ン マ	Gs γ	10^{4} 10^{9}
磁　束	ウェーバ	Wb	マクスウェル	Mx	10^{8}
電気抵抗	オ ー ム	Ω	（ボルト毎アンペア）	(V/A)	1
コンダクタンス	ジーメンス	S	（アンペア毎ボルト）	(A/V)	1
インダクタンス	ヘンリー	H	ウェーバ毎アンペア	(Wb/A)	1
光　束	ルーメン	lm	（カンデラステラジアン）	(cd·sr)	1
輝　度	カンデラ毎平方メートル	cd/m^2	スチルブ	sb	10^{-4}
照　度	ル ク ス	lx	フ ォ ト	ph	10^{-4}
放射能	ベクレル	Bq	キュリー	Ci	$1/(3.7\times10^{10})$
照射線量	クーロン毎キログラム	C/kg	レントゲン	R	$1/(2.58\times10^{-4})$
吸収線量	グ レ イ	Gy	ラ ド	rd	10^{2}

〔注〕 (1) T K から θ℃への温度の換算は，$\theta = T - 273.15$ とするが，温度差の場合には $\Delta T = \Delta\theta$ である．ただし，ΔT および $\Delta\theta$ はそれぞれケルビンおよびセルシウス度で測った温度差を表す．

(2) 丸括弧内に記した単位の名称および記号は，その上あるいは左に記した単位の定義を表す．

JSMEテキストシリーズ

機構学
機械の仕組みと運動

Kinematics of Machinery

日本機械学会

序

「JSME テキストシリーズ」は，大学学部学生のための機械工学への入門から必須科目の修得までに焦点を当て，機械工学の標準的内容をもち，かつ技術者認定制度に対応する教科書の発行を目的に企画されました.

日本機械学会が直接編集する直営出版の形での教科書の発行は，1988 年の出版事業部会の規程改正により出版が可能になってからも，機械工学の各分野を横断した体系的なものとしての出版には至りませんでした．これは多数の類書が存在することや，本会発行のものとしては機械工学便覧，機械実用便覧などが機械系学科において教科書・副読本として代用されていることが原因であったと思われます．しかし，社会のグローバル化にともなう技術者認証システムの重要性が指摘され，そのための国際標準への対応，あるいは大学学部生への専門教育への動機付けの必要性など，学部教育を取り巻く環境の急速な変化に対応して各大学における教育内容の改革が実施され，そのための教科書が求められるようになってきました.

そのような背景の下に，本シリーズは以下の事項を考慮して企画されました.

① 日本機械学会として大学における機械工学教育の標準を示すための教科書とする.

② 機械工学教育のための導入部から機械工学における必須科目まで連続的に学べるように配慮し，大学学部学生の基礎学力の向上に資する.

③ 国際標準の技術者教育認定制度〔日本技術者教育認定機構(JABEE)〕，技術者認証制度〔米国の工学基礎能力検定試験(FE)，技術士一次試験など〕への対応を考慮するとともに，技術英語を各テキストに導入する.

さらに，編集・執筆にあたっては，

① 比較的多くの執筆者の合議制による企画・執筆の採用,

② 各分野の総力を結集した，可能な限り良質で低価格の出版,

③ ページの片側への図・表の配置および 2 色刷りの採用による見やすさの向上,

④ アメリカの FE 試験（工学基礎能力検定試験(Fundamentals of Engineering Examination)）問題集を参考に英語による問題を採用,

⑤ 分野別のテキストとともに内容理解を深めるための演習書の出版,

により，上記事項を実現するようにしました.

本出版分科会として特に注意したことは，編集・校正には万全を尽くし，学会ならではの良質の出版物になるように心がけたことです．具体的には，各分野別出版分科会および執筆者グループを全て集団体制とし，複数人による合議・チェックを実施し，さらにその分野における経験豊富な総合校閲者による最終チェックを行っています.

本シリーズの発行は，関係者一同の献身的な努力によって実現されました． 出版を検討いただいた出版

事業部会・編修理事の方々，出版分科会を構成されました委員の方々，分野別の出版の企画・進行および最終版下作成にあたられた分野別出版分科会委員の方々，とりわけ教科書としての性格上短時間で詳細な形式に合わせた原稿の作成までご協力をお願いいただきました執筆者の方々に改めて深甚なる謝意を表します．また，熱心に出版業務を担当された本会出版グループの関係者各位にお礼申し上げます．

本シリーズが機械系学生の基礎学力向上に役立ち，また多くの大学での講義に採用され技術者教育に貢献できれば，関係者一同の喜びとするところであります．

2002 年 6 月

日本機械学会

JSME ﾃｷｽﾄｼﾘｰｽﾞ出版分科会

主　査　宇　高　義　郎

「機構学」　刊行にあたって

新しい機械の設計プロセスにおいては，機械に要求される機能・性能を十分に理解し，それを実現するための運動系の基本設計をしっかり行うことが第一です．この基本設計の成否が設計全体の成否を大きく左右すると言っても過言ではありません．このためには，機械の仕組みと運動に関する基礎学問である，機構学あるいは機械運動学について，体系的に学習することが必要です．本書では，従来の機構学の教科書が既存の機構を取り上げてその運動解析および静力学解析を中心とした内容であったのに対し，新たな機構を創造するために必要な機械の仕組みと運動に関する基本的な内容について体系的にまとめることをターゲットとしました．そして，本書の内容を今後の「機構学」のスタンダードとして位置付けることとして，タイトルを「機構学」とし，副題を付けました．内容的には，

- できるだけ実例の説明から入り，読者が興味を持って入り込んでいけるようにした．
- 「解析」メインではなく，「総合」あるいは「設計」を意識した内容，表現とした．
- リンク，カム，歯車など，従来から分類されている機構ごとに章を分けたが，統一的に扱える運動解析，力学解析については，それぞれについて 1 つの章を起こし，そこでできるだけ一般的に扱った(第 3 章，第 8 章，第 9 章)．
- 説明に終始するのではなく，例題をできるだけ多く取り入れ，解答欄では丁寧に記述した．
- 今後の発展性を考慮して，機構の種類に関係なく運動と力の解析が可能な統一理論の導入部分について，多くの例題を用いて解説する章を設けた(第 9 章)．

など，多くの新しい試みがあります．

本書は，機械工学を学ぶ学生並びに機械設計に携わる技術者を対象として編集されています．大学の授業では主に学部 1，2 年生を対象とした「機構学」，「機械運動学」1 科目(90 分授業で 15 週)で使用することを想定しています．標準的な時間配分とキーワードを表 1 に示します．本書を使って学習するにあたり，必要とされる数学の知識は，ほとんどがごく初歩のレベルの微分学と線形代数であり，第 9 章のように少し高度な数学的知識が必要な箇所では他の専門書を参考とすることなく学習できるように記述してあります．また，物理学(力学)に関しては，高等学校で習得した静力学を応用するレベルに留めています．したがって，大学の理工系学部の学生は，本書のみで学習を進めることができます．本書には，多くの機構とその仕組みが図や写真によって紹介されています．機構学を学習する上で重要な機構はできるだけ掲載して解説を加えることに配慮しましたが，機構の設計，開発の実用書，とりわけ機構集として使うことは想定していません．しかし，本書は，機械設計に携わる技術者が設計，開発業務を行う場合にも使用できるように，有用な手法と例題，練習問題を多く盛り込み，例題および練習問題

表 1　15 週を使った標準学習モデル

章	時間数	キーワード
第 1 章　序論	1	機械と機構，機械設計と機構学の役割，節と対偶，機構定数
第 2 章 機構の構造の解析と総合	2	機構の自由度，対偶の自由度，機構の自由度の式，機構の自由度の解析
第 3 章 平面機構の運動学	2	剛体の平面運動の表現，回転中心，相対速度，瞬間中心，加速度，直接接触による運動伝達条件，滑り速度，転がり接触条件，三中心の定理
第 4 章 平面リンク機構の運動解析と総合	3	リンク機構の種類と特徴，リンク機構の運動解析，リンク機構の変位解析（平面三角形），閉ループ機構の速度・加速度解析，シリアル機構の速度・加速度解析
第 5 章 平面カム機構	2	カム機構の種類と特徴，カム機構の運動特性解析，運動曲線，カム機構の総合
第 6 章 摩擦伝動機構	1	転がり輪郭曲線，摩擦伝動機構（無段変速機構を含む）の速度解析
第 7 章 歯車機構	2	歯車の種類，歯形の条件，サイクロイド歯車，インボリュート歯車，歯形の創成，転位歯車，歯車列の速度解析
第 8 章 平面機構の力学解析	1	力およびモーメントの釣り合い，静力学解析手法，仮想仕事の原理

表2　本書の使用例

大学の学部 1, 2 年生の授業科目	「機構学」,「機械運動学」1 科目(90 分×15 回)全体の教科書
大学の学部の授業科目	「ロボット工学」,「要素設計」で部分的に使用する教科書
大学の学部の実習科目	「メカトロニクス実習」の参考書
機械設計実務	参考書

の解答はできるだけ詳しく記述してあります．また，「創造設計」や「メカトロニクス実習」などのデザイン科目(創成科目)・実習科目の参考書として使用することも可能です．本書の使用例を表 2 にまとめて示します．

本書は，全執筆者により議論を重ねて構成，内容の調整を行いました．そして，最終原稿は，全執筆者による詳細なチェック，総合校閲者によるチェックを重ねたものとなっております．執筆いただいた方々には，お忙しい中，何度も会合に出席して議論いただき，また他の執筆者の原稿を詳細に検討いただきました．総合校閲の舟橋先生には，教科書としての全体的なコメントとともに細部にまでわたるチェックをいただきました．また，企業，大学などからは，機械の写真などの提供もいただきました．他にも執筆者の研究室の方々などのご助力により本教科書が完成できました．本書の作成や校正に携わってくださった多くの方々に深く感謝の意を表します．

2007 年 12 月

JSME テキストシリーズ出版分科会

機構学テキスト

主査　武田行生

――――――――　機構学　執筆者・出版分科会委員　――――――――

執筆者	大岩　孝彰	(静岡大学)	第 6 章，第 7 章
執筆者・委員	杉本　浩一	(東京工業大学)	第 9 章
執筆者・委員	武田　行生	(東京工業大学)	第 3 章，第 4 章，第 8 章，編集
執筆者	西岡　雅夫	(西岡機構研究所)	第 5 章
執筆者・委員	森田　信義	(静岡大学)	第 4 章
執筆者	渡辺　克巳	(山形大学)	第 1 章，第 2 章
総合校閲者	舟橋　宏明	(東京工業大学)	

目　次

注：
*印の節および項は「刊行にあたって」で示した，15 週を使った標準学習モデル(表 1)に含まれない事項を表す．

第１章
序　論
Introduction and Basic Concepts

１・１　機械設計と機構学 (machine design, and mechanism and motion of machinery)

１・１・１　新しい機構学(mechanism and motion of machinery)

機械(machine)は人間の生活を豊かにするために発明され改良されてきた．古くは，エネルギー消耗の激しい作業，危険を伴う作業，単純な動作を繰り返す作業などが機械による運動(motion)の変換と力(force)の伝達で置き換えられてきた．近年は，安全性，経済性が追求された自動車や列車，複数の機構(mechanism)を同期駆動して高精度・高速度の作業を実現する自動機械(automatic machine)，プログラミングされた複雑な作業を行う産業用ロボット(industrial robot)の開発・改良が進んでいる．

このような機械の設計において共通していることは，複数の物体をいかに巧みに連結して目的とする運動の変換と力の伝達を達成するかである．目的とする作業を実現する機械や装置(equipment)を設計(design)するためには，コンピュータ制御技術の発展と歩調を合わせて，運動学(kinematics)の観点からの設計技術の向上が要請される．そして，機械の構成要素の数が増し，それらの相対運動(relative motion)が複雑になればなるほど，所要の性能を低コストで実現することに対する設計者の役割が大きくなる．

運動の変換や力またはトルクの伝達などに関しては，従来から，リンク機構(link mechanism, linkage)，カム機構(cam mechanism)，歯車機構(gear mechanism)や軸継手(shaft coupling)などが高温，粉塵，振動などの悪環境の中でも安定して作動する機構として広く用いられている．

図 1.1 は乗用車用のマクファーソン形懸架装置(サスペンション, suspension)である．この装置は，走行方向変更のために車輪が鉛直軸まわりに回転すると共に，凹凸路面において車輪が車体に対して上下に運動することを可能にする．この装置の運動部品の連結状態を表す機構図(kinematic diagram)は第 2 章の図 2.15 となる．図 1.2 にはエンジン(engine)の吸気弁および排気弁を駆動する平面カム機構が見られる．板カム(disk cam)が 1 回転すると吸気弁は 2 つの休止を持つ上下運動を行う．板カムがそれに接触している円筒の端面を押し下げるときに吸気動作となる．この板カムはてこ(レバー, lever)によって吸気弁の運動と同期した排気弁の運動を創成する．図 1.3 は産業機械用減速機の歯車列であり，低速回転で大きい動力(power)を出力するのに使用される．小形で大減速比を実現し，かつ回転力を滑らかに伝達するために，はすば歯車(helical gear, 図 7.7 参照)が 3 段で用いられている．これらの機構を設計する場合には，占有空間や使用環境などについての制約条件を明確にし，要求された運動を所要の精度で実現するための構造計画と

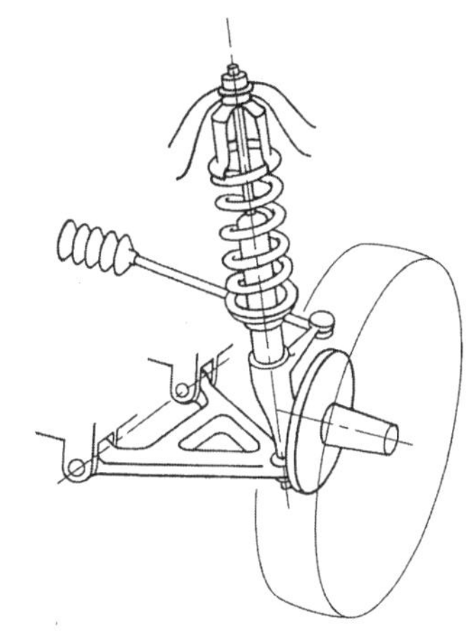

図 1.1　乗用車用懸架装置 (文献(1)より引用)

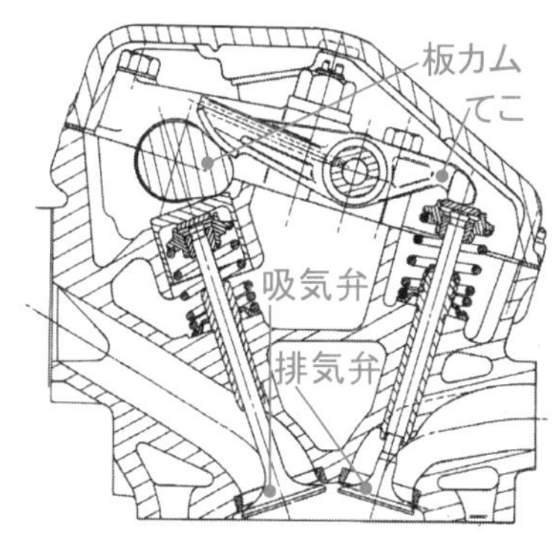

図 1.2　2 サイクルエンジンの吸気，排気弁駆動カム機構 (文献(2)より引用)

図 1.3　産業機械用平行軸はすば歯車減速機（住友重機械（株）提供）

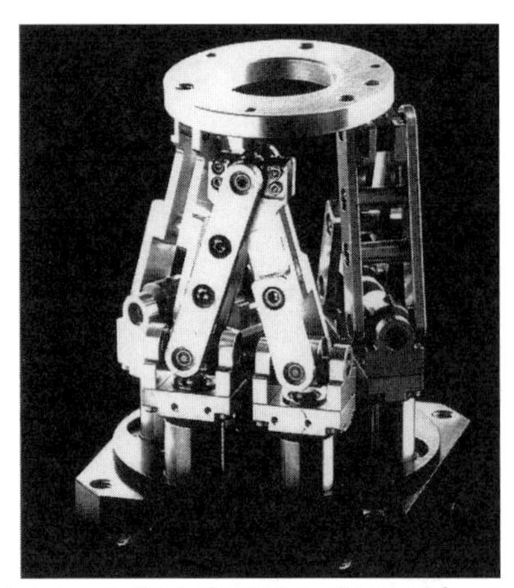
図 1.4 6 自由度パラレルマニピュレータ(ヒーハイスト精工(株)提供)

寸法決定の手法が重要である.

他方,創成される運動の調整または柔軟性(flexibility),多機能性が要求されるところには,多自由度のロボット(robot)(マニピュレータ(manipulator)を含む)などのメカトロニクス機器(mechatronics equipment)が採用される.

図 1.4 は 6 つの直進形のアクチュエータ(actuator)を動力源(power source)とする 6 自由度空間パラレルマニピュレータ(parallel manipulator)である.アクチュエータの出力軸端に連結されている 6 本の棒状部品は,隣接する 2 本ずつが一対となって出力運動を取り出す手先効果器(エンドエフェクタ,end-effector)上の等間隔の 3 点に連結されている.手先効果器は三次元空間内で位置(position)と姿勢(orientation)を自由に変化させて作業することができる.

これらの機械の場合にも,潜在する性能を十分に発揮させるためには,機構の運動と力の伝達の性能(運動伝達性,motion transmissibility と呼ぶ.詳しくは **4•8** 節参照)を考慮に入れた上で,構成部品をどのような相対運動関係で駆動するのが適切かという問題を解決する必要がある.また,そのことが新しい機構の創造を促し,機械の発達に役立つことになる.

機械や装置の運動系を設計し,実用化するためには,試作と実験が必要不可欠である.しかし最近では,時間的,経費的制約から,運動系の設計は,それらの相対運動関係を記述する条件式を導出し,解法手順を構築して,解析計算,シミュレーション(simulation)を行うことにより,“物から離れて”進めることが多くなっている.

このような現状に鑑みて,本書は,従来の機構学の教科書の多くが個々の機構につての解説,論述が中心であったことから脱却して,新しい機構を創造し,その特性を解析し,評価するための基本的な概念と手法について記述し,適用例を示すことによって,読者の機械設計の知識と技術の向上に寄与することを目指す.

1・1・2 機械設計の流れ(flow of machine design)

図 1.5 は全輪駆動乗用車の動力と運動の伝達系統の見取り図である.エンジンで発生した回転運動は変速機(transmission)で減速され,推進軸(propeller shaft),差動装置(differential gear)を経由して後車輪に伝達される.同時にその回転運動は,両端に等速継手(constant velocity coupling)を持つ駆動軸(drive shaft)を経由して前車輪に伝達される.他方,進行方向変更のためのハンドルの回転運動は操舵装置(ステアリング,steering gear)を経由して懸架装置で支持されている前車輪に伝達される.安全で快適な乗り心地と低燃費,低価格を実現するために機械技術の粋が結集されている.

自動車やロボットおよび加工,組立,包装などを行う自動機械に代表される機械の設計は下記の流れで行われる.

(i) 社会的要請がある機械に対して要求事項(requirements)(設計仕様(design specifications))を決定する.

(ii) 構造物(フレーム),機構,動力源,制御システムなどの製品としての機械の構成部を計画し,設計する.

例えば,凹凸がある道路を走行する乗用車において,車輪はフレー

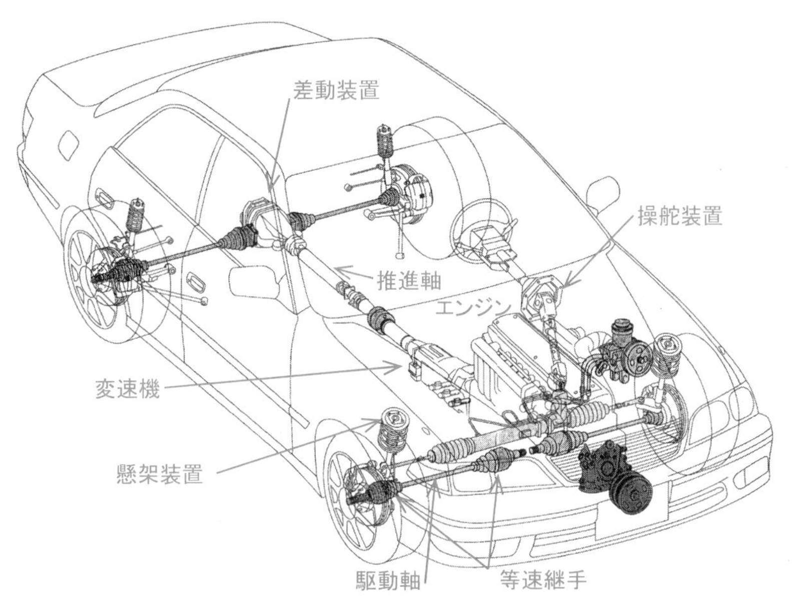

図 1.5　乗用車の動力と運動の伝達系統の見取り図(豊田工機(株)提供)

ムに支持されているエンジンに対して位置と姿勢を変化させる必要がある．このような状態でエンジンから車輪に等速回転で動力を伝達するために，軸交差角が可変の等速継手を設計する．

(iii) 設計した構成部の機能，占有空間，耐久性などについて，数値シミュレーションまたは試作と実験により評価する．

(iv) 各構成部を統合して機械や装置の実機を試作し，その性能を実験により評価する．

(v) 安全性，経済性，環境適合性などの社会的基準で試作製品を検査する．

このように機械の設計とは，種々の項目からなる設計仕様を満足する製品を創造することであるが，上記の流れを一通り行うことで唯一の製品を得るものではなく，個々のステップでの検討結果を踏まえて上流に何度も戻り繰り返し検討を重ねて完了するものである．このためには膨大な時間と経費を要する．特に，上記の(ii)で計画される機構の良否は製品の性能とコストに直結するので，それらの解析(analysis)と総合(シンセシス，synthesis)は機械設計の中で重要な位置を占めている．

1・2　本書の使用法(how to use this text book)

本書は，機械工学を学ぶ大学生ならびに機械設計に携わる技術者を対象として編集されている．授業では主に学部 1, 2 年生を対象とした「機構学」，「機械運動学」1 科目(90 分授業で 15 週)で使用することを想定している．標準的な時間配分とキーワードは「刊行にあたって」の表 1 に示すとおりである．

本書は，新しい機械の設計において最適な機構を創造するために必要な基本事項を網羅するように構成してある．機構学の学習の第一段階は，「機械の仕組みの理解」と「平面機構の運動解析」であり，初学者はこれを修得することに努めていただきたい．しかし，機構学の本来の目的を達成するためには，「機構の力学解析」，「空間機構の運動解析」を修得した上で「機構の総合」

にまで踏み込んだ学習が必要である．これらの内容はレベルが高い場合が多いので，大学院(修士課程)に進学してから学習するのも良い．初学者が読み飛ばしても良い部分および必ずしも本書により学習する必要のない部分は，目次および本文内で節または項のタイトルに＊印を付して示してある．

本書は，関連する専門書などを調査し，十分に検討された機構学，機械設計関係の用語およびその英訳を用いており，索引も充実している．関心のある事項を辞典的に学習することも可能である．

1・3 機械と機構(machine and mechanism)

図 1.6 は人間の身長の十数倍以上の，長くて重たい塔を地面から立てる作業の図である[(3)]．塔の下端を回転できるようにし，そこからある程度離れたところに支点を持ち塔の長さ程度の支柱を準備して，その先端と塔の先端付近を綱で連結する．そして支柱の先端を塔の先端と反対の方向に綱で引くことにより，塔をその下端のまわりに回転させて鉛直な位置に近づけることができる．ここには，第 4 章で学ぶ 4 節リンク機構(four-bar mechanism)の機能と同等の機能が見られる．このように，力の作用方向に剛性(rigidity)を持つ複数の物体を相対運動が可能となるように連結して再現性のある作業を行う場合に，各物体は限定運動(determinate motion, constrained motion)を行うという．

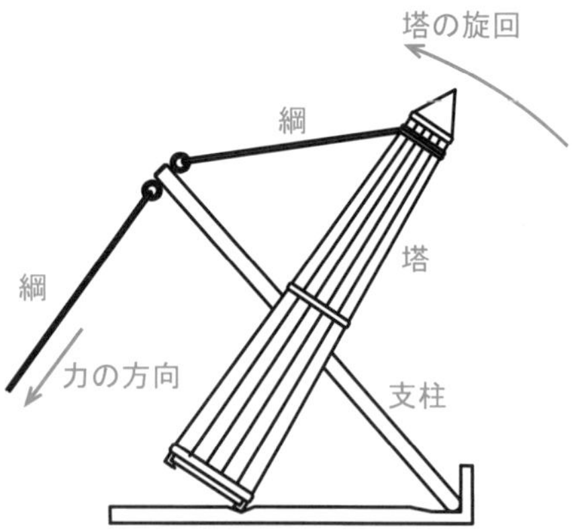

図 1.6 塔立て作業における力の伝達

図 1.7 は機械の原形の 1 つと考えられている弓ドリルの模式図である．ドリルの先端は加工中の穴によりその位置が保持され，ドリルが固定された回転軸(shaft)の上端部は握りの穴で支えられている．回転軸の中ほどに紐を巻き付け，張力を与えた状態で紐の両端をドリルの回転軸に対して垂直方向に移動させることによって，人間の手の並進運動(translational motion)でドリルの高速の回転運動(rotational motion)を実現している．

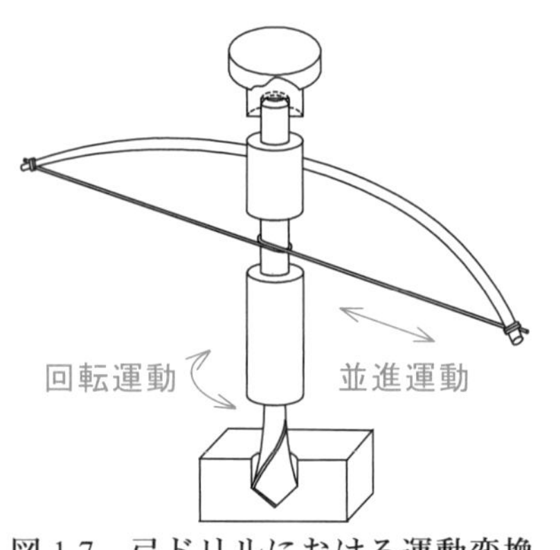

図 1.7 弓ドリルにおける運動変換

上記の 2 つの例には現在の機械における基本的事項である軸受(bearing)，運動の変換(transformation of motion)，力の伝達(transmission of force)などの概念が既に現れている．ルーロー(F. Reuleaux)は，古来個々に工夫され，使用されてきた「限定運動を利用した道具や装置」を統一的にとらえて，機械を次のように定義した[(4)]．

“A combination of resistant bodies so arranged that by their means the mechanical forces of nature can be compelled to do work accompanied by certain determinate motions”

1・3・1 機械の定義(definition of machine)

「機械」という用語は，現在は広く，エネルギー，材料，情報などを変換または伝達するための機械的運動を行う装置として用いられる場合もあるが，本書では，上記のルーローの定義を基礎に機械を次のように定義する．

*「機械は，幾つかの動力源を持ち，限定運動を行うことによって有効な機械的仕事(mechanical work)を行う剛体(rigid body)*または力やモーメントが作用する方向に変形しない物体の集合体である.」*

＊剛体とは，どのような方向の力またはモーメントが作用してもその上の各点の相対位置関係が変わらない物体である．

1・3・2　機械の運動(motion of a machine)

機械の出力部の運動(出力運動)は，平面運動(planar motion)，球面運動(spherical motion)および空間運動(spatial motion)に分類される．しかし，構成部品間の相対運動の多くは，1 本の直線のまわりの回転運動または 1 本の直線に沿った並進運動である．また，出力運動は単純な等速運動から複雑な不等速運動まであるが，多くの機械においては，入力部の動力源は 1 つで，その運動は等速の回転運動または直進運動である．

機械の等速回転運動系には歯車機構や軸継手など，不等速運動系にはリンク機構やカム機構などが利用される．出力運動が複雑な平面運動または空間運動であったとしてもそれらは単純な構造の機構を用いて実現される可能性がある．

1・3・3　機構の定義(definition of mechanism)

機械を構成する物体の相対運動は，それらの製作誤差(形状・寸法の誤差)により，実際には誤差(error)を持ち，また，各物体は外部からの負荷，不等速運動に起因する慣性力(inertial force)などによる力とモーメントにより変形する．このため実際の機械の入出力運動の関係は誤差を持つことになる．これらの誤差を無視し，運動を生じさせる原因に関係なく，限定運動を行う複数の物体に関する運動を理論的に取り扱うために，機械における運動の変換や力の伝達を担う物体系(機械の仕組み)をモデル化したものが機構である．すなわち，機構を次のように定義する．

「機構は，機械において運動の変換や力の伝達を担って限定運動する物体系であり，それらの物体は互いに相対運動が可能なように連結され，その中の 1 つがフレームとして固定される.」

この定義に基づいて機構を考える場合は，動力源が何であるか，構成している物体の材質が何であるか，その形状はどのようであるかなど，実体の情報は多くの場合無視される．

1・3・4　節(リンク)および対偶(ペア)の定義 (definitions of link and pair)

機構を構成し，運動の変換や力の伝達を担う物体を節(リンク, link)と呼び，2 つの節を相対運動が可能なように連結するためにそれらの接触部に形成した幾何学形状の組み合わせを対偶(ペア，pair, kinematic pair)という．対偶の詳しい説明は **1・4** 節で行う．

機構において，運動と力(またはモーメント)を入力する節を入力節(input link)または原動節(driving link)，逆にそれらが出力として取り出される節を出力節(output link)または従動節(driven link, following link, follower)という．一般に入力節および出力節は，隣接する一対の節により定められるが，これらは多くの場合，静止節(固定節，フレーム，ベース，stationary link, fixed link, frame link, base link)と対となる．静止節に直接連結されていない節を中間節(coupler link, floating link)という．隣接する一対の節が入力節となる場合，これらを連結している対偶を能動対偶(active joint)という．能動対偶以外の対偶を受動対偶(passive joint)という．

節(リンク)の種類：
- 剛体
- ワイヤ，ベルト，撓み軸などの可撓体(かとうたい)
- 空気，油などの流体

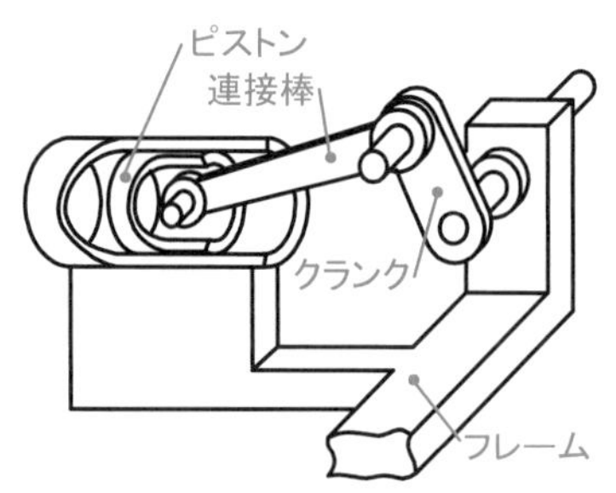

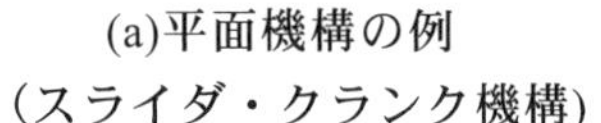
(a)平面機構の例
(スライダ・クランク機構)

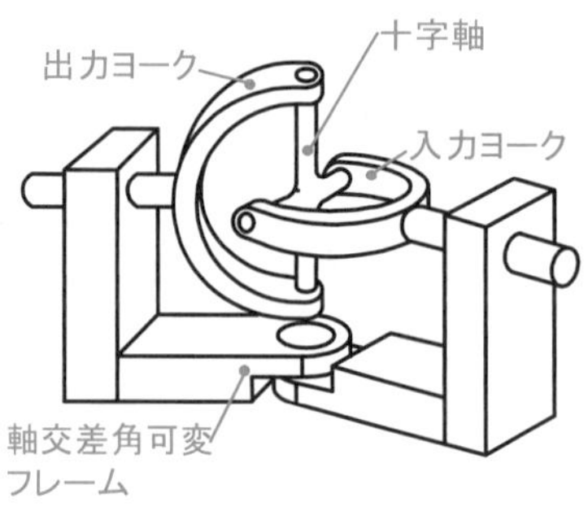

(b)球面機構の例
(ユニバーサル継手)

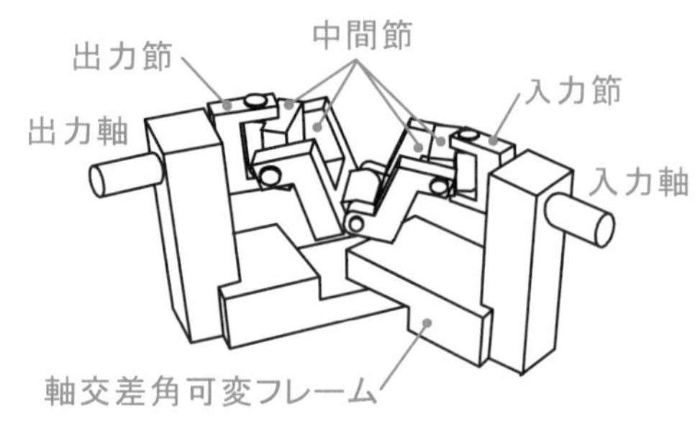

(c)空間機構の例
(7個の回転対偶を持つ機構)

図 1.8 節の運動空間による機構の分類

1・3・5 機構の分類(classification of mechanisms)

機構は，次の3つの基準により分類されることが多い．

(i) 節が運動する空間

(ii) 対偶および節の種類

(iii) 入出力関係の線形性

節の運動空間による機構の分類を図 1.8 に示す．図 1.8(a)のスライダ・クランク機構(slider-crank mechanism)のフレームとクランク(crank)，クランクと連接棒(connecting rod)，連接棒とピストン(piston)は，互いに平行な回転軸で連結されており，ピストンとフレームの相対運動はそれらに垂直な方向の直線運動であるので，節の運動は回転軸に垂直な平面内に限定される．節の各々が平行な平面内を運動する機構を平面機構(planar mechanism)という．

図 1.8(b)に示すユニバーサル継手(universal joint)(フック継手(Hooke's joint)とも呼ぶ)においては，フレームと入力ヨーク(input yoke)，入力ヨークと十字軸(cross axes)，十字軸と出力ヨーク(output yoke)，出力ヨークとフレームは互いに1点で交わる回転軸で連結されているので，節の運動は回転軸の交点を中心とする同心球面内に限定される．節が同一中心の球面内で運動する機構を球面機構(spherical mechanism)という．

図 1.8(c)は5つの節が入力軸と出力軸の交差角を2等分する平面に対称な位置関係で運動する軸継手である．中央部の2つの節の3本の回転軸は平行であるが，それらはフレームに対して位置と姿勢を三次元的に変化させて運動する．節の幾つかが三次元空間内で運動する機構を空間機構(spatial mechanism)という．

対偶と節の種類によって機構を分類する場合は，図 1.8 に示した3つの機構などのように，節が互いに面接触して連結されている機構はリンク機構に分類される．他方，図 1.9(a)に示す機構は従動節である吸気弁と線接触(または点接触)で連結されているカム(cam)を含むのでカム機構と呼ばれ，(b)の機構は一対の歯が逐次かみ合う歯車(gear, toothed gear)で構成されているので歯車機構と呼ばれる．(c)のようにベルト(belt)やワイヤ(wire)など剛体ではなく一方向のみの力を支持できる部材からなる節を含む機構は可撓体機構(flexible element mechanism)に分類される．図 1.9 では，カム機構，歯車機構および可撓体機構はいずれも平面機構を例にとって示している．

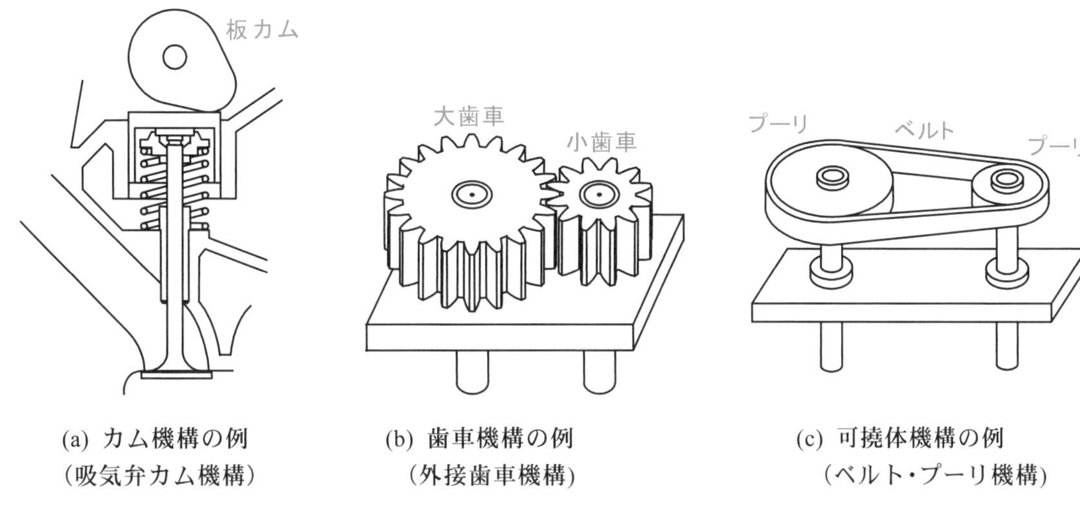

(a) カム機構の例
（吸気弁カム機構）

(b) 歯車機構の例
（外接歯車機構）

(c) 可撓体機構の例
（ベルト・プーリ機構）

図 1.9　対偶と節の種類による機構の分類

機構の入力節と出力節の変位(displacement)の関係，すなわち入出力関係が線形であるか，非線形であるかによってこれらの機構は等速運動機構(uniform-motion mechanism)と不等速運動機構(non-uniform-motion mechanism)に分けられる．歯車機構，可撓体機構の多くは等速運動機構であり，リンク機構，カム機構の多くは不等速運動機構である．

機構の解析および設計では，上記の 3 つの分類基準に従って，対象としている機構の種類を特定し，それらの基本的特性を把握すると共に適切な手法を選択することが肝要である．

1・4　対偶（ペア）(kinematic pair)

機構は対偶により節と節を連結して構成される．対偶はそれで連結される 2 つの節の相対運動に固有の幾何学形状である対偶素(pairing element)の対として構成される．2 つの節の相対運動の幾つかの成分を拘束させるための幾何学形状としては平面，円柱，球などが用いられる．節の一部を対偶素に形成して接触させることを対偶させるという．対偶は，対偶素の接触が面である低次対偶(lower pair)と対偶素の接触が点または線である高次対偶(higher pair)に分けられる．

＊運動成分：
三次元空間内で剛体の位置・姿勢を決定する独立な 6 つの変数に対応する並進および回転運動

1・4・1　剛体の自由度(degree of freedom of a body)

剛体が三次元空間内で持つ自由度(degree of freedom)は，剛体の位置と姿勢を決定するのに必要かつ十分な独立な変数(以下，位置決定変数と呼ぶ)の数として定義される．したがって，自由度の数値は剛体が独立に行うことができる運動成分*の数と等しい．

静止直交座標系(coordinate system)を $O-xyz$ とするとき，この座標系内での剛体の位置と姿勢は，図 1.10 に示すように，剛体上の 1 点 P の座標 (x, y, z) と，点 P を通る直線 PP′ の z' 軸からの傾き角 ψ，直線 PP′ と z' 軸を含む平面と $x'z'$ 平面のなす角 ϕ および直線 PP′ まわりの剛体の回転角 θ で決定される．すなわち，三次元空間内で運動する剛体の位置決定変数の数は 6 である．

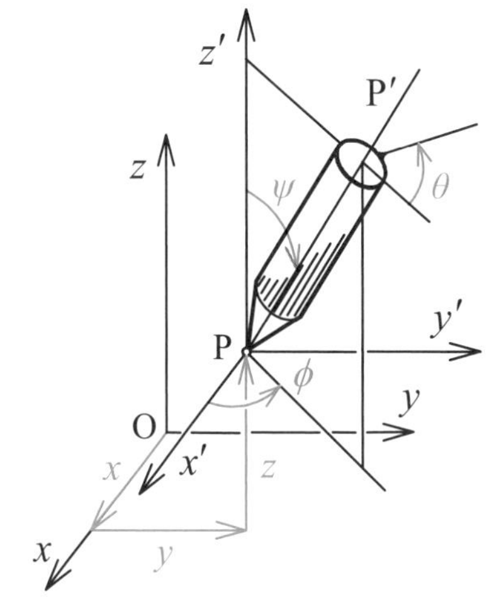

図 1.10　三次元空間内で運動する剛体の位置決定変数

剛体は，これらの位置決定変数のうちの幾つかが一定になるような拘束を

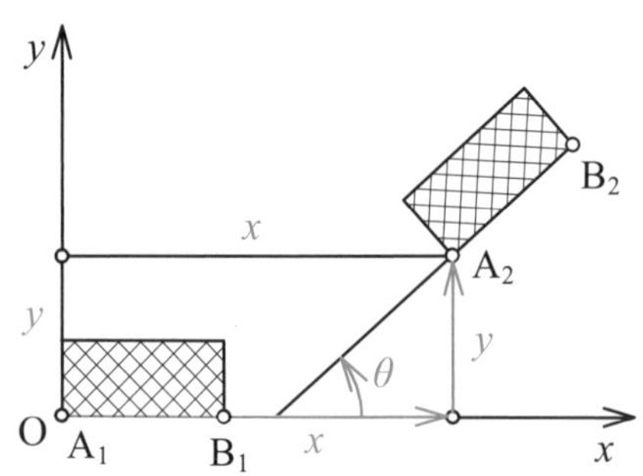

図 1.11 平面内で運動する剛体の位置決定変数

受ける場合，残りの位置決定変数が変化する運動を行うことができる．この場合，剛体は拘束を受けない位置決定変数の数に等しい自由度を持つという．

例えば，姿勢を決める変数 (ϕ, ψ, θ) が一定である場合は，剛体は x 軸，y 軸および z 軸方向へ並進運動を行うことができ，自由度 3 を持つ．

6 つの位置決定変数の何一つも拘束を受けないで三次元空間内を運動する剛体が持つ自由度は 6 である．

平面内で運動する剛体は，例えば z = 一定，ϕ = 一定，$\psi = 0$ と考えることができる．この場合の剛体の位置決定変数は，図 1.11 に示すように，x，y および θ の 3 つである．よって，平面内を運動する剛体の自由度は 3 である．

1・4・2 対偶の構成(composition of a pair)

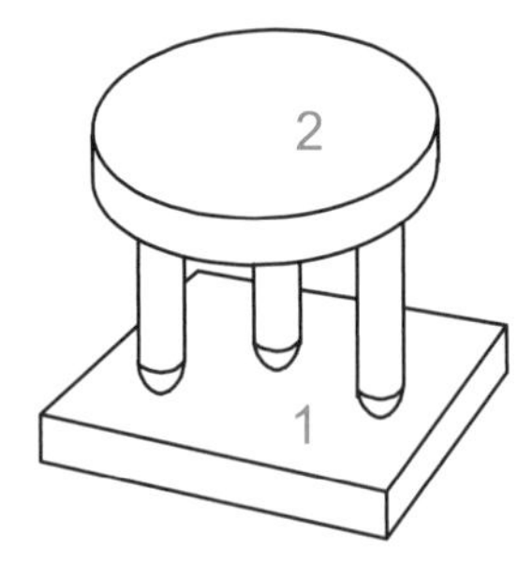

図 1.12 平面部を持つ剛体と凹凸部を持つ剛体の接触モデル

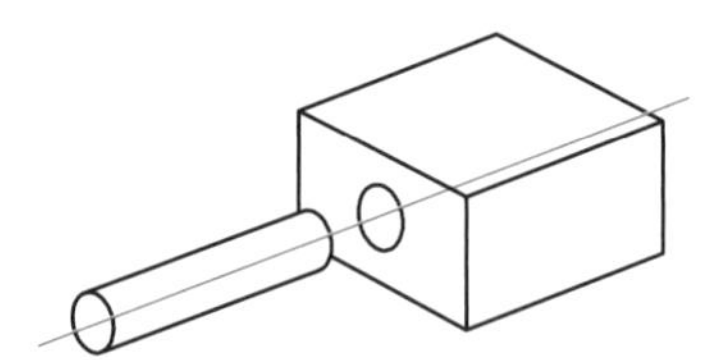

図 1.13 面接触する対偶素の例

平面部を持つ剛体と凹凸部を持つ剛体の接触は，図 1.12 に示すように平板と 3 本の足を持つ剛体との 3 点接触で模式化される[5]．3 本足剛体は平板に対して平板を含む互いに直交する 2 方向に並進運動することができると同時に，平板に垂直な軸のまわりに回転することができる．しかし，平板に垂直な方向の並進運動および平板上の直交する 2 本の直線まわりの回転運動は拘束される．このことは 3 本足剛体を固定し，その上に平板を置く場合も同様である．

接触している 2 つの剛体の運動は相対的なものであり，上記の例の場合は 2 つの剛体は 1 つの平面を共有するために 6 つの相対運動成分のうち 3 つが互いに拘束されることになる．直交 2 方向の並進運動とそれに垂直な軸まわりの回転運動を所定の領域において行う場合は 2 つの剛体の接触部は双方とも平面に形成される．これが平面対偶(planar pair, flat pair)である．

低次対偶においては，2 つの対偶素はそれを代表する平面，直線または点を共有する同一の幾何学的表面である(1･4･3 参照)．

このため，2 つの剛体間に同一の相対運動を与えるための対偶素の形状は種々考えられる．図 1.13 に示すように，1 本の直線のまわりにそれに平行な線分が同一の一定半径で回転して得られる円柱面(軸)および円筒面(穴)の対偶素は面で接触することができ，それらの中心線は一致する．そして円柱面および円筒面の共通半径は任意に選ぶことができる．

これに対して，*2 つの対偶素がそれを代表する平面，直線または点を共有しない幾何学的表面である場合の対偶は高次対偶である．*このため，高次対偶が限定する相対運動は対偶素の形状寸法に依存することになる．

図 1.12 に示すように，平面板と接触する 3 つの突起を持つ剛体は点接触しているが，それらの相対運動は自由度が 3 の平面運動であるので平面対偶を構成することになる．このように低次対偶を構成する対偶素の面はそれを決定する複数の点で代替される場合がある．これは回転対偶（回り対偶，revolute pair, turning pair），円筒対偶(cylindrical pair)，球対偶（球面対偶，spherical pair）の場合も同様である．

対偶で連結されている 2 つの剛体の一方を静止させたときに他方が持つ自由度は，剛体が三次元空間内で持つ自由度 6 から対偶によって拘束された運動成分の数を引いた数であり，対偶の自由度(degree of freedom of a pair)と呼ぶ．

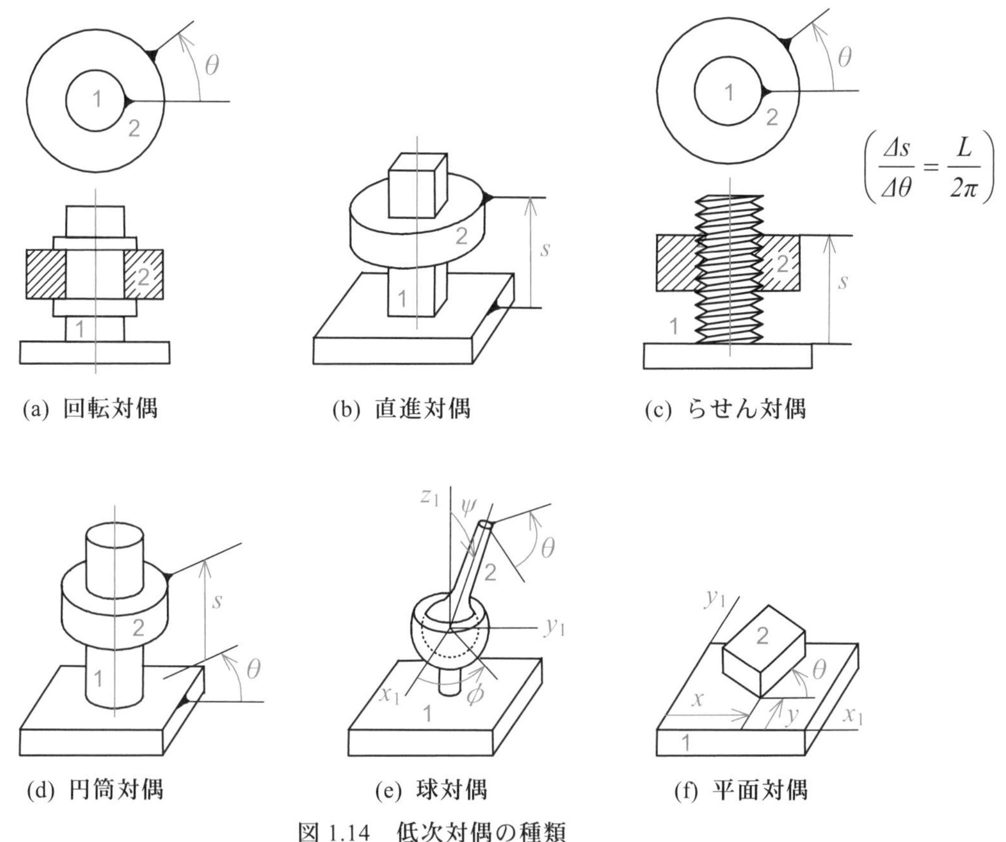

図 1.14　低次対偶の種類

1・4・3　低次対偶の種類と自由度 (classification of lower pairs and their degrees of freedom)

低次対偶には図 1.14 の(a)〜(f)に示す 6 種類[(3)]がある.

(a) 回転対偶：対偶素として剛体 1 に円柱面の軸を，剛体 2 に同一半径の円筒面の穴を作り，2 つの剛体が対偶素を表す直線(対偶軸)と直線上の 1 点を共有するようにすると，剛体 2 は剛体 1 に対して直交する 3 直線方向の並進運動と対偶軸に直交する 2 直線まわりの回転運動が拘束される．この結果，剛体 2 は剛体 1 に対して対偶軸のまわりに回転することだけができ，それらの間の相対運動は角変位(angular displacement) θ だけで決定されるので，この対偶の自由度は 1 である.

(b) 直進対偶(進み対偶，prismatic pair)：対偶素として剛体 1 に角柱の軸を，剛体 2 にそれと同一の軸直角断面を持つ角筒面の穴を作り，2 つの剛体が対偶素を表す直線(対偶軸)を共有するようにすると，剛体 2 は剛体 1 に対して対偶軸に直交する 2 直線方向の並進運動と直交する 3 直線まわりの回転運動が拘束される．この結果，剛体 2 は剛体 1 に対して対偶軸方向に並進することだけができ，それらの間の相対運動は変位 s で決定されるので，この対偶の自由度は 1 である.

(c) らせん対偶(ねじ対偶，helical pair, screw pair)：対偶素として剛体 1 におねじ面を，剛体 2 に剛体 1 のおねじ面と同じリード(lead) $L = 2\pi\Delta s / \Delta\theta$ のめねじ面を作り，2 つの剛体が対偶素の中心線(対偶軸)を共有するようにすると，剛体 2 は剛体 1 に対して対偶軸に直交する 2 直線方向の並進運動とこれらの 2 直線まわりの回転運動が拘束される．また，剛体 2 は剛体 1 に対して対偶軸方向に並進し，この軸まわりに回転することができるが，1 回転あたりの並進量がリードで規定される．この結果，それらの間の相対運動は角変位 θ または変位 s で決定されるので，この対偶の自由度は 1 である．

(d) 円筒対偶：対偶素として剛体 1 に円柱面の軸を，剛体 2 に同一半径の円筒面の穴を作り，2 つの剛体が対偶素を表す直線(対偶軸)を共有するようにすると，剛体 2 は剛体 1 に対して対偶軸に直交する 2 直線方向の並進運動とこれらの 2 直線まわりの回転運動が拘束される．この結果，剛体 2 は剛体 1 に対して対偶軸方向に並進し，この軸まわりに回転することだけができ，それらの間の相対運動は変位 s と角変位 θ で決定されるので，この対偶の自由度は 2 である．

(e) 球対偶：対偶素として剛体 1 に開口部を持つ球殻を，剛体 2 に同一半径の球形部を作り，球殻に球形部を挿入して 2 つの剛体が対偶素を表す球の中心(対偶点)を共有するようにすると，剛体 2 は剛体 1 に対して直交する 3 直線方向の並進運動が拘束される．この結果，剛体 2 は剛体 1 に対して対偶点を通り互いに直交する 3 直線のまわりに回転することだけができ，それらの間の相対運動は角変位 ϕ，ψ および θ で決定されるので，この対偶の自由度は 3 である．

(f) 平面対偶：剛体 1 および剛体 2 の一部に平面を作って対偶素とし，2 つの剛体が対偶素を表す平面(対偶面)を共有するようにすると，剛体 2 は剛体 1 に対して対偶面に垂直方向の並進運動と対偶面内の直交する 2 直線まわりの回転運動が拘束される．この結果，剛体 2 は剛体 1 に対して対偶面内の直交 2 直線方向に並進し，この平面に垂直な直線のまわりに回転することだけができ，それらの間の相対運動は直交する 2 直線方向の変位 x，y と角変位 θ で決定されるので，この対偶の自由度は 3 である．

低次対偶は対偶素が面接触するため摩擦が問題となるので，実際には対偶素間に軸受材料，ころ(ローラ，roller)あるいは球(ボール，ball)が挿入される場合が多い．また，例えば回転対偶として，図 1.15 に示すような，球状先端の円錐軸とそれより半径が大きい球状先端の円錐穴の接触であるピボット軸受(pivot bearing)の一対が採用されることもある．

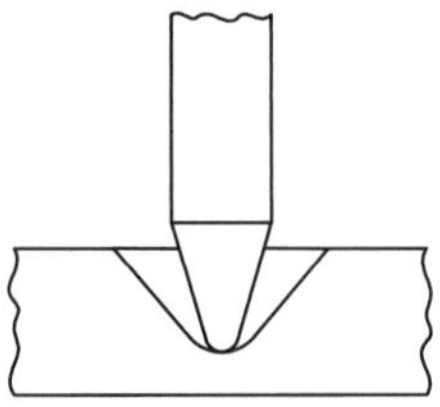

図 1.15 ピボット軸受

1・4・4 高次対偶の種類と自由度 (classification of higher pairs and their degrees of freedom)

摩擦を低減するための各種の軸受などで用いられる高次対偶あるいは対偶素間にすきま(clearance)がある場合の低次対偶のモデルとして用いられる高次対偶の例を図 1.16 に示す(6)．

図 1.16 の(a)は円柱がそれよりも半径の大きい円筒に直線で接触している円柱・円筒対偶(cylinder-cylindrical bore pair)であり，円柱は円筒に対して自転と公転の運動を行うと共に中心線方向に並進でき，対偶の自由度は 3 である．

(b)は円柱が平面に直線で接触している円柱・平面対偶(cylinder-plane pair)であり，円柱は平面に対して平面運動を行うと共にその中心線のまわりに回転でき，対偶の自由度は 4 である．

(c)は球が 2 つの平面で構成される V 溝と 2 点で接触している球・V 溝対偶

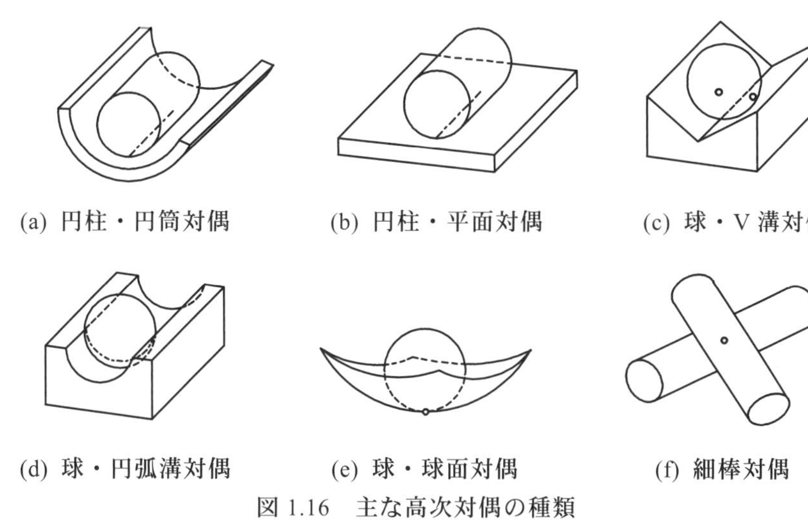

(a) 円柱・円筒対偶　(b) 円柱・平面対偶　(c) 球・V 溝対偶

(d) 球・円弧溝対偶　(e) 球・球面対偶　(f) 細棒対偶

図 1.16　主な高次対偶の種類

(sphere-V groove pair)である．球はその中心を通る 3 直線のまわりに回転すると共に，V 溝の中心線の方向に並進でき，対偶の自由度は 4 である．

(d)は球が半径の等しい円弧溝に円弧で接触している球・円弧溝対偶（球・円筒対偶，sphere-circular arc groove pair）である．球はその中心を通る 3 直線のまわりに回転すると共に，円弧溝の中心線の方向に並進でき，対偶の自由度は 4 である．

(e)は球がそれよりも半径が大きい球面に点で接触する球・球面対偶(sphere-spherical surface pair)である．球はその中心を通る 3 直線のまわりに回転すると共に，直交する 2 つの大円弧の方向に運動でき，対偶の自由度は 5 である．

(f)は細い 2 本の直線棒が点接触している細棒対偶(line-line pair)である．2 つの棒はそれらの作る平面に垂直な方向の並進運動だけが拘束されており，この対偶の自由度は 5 である．

1・4・5　節の種類(type of links)

節は，他の節との連結に用いられる対偶素の数により，図 1.17 に示すように，2 対偶素節(binary link)，3 対偶素節(ternary link)，4 対偶素節(quaternary link)，5 対偶素節(pentagonal link)，・・・と呼ぶ．ここで，○印は回転対偶や直進対偶の対偶素を表し，多角形内の斜線はそれらが 1 つの剛体であることを表している．

直進対偶で連結されている 2 つの節は互いに並進運動する．1 つの直進対偶素を持つ 2 対偶素節をスライダ（滑り子，slider)と呼ぶ．スライダは案内溝(または案内軸)上を並進するブロック(図 1.18(a))または案内ブロック上を並進する溝(または軸) (図 1.18(b))として実現される．図 1.19 に示すように，スライダおよび案内溝の中心線がそれらに形成されている回転対偶素の中心から離れている場合のスライダおよび案内溝(または軸)をそれぞれオフセットスライダ(offset slider)およびオフセット案内(offset guide)と呼ぶ．図 1.20 に示すように 2 つの直進対偶素を持つ 2 対偶素節を交差案内(cross guide)と呼ぶ．

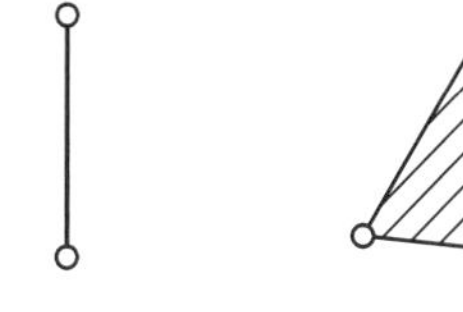

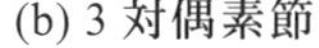

(a) 2 対偶素節　(b) 3 対偶素節

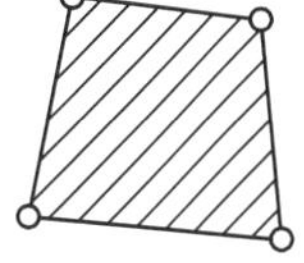

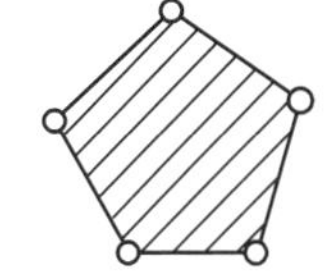

(c) 4 対偶素節　(d) 5 対偶素節

図 1.17　対偶素の数による節の種類

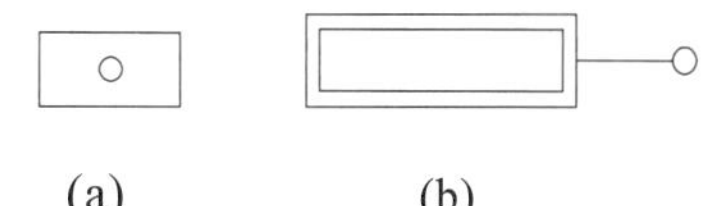

(a)　(b)

図 1.18　1 つの直進対偶素を持つ 2 対偶素節

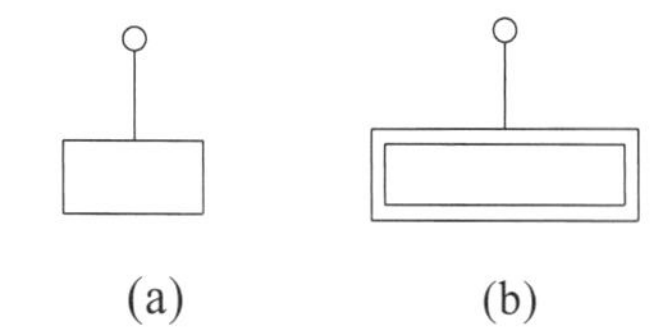

(a)　(b)

図 1.19　オフセットスライダおよびオフセット案内

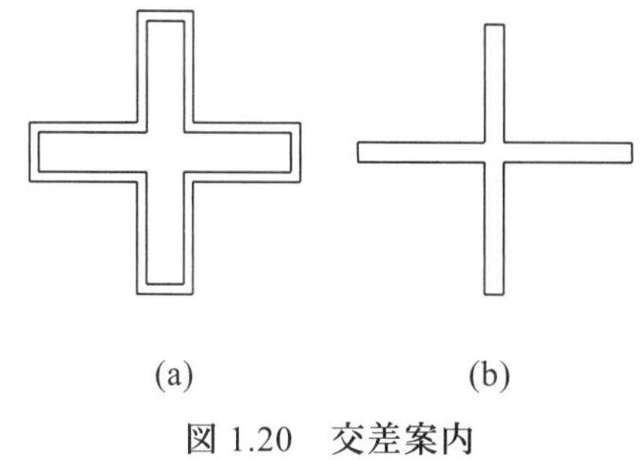

(a)　(b)

図 1.20　交差案内

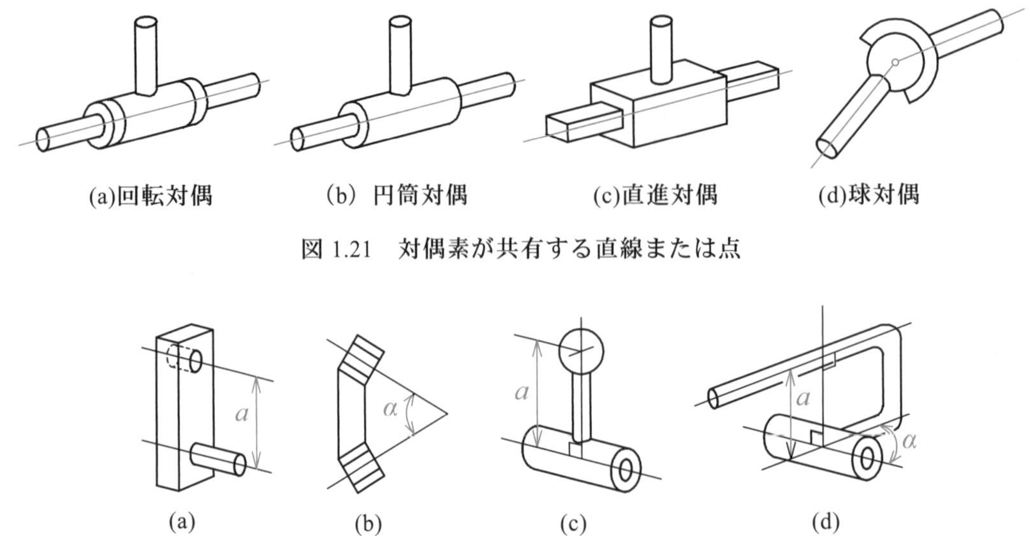

図 1.21 対偶素が共有する直線または点

図 1.22 平面，球面および空間機構の節の機構定数の例

1・4・6 機構定数(kinematic constant)

図 1.21 に示すように，回転対偶，円筒対偶および直進対偶の対偶素である軸と穴はそれらの中心線(対偶軸)を共有し，球対偶の対偶素である球形部と球殻部はそれらの中心を共有する．よって，節に形成された対偶素の位置は直線または点で代表させることができる．

各節における対偶素の位置を代表する直線と直線間，直線と点間などの相対位置を表す距離(節長)や角度は，機構内の各節の相対運動を定める定数であるので，機構定数(kinematic constant)と呼ぶ．回転軸が平行な 2 つの回転対偶素およびそれらが交差する回転対偶素を持つ節の場合は，それぞれ図 1.22 の(a)および(b)に示すように，2 本の回転軸間の距離 a および交差角 α が機構定数として用いられる．さらに，円筒対偶素と球対偶素を持つ節の場合は，図 1.22(c)に示すように，対偶点から対偶軸までの距離 a が，円筒対偶素と回転対偶素を持つ節の場合には，図 1.22 (d)に示すように，2 本の対偶軸間の距離 a およびねじれ角 α がそれぞれ機構定数として用いられる．

具体的な機構定数を持つ節を実際の機械部品とするために節の外形および対偶素の形状を計画することは機械設計の重要な事項の 1 つである．

1・5 運動学連鎖と機構(kinematic chain and mechanism)

剛体は三次元空間で 6 つの運動成分を持つ．複数の剛体に対偶素を形成して節とし，それらを連結すると，各々の節は連結された節に対して 6 つの運動成分のうちの幾つかが拘束される．連結された節が相対運動可能なとき，この節の連なりを運動学連鎖(kinematic chain)または単に連鎖(chain)と呼ぶ．

各々の節が少なくとも 2 つ以上の節と連結され，閉ループを構成している連鎖を閉ループ連鎖(closed kinematic chain)と呼ぶ．閉ループ連鎖はリンク機構，カム機構，歯車機構などの基礎となる．両端の節を除く各々の節が隣接する節と連結されているだけで閉ループを構成していない連鎖を開ループ連鎖(open kinematic chain)と呼ぶ．開ループ連鎖はロボットや歩行機械の運動機構の基礎となる．

連鎖内の 1 つの節を静止節に指定すると機構が得られる．閉ループ連鎖の 1 つの節を静止節とした閉ループ機構(closed-loop mechanism)では，多くの場合，能動対偶は静止節上に配置され，出力運動は静止節と受動対偶で連結している節または中間節の静止節に対する運動として取り出される．

静止節以外の運動する節を総称して動節(moving link)と呼ぶ．リンク機構において，原動節および従動節が 1 回転できる場合はそれらの節をクランクと呼び，揺動する場合はロッカ(rocker)またはレバー(lever)と呼ぶ．

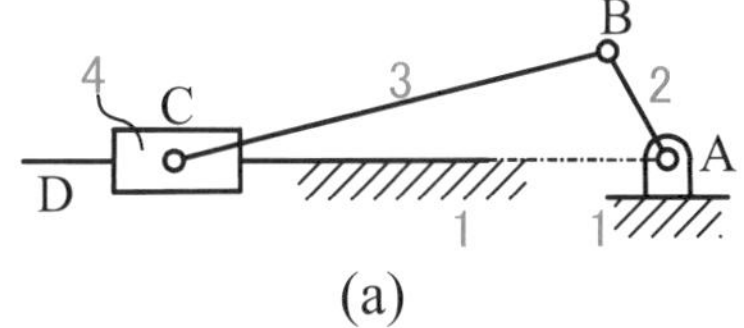

(a)

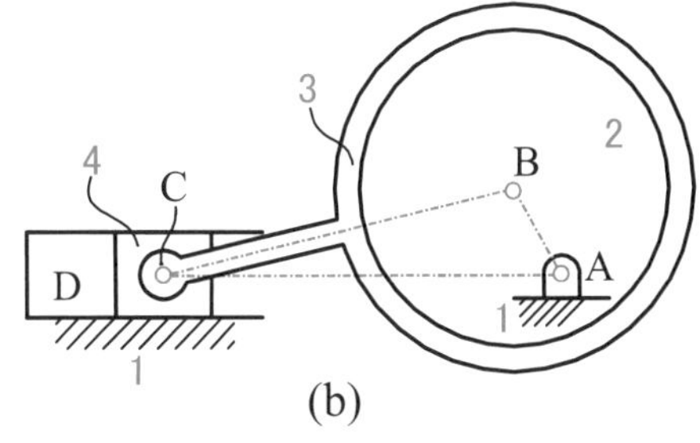

(b)

図 1.23　クランクと偏心軸

1・6　対偶の拡張(expansion of pair)＊

図 1.23(a)は，フレーム 1(斜線が施されている 2 つの対偶素で代表)，クランク 2，中間節(連接棒)3 およびスライダ 4 の 4 つの節を 3 つの回転対偶 A, B, C（対偶素の中心を○印で代表)と直進対偶 D により連結したスライダ・クランク機構である．この機構において，クランク 2 は一般には節と軸の干渉(interference)を避けるために連接棒の運動平面と異なる平面に配置される(図 1.8(a)参照)．しかし，2 つの回転対偶 A と B の位置が接近している場合には，それらの回転軸の相対変位の精度を保つのが容易な偏心軸(eccentric shaft)，すなわち図 1.23(b)に示すように，対偶 A の穴を囲うことができるように直径を大きくした対偶 B の軸を節 2 として機構を設計する．

このことは，相対的に 1 回転する 2 つの節を同一平面内に配置し，機構を薄くしたい場合における対策としても有効である．また，図 1.23 の(a)の直進対偶はスライダに加工された穴とフレーム上の案内軸で構成されているが，それは(b)に示すようにスライダおよびフレームに平面案内を設けて構成することも可能である．

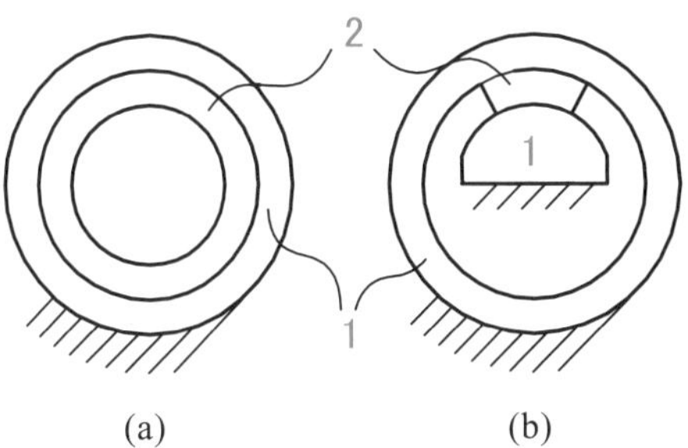

(a)　(b)

図 1.24　回転軸と円弧スライダ

対偶素の半径を大きくし，軸を中空にした回転対偶の軸直角断面図を図 1.24(a)に示す．回転対偶で連結されている 2 つの節の相対運動は揺動運動(oscillating motion)である場合も多い．このとき，図 1.24(b)に示すように，軸である内筒を円弧スライダとし，それを内半径に等しい半径の軸で支えれば，外筒およびスライダの円弧面の中心線は一致しているので揺動形の回転対偶が構成されることになる．

図 1.25(a)は，4 つの節 1～4 を 4 つの回転対偶 A～D により連結した平面 4 節リンク機構である．この機構において節 4 と節 1 が長くなり静止対偶点 D の設置に困難が伴う場合，あるいはそれらの節は短いが対偶点 D の位置が他の節に占有される場合には，図 1.24(b)に示した円弧スライダと円弧溝を用いることにより図 1.25(b)に示す円弧スライダ・クランク機構を構成して平面 4 節リンク機構の運動を実現することができる．

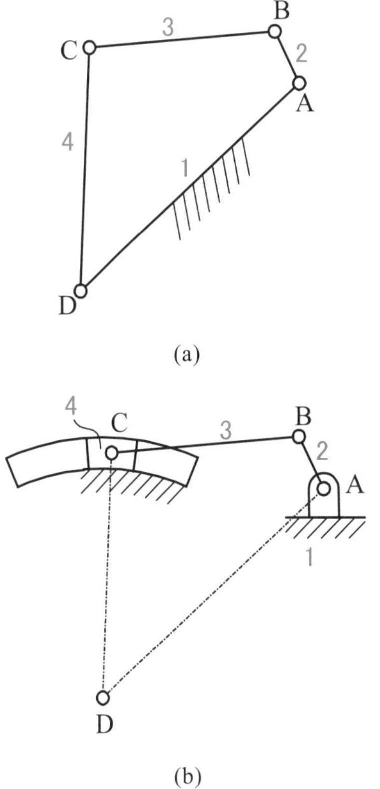

図 1.25　円弧スライダ・クランク機構

このように，機構の動節の運動に影響を与えないで対偶素の対の形状を種々変更することを対偶の拡張(対偶の変形，expansion of pair)という．対偶の拡張は，機構設計においてたびたび生じる節と節または節と軸の干渉および動節の占有空間の問題を解決するための手段として有用である．なお，図 1.23 のスライダ・クランク機構は，図 1.25(b)の円弧スライダ・クランク機構において，円弧スライダおよび円弧溝の半径を無限大とした場合である．

表 1.1 低次対偶の表現

対偶の名称	機構図における表記	記号
回転対偶 Revolute pair 回り対偶 Turning pair	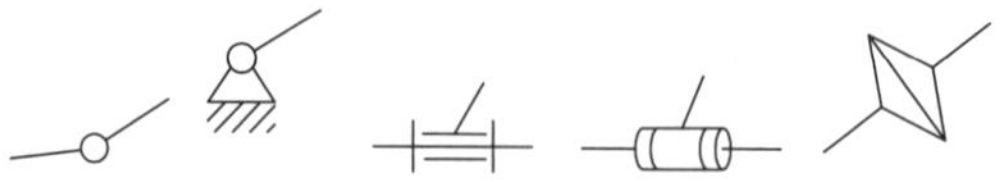	R
直進対偶 進み対偶 Prismatic pair		P
らせん対偶 Helical pair ねじ対偶 Screw pair		H
円筒対偶 Cylindrical pair	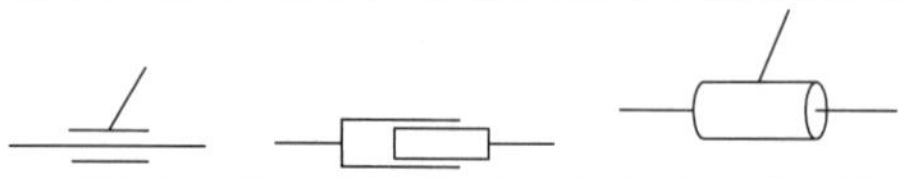	C
球対偶 Spherical pair	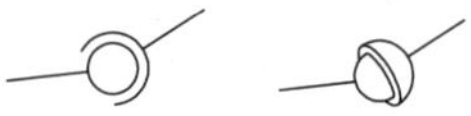	S
平面対偶 Planar pair	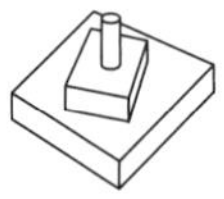	E

1・7 機構図において使用する記号 (notation of pairs in kinematic diagram)

機構の運動学的検討においては，節の形状寸法(機構定数)およびそれらの間の連結法と相対運動を明示することが必要なので，節を直線や円弧で代表させ，回転対偶，直進対偶，球対偶などを表 1.1 に示す記号で表した機構図を用いる．また，機構図中の低次対偶の種類を表示するのに R(回転対偶)，P(直進対偶)，H(らせん対偶)，C(円筒対偶)，S(球対偶)および E(平面対偶)の記号を用いる．低次対偶について，表記法と記号をまとめたものを表 1.1 に示す．なお，機構図などにおいて対偶の種類を特定することなく単に対偶の存在を表す場合にも〇印を用いる(図 1.17 参照).

1・8 機械設計と機構学の役割(machine design, and role of mechanism and motion of machinery)

機構の設置条件および実現すべき理想運動が指定されたとき，機構の形式(種類)(type of mechanism)を選定し，その入出力関係が理想運動の関数関係に一致するように機構定数を決定することが機構の総合である．機構の総合は，形式の総合(type synthesis)，数の総合(number synthesis)，構造の総合(structural synthesis)および量の総合(dimensional synthesis)に分けられる．機械や装置内で運動の変換や力またはトルクの伝達などを担う機構にはリンク機構，カム機構，歯車機構，可撓体機構などいろいろな形式の機構がある．形式の総合とは，設計条件(機構総合条件)を満足するようにこれらの形式を選択することである．数の総合とは，選択された形式の機構に対してそれらの節の数と対偶の数を決めることである．構造の総合とは，数の総合で得られた節と対偶に関する数の条件を満たす，具体的な対偶の種類と配置の順序により適用可能な運動学連鎖を明らかにし，さらに，ここで得られる各運動学連鎖について，静止節を指定することによって，適用可能な機構の具体的構造を明らかにすることである．量の総合とは，構造の総合で得られた機構に対して，入出力関係の精度，機構の運動伝達性，機構の最小節長と最大節長の比(節長比)，動節の占有空間などを評価して，出力運動が要求された運動になるように機構定数を決定することである．この段階までが機構学，すなわち運動を引き起こす原因(力およびモーメント)に関係しないで機構内の各節の相対運動を取り扱う学問分野に含まれる．

要求された運動を創成する機構の設計手順の例を図 1.26 に示す．

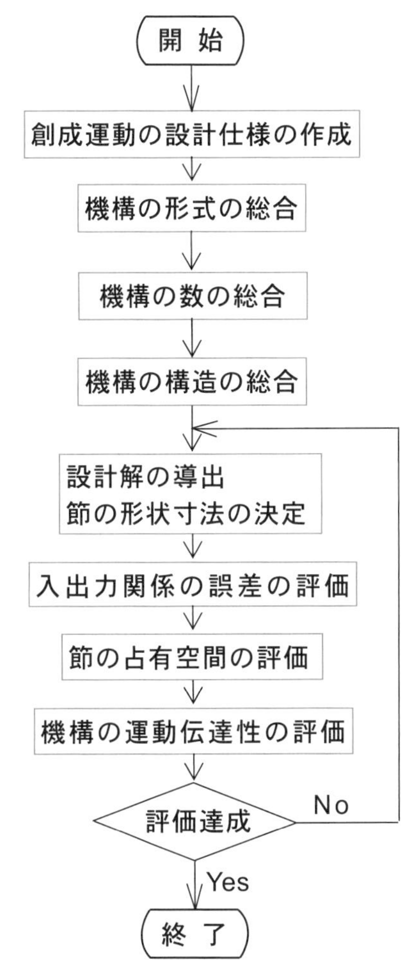

図 1.26　機構の設計手順

さらに，機構設計においては，機構の運動の変換と力の伝達の特性解析に加えて，節に加わる外力や慣性力などに抗して所要の運動を実現するための駆動力(driving force)の解析も必要である．本書は，剛体である節に質量と慣性モーメントを割り付けて機構の力学モデルを構築し，動力学解析を行うことまでをカバーしている．

機械や装置を実用化するためには，加工や組立の手順などを考慮した節の機械部品としての形状決定，対偶の具体化(軸受の設計)，節に作用する負荷や慣性力の大きさの評価，フレームに作用する力とモーメントおよび駆動力の変動を許容値以下に抑えることなど，機構の詳細な力学的検討が必要である．この段階の作業は通常「機械設計」の一部として扱われる．

【1・1】Sketch at least three practical applications of link mechanism, cam mechanism and gear train. They can be found in the workshop, in domestic appliances, on vehicles, on agricultural equipments, etc.

【1・2】身近にある時計，自転車，洗濯機などの内部を見て，構造(対偶の種類)と運動伝達について説明し，それらが機械であるか否かについて論ぜよ．

【1・3】同一半径の穴と軸の組み合わせである回転対偶以外で，2 つの機械部品の相対運動が回転または揺動となる部品連結法を 3 つ示せ．

【1・4】人間の作業や行動を代替または支援する機械や装置を幾つか提案し，そこで必要となる運動の変換や力の伝達のための機構を構想せよ．

【1・5】Three variables x, y and θ shown in Fig. 1.11, are necessary for describing the position of a rigid body that moves in a plane. Prove that the displacement of a rigid body from position 1 to position 2 is possible only by rotating it through an angle θ around a point.

【1・6】Let the lengths of the crank 2 and the connecting rod 3 of the slider-crank

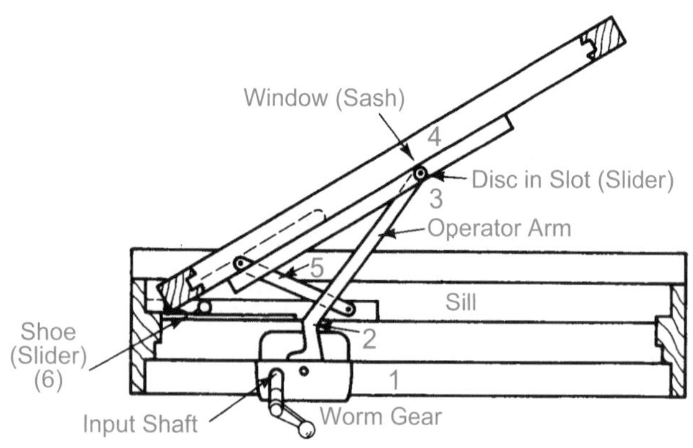

図 1.27　平面 6 節リンク窓開閉機構(文献(1)より引用)

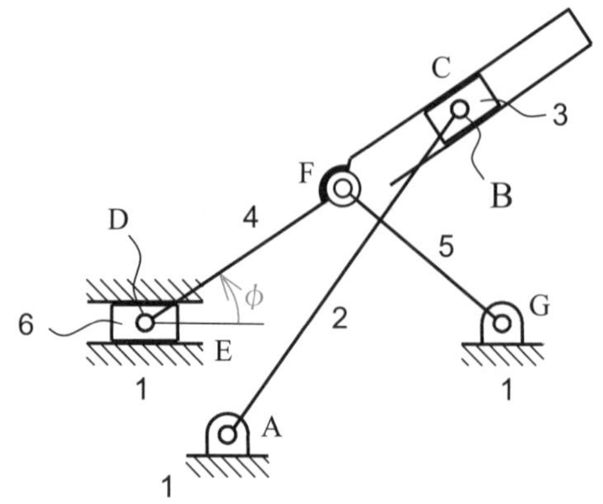

図 1.28　窓開閉機構の機構図

mechanism shown in Fig.1.23(a) be 36 and 126 mm, respectively. Determine the displacement s of the slider 4 at which the crank angle θ takes values between 0° and 360° in 15°-increments, by drawing kinematic diagrams and draw the $\theta - s$ curve of the slider-crank mechanism.

【1・7】図 1.27 は 2 つのスライダを持つ平面 6 節リンク機構を応用した窓の開閉機構[(1)]であり，図 1.28 はこの機構の節の形状寸法(機構定数)およびそれらの間の連結法と相対運動を明示する機構図である．入力クランクを時計まわりに手で回転させるとウォームギヤ(図 7.11 参照)を介してリンク 2 が反時計まわりに回転する．そうすると，リンク 5 で支えられている窓枠リンク 4 は，左端のスライダ 6 がフレーム 1 上を水平右方向に移動するため，フレームに対して垂直な位置に近づく．すなわち窓が開く．窓枠リンク 4 がフレームに一直線に重なる位置($\phi = 0$)，フレームに対して $\phi = 30^\circ$，60° になる位置，フレームに垂直な位置($\phi = 90^\circ$)の機構図を作図により描け．

【1・8】図 1.29 は人間が自転車のペダルを踏むときの模式図であり，$\overline{AB}$ がクランク，$\overline{BC}$ が足部(foot link)，$\overline{CD}$ が脛部(shank link)，$\overline{DE}$ が大腿部(thigh link)を代表する線分であり，○印が回転対偶である．これらは，$\overline{AE}$ をフレームとする平面リンク機構とみなされる．

(1) この平面リンク機構の位置を決定するのにはいくつの対偶変位を与えれば良いか．

(2) 各自の自転車乗りの体験を基にして，クランクの回転角 θ の 30°ずつの値に対するリンク AB，リンク BC，リンク CD，リンク DE の位置を図示せよ．

(3) 人間の脚(大腿部，脛部，足部)の運動がクランクを回転させる．クランクが出力リンクである．入力リンクはどれか．動力源はどこにあると考えられるか．

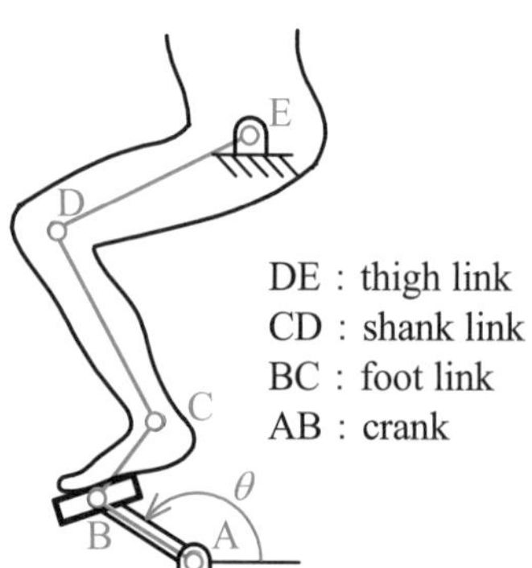

図 1.29　人間のペダル踏み動作の模式図

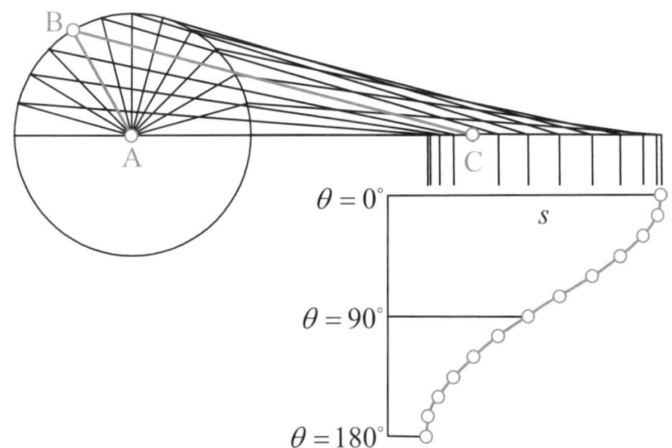

Fig. 1.30　Relationship between the crank angle θ and the displacement s of a slider-crank mechanism

【解答】

1. On automobiles: the slider-crank mechanism, the universal joint, the suspension and steering mechanism, the intake- and exhaust-valve cam mechanism, the transmission, the differential gear, etc. On airplanes: the wing-flap mechanism, the wing landing gear, etc. In domestic appliances: the thread-guidance mechanism, the cloth-transport mechanism, the folding chair mechanism, the lift-bed mechanism, the door-hinge mechanism, the punch mechanism, the parallel movement mechanism, the screw-type pantograph jack, etc. In industrial machines: the bucket-loader mechanism, the trench-hoe mechanism, the roller-gear drive, the self-centering chuck, etc.

2.～5.省略.

6. See Fig.1.30.

7. 窓枠リンク 4 がフレームに対して 30°になる位置の作図は次のように行う.
リンク 2，リンク 4 およびリンク 5 の長さをそれぞれ a_2， a_4 および a_5 とする．$\phi = 30^\circ$ の位置の場合，スライダ 6 の中心軸からの距離が $a_4 \sin 30^\circ$ の直線と点 G を中心とし半径が a_5 の円との交点を F とする．点 F を中心とし半径 a_4 の円とスライダ 6 の中心軸との交点を D とする．点 A を中心とし半径が a_2 の円と直線 DF との交点を B とする．他の位置の場合も同様にして作図できる．図は省略.

8.
(1), (2) 省略.
(3) 図 1.29 の人間のペダル踏み動作は平面 5 節リンク機構の運動とみなされる．平面 5 節リンク機構の各節の相対位置は 2 つの節の角変位(または変位)で決まるので，通常は大腿部の揺動運動および大腿部と脛部の開閉運動が入力運動となる．よって，股関節モーメントおよび膝関節モーメントを発生する 2 つの筋肉系が動力源であると考えられる.

第 1 章の参考文献

(1) Sandor, G., N. and Erdman, A., G., Advanced Mechanism Design: Analysis and Synthesis, Volume 2, (1984), Prentice-Hall, Inc.
(2) Dijksman, E., A., Motion Geometry of Mechanisms, (1976), Cambrige Univercity Press.
(3) Hartenberg, R., S. and Denavit, J., Kinematic Synthesis of Linkages, (1964), McGraw Hill, Inc.
(4) Reuleaux, F., The Kinematics of Machinery, (1963), Dover Publications, Inc.
(5) Steeds, W., Mechanism and the Kinematics of Machines, (1940), Longmans, Green and Co.
(6) 小川潔，機構学，(1967)，朝倉書店.

第2章
機構の構造の解析と総合
Structural Analysis and Synthesis of Mechanism

新しい機械の開発では，既存の機構にとらわれず，機構の自由度の式に基づき，節の数と形状および対偶の種類と配置を工夫して機構の構造を独自に提案することが肝要である．

機構の自由度：
機構のすべての節の相対位置を決定するのに必要な独立変数の数

2・1　機構の自由度 (degree of freedom of a mechanism, mobility)

図 2.1 は，節長が a,b,c の 3 つの節 a～c を回転軸が平行な 3 つの回転対偶 A～C(図中の○印)で連結し，それらのうちの 1 つの節 a を静止させた剛体系である．静止節とそれに隣接する 2 つの節が三角形を形成するので 3 つの節の相対位置は常に不変である．すなわち，3 本の棒部材が平行な 3 本のピンで連結された剛体系は構造物(structure)である．

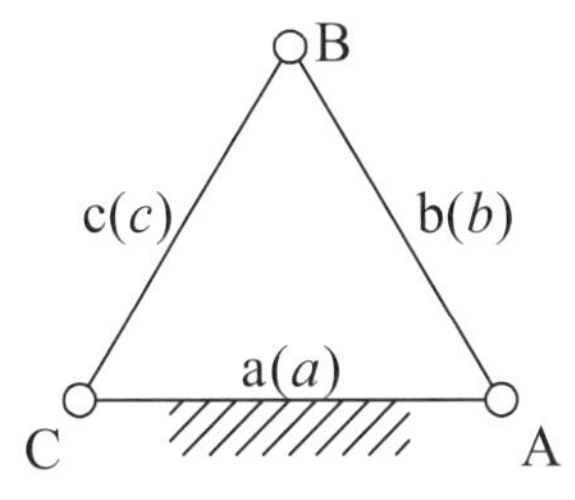

図 2.1　構造物

図 2.2 は節長が $a \sim d$ の節 a～d を回転軸が平行な 4 つの回転対偶 A～D で連結した閉連鎖の節 a を静止させて得られる平面 4 節リンク機構である．4 つの節の相対位置は，例えば，節 a と節 b のなす角 θ の値が指定されると定まる．これは，節 a と節 b が固定されて 1 つの節になったとして，それと 2 つの節 c，節 d が構造物を構成するからである．節 b の角変位 θ を入力変数として連続的に変化させれば，それに従って他の節の位置も連続的に変化する．節 c の運動または節 d の運動が出力運動となり，例えば，節 d の角変位 ϕ は 1 つの入力変数 θ の関数として表される．これを機構の自由度(degree of freedom of a mechanism，mobility)が 1 であるという．

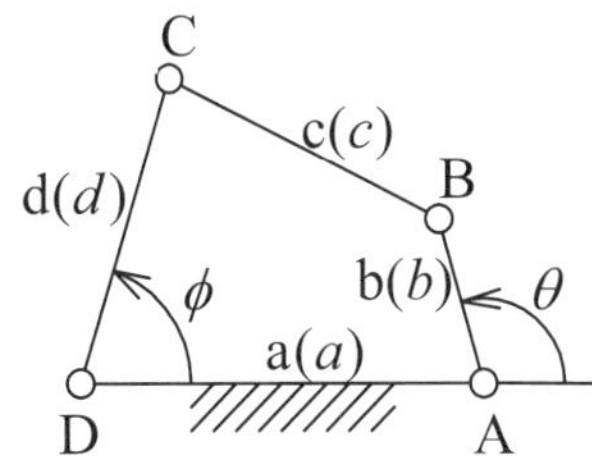

図 2.2　平面 4 節リンク機構

図 2.3 は節長が $a \sim e$ の 5 つ節 a～e を回転軸が平行な 5 つの回転対偶 A～E で連結した閉連鎖の節 a を静止させて得られる平面 5 節リンク機構である．この機構においては，2 つの節のなす角，例えば節 a と節 b のなす角 θ_1 を指定しただけでは他の節の相対位置は定まらない．この機構の各節の相対位置を決定するためには，角変位 θ_1 に加えて節 a と節 e のなす角 θ_2 など，2 組の 2 つの節の相対角変位を指定する必要がある．このとき，例えば節 d の姿勢角 ϕ は 2 つの入力変数 θ_1 および θ_2 の関数として表される．これを機構の自由度が 2 であるという．

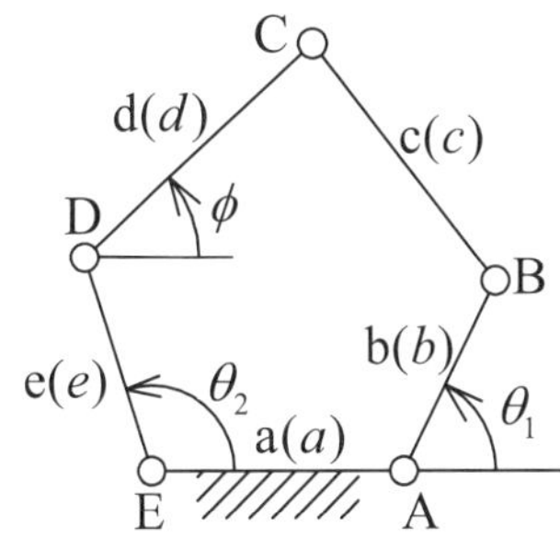

図 2.3　平面 5 節リンク機構

閉連鎖およびその中の 1 つの節を静止させて得られる機構において，各節の相対位置関係は全く同じであるので，閉連鎖の自由度は機構の自由度に一致する．

機構の自由度は，上述のように，隣接する 2 つの動節間の相対変位を変化させて機構を駆動する場合を含めて，機構のすべての節の相対位置を決定するのに必要な独立な変数の数として定義される．

多くの機構において，入力運動を与える節(原動節)は 1 つであり，静止節に対するすべての節の相対位置は 1 つの角変位または変位で定まるので，機構の自由度は 1 である．

一方，自由度が 2 以上の機構を多自由度機構(multiple degree-of-freedom mechanism)と呼ぶ．多自由度機構の中で，複数の原動節のうちの 1 つを主として駆動して入出力関係を創成し，他の原動節をこの入出力関係を調整する目的に用いるものを可調整機構(adjustable mechanism)と呼ぶ．また，静止節と出力節を能動対偶を含む 2 つ以上の対偶を持つ複数の連鎖で並列に結合する多自由度機構をパラレルメカニズム(parallel mechanism)と呼ぶ．

2・2　対偶の数の識別(discrimination of number of pairs)

実際の機械や装置においては，隣接する構成部品の相対運動を限定する対偶部は機械設計上いろいろな工夫が施され，**1・4・3** 項および **1・4・4** 項で示した形状でない場合が多い．機構の自由度の算出には対偶の数が関係するので，それを的確に識別することが必要である．

2・2・1　対偶の自由度(degree of freedom of a pair)

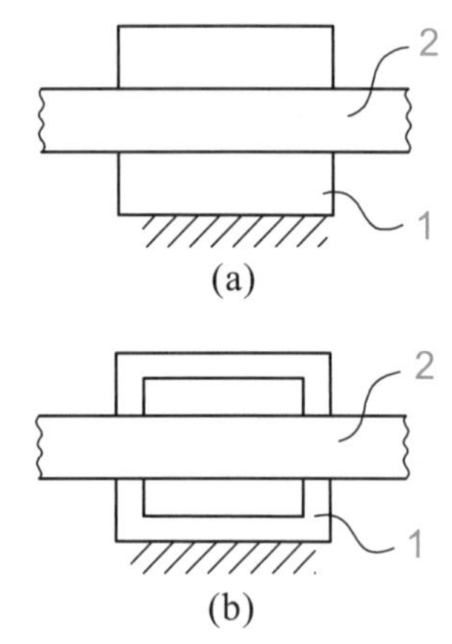

図 2.4　対偶素の接触部の分割

第 1 章で述べたように，対偶は，2 つの対偶素がそれらを代表する平面，直線または点を共有する同一の幾何学的表面である低次対偶と，2 つの対偶素がそれらを代表する平面，直線または点を共有しない幾何学的表面である高次対偶に分けられる．各対偶により連結される 2 つの節の間に許される相対運動の成分の数(対偶の自由度)を f で表す．**1・4・3** 項で示した 6 つの低次対偶の自由度は，回転対偶(回り対偶)が $f=1$，直進対偶(進み対偶)が $f=1$，らせん対偶(ねじ対偶)が $f=1$，円筒対偶が $f=2$，球対偶(球面対偶)が $f=3$，平面対偶が $f=3$ である．

1・4・4 項で示した高次対偶では，円柱・円筒対偶が $f=3$，円柱・平面対偶が $f=4$，球・V 溝対偶が $f=4$，球・円弧溝(球・円筒対偶)が $f=4$，球・球面対偶が $f=5$，細棒対偶が $f=5$ であり，平面カム機構の板カムと従動節の接触，平歯車機構の一対の歯の接触はともに $f=2$ である．

2・2・2　対偶素の形状(shape of pairing element)

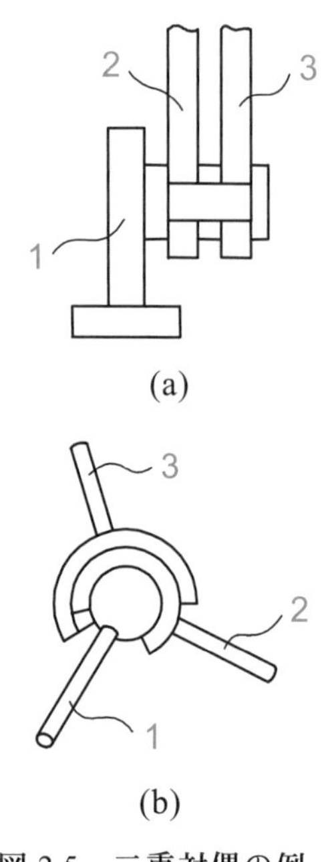

図 2.5　二重対偶の例

図 2.4(a)は半径が等しい円筒と円柱が構成している円筒対偶の軸断面図であり，対偶素としての円筒と円柱の回転軸は一致している．

機械や装置の設計において，軸と軸受間の摩擦を小さくする場合や，作用する力とモーメントに耐えるために軸受部を長くする場合などは，図 2.4(b)に示すように，接触面の中間部がない円筒対偶素が採用される．この場合の円柱対偶素と円筒対偶素は 2 箇所で接触することになるがそれらの回転軸は一致しており，対偶素間の相対運動は(a)の場合と同じである．よって，円筒対偶素が(b)の形状の対偶およびこれと同等の機能の対偶素構成の対偶は接触部が複数に分かれていても対偶の数は 1 と数える．

2・2・3　多重対偶(multiple pair)

機構の構造を簡潔にして製造コストの低減を図り，機構の精度を高めるために，図 2.5 に示すように 3 つの対偶素を持つ節においてそれらの 2 つずつが直線または点を共有するように設計される場合がある．この場合の対偶は

1つに見えるが機構学的には2つの対偶であり，二重対偶(double pair)という．4 つの対偶素が直線または点を共有する場合は三重対偶(triple pair)である．このように，3 つ以上の対偶素が直線または点を共有する場合の対偶を多重対偶(multiple pair)と総称する．

2・3　機構の自由度の式 (formula of degree of freedom of mechanism)

図 2.2，図 2.3 の機構などは節が少ない平面機構なので機構の自由度を図式的に検討することができた．しかし平面機構で節が多い場合および空間機構の場合においては図式的に自由度を算出することは難しくなる．このような場合は，節の数，対偶の数および自由度と機構の自由度を関係付ける式を用いる．

2・3・1　空間機構の自由度の式 (formula of degree of freedom of spatial mechanism)

複数の節を **1・4・3** 項の低次対偶，**1・4・4** 項の高次対偶およびカムと従動節，歯車の一対の歯の接触などを含む対偶で連結して得られる空間機構の自由度 F は，節の数を N，対偶の数を J，i 番目の対偶の自由度を $f_i\,(i=1\sim J)$ とするとき，次の式で算出することができる．ただし，$1\le f_i\le 5$ である．

$$F=6(N-1)-\sum_{i=1}^{J}(6-f_i) \tag{2.1}$$

この自由度の式は，グリューブラーの式(Gruebler's equation)あるいはクッツバッハの式(Kutzbach's equation)とも呼ばれる(2)．式(2.1)の機構の自由度 F は，図 2.6 に示すように，N 個の節がばらばらに存在するときの自由度の総和 $6N$ から，隣接する 2 つの節を自由度 f_i の対偶で連結することによる自由度の減少分 $6-f_i$，さらに 1 つの節を静止させることによる自由度の減少分 6 を引いて得られる値として理解することができる．

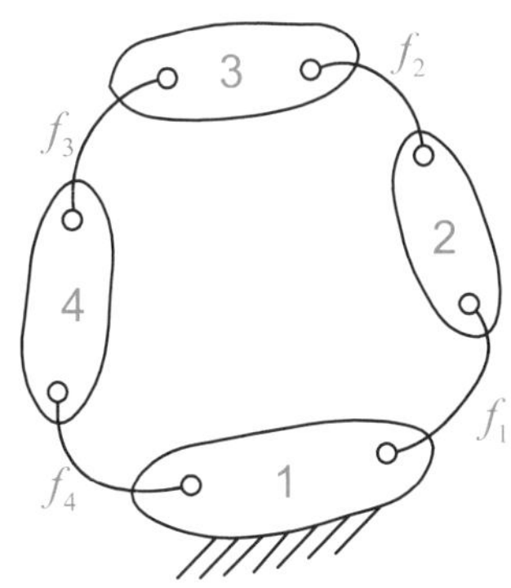

図 2.6　機構の自由度の式の導出

式(2.1)は，$\sum_{i=1}^{J}6=6J$ であるので次のように変形できる．

$$F=6(N-J-1)+\sum_{i=1}^{J}f_i \tag{2.2}$$

2・3・2　平面および球面機構の自由度の式 (formulas of degree of freedom of planar and spherical mechanisms)

節が平行な平面内を運動する場合(平面機構)または同心球面内を運動する場合(球面機構)はそれらの持つ自由度は 3 である．節のこのような運動が可能になるのは，各節が回転軸が平行な回転対偶または回転軸が 1 点で交わる回転対偶で連結されている場合である．

ところで，図 2.2 の 4 本の回転対偶の軸が平行な平面機構は，図 2.7(a)または(b)に示すように，閉回路中の 1 つの回転対偶を円筒対偶または球対偶で置き換えても節は限定された平面内で運動することができる．このとき回転対偶を円筒対偶で置き換える場合はその回転軸方向の並進の自由度が，球対偶で置き換える場合は元の回転対偶の回転軸に直交する軸まわりの回転の自由

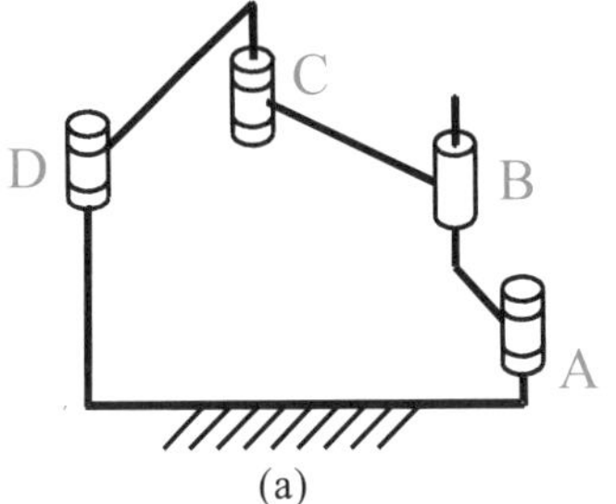

(a)

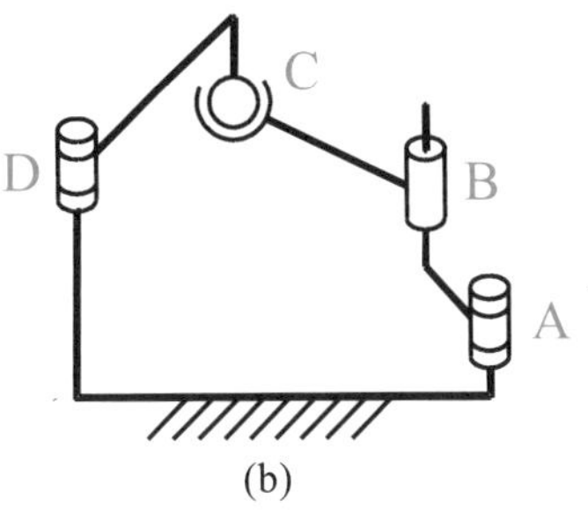

(b)

図 2.7　機構の運動に影響しない対偶の自由度

度が実際には使用されない．すなわち，機構の運動に影響を与えない．図1.8(a)に示す実際に用いられている円柱のピストンを持つスライダ・クランク機構もこの場合に当たる．上述の対偶の置き換えは，図 2.7 において回転対偶および円筒対偶が 1 点で交わるようにした球面機構にも当てはまる．

平面機構および球面機構は空間機構としては過拘束機構(overconstrained mechanism)*であるので回転対偶の軸の相対位置条件に誤差が生じると機構の滑らかな作動が妨げられる．**2・4・5** 項で具体例を示す．これに対して，図 2.7(b)のように構成された機構は空間機構としての自由度が 1 であるので，構成部品の加工や組立の誤差，弾性変形などに影響されないで作動する．このような機構構造の選定は機械設計上の技法の 1 つである．

＊過拘束機構：
機構の自由度の式で自由度が 0 または負値と算出されても，対偶素中心の運動軌跡の特殊性や機構形状の対称性などのために実際に運動可能である機構．**2・4・5** 項参照．

本書では，平面および球面機構の自由度 F は，回転対偶の軸が相対位置に関する条件を満たしていることを前提に，対偶の使用されていない自由度を減じた上で，節の数を N，対偶の数を J，対偶の自由度を $f_i\,(i=1\sim J)$ とするとき，次の公式で算出する．

$$F=3(N-J-1)+\sum_{i=1}^{J}f_i \tag{2.3}$$

ただし，$f_i=1$ または 2 である．

2・3・3　閉ループの数(number of closed loops)＊

2 対偶素節だけを連結して閉ループを形成するときに，それらの中の特定の 2 つの節の相対位置決定変数の 1 つが変化可能である状態，すなわち自由度 1 の機構として閉じられるためには，剛体が空間で持つ自由度が 6 であるので，隣接する 2 つの節の相対位置を決定する変数の数の和，すなわち各対偶の自由度の和が 7 であることが必要である．

よって，式(2.2)より，

$$6(N-J-1)=1-7=-6 \quad \therefore J+1-N=1$$

となる．

2 対偶素節の 2 つを 3 対偶素節とし，それらを 2 対偶素節を介して連結して 2 ループ機構を作ると，節の数が 1 だけ，対偶の数が 2 だけ増すので，$J+1-N=2$ となる．

この議論は，2 対偶素節の 2 つを 4 つ以上の対偶素を持つ節とし，さらにそれらを 2 対偶素節の連節を介して連結する場合に拡張することができ，節の数 N および対偶 J の数で定まる整数：

$$L=J+1-N \tag{2.4}$$

は機構の節が形成する独立な閉ループ*の数に一致する．

＊独立な閉ループ：
閉ループ機構では，節は対偶で連結されて幾つかの閉ループを形成する．これらの中で，他の閉ループに含まれていない節を 1 つ以上含んで形成される閉ループ．

以上の議論は，自由度が 2 以上の機構に対しても成り立ち，さらに，平面および球面機構においても式(2.3)をもとに同様に展開できる．よって，式(2.2)および(2.3)は次のように表される．

$$F=\sum_{i=1}^{J}f_i-Ld \tag{2.5}$$

ここで d は，拘束を受けない節の運動を表すのに必要かつ十分な独立変数の数(座標が構成する線形空間の次元(dimension)，以下，運動空間の次元数という)であり，空間機構の場合は $d=6$，平面機構および球面機構の場合は

$d=3$である．

2・3・4　自由度の式の拡張 (expansion of formula of degree of freedom of mechanism)＊

機構を構成している節の中の一部分が平面運動または球面運動を行い，他の節が三次元空間運動を行う機構が存在する．このように運動空間の次元数dが異なる閉ループが存在する場合は式(2.5)を下記のように拡張して用いる．

$$F=d_1(N_1-J_1-1)+d_2(N_2-J_2)+\sum_{i=1}^{J}f_i \tag{2.6}$$

ここでd_1，N_1およびJ_1は静止節を含む閉ループ(第1閉ループと呼ぶ)の運動空間の次元数，節の数および対偶の数である．d_2，N_2およびJ_2は第2閉ループの運動空間の次元数，第1閉ループに属する節と対偶を除いた第2閉ループの節の数および対偶の数である．隣接する閉ループの運動空間の次元数が異なる独立な閉ループが3つ以上存在する場合も，上記の式を拡張することにより機構の自由度を算出することができる．

式(2.6)は，式(2.2)の場合と同様にして，j番目の独立な閉ループの運動空間の次元数をd_jとするとき，次のように変形できる．

$$F=\sum_{i=1}^{J}f_i-\sum_{j=1}d_j \tag{2.7}$$

例えば，図2.8に示す平面4節リンク機構の従動節により空間2連節(two-link chain)を駆動する6節リンク機構に対しては，対偶の自由度の合計が10，第1の閉ループ$A_1B_1C_1D_1$の運動空間の次元数が$d_1=3$，第2の閉ループ$A_2B_2C_2D_1$の運動空間の次元数が$d_2=6$として上記の自由度の式を用い，$F=1$と求まる．

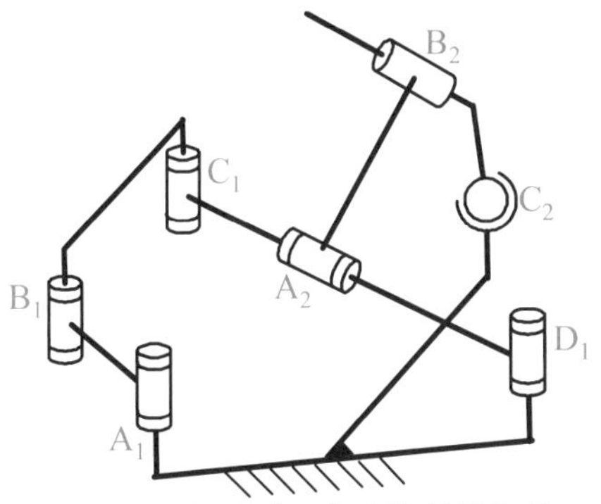

図2.8　ループの次元数が異なる部分連節を持つ機構

2・4　機構の自由度の解析例 (analysis examples of degree of freedom of mechanism, analysis examples of mobility of mechanism)

複数の節を閉回路を形成するように連結して得られる機構または閉連鎖の自由度を**2･3**節で導出した式を適用して算出する．

2・4・1　平面機構(planar mechanism)

図2.1に示すように，両端に平行な軸または穴を持つ3つの剛体を順次回転対偶で連結して得られる剛体系について考える．この剛体系は節の数が$N=3$，対偶の数が$J=3$および対偶の自由度が$f_1\sim f_3=1$であるので，これらの自由度は式(2.3)より

$$F=3(3-3-1)+1+1+1=0$$

と求まる．自由度が0なのでこの剛体系は構造物である．

図2.2の平面4節リンク機構は4つの節が回転軸が平行な4つの回転対偶で連結されている．この機構は節の数が$N=4$，対偶の数が$J=4$および対偶の自由度が$f_1\sim f_4=1$であるので，機構の自由度は式(2.3)より1と求まる．

$$F=3(4-4-1)+1\times4=1$$

図2.9に示すスライダ・クランク機構では，4つの節が回転軸が平行な3

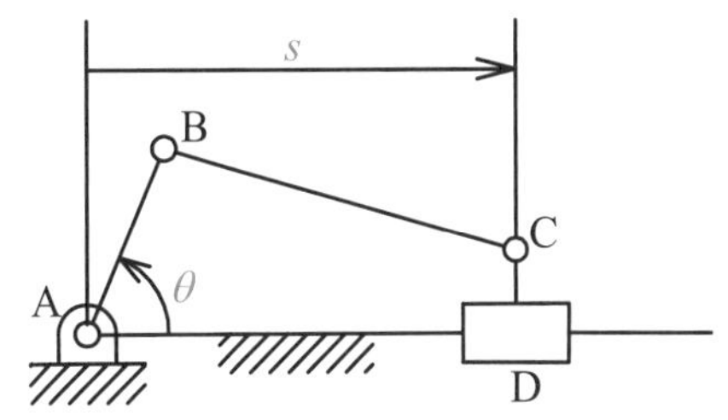

図2.9　スライダ・クランク機構

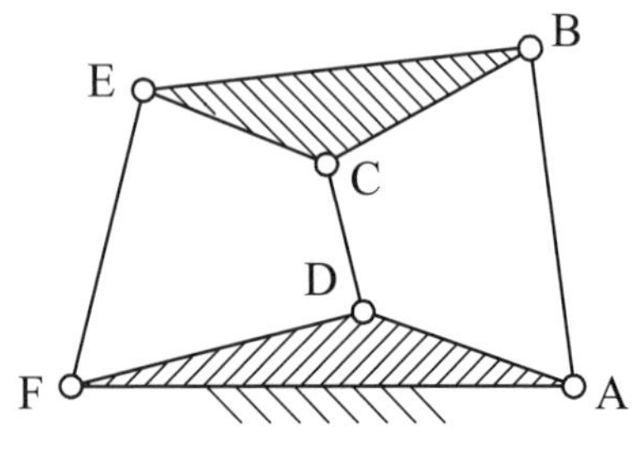

図 2.10　5 剛体構造物

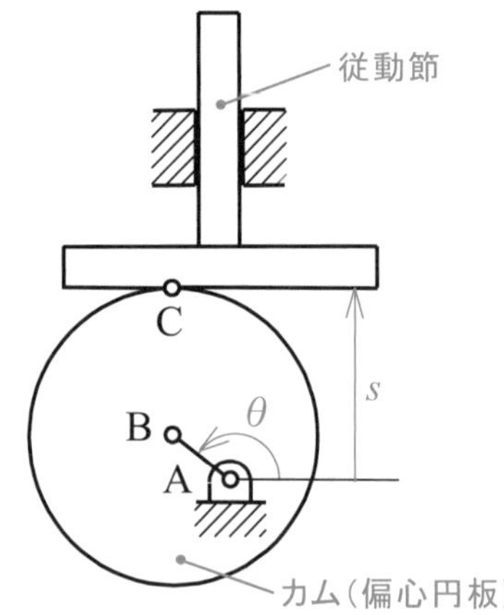

図 2.11　偏心円板カム機構

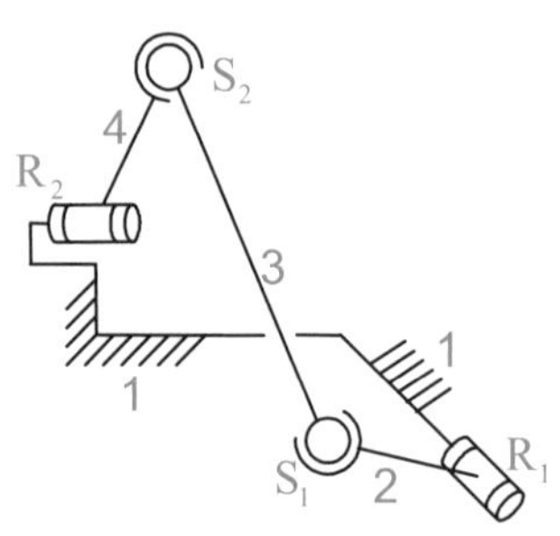

図 2.12　2 回転・2 球対偶空間 4 節リンク機構

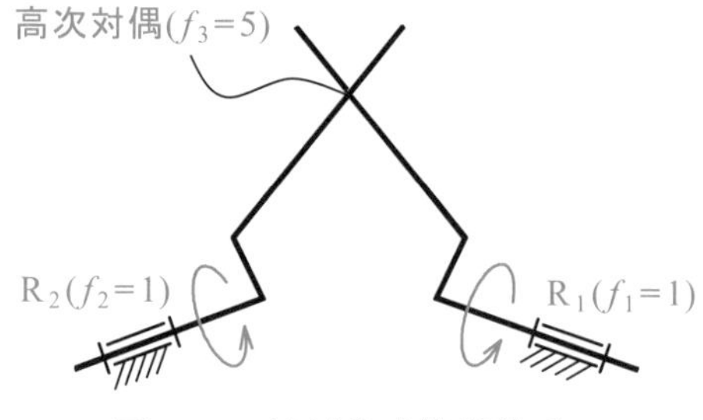

図 2.13　鏡対称直線棒継手

つの回転対偶と運動方向がそれらに垂直な直進対偶で連結されている．この機構は平面 4 節リンク機構において 1 つの回転対偶が直進対偶に置き換えられたものであり，節の数，対偶の数および対偶の自由度は平面 4 節リンク機構の場合と同様に，$N=4$，$J=4$，$f_1 \sim f_4 = 1$ であるので，この機構の自由度は $F=1$ と求まる．

図 2.10 に示すように，平面 4 節リンク機構 ABCD の向かい合っている節を 3 対偶素節とし，それらを 1 つの節 EF で連結すると，両者の相対運動が拘束されることになるので，この剛体系は運動することができなくなる．この剛体系は，節の数が $N=5$，対偶の数が $J=6$ および対偶の自由度が $f_1 \sim f_6 = 1$ であるので，式(2.3)より

$$F = 3(5-6-1)+1\times 6 = 0$$

となり，構造物であることがわかる．

図 2.11 の偏心円板カム機構においては，円板の中心 B からずれたところに回転軸 A が取り付けられて回転する円板(板カム)が，直進運動する従動節の平面端と点 C において線接触し，互いに転がりながら滑る運動を行う．この機構は，節の数が $N=3$，対偶の数が $J=3$，回転対偶，直進対偶の自由度が $f_1, f_2 = 1$，高次対偶(点 C)の自由度が $f_3 = 2$ であるので，この機構の自由度は $F=1$ と求まる．

2・4・2　空間機構(spatial mechanism)

図 2.12 の 2 回転・2 球対偶空間 4 節リンク機構（RSSR spatial four-bar mechanism）は，互いに非平行で交差しない 2 本の軸 R_1 および軸 R_2 間に回転運動を伝達するために用いられる機構である．静止節に回転対偶で連結されている 2 つの節 2 および 4 は，それら間で運動を伝達する節(中間節)3 と球対偶で連結されている．この機構は節の数が $N=4$，対偶の数が $J=4$，そして静止節の 2 つの対偶の自由度が $f_1, f_4 = 1$，中間節の 2 つの対偶の自由度が $f_2, f_3 = 3$ であるので，機構の自由度は式(2.2)より次式となる．

$$F = 6(4-4-1)+1\times 2+3\times 2 = 2$$

機構は自由度の数に等しい原動節をもち，動節の位置決定変数は入力変数の関数として表される．原動節の位置が指定されるとすべての動節の位置は一意的に決まる．図 2.12 の機構において，節 2 を原動節，節 4 を出力節として原動節の角変位を定めれば出力節の角変位が定まり，同時に中間節上の対偶点 S_1 および S_2 の位置が定まる．しかし，この機構の自由度は上述のように 2 であり，自由度と入力変数の数が一致しない．これは中間節と原動節および出力節の連結が球対偶であるため，中間節が両端の球対偶素の中心を結ぶ直線のまわりに回転できる自由度をもっているからである．このように機構の入出力関係に影響を与えない局所的自由度を余剰の自由度(idle degree of freedom)または遊びの自由度と呼ぶ．

図 2.13 は，静止節に回転対偶で連結されている 2 つの節に細い棒を固定し，それらを接触させながら回転させることによって 2 本の軸間で回転運動とトルクの伝達を行う機構である．細い棒の接触は自由度 5 の高次対偶である．2 つの回転軸が交差し，それらを 2 等分する平面内を接点が運動する場合には，2 本の回転軸の回転角が等しい鏡対称直線棒継手(bilaterally-symmetric bar joint)となる[3]．すなわち軸交差角が可変の等速継手の原理の空間 3 節機構である．この機構は節の数が $N=3$，対偶の数が $J=3$，そして静止節の 2 つの対偶の自由度が $f_1, f_2=1$，原動節と従動節の対偶の自由度が $f_3=5$ であるので，機構の自由度は式(2.2)より次式となる．

$$F=6(3-3-1)+1\times2+5=1$$

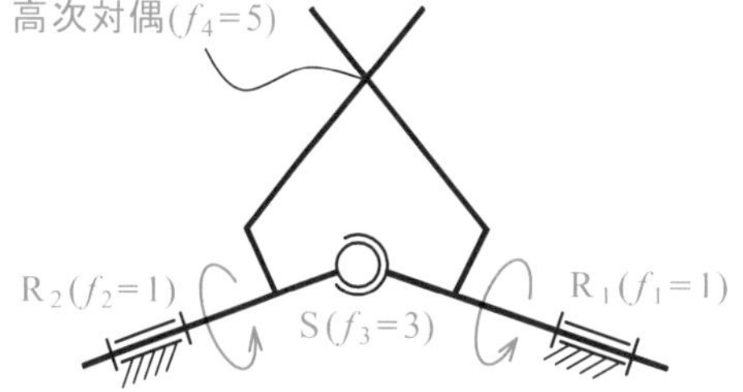

図 2.14　セルフサポーティング鏡対称直線棒継手

図 2.14 に示す機構は，図 2.13 の機構をセルフサポーティング(self-supporting)化したベンディクス・ワイス継手(Bendix-Weiss joint)およびツェッパ継手(Rzeppa joint)の基礎構成である．この機構においてはフレームに回転対偶で連結された 2 本の回転軸がその交点を中心とする球対偶で連結されており，それらに回転運動を伝達する直線棒が固定されている．入力軸および出力軸はそれぞれ節の一部としてフレームと 3 節機構を構成しており，それらの回転対偶の中心線が 1 点で交わっているので，この部分は球面機構である．他方，入力軸および出力軸に固定された直線棒の接点を通る閉回路に関してはそれらとフレームが空間機構を形成しているので，この機構の自由度は式(2.6)を用いて算出する必要がある．この機構は節の数が $N=3$，対偶の数が $J=4$，そして静止節の 2 つの対偶の自由度が $f_1, f_2=1$，原動節と従動節の対偶の自由度が $f_3=3, f_4=5$ であるので，機構の自由度は次のようになる．

$$F=3(3-3-1)+6(0-1)+1\times2+3+5=1$$

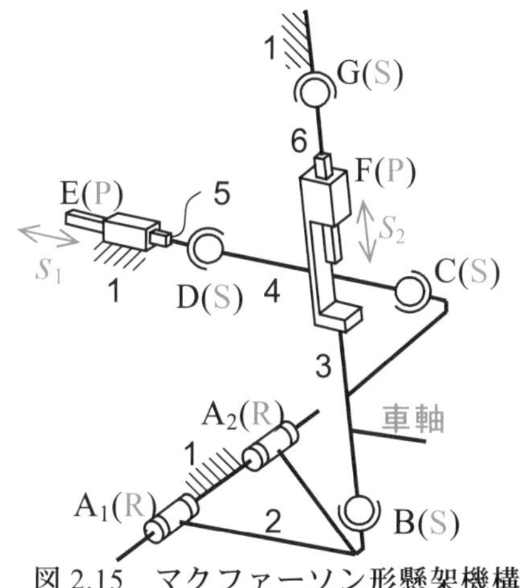

図 2.15　マクファーソン形懸架機構

図 2.15 の機構は，第 1 章の図 1.1 に示したマクファーソン形懸架装置の機構図である．1～6 の 6 つの節が A～G の 7 つの対偶で連結されて構成されている空間 6 節リンク機構である．フレーム 1 と車軸支持節 3 が 3 対偶素節，残りが 2 対偶素節である．対偶 A は接触部が 2 箇所に分かれている回転対偶，対偶 E, F は直進対偶であり，対偶 B，C，D，G は球対偶である．直進対偶 E において変位 s_1 が与えられると，2 連節 3，6 からなる支柱は旋回し，直進対偶 F において変位 s_2 が与えられるとこの支柱は伸縮する．懸架機構のこの機能により自動車は前車輪に方向角を与えると同時に，路面の凹凸に応じて車輪が上下動して車体を一定高さに保持する．この機構は節の数が $N=6$，対偶の数が $J=7$ であるので，この機構の自由度は，対偶の自由度を $f_1, f_5, f_6=1$, $f_2, f_3, f_4, f_7=3$ として式(2.2)より，

$$F=6(6-7-1)+1\times3+3\times4=3$$

と求まる．車体に相対して必要となる車輪の運動の自由度は方向角と上下動についてであるが，節 4 がその中心線のまわりに回転する余剰の自由度を持つため機構の自由度が 3 となっている．

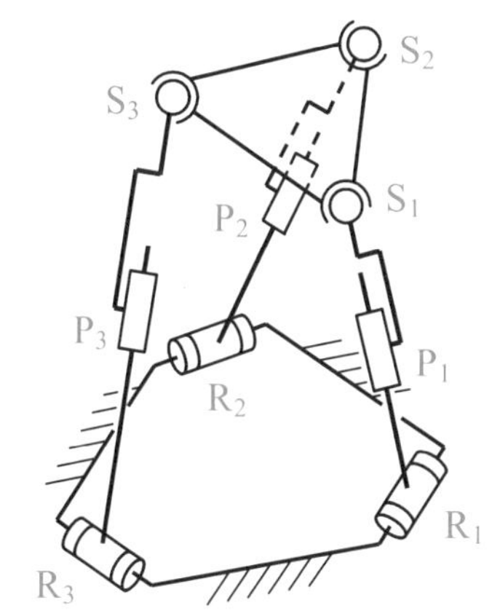

図 2.16　3 自由度空間パラレルメカニズム

図 2.16 の機構は，節の数が $N=8$，対偶の数が $J=9$ (回転対偶数が 3，直進対偶数が 3，球対偶数が 3)の空間パラレルメカニズムであり，機構の自由度は式(2.2)より次のように求まる．

$$F=6(8-9-1)+1\times3+1\times3+3\times3=3$$

通常は図 2.16 中の直進対偶 P_1，P_2，P_3 で連結されている 3 組の 2 連節内に直進形アクチュエータを組み込んで 3 自由度のマニピュレータとして利用される．

2・4・3　ねじ機構(screw mechanism)

図 2.17 は回転対偶，ねじ対偶および細棒対偶からなる 3 節ねじ機構(空間

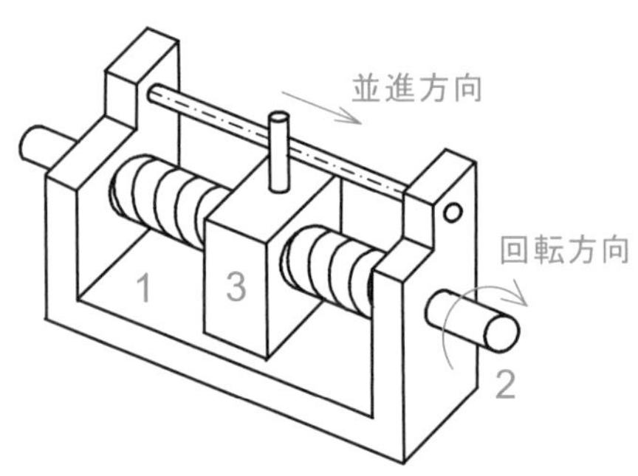

図 2.17　3 節ねじ機構

機構)である．おねじが形成されている原動節 2 は回転対偶で静止節 1 に連結され，めねじが形成されている従動節 3 は細棒対偶で静止節に連結されている．この機構は節の数が $N=3$，対偶の数が $J=3$ である．また，回転対偶，ねじ対偶はそれぞれ自由度が $f_1, f_2=1$ であり，細棒対偶は自由度が $f_3=5$ であるので，この機構の自由度は式(2.2)より次のようになる．

$$F=6(3-3-1)+1\times2+5=1$$

節 1 と節 3 の細棒対偶の接触点の移動軌跡が節 1 と節 2 の回転対偶の中心線に平行である場合は，この細棒対偶を直進対偶で置き換えることができる．この機構の運動空間の次元数は $d=2$（節 2 の回転運動とその回転軸に平行な節 3 の並進運動の 2 つ)であり，閉ループ数が $L=1$ であるので，機構の自由度は式(2.5)より次のようになる．

$$F=1\times3-1\times2=1$$

ただし，細棒対偶を直進対偶で置き換えた機構の空間機構としての自由度は $F=-3$ であるので，構成部品の加工，組立，特に回転対偶とねじ対偶の中心線のアラインメント(alignment)およびそれらと直進対偶素の運動方向との平行性の誤差を極力小さくすることが必要である．このため，実際の機構においては直進対偶の対偶素は出力運動の精度に影響を与えない範囲内で拘束を開放するように設計される．

ねじ機構は，原動節にねじ対偶で連結されている従動節が原動節の回転角に比例して直進するので，工作機械の送り装置，ロボットの直動関節など，回転運動を直進運動に変換する機構として各種の機械に応用されている．

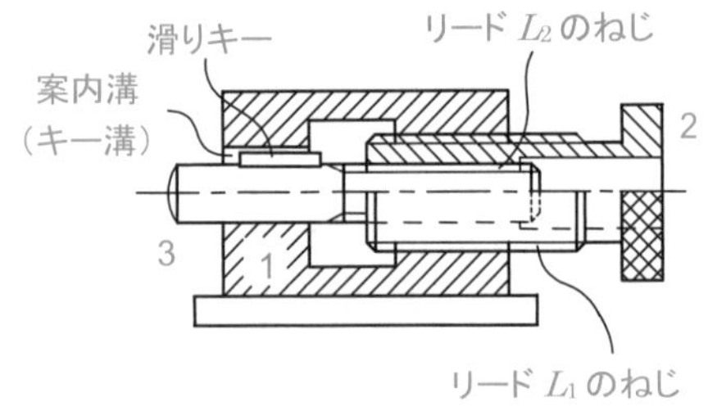

図 2.18　3 節差動ねじ機構

図 2.18 はねじのリード $L=2\pi\Delta s/\Delta\theta$ がわずかに異なっている 2 つのねじ対偶を用いた差動ねじ機構である．静止節 1 と原動節 2 のねじ対偶のリードを L_1 とし，原動節 2 と従動節 3 のねじ対偶のリードを L_2 $(L_1>L_2)$ とすると，静止節に滑りキーと案内溝(キー溝)で直進対偶されている従動節は原動節が 1 回転する間に L_1-L_2 だけ進むことになる．ねじ機構そのものが小さい送りに用いることができるのに加えて，リード L_1 と L_2 の差が小さい差動ねじ機構は従動節に極めて小さい変位を与えることができるので，微小移動用の直動機構として応用される．

2・4・4　組合せ機構(combined mechanism)

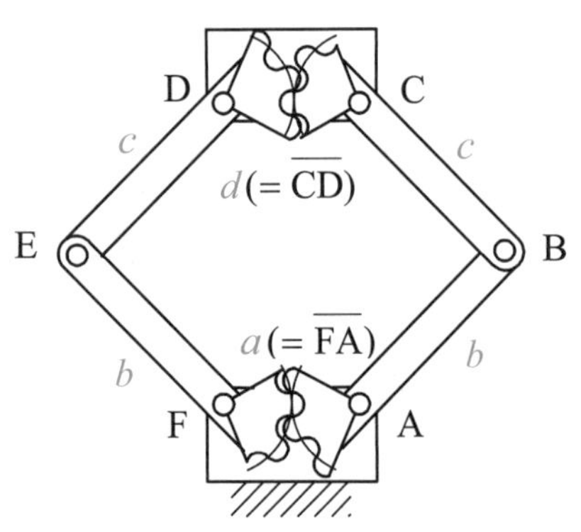

図 2.19　鏡対称平面 6 節リンク歯車機構

実際の機械や装置には，リンク機構，カム機構，歯車機構などが組み合わされて用いられている場合が多い．図 2.19 は自動車の手動ジャッキ，電車のパンタグラフなどに応用されている鏡対称な平面 6 節リンク歯車機構で，組合せ機構(combined mechanism)の代表的例である．この組合せ機構は，自由度 3 の平面 6 節リンク機構の静止節 FA の両側の節および中間節 CD の両側の節に，ピッチ円半径が等しい一対の扇形歯車をそれらの中心がそれぞれ対偶点 A，F および C，D に一致するように固定して構成されている．

自由度 3 の平面 6 節リンク機構の 2 組の 2 つの節の回転角を，2 組の自由度 1 の歯車列(gear train, train of gears)を用いて拘束したので，この機構の自由度は 1 となる．また，中間節 CD は静止節 FA に対して平行な姿勢で上下に運動する．この平面 6 節リンク歯車機構の自由度が 1 であることは，節の数が $N=6$，対偶の数が $J=8$ であり，回転対偶が 6 つ，高次対偶が 2 つであるので，平面機構の自由度の公式(2.3)から次のように確かめられる．

$$F = 3(6-8-1)+1\times 6+2\times 2=1$$

2・4・5　過拘束機構(overconstrained mechanism)

2・3 節の機構の自由度の式は機構定数が任意の値をとる場合について成り立つ式である．式(2.2)および(2.3)で算出される機構の自由度が 0 または負値の場合はこの剛体系は一般には構造物ということになるが，機構定数の間に特別な関係が存在する場合は運動可能になり，機構として使用できるものもある．これは次のように説明できる．

図 2.20(a)は平面 4 節の平行クランク機構(parallel crank mechanism)である．この機構の節 3 は並進運動だけ行い，それ上の点はすべて対偶点 B または C の軌跡と平行な軌跡，すなわちクランク(節 2，節 4)の長さに等しい半径の円を描く．そこで，節 3 上の点 E とこの点が静止節 1 上に描く円の中心 F の間に，長さがクランク長に等しい第 5 の節(2 対偶素節)を図 2.20(b)に示すように組み込んでも元の平行クランク機構の運動は拘束されず，新しく平面 5 節平行クランク機構が得られる．この機構の節の数，対偶の数および対偶の自由度に関しては，**2・4・1** 項で示した 2 つの 3 対偶素節と 3 つの 2 対偶素節からなる 5 剛体構造物(図 2.10)と同等であり，機構の自由度は 0 と算出される．かくして，自由度の式からは節による拘束が多くて機構の自由度が 0 または負値と算出されるが，実際に運動可能である機構が得られる．このような機構が過拘束機構である．

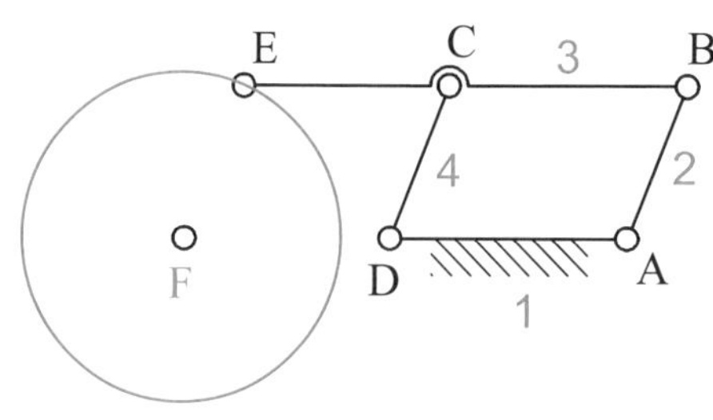

(a) 中間節上の点 E が円を描く

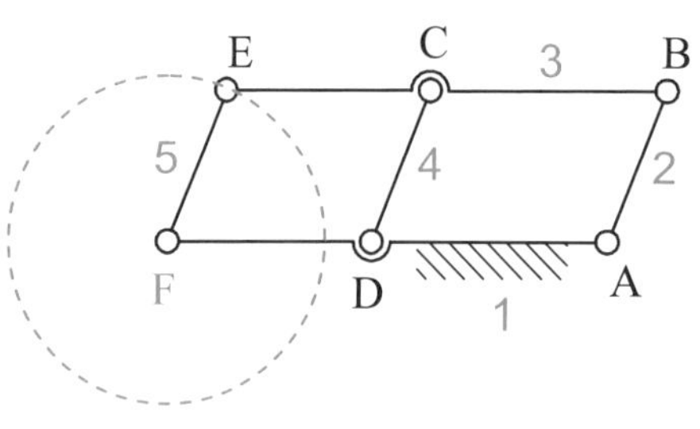

(b) クランク EF を追加する

図 2.20　平面 4 節および 5 節平行クランク機構

交差角が等しい 2 本の回転軸を持つ 2 つの節を，図 2.21 に示すように，回転軸が平行である 2 つの 2 連節で連結して得られる空間 6 節リンク機構（サルーの機構，Sarrut's mechanism）の自由度を式(2.2)により算出すると 0 である．しかし，2 つの 2 連節は交差軸を持つ 2 対偶素節間の並進運動を拘束しないのでこの機構は過拘束機構であり，運動することができる．

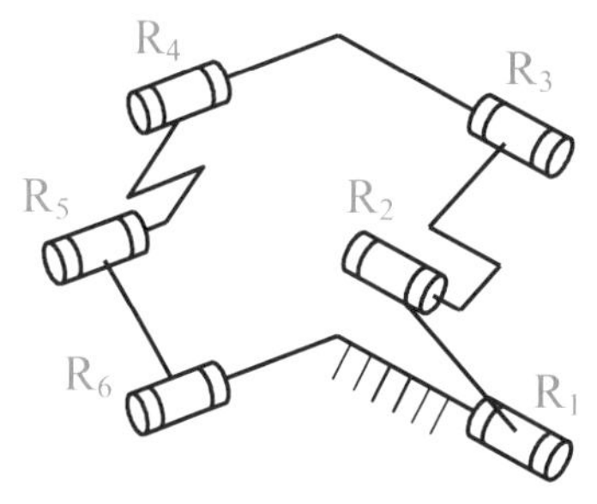

図 2.21　サルーの機構

過拘束機構は，機構定数が誤差を持つと節の相対運動に誤差が生じて過拘束機構を成立させている幾何学条件が満たされなくなり，機構の滑らかな作動が妨げられるので，実際の機械部品の加工，組立の精度，剛性などが重要である．

2・5　数の総合の基礎式 (fundamental equations for number synthesis)＊

総合対象の機構の形式が与えられた場合に構造の総合を行うためには，まず数の総合を行って，適用可能な機構の節の数および対偶の自由度とその数を明らかにしなければならない．本節では，**2・3** 節において示した機構の自由度の式に基づいて数の総合を行う際に有用な式を示す．

数の総合では，自由度が F の機構，すなわち入力変数が F 個の機構を得るために，節の数 N とそれらの種類，対偶の数 J および各対偶の自由度 $f_i\,(i=1\sim J)$ を決定する．

機構の自由度の式(2.2)または(2.3)は機構の構造を計画するに有効な変数 F，N，J および $f_i\,(i=1\sim J)$ を含んでいるので，この式を数の総合の基礎式とする．

対偶素の多い節は多くの節と連結されるので，機構は一般には対偶素が少ない節ほど多く含まれて構成される．よって，機構の自由度の式では考慮されていない節の対偶素の数に関する下記の2つの条件式を数の総合の基礎式に加える．節は対偶素の数が2，3，4などであることにより2対偶素節，3対偶素節，4対偶素節などに分類されるので，それらの数をそれぞれ$n_2, n_3, n_4, \cdots$とすれば，それらの和は節の数の合計に等しいので次式が得られる．

$$N = n_2 + n_3 + n_4 + \cdots \tag{2.8}$$

また，1つの対偶は対応する2つの対偶素で構成されるので，すべての対偶素の数に関して次式が成立する．

$$2J = 2n_2 + 3n_3 + 4n_4 + \cdots \tag{2.9}$$

数の総合に用いる式(2.2)または(2.3)および式(2.8)，(2.9)では機構の閉回路中の節の種類および対偶の種類とその配置の順序が考慮されていない．このため，変数F，N，n_j，Jおよび$f_i(i=1 \sim J)$の1組の値に対して複数の機構構造が対応することになる．

なお，閉連鎖のどの節を静止節に選ぶかによって，1つの閉連鎖から入出力関係が異なる複数の機構を得ることができる．このようにして得られた機構を交替機構(inversions)という．

2・6　平面機構の構造の総合 (structural synthesis of planar mechanism)＊

平面機構は自由度1の低次対偶である回転対偶および直進対偶と自由度2の高次対偶を用いて構成される．低次対偶だけで構成されている機構は狭義のリンク機構であり，高次対偶を含む機構としてはカム機構，歯車列，ゼネバ機構などがある．

2・6・1　低次対偶連鎖(kinematic chain with lower pairs)

式(2.3)において，$f_i = 1 (i = 1 \sim J)$とすると，

$$F = 3(N - J - 1) + J$$

ゆえに，

$$J = \frac{3}{2}(N-1) - \frac{F}{2} \tag{2.10}$$

対偶の数Jは3以上の整数であるので，式(2.10)から，Fが奇数の場合にはNが偶数であり，Fが偶数の場合にはNが奇数であることがわかる．さらに，機構の自由度が1の場合，式(2.10)において$F=1$とすると，回転対偶または直進対偶だけで構成される平面連鎖の節の数と対偶の数の関係が表2.1のように求まる．この関係は平面機構の数の総合の見通しを良くする．

表2.1　自由度1の低次対偶連鎖の節数Nと対偶数Jの関係

N	4	6	8	・・・
J	4	7	10	・・・

式(2.8)および(2.9)から，2対偶素節の数n_2および3対偶素節の数n_3は次のように表される．

$$n_2 = 3N - 2J + \sum_{j=4} (j-3) n_j \tag{2.11}$$

$$n_3 = 2(J-N) - \sum_{j=4}(j-2)n_j \tag{2.12}$$

式(2.11)および(2.12)と $F=1$ とするときの式(2.10)を用いれば，対偶素の多い節の数 n_4, n_5, n_6 などを仮定して 2 対偶素節の数 n_2 および 3 対偶素の数 n_3 が正の値に求まる場合を組織的に調べることにより，比較的少ない試行で j 対偶素節の数 $n_j (j=2,3,\cdots)$ を確定することができる．

【平面 4 節連鎖】　低次対偶だけで構成されている自由度 1 の平面連鎖のうち，節数が最小の平面 4 節連鎖(planar four-bar chain)の構造について考える．表 2.1 より，式(2.11)および式(2.12)において，$N=4, J=4$ とすると，

$$n_2 = 4 + \sum_{j=4}(j-3)n_j, \qquad n_3 = -\sum_{j=4}(j-2)n_j$$

上記の第 2 式より，対偶素の数が 4 以上の節の存在を仮定すると n_3 が負値となり，矛盾が生ずる．ゆえに，$n_j = 0\ (j \geq 4), n_3 = 0, n_2 = 4$ となり自由度 1 の平面 4 節連鎖は 4 つの 2 対偶素節で構成されるものだけであることがわかる．

使用できる対偶は回転対偶と直進対偶だけであるから，回転対偶と直進対偶の数の組み合わせは 4 と 0，3 と 1，2 と 2，1 と 3，0 と 4 の 5 通りが考えられる．これらのうち，直進対偶が 3 つ，回転対偶が 1 つの連鎖および直進対偶が 4 つの連鎖では，節間の相対運動はすべて並進運動である．したがって，式(2.5)における運動空間の次元数は $d=2$ であり，本総合問題で設定した $d=3$ とは異なるため，これらの連鎖については，これ以上言及しない．残りの 3 つの組み合わせについて，回転対偶と直進対偶の配置の順序を考えれば，平面 4 節連鎖は図 2.22 に示す 4 種類となる．それぞれ(a)4 回転対偶連鎖(four-revolute chain)，(b)スライダ・クランク連鎖(滑り子・クランク連鎖，slider-crank chain)，(c)二重スライダ連鎖(二重滑り子連鎖，double-slider chain)および(d)対向二重スライダ連鎖(対向二重滑り子連鎖，opposite double-slider chain)と呼ぶ．

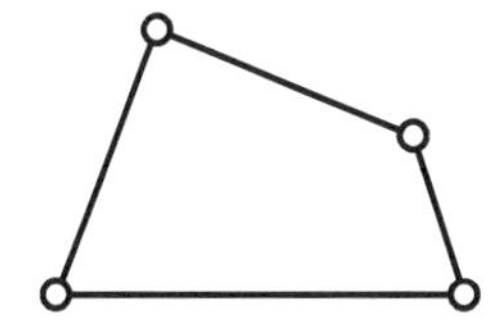

(a)　4 回転対偶連鎖

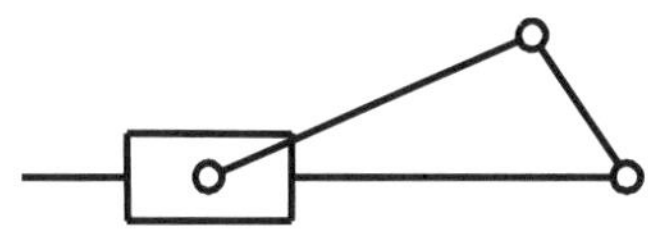

(b)　スライダ・クランク連鎖

(c)　二重スライダ連鎖

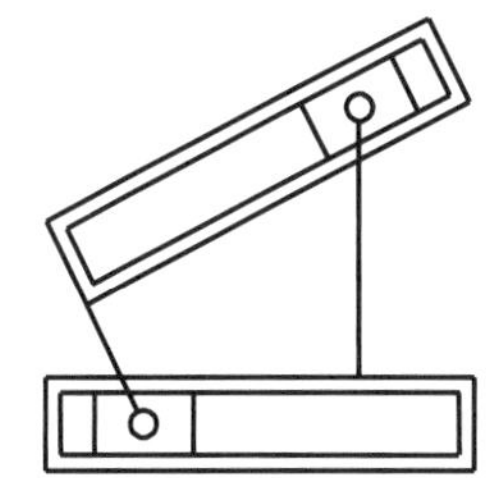

(d)　対向二重スライダ連鎖

図 2.22　回転対偶，直進対偶を持つ平面 4 節連鎖の種類

【平面 6 節連鎖】　自由度 1 の平面 6 節連鎖について考える．表 2.1 より，式(2.11)および式(2.12)において $N=6, J=7$ とすると，

$$n_2 = 4 + \sum_{j=4}(j-3)n_j, \quad n_3 = 2 - \sum_{j=4}(j-2)n_j$$

上記の第 2 式より，対偶素の数が 5 以上の節の存在および対偶素の数が 4 の節の 2 つ以上の存在を仮定すると n_3 が負値となり，矛盾が生ずる．ゆえに，$n_j = 0 (j \geq 5), n_4 = 1$ または 0 となり，自由度 1 の平面 6 節連鎖の 2 対偶素節，3 対偶素節および 4 対偶素節の数は表 2.2 に示す 2 つの場合が考えられる．表 2.2 の結果を回転対偶だけで構成される連鎖について示せば図 2.23 を得る．

表 2.2 の(a)の場合は，図 2.23(a)に示すように，4 対偶素節と 3 つの 2 対偶素節が 4 節連鎖を構成し，それと無関係に残りの 2 つの 2 対偶素節が 4 対偶素節と 3 剛体構造物を構成するため平面 4 節連鎖の機能しかもたない．よって，この場合は棄却される．

表 2.2 の(b)の場合は，図 2.23(b1)および(b2)に示すワット形およびスティーブンソン形の 2 つの平面 6 節連鎖が存在する．ワット形連鎖(Watt-type chain)においては 3 対偶素節が直接連結されており，スティーブンソン形連鎖

表 2.2　平面 6 節連鎖における j 対偶素節の数 n_j

	n_2	n_3	n_4
(a)	5	0	1
(b)	4	2	0

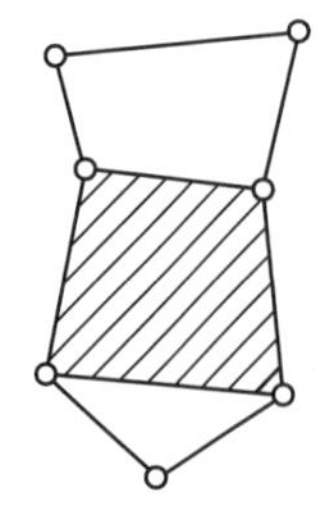

(a) 4 節連鎖と等価な 6 節連鎖

(b1)ワット形連鎖

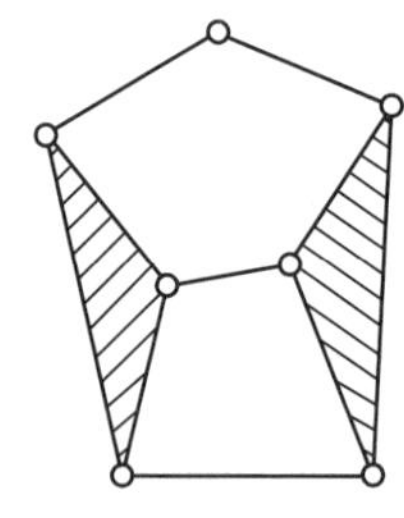

(b2)スティーブンソン形連鎖

図 2.23　回転対偶のみを持つ平面 6 節連鎖

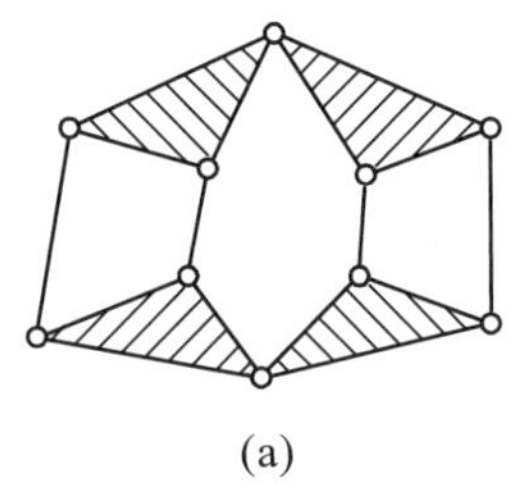

(a)

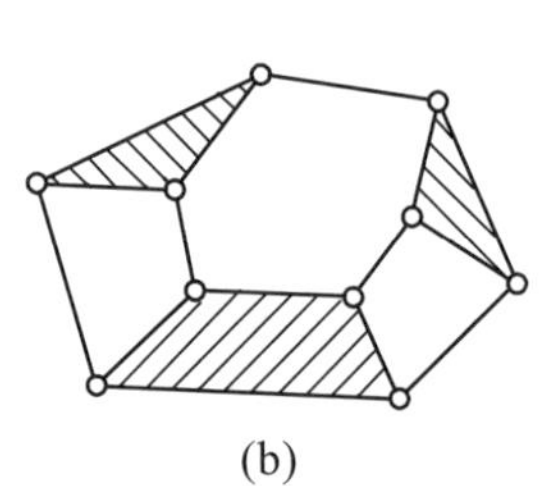

(b)

図 2.24　平面 8 節連鎖の例

(Stephenson-type chain)においては 3 対偶素節が 2 対偶素節を介して連結されているのが特徴である．平面 6 節連鎖は，ワット形およびスティーブンソン形連鎖の回転対偶の幾つかを直進対偶で置き換えることにより，さらに多くの種類が得られる．

【平面 8 節連鎖】　節の数が増大するに従ってリンク機構は複雑な運動を創成することができるが，解析と設計もより一段と煩雑となる．回転対偶だけで構成される自由度 1 の平面 8 節連鎖について考える．式(2.11)および式(2.12)において，$N=8, J=10$ として，平面 6 節連鎖の場合と同様の議論を行うことにより，16 種類の平面 8 節連鎖が求まる．それらの中でワット形連鎖およびスティーブンソン形連鎖を成分としていない 2 つの連鎖を図 2.24 に示す．回転対偶の幾つかを直進対偶で置き換えることにより，さらに多くの種類の連鎖が得られることは平面 6 節連鎖の場合と同様である．

2・6・2　平面 4 節リンク機構の構造 (structure of planar four-bar mechanism)

数の総合の結果として得られた連鎖の節の数，対偶の数，自由度 f の対偶の数を基にして，平面 4 節リンク機構の構造を次のようにして導出する．

(i) 具体的に用いる対偶の種類とそれらの数を決定する．

(ii) 閉連鎖内での対偶の配置の順序を決定する．

(iii) 静止節を指定する．

すでに，前項において，(ii)まで実行した結果として，平面 4 節連鎖の種類を図 2.22 に示した．それぞれについて(iii)を実行することで以下のように平面 4 節リンク機構の具体的構造が明らかとなる．

【回転対偶のみからなる機構】　対偶の配置の順序は図 2.22(a)の 1 通りであり，静止節の選び方は 1 通りなので，回転対偶のみからなる平面 4 節機構の構造は 1 種類(例えば図 2.2 の機構)である．

【回転対偶が 3 つ，直進対偶が 1 つの機構】　対偶の配置の順序は図 2.22(b)のスライダ・クランク連鎖の 1 通り，静止節の選び方が 2 通りなので，回転対偶が 3 つ，直進対偶が 1 つの機構の構造は 2 種類である．そのうちの 1 つは図 2.9 の機構である．

【回転対偶が 2 つ，直進対偶が 2 つの機構】　対偶の配置の順序が図 2.22(c)の二重スライダ(RRPP)連鎖と図 2.22(d)の対向二重スライダ(RPRP)連鎖の 2

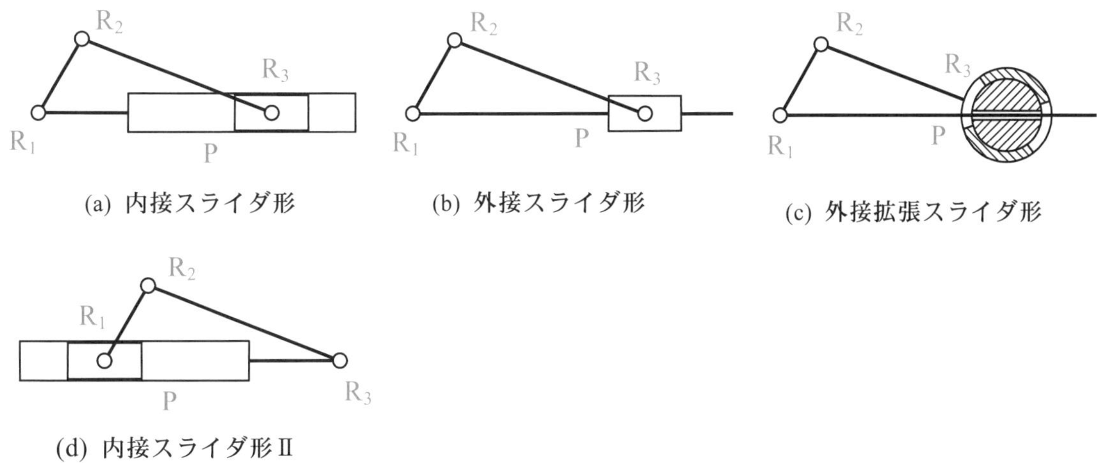

図 2.25　スライダ・クランク連鎖の直進対偶の構成

通りで，RRPP 連鎖における静止節の選び方が 3 通り，RPRP 閉連鎖における静止節の選び方が 1 通りなので，回転対偶が 2 つ，直進対偶が 2 つの機構の構造は 4 種類である．

以上により，平面 4 節リンク機構の構造は 7 種類であることがわかる．

回転対偶のみからなる機構は機構の構造は同じであっても，実用的には，4 つの節長の大きさにより，相対的に 1 回転できる隣接節対を含む機構とそうでない機構に分類される．さらに前者の機構は相対的に 1 回転できる隣接節対の配置により 4 種類の機構に分類される(**4･7･1** 項参照)．

2・6・3　3 回転対偶・1 直進対偶機構 (3 revolute, 1 prismatic pairs mechanism)

3 つの回転対偶 R_1， R_2， R_3 および直進対偶 P をもつスライダ・クランク連鎖は，一対の直進対偶素の実現の仕方で図 2.25 に示す，(a)内接スライダ形，(b)外接スライダ形の 2 通りの形式があり，後者は対偶の拡張により(c)外接拡張スライダ形の形式が考えられる．また，(a)の形式は，節長である回転対偶 R_1 と R_2 間，R_2 と R_3 間の距離の大きさを区別する場合は(d)内接スライダ形Ⅱが考えられる．これは(b)の形式の場合も同様である．

このように，直進対偶の構成は種々考えられるが，機構の各節の相対運動は同じであるので，図 2.22(b)に示すスライダ・クランク連鎖より得られる機構は，2 つの回転対偶素を持つ節 R_1 R_2 または R_2 R_3 を静止節とする機構および回転対偶素と直進対偶素を持つ節 R_1 P または P R_3 を静止節とする機構の 2 つであることがわかる．

実用的にはスライダの運動形態に基づいて，2 つの回転対偶素を持つ節を静止節とする機構は，回転スライダ・クランク機構と揺動スライダ・クランク機構に，回転対偶素と直進対偶素を持つ節を静止節とする機構はスライダ・クランク機構(往復スライダ・クランク機構)と固定スライダ・クランク機構に分類される．

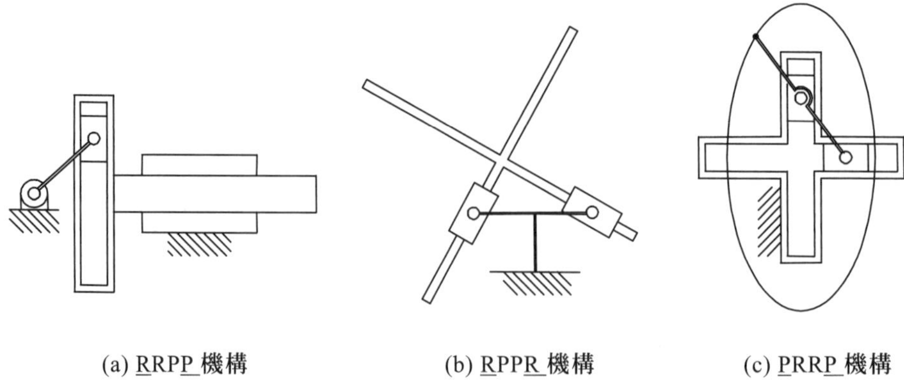

(a) RRPP 機構　(b) RPPR 機構　(c) PRRP 機構

図 2.26　連続 2 回転 2 直進対偶機構の構造

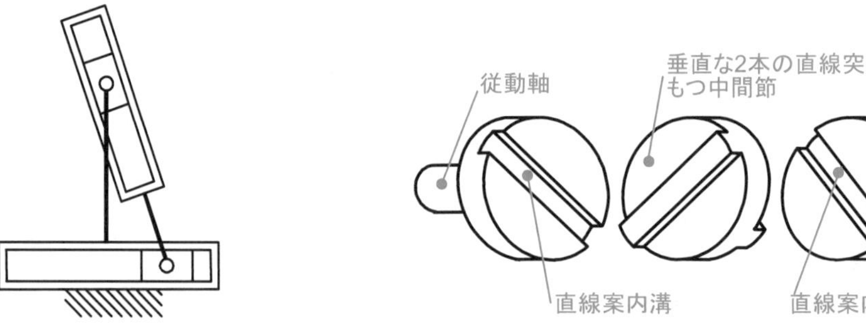

図 2.27　交互 2 回転 2 直進対偶機構 (RPRP 機構)の構造

図 2.28　オルダム継手機構の対偶素の形状

2・6・4　2 回転対偶・2 直進対偶機構 (2 revolute, 2 prismatic pairs mechanism)

図 2.22 の(c)の連続する 2 つの回転対偶と 2 つの直進対偶で連結されている平面 4 節連鎖(二重スライダ連鎖)から得られる構造の異なる 3 種類の機構を図 2.26 の(a), (b), (c)に示す．図 2.22(d)の 2 つの回転対偶と直進対偶を交互に用いて連結されている平面 4 節連鎖から得られる機構の構造は図 2.27 に示す 1 種類である．なお，図中に RRPP のように下線を付している対偶は静止節の対偶を表す．

交差案内の運動形態が異なる図 2.26 の(a), (b), (c)の機構の具体例としてはそれぞれ，スコッチヨーク機構(Scotch yoke mechanism)，オルダム継手機構(Oldham coupling mechanism)，二重スライダ機構(二重滑り子機構, double-slider mechanism)またはだ円コンパス(elliptic trammel)がある．図 2.27 の機構の具体例としてはラプソンの舵取り機構(Rapson steering mechanism)がある．

図 2.26(b)の機構は，軸間距離が可変な平行な 2 軸間に回転運動を等速で伝達するオルダム継手機構として用いられるが，相対的に 1 回転する中間節と原動節および従動節の干渉を避けるために，図 2.28 に示すような交差案内が両面に突起または溝をもった円板として実現されている．

2・6・5　板カム機構(disk cam mechanism)

平面内で運動する 1 組の板カムとカム従動節(カムの専門用語としては従節:follower)を持つ自由度 1 の板カム機構(disk cam mechanism)の節の数 N

表 2.3　板カム機構の節の数 N と対偶の数 J の関係

N	3	5	7	・・・
J	3	6	9	・・・

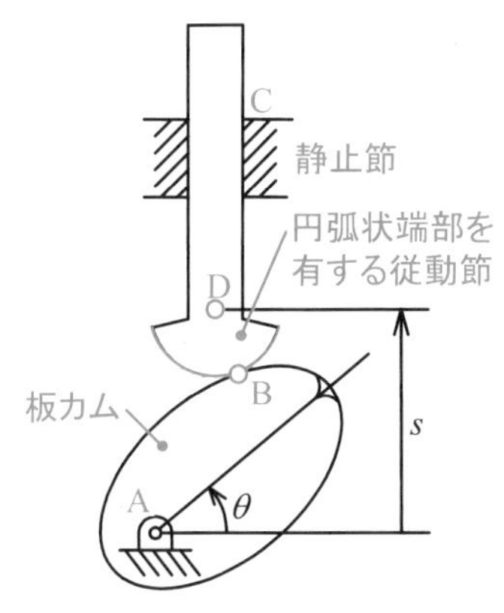

図 2.29　円弧端従動節板カム機構

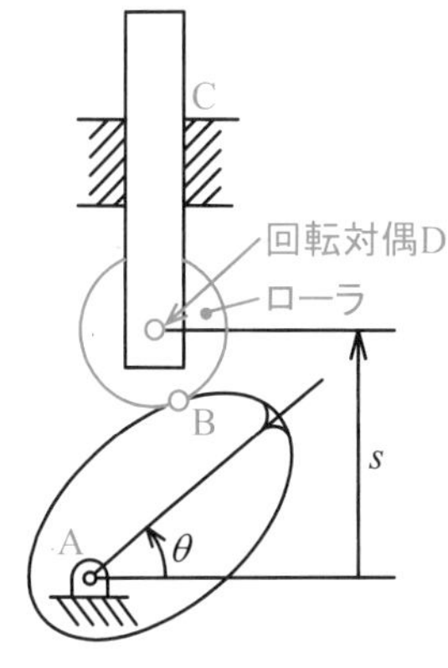

図 2.30　ローラ端従動節板カム機構

と対偶の数 J の関係を調べてみる．

式(2.3)において $F=1,\ f_1 \sim f_{J-1}=1$ および $f_J=2$ とすると次式を得る．

$$J=\frac{3}{2}(N-1)$$

よって，板カム機構の節の数 N および対偶の数 J の対応は表 2.3 のようになる．

最も単純な自由度 1 の板カム機構は図 2.29 に示すような 3 節機構である．従動節端部が円弧形の場合は，板カムと従動節端部の接触における滑り運動の成分を除去するために，円弧形端部は，図 2.30 に示すように従動節に回転対偶されている同一半径のローラで置き換えられる場合が多い．この形式の板カム機構は，板カムとローラが転がり接触(rolling contact)するとして，自由度 1 の対偶で 4 つの 2 対偶素節を連結した自由度 1 のリンク機構とみなすことができる．

2・7　空間機構の構造の総合 (structural synthesis of spatial mechanism)＊

第 1 章の **1・4・3** 項で示した低次対偶のうち，回転対偶(R)，直進対偶(P)，らせん対偶(H), 円筒対偶(C)および球対偶(S)を持つ空間機構について考える．多くの場合，機構の入力節の運動は自由度 1 の回転運動または直進運動であり，出力節の運動は自由度 1 の回転，直進，らせん運動または自由度 2 の円筒運動である．入力節，出力節と静止節で自由度 1 の空間 3 節機構を構成するためには入力節と出力節を自由度 5 または 4 の高次対偶を用いて連結する必要があり，いわゆるカム機構となる．そこで，以下においては，4 節以上の空間リンク機構の総合を行う．

【低次対偶のみからなる 1 自由度空間 4 節機構】　まず，低次対偶のみからなる自由度が 1 の空間 4 節連鎖について考える．

式(2.2)において，$F=1,\ N=4$ とすると，

$$f_1+f_2+\cdots+f_J=6J-17$$

閉ループを形成するためには対偶は 4 つ以上必要なので，

$$6J-17\geq 4 \qquad \therefore J\geq 7/2$$

よって，$J=4$ とすると，$f_1+f_2+f_3+f_4=7$ であり，対偶の順序を考慮に入れ

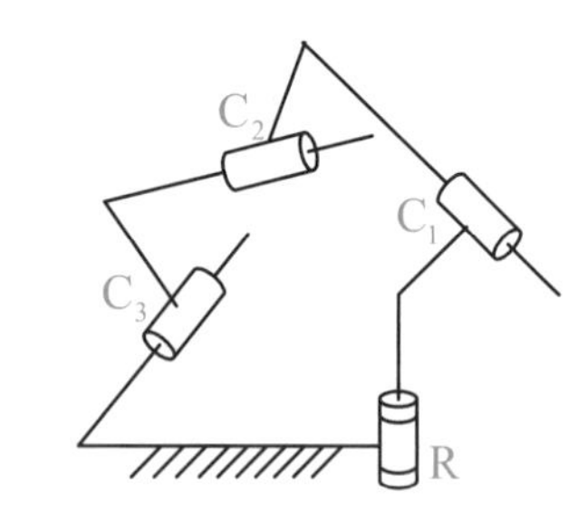

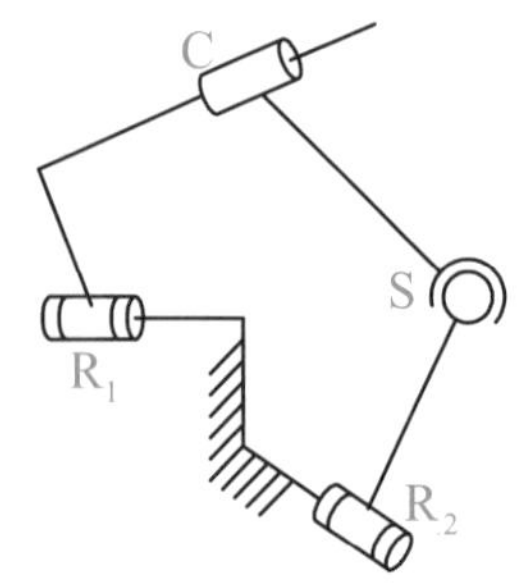

(a) RCCC 空間4節リンク機構 (b) RSCR 空間4節リンク機構

図 2.31 空間4節リンク機構

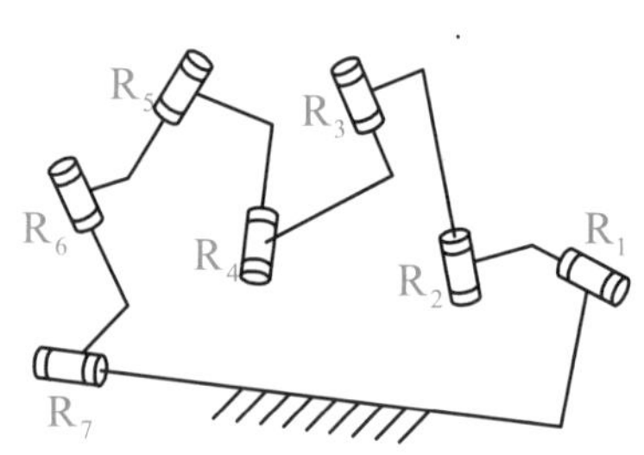

図 2.32 7R 空間7節リンク機構

ない場合は，含まれている対偶の記号で区別するとき，空間4節連鎖は次の9種類に分類される．

(a) RRCS 4 節連鎖　(b) RPCS4 節連鎖　(c) RHCS 4 節連鎖
(d) PPCS 4 節連鎖　(e) PHCS 4 節連鎖　(f) HHCS 4 節連鎖
(g) RCCC 4 節連鎖　(h) PCCC 4 節連鎖　(i) HCCC 4 節連鎖

上記の9つの4節連鎖から，対偶の配置の順序および静止節の選び方を考慮に入れると，60種類の機構が得られる．それらの中の2つの機構，RCCC 空間4節リンク機構および RSCR 空間4節リンク機構を図 2.31 に示す．

【回転対偶のみからなる1自由度空間機構】　まず，回転対偶だけで構成されている自由度が1の空間連鎖について考える．

式(2.2)において，$F=1, f_i=1\ (i=1\sim J)$ とすると，

$$J=\frac{6}{5}N-\frac{7}{5}$$

節の数 N および対偶の数 J はそれぞれ3以上なので，上記の関係式を満足する N と J の値の対応は表 2.4 のようになる．

図 2.32 は回転対偶のみからなる 7R 空間7節リンク機構である．

表 2.4 回転対偶のみからなる1自由度空間リンク機構の節の数 N と対偶の数 J の関係

N	7	12	17	・・・
J	7	13	19	・・・

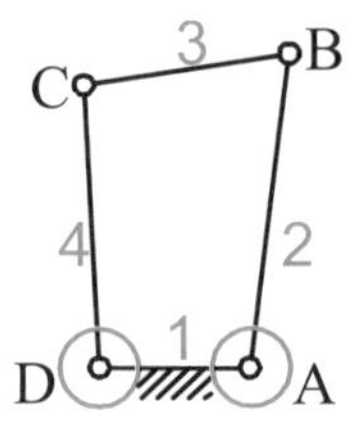

Fig. 2.33 A double-crank mechanism

===== 練習問題 ==================

【2・1】対偶がすべて回転対偶である自由度1の平面8節連鎖は16種類存在する[7]．これらをすべて図示せよ．

【2・2】 Consider a double-crank mechanism shown in Fig. 2.33. Sketch its practical structure in which two cranks 2 and 4 can fully rotate without interference with the other members.

【2・3】平面4節リンク機構および平面6節リンク機構が応用されている機械や装置をそれぞれ3つ挙げ，機構図を示して運動の特徴を説明せよ．

【2・4】カム機構および歯車機構以外で，高次対偶が使用されている機械や装置を3つ挙げ，機構図を示して運動の特徴を説明せよ．

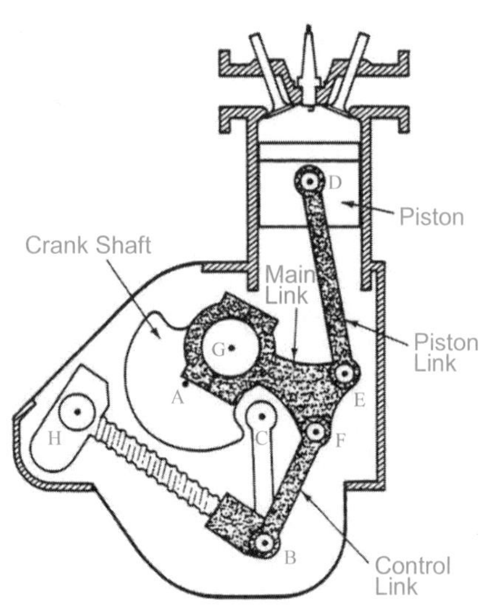

Fig. 2.34 Cross section of variable-stroke engine (from ref. (8))

【2・5】Figure 2.34 is a cross section of a variable-stroke engine showing the crank AG, the main link EFG, the piston link DE, and the stroke control link BF. The stroke is varied by moving the lower end B of the control link. As the control nut is moved inward on its screw, in which how to rotate the nut is not shown, the angle between the control yoke BC and the axis of the cylinder increases. This causes the main link to move in a broader arc, bringing about a longer stroke.

(1) Draw the kinematic diagram of the variable-stroke engine.

(2)) Find the degree of freedom of the mechanism.

【2・6】回転運動を回転軸に平行な直線に沿った往復運動に変換する自由度 1 の空間 4 節リンク機構の構造を総合せよ.

【解答】

1.自由度 1 の有効な平面 8 節連鎖の 2 対偶素節，3 対偶素節および 4 対偶素節の数は表 2.5 に示す 3 つの場合が考えられる．(a)，(b)および(c)の場合の独立な平面 8 節連鎖の数はそれぞれ 2，5 および 9 であり，平面 8 節連鎖は合計で図 2.35 に示す 16 種類である．

表 2.5　平面 8 節回転連鎖における n_j 対偶素節の数

	n_2	n_3	n_4
(a)	6	0	2
(b)	5	2	1
(c)	4	4	0

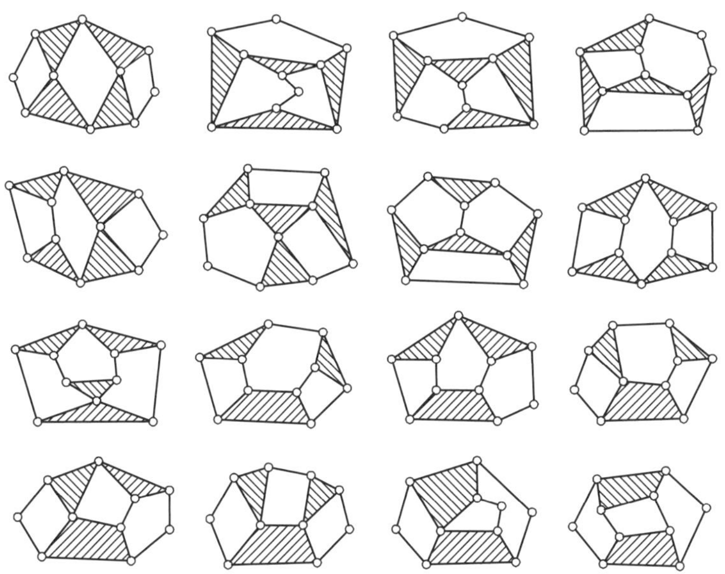

図 2.35　16 種類の平面 8 節連鎖

2. As shown in Fig. 2.36, design the stationary link 1 as the two-plane structure and arrange the driving link 2, the coupler link 3, the driven link 4 in three separate planes. The double-crank mechanism of the five-plane structure can avoid interference with the other members. If the coupler link is adopted as the eccentric shaft shown in Fig. 1.23(b), the double-crank mechanism may be designed with a four-plane structure.

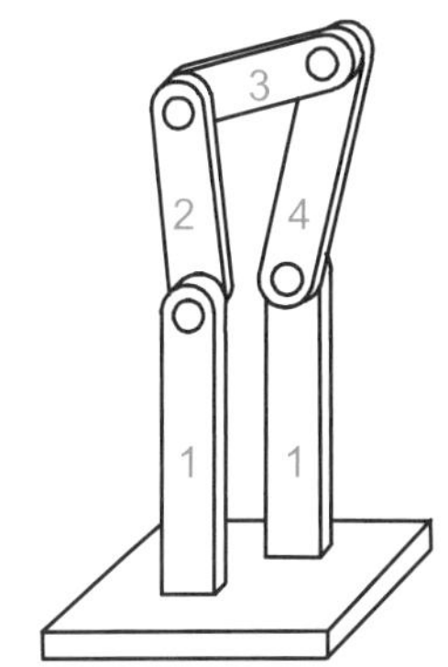

Fig. 2.36 Sketch of double-crank mechanism of five-plane structure

3. および 4.省略.

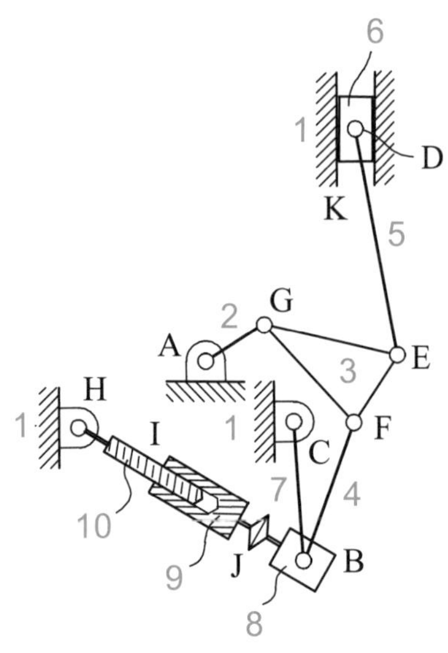

Fig. 2.37　Kinematic diagram of variable-stroke engine

5.

(1) The kinematic diagram of the variable-stroke engine in Fig. 2.34 is given in Fig.2.37.　A, C, D, E, F, G, H, J are revolute pairs and B is a double revolute pair. K is a prismatic pair and I is a helical pair.

(2) The total number of links is ten, and the numbers of revolute pairs, prismatic pairs and the helical pairs are ten, one, and one, respectively. Seven links 1～7 compose two closed loops of dimension 3, and five links 1 and 7～10 compose one closed loop of dimension 4. Consequently, the degree of freedom of the mechanism is calculated from Eq. (2.7) as follows.

$$F = 12 - 3 \times 2 - 4 \times 1 = 12 - 10 = 2$$

6. 回転対偶と直進対偶をもつ空間 4 節連鎖は，**2･7** 節の(b) RPCS 4 節連鎖である．この連鎖は対偶の配置の順序により，RPCS 形，RPSC 形および RCPS 形に分類される．題意により，静止節に回転対偶と直進対偶を持つ機構は RSCP 形機構と RCSP 形機構の 2 つである．下線の対偶は静止節に用いられている対偶を表す．これらを図示すれば，図 2.38 の(a)および(b)となる．

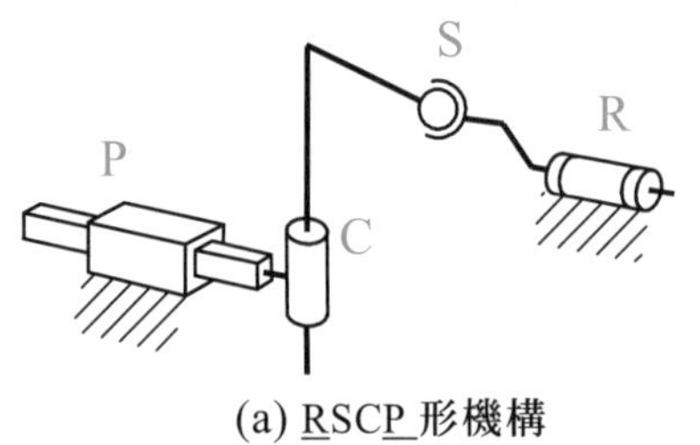

(a) RSCP 形機構

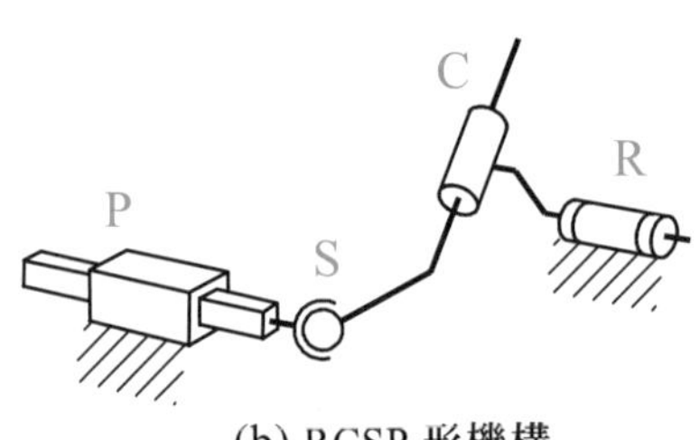

(b) RCSP 形機構

図 2.38　RSCP および RCSP 形スライダ･クランク機構

第 2 章の参考文献

(1) 稲田重雄ほか・3 名，機構学，(1961)，朝倉書店．

(2) Hunt, K., H., Kinematic Geometry of Mechanisms, (1978), Oxford University Press.

(3) Hinkel, R., T., Kinematics of Machines, (1960), Prentice-Hall, Inc.

(4) Norton, R., L., Design of Machinery, (1992), McGraw-Hill, Inc.

(5) 野口尚一，機構学，(1944)，山海堂．

(6) Shigley, J., E. and Uicker, J., J., Jr., Theory of Machines and Mechanisms, (1980), McGraw-Hill, Inc.

(7) Hain, K., Applied Kinematics, (1967), McGraw-Hill, Inc.

(8) Sandor, G., N. and Erdmann, A., G., Advanced Mechanism Design : Analysis and Synthesis, Volume 2, (1984), Prentice-Hall, Inc.

第 3 章
平面機構の運動学
Fundamental Kinematics of Planar Mechanism

3・1 はじめに(introduction)

平面内を運動する節の運動は，その上の 2 定点 A および B の運動により表現される．機構は複数の節が組み合わされて構成されている．機構内の各節の運動は他の指定された節に対する相対運動により表現される．多くの場合，静止節が相対運動の基準となる節であり，静止節に対して運動する節を動節と呼ぶ．本章では，まず，静止節に対して運動する節(動節)について，その静止節に対する相対運動の解析方法について述べる．そのために，平面運動を行う剛体の運動の記述法として複素数(complex number)による方法を紹介し，それによる具体的な解析式を誘導し，1 つの動節について成立する速度(velocity)・加速度(acceleration)の相似則と運動の瞬間中心(instantaneous center)について述べる．これらの手法に基づき，動節の運動の数式および図式による解析手法について，具体的に説明を加える．そして，直接接触(direct contact)する 2 連節の運動解析式と種々の重要事項について述べる．

3・2 複素数による動節位置の記述 (complex number notation of a moving link's position)

一般に，空間内を運動する剛体(動節)の運動は第 9 章で扱うように，特にその姿勢の取り扱いが複雑である．一方，平面内を運動する剛体の場合，その回転運動は運動平面に垂直な軸まわりの角変位，角速度および角加速度のスカラで表されるので，その取り扱いは容易である．本章では，平面運動を行う動節の運動の記述法として，複素数による方法を採用する．

まず，複素数による位置の記述方法について説明する．図 3.1 に示すように，横軸に X 軸，縦軸に iY 軸をとった複素平面(complex plane)の座標系を考える．ここに，i は虚数単位である．座標系 O $-$ XY は静止節 a に固定されている．このように静止節に固定されている座標系を静止座標系(fixed coordinate system, base coordinate system)と呼ぶ．動節 b は XY 平面内を運動する．動節 b 上の定点 A，B を図のように定め，動節 b 上に点 A を原点とする動座標系(moving coordinate system) A $-$ xy を設定する．x 軸と X 軸のなす角を θ，点 B の A $-$ xy 座標系上での位置ベクトルを $\boldsymbol{b}$ と表す．複素平面内の点の座標を (X,Y) と表す．例えば，点 A の静止座標系 O $-$ XY における座標は (X_A,Y_A) である．点 A の原点 O からの距離を a，直線 OA が X 軸となす角を θ_A，点 A の位置ベクトルを $\boldsymbol{A}$ とすれば，次式が成り立つ．

$$\boldsymbol{A} = X_A + iY_A = ae^{i\theta_A} = a(\cos\theta_A + i\sin\theta_A) \tag{3.1}$$

O $-$ XY 上における点 B の位置ベクトルを $\boldsymbol{B}$，点 B の点 A に対する相対位置

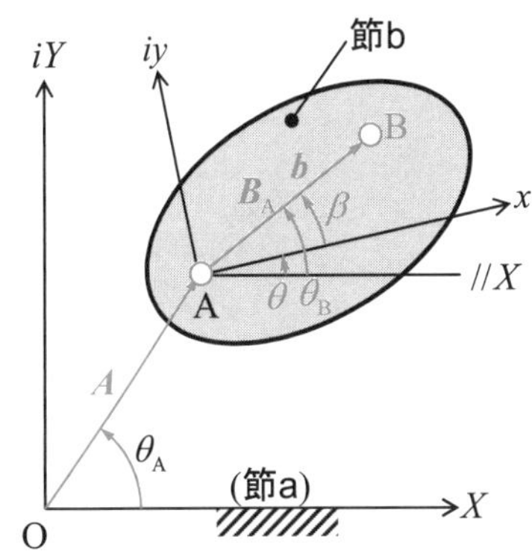

図 3.1　動節 b の位置および姿勢

(relative position)ベクトルを $\boldsymbol{B}_{\mathrm{A}}$ と表す．このとき，次式が成り立つ．

$$\boldsymbol{B} = X_{\mathrm{B}} + iY_{\mathrm{B}} = \boldsymbol{A} + \boldsymbol{B}_{\mathrm{A}} = ae^{i\theta_{\mathrm{A}}} + be^{i\theta_{\mathrm{B}}} = ae^{i\theta_{\mathrm{A}}} + be^{i(\beta+\theta)} \tag{3.2}$$

ところで，静止座標系に対して，

$$\boldsymbol{B}_{\mathrm{A}} = \boldsymbol{b}e^{i\theta} \tag{3.3}$$

であるから，式(3.2)は次式となる．

$$\boldsymbol{B} = \boldsymbol{A} + \boldsymbol{B}_{\mathrm{A}} = ae^{i\theta_{\mathrm{A}}} + \boldsymbol{b}e^{i\theta} \tag{3.4}$$

ここで，$e^{i\theta}$ はベクトルを θ だけ回転させることを表す．

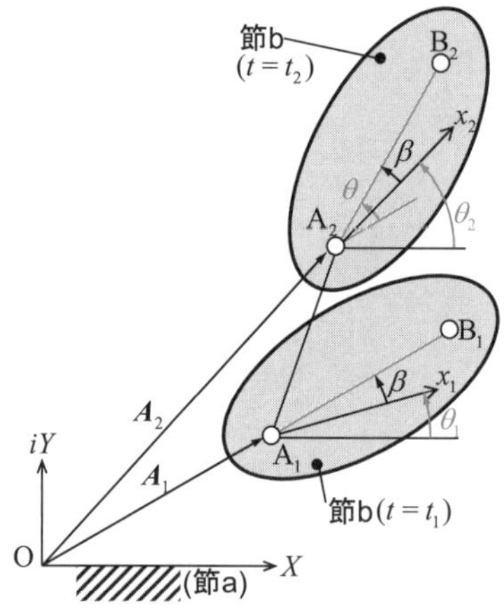

図 3.2　2 つの時刻における節 b の位置

3・3 回転中心(center of rotation)

図 3.2 に示すように，節 b 上に 2 定点 A および B をとる．時刻 t_1 における節 b 上の点 A および B の位置をそれぞれ A_1 および B_1，時刻 t_2 におけるそれらを A_2 および B_2 とする．節 b 上に動座標系 $\mathrm{A}-xy$ を設置し，各時刻における節 b の静止系に対する姿勢角をそれぞれ θ_1 および θ_2 とする．

いま，図 3.3 に示すように，点 A が時刻 t_1 と t_2 の間に，ある点 P_{12} を中心として角 $\theta = \theta_2 - \theta_1$ だけ回転して A_1 から A_2 に移動したと考える．また，点 B については，図 3.4 に示すように，時刻 t_1 と t_2 の間に，ある点 P'_{12} を中心として角 θ だけ回転して B_1 から B_2 に移動したと考える．このとき，次式を得る．

$$\left.\begin{aligned} \boldsymbol{A}_2 &= \boldsymbol{A}_1 + (\boldsymbol{P}_{12} - \boldsymbol{A}_1) - (\boldsymbol{P}_{12} - \boldsymbol{A}_1)e^{i\theta} \\ &= \boldsymbol{P}_{12}(1 - e^{i\theta}) + \boldsymbol{A}_1 e^{i\theta} \\ \boldsymbol{B}_2 &= \boldsymbol{B}_1 + (\boldsymbol{P}'_{12} - \boldsymbol{B}_1) - (\boldsymbol{P}'_{12} - \boldsymbol{B}_1)e^{i\theta} \\ &= \boldsymbol{P}'_{12}(1 - e^{i\theta}) + \boldsymbol{B}_1 e^{i\theta} \end{aligned}\right\} \tag{3.5}$$

これらの式を解いて点 P_{12} および P'_{12} の位置を求めれば次式のようになる．

$$\left.\begin{aligned} \boldsymbol{P}_{12} &= \frac{\boldsymbol{A}_2 - \boldsymbol{A}_1 e^{i\theta}}{1 - e^{i\theta}} \\ \boldsymbol{P}'_{12} &= \frac{\boldsymbol{B}_2 - \boldsymbol{B}_1 e^{i\theta}}{1 - e^{i\theta}} \end{aligned}\right\} \tag{3.6}$$

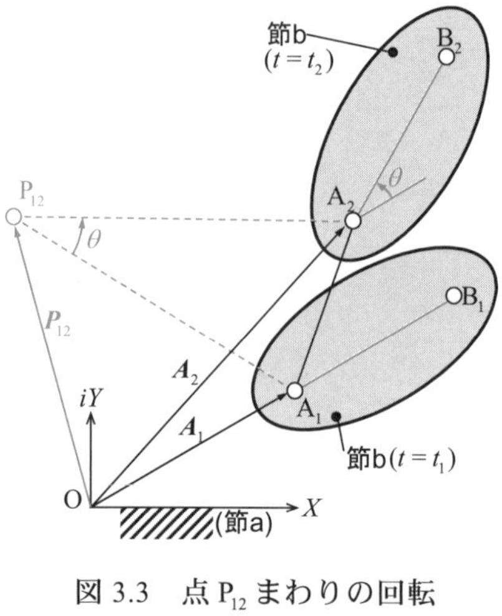

図 3.3　点 P_{12} まわりの回転

上式における分子の差を計算すれば，

$$\boldsymbol{A}_2 - \boldsymbol{A}_1 e^{i\theta} - (\boldsymbol{B}_2 - \boldsymbol{B}_1 e^{i\theta}) = (\boldsymbol{B}_1 - \boldsymbol{A}_1)e^{i\theta} - (\boldsymbol{B}_2 - \boldsymbol{A}_2) = 0$$

であるから，式(3.6)の $\boldsymbol{P}_{12}$ と $\boldsymbol{P}'_{12}$ は等しい．すなわち，点 P_{12} および P'_{12} は同一の点である．このような点 P_{12} の位置は，線分 $\mathrm{A}_1\mathrm{A}_2$ の垂直二等分線と線分 $\mathrm{B}_1\mathrm{B}_2$ の垂直二等分線の交点として求められる．$\boldsymbol{P}_{12}$ は $\boldsymbol{A}_1, \boldsymbol{A}_2, \boldsymbol{B}_1, \boldsymbol{B}_2$ を用いて次式で求めることもできる．

$$\boldsymbol{P}_{12} = \frac{\boldsymbol{A}_1(\boldsymbol{B}_2 - \boldsymbol{B}_1) - \boldsymbol{B}_1(\boldsymbol{A}_2 - \boldsymbol{A}_1)}{\boldsymbol{B}_2 - \boldsymbol{B}_1 - (\boldsymbol{A}_2 - \boldsymbol{A}_1)} = \frac{\boldsymbol{A}_1\boldsymbol{B}_2 - \boldsymbol{B}_1\boldsymbol{A}_2}{\boldsymbol{B}_2 - \boldsymbol{B}_1 - (\boldsymbol{A}_2 - \boldsymbol{A}_1)} \tag{3.7}$$

上記の議論は，節 b 上の第 3 の点 C についても同様に成り立つことは明らかである．以上より，1 つの節がある位置から別の位置に回転を伴って移動した場合，これらの 2 つの位置の関係は 1 点まわりの回転運動で表すことができる．このような回転の中心となる点を回転中心(center of rotation)と呼ぶ．

ここで，平面内での動節の任意の運動を考えると，その自由度は 3 である．一方，回転中心まわりの回転運動を考えると，これは回転中心の座標を表す 2 つのパラメータと回転角の大きさを表す 1 つのパラメータの合計 3 つのパラメータで定義できる．これは，動節が平面内でとり得る相対運動の自由度である 3 と一致する．

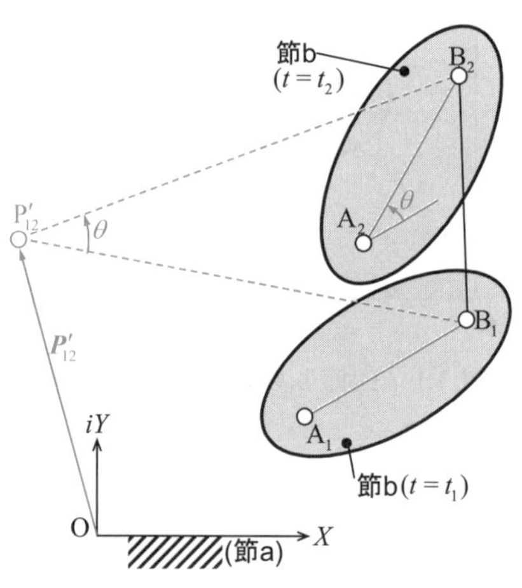

図 3.4　点 P'_{12} まわりの回転

回転中心 P_{12} を動座標系 $\mathrm{A}-xy$ で表示した位置ベクトルを $\boldsymbol{p}_{12}$ とすれば，これらは $t=t_1$ および $t=t_2$ において共通である．回転中心 P_{12} の静止座標系 $\mathrm{O}-XY$ における位置ベクトル $\boldsymbol{P}_{12}$ は次のように表されるから，

$$\left.\begin{aligned} t=t_1 &: \boldsymbol{P}_{12}=\boldsymbol{A}_1+\boldsymbol{p}_{12}e^{i\theta_1} \\ t=t_2 &: \boldsymbol{P}_{12}=\boldsymbol{A}_2+\boldsymbol{p}_{12}e^{i\theta_2} \end{aligned}\right\} \tag{3.8}$$

上式を連立して解くことにより，また式(3.8)の第一式より，回転中心 P_{12} の動座標系上の位置ベクトル $\boldsymbol{p}_{12}$ は次式のように表される．

$$\boldsymbol{p}_{12}=\frac{\boldsymbol{A}_1-\boldsymbol{A}_2}{e^{i\theta_2}-e^{i\theta_1}}=(\boldsymbol{P}_{12}-\boldsymbol{A}_1)e^{-i\theta_1} \tag{3.9}$$

3・4　動節の速度(velocity of a moving link)

3・4・1　相対速度(relative velocity)

図 3.1 に示すように動節 b 上に 2 定点 A および B を取るとき，各点の静止座標系 $\mathrm{O}-XY$ 上での位置および相対位置ベクトルは次式のように表される．

$$\left.\begin{aligned} \boldsymbol{A} &= X_{\mathrm{A}}+iY_{\mathrm{A}}=Ae^{i\theta_{\mathrm{A}}} \\ \boldsymbol{B} &= X_{\mathrm{B}}+iY_{\mathrm{B}}=\boldsymbol{A}+\boldsymbol{B}_{\mathrm{A}} \\ \boldsymbol{B}_{\mathrm{A}} &= be^{i\theta_{\mathrm{B}}}=\boldsymbol{b}e^{i\theta} \end{aligned}\right\} \tag{3.10}$$

これらの式を時間で微分して，次式を得る．

$$\left.\begin{aligned} \dot{\boldsymbol{A}} &= \dot{X}_{\mathrm{A}}+i\dot{Y}_{\mathrm{A}}=\dot{A}e^{i\theta_{\mathrm{A}}}+iAe^{i\theta_{\mathrm{A}}}\dot{\theta}_{\mathrm{A}} \\ &= \dot{A}e^{i\theta_{\mathrm{A}}}+i\boldsymbol{A}\dot{\theta}_{\mathrm{A}} \\ &= \dot{A}e^{i\theta_{\mathrm{A}}}+\boldsymbol{A}e^{i\frac{\pi}{2}}\dot{\theta}_{\mathrm{A}} \\ \dot{\boldsymbol{B}} &= \dot{X}_{\mathrm{B}}+i\dot{Y}_{\mathrm{B}}=\dot{\boldsymbol{A}}+\dot{\boldsymbol{B}}_{\mathrm{A}} \\ \dot{\boldsymbol{B}}_{\mathrm{A}} &= ibe^{i\theta_{\mathrm{B}}}\dot{\theta}_{\mathrm{B}}=i\boldsymbol{B}_{\mathrm{A}}\dot{\theta}_{\mathrm{B}}=i\boldsymbol{B}_{\mathrm{A}}\dot{\theta}=\boldsymbol{B}_{\mathrm{A}}e^{i\frac{\pi}{2}}\dot{\theta} \\ &= i\boldsymbol{b}e^{i\theta}\dot{\theta} \end{aligned}\right\} \tag{3.11}$$

これより，同じ節上の点 B の点 A に対する相対速度(relative velocity)ベクトル $\dot{\boldsymbol{B}}_{\mathrm{A}}=\dot{\boldsymbol{B}}-\dot{\boldsymbol{A}}$ は相対位置ベクトル $\boldsymbol{B}_{\mathrm{A}}$ に垂直であることがわかる．このことは，点 A および B は動節 b 上の定点であるので AB 間の距離は不変であることから容易に理解できる．

上述の関係を用いて，節 b における点 A および B の位置ベクトル $\boldsymbol{A}$ および $\boldsymbol{B}$ と点 A の速度 $\dot{\boldsymbol{A}}$，および点 B の運動方向 p が与えられた場合の点 B の速度 $\dot{\boldsymbol{B}}$ および点 B の点 A に対する相対速度 $\dot{\boldsymbol{B}}_{\mathrm{A}}$ を求めてみよう．

図 3.5 において，

(1)　点 B より $\dot{\boldsymbol{A}}$ と等しいベクトル $\dot{\boldsymbol{A}}'$ を引き，その先の点を $\dot{\mathrm{A}}'$ とする．

(2)　$\dot{\mathrm{A}}'$ を通って AB に垂直な直線 q を引き，p との交点を求め，これを E とする．

(3)　$\overline{\mathrm{BE}}$ が $\dot{\boldsymbol{B}}$ として求められる．

(4)　$\overrightarrow{\dot{\mathrm{A}}'\mathrm{E}}$ が $\dot{\boldsymbol{B}}_{\mathrm{A}}$ として求められる．

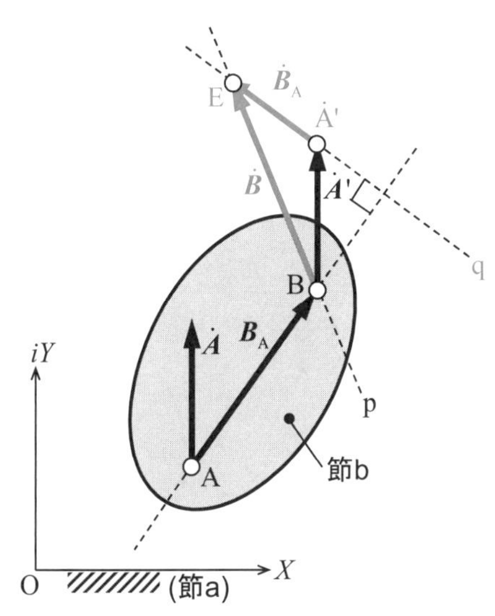

図 3.5　動節 b 上の点 A および B の速度，点 B の A に対する相対速度

3・4・2　速度写像法(velocity image theorem)

これまでは動節上の 2 点の速度について考えてきた．ここでは，動節上の第 3 の点の速度について考える．図 3.6(a)に示すように，節 b 上の 3 点 A，B および C を考える．点 B および C の位置および速度は次のように表される．

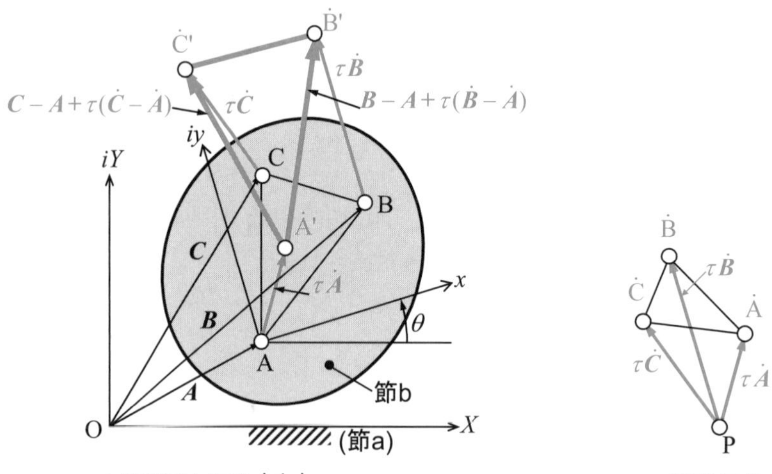

(a)速度三角形 $\dot{A}'\dot{B}'\dot{C}'$　　(b)速度写像

図 3.6　動節 b 上の 3 点 A, B および C の速度

$$\left.\begin{aligned} \boldsymbol{B} &= \boldsymbol{A}+\boldsymbol{B}_{\mathrm{A}} \\ \boldsymbol{C} &= \boldsymbol{A}+\boldsymbol{C}_{\mathrm{A}} = \boldsymbol{B}+\boldsymbol{C}_{\mathrm{B}} \\ \dot{\boldsymbol{B}} &= \dot{\boldsymbol{A}}+\dot{\boldsymbol{B}}_{\mathrm{A}} = \dot{\boldsymbol{A}}+i\boldsymbol{B}_{\mathrm{A}}\dot{\theta} \\ \dot{\boldsymbol{C}} &= \dot{\boldsymbol{A}}+\dot{\boldsymbol{C}}_{\mathrm{A}} = \dot{\boldsymbol{A}}+i\boldsymbol{C}_{\mathrm{A}}\dot{\theta} \\ &= \dot{\boldsymbol{B}}+\dot{\boldsymbol{C}}_{\mathrm{B}} = \dot{\boldsymbol{B}}+i\boldsymbol{C}_{\mathrm{B}}\dot{\theta} \end{aligned}\right\} \tag{3.12}$$

速度を図上で表示するために，図 3.6(a)上では，尺度係数 τ を導入している．例えば，1m/s を 10mm で表示するときは，τ=10/1=10mm/(m/s) のようにする．

さて，図 3.6(b)のように任意の点 P から $\tau\dot{\boldsymbol{A}}$，$\tau\dot{\boldsymbol{B}}$，$\tau\dot{\boldsymbol{C}}$ をとり，それらの先端の点をそれぞれ $\dot{\mathrm{A}}$，$\dot{\mathrm{B}}$，$\dot{\mathrm{C}}$ とするとき，式(3.12)より

$$\left.\begin{aligned} \overrightarrow{\dot{\mathrm{A}}\dot{\mathrm{B}}} &= \tau\dot{\boldsymbol{B}}_{\mathrm{A}} = \tau\times(i\boldsymbol{B}_{\mathrm{A}}\dot{\theta}) \\ \overrightarrow{\dot{\mathrm{A}}\dot{\mathrm{C}}} &= \tau\dot{\boldsymbol{C}}_{\mathrm{A}} = \tau\times(i\boldsymbol{C}_{\mathrm{A}}\dot{\theta}) \\ \overrightarrow{\dot{\mathrm{B}}\dot{\mathrm{C}}} &= \tau\dot{\boldsymbol{C}}_{\mathrm{B}} = \tau\times(i\boldsymbol{C}_{\mathrm{B}}\dot{\theta}) \end{aligned}\right\} \tag{3.13}$$

であるから，線分 $\dot{\mathrm{A}}\dot{\mathrm{B}}$，$\dot{\mathrm{A}}\dot{\mathrm{C}}$ および $\dot{\mathrm{B}}\dot{\mathrm{C}}$ はそれぞれ線分 AB，AC および BC に垂直である．したがって，次式が成り立つ．

$$\Delta\mathrm{ABC} \backsim \Delta\dot{\mathrm{A}}\dot{\mathrm{B}}\dot{\mathrm{C}} \tag{3.14}$$

ここで，図 3.6 において，ΔABC に対して各頂点 A, B,C の速度が作る $\Delta\dot{\mathrm{A}}\dot{\mathrm{B}}\dot{\mathrm{C}}$ を速度写像(velocity image)と呼ぶ．式(3.14)で表される相似則は 4 点以上の場合にも成立し，このとき動節上の点の速度写像が作る多角形を速度多角形(velocity polygon)と呼ぶ．速度写像の相似則を利用した速度解析法を速度写像法(velocity image theorem)と呼ぶ．

次に，式(3.13)より，

$$i\dot{\theta} = \frac{\dot{\boldsymbol{B}}-\dot{\boldsymbol{A}}}{\boldsymbol{B}_{\mathrm{A}}} = \frac{\dot{\boldsymbol{B}}-\dot{\boldsymbol{A}}}{\boldsymbol{B}-\boldsymbol{A}} = \frac{\dot{\boldsymbol{C}}-\dot{\boldsymbol{A}}}{\boldsymbol{C}-\boldsymbol{A}} \tag{3.15}$$

となる．なお，ここで一般に $\boldsymbol{a}$，$\boldsymbol{b}$，$\boldsymbol{A}$，$\boldsymbol{B}$ を任意の複素数とし，

$$\frac{\boldsymbol{b}}{\boldsymbol{a}} = \frac{\boldsymbol{B}}{\boldsymbol{A}} = \boldsymbol{c}$$

であるとき，$\dfrac{\boldsymbol{b}+\tau\boldsymbol{B}}{\boldsymbol{a}+\tau\boldsymbol{A}} = \boldsymbol{c}$ が成立する．したがって，式(3.15)より次式を得る．

$$\frac{\boldsymbol{C}-\boldsymbol{A}}{\boldsymbol{B}-\boldsymbol{A}}=\frac{\dot{\boldsymbol{C}}-\dot{\boldsymbol{A}}}{\dot{\boldsymbol{B}}-\dot{\boldsymbol{A}}}=\frac{\boldsymbol{C}-\boldsymbol{A}+\tau(\dot{\boldsymbol{C}}-\dot{\boldsymbol{A}})}{\boldsymbol{B}-\boldsymbol{A}+\tau(\dot{\boldsymbol{B}}-\dot{\boldsymbol{A}})}=\frac{\boldsymbol{C}+\tau\dot{\boldsymbol{C}}-(\boldsymbol{A}+\tau\dot{\boldsymbol{A}})}{\boldsymbol{B}+\tau\dot{\boldsymbol{B}}-(\boldsymbol{A}+\tau\dot{\boldsymbol{A}})} \tag{3.16}$$

以上より，図 3.6(a)のように，点 A, B および C から $\tau\dot{\boldsymbol{A}}$，$\tau\dot{\boldsymbol{B}}$ および $\tau\dot{\boldsymbol{C}}$ をとり，それらの先端を $\dot{\mathrm{A}}'$，$\dot{\mathrm{B}}'$ および $\dot{\mathrm{C}}'$ とすれば,

$$\frac{\overrightarrow{\dot{\mathrm{A}}'\dot{\mathrm{C}}'}}{\overrightarrow{\dot{\mathrm{A}}'\dot{\mathrm{B}}'}}=\frac{\overline{\mathrm{AC}}}{\overline{\mathrm{AB}}} \tag{3.17}$$

であるから,

$$\Delta\mathrm{ABC}\backsim\Delta\dot{\mathrm{A}}'\dot{\mathrm{B}}'\dot{\mathrm{C}}' \tag{3.18}$$

が成り立つ．すなわち，動節上の 3 点 A, B, C の速度ベクトル先端が作る三角形 $\Delta\dot{\mathrm{A}}'\dot{\mathrm{B}}'\dot{\mathrm{C}}'$ は $\Delta\mathrm{ABC}$ と相似となる．この速度の相似性も平面機構の速度解析に利用される.

3・4・3　瞬間中心(instantaneous center)

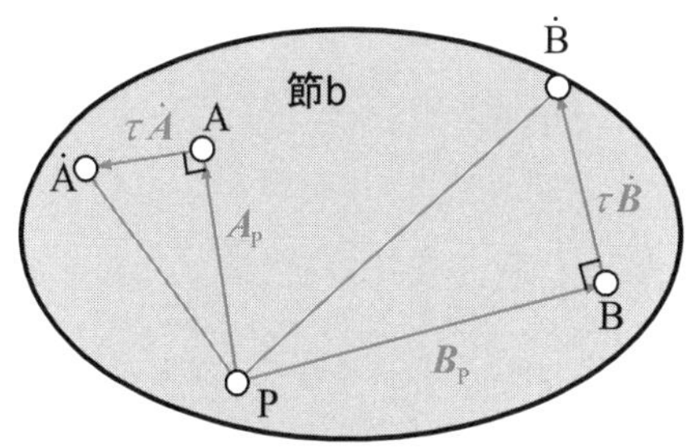

図 3.7　動節 b の瞬間中心 P および 2 点 A と B の速度

ある瞬間に 2 つの節の間の相対速度が 0 となる点をそれらの節間の瞬間中心あるいは瞬間極(pole)と呼ぶ．例えば，図 3.7 に示すように，静止節に対する節 b の瞬間中心が P であるとき，節 b 上の任意の点の速度は点 P と結ぶ直線に垂直の方向で点 P との距離に比例する大きさを持つ．なお，静止節と動節の間の瞬間中心は単に瞬間中心と呼ぶ.

動節 b 上の点 A および B の速度は, 動節 b 上の任意の点 P の速度を基準とし，動節 b の角速度(angular velocity)を $\dot{\theta}$ として次式のように表すことができる.

$$\left.\begin{aligned}\dot{\boldsymbol{A}}&=\dot{\boldsymbol{P}}+i\boldsymbol{A}_{\mathrm{P}}\dot{\theta}\\ \dot{\boldsymbol{B}}&=\dot{\boldsymbol{P}}+i\boldsymbol{B}_{\mathrm{P}}\dot{\theta}\end{aligned}\right\} \tag{3.19}$$

上式において, 点 P が節 b の瞬間中心であるとしてその速度を 0, すなわち, $\dot{\boldsymbol{P}}=0$ とすれば

$$\left.\begin{aligned}\dot{\boldsymbol{A}}&=i\boldsymbol{A}_{\mathrm{P}}\dot{\theta}\\ \dot{\boldsymbol{B}}&=i\boldsymbol{B}_{\mathrm{P}}\dot{\theta}\end{aligned}\right\} \tag{3.20}$$

である．これらを基にして，瞬間中心 P の位置ベクトル $\boldsymbol{P}$ を求めると，次式のように 2 通りの式が得られる.

$$\dot{\boldsymbol{A}}=i(\boldsymbol{A}-\boldsymbol{P})\dot{\theta}\ \Rightarrow\ \boldsymbol{P}=\boldsymbol{A}-\frac{\dot{\boldsymbol{A}}}{i\dot{\theta}}=\boldsymbol{A}+i\frac{\dot{\boldsymbol{A}}}{\dot{\theta}} \tag{3.21}$$

$$\frac{\dot{\boldsymbol{A}}}{\dot{\boldsymbol{B}}}=\frac{\boldsymbol{A}-\boldsymbol{P}}{\boldsymbol{B}-\boldsymbol{P}}\ \Rightarrow\ \boldsymbol{P}=\frac{\boldsymbol{A}\dot{\boldsymbol{B}}-\boldsymbol{B}\dot{\boldsymbol{A}}}{\dot{\boldsymbol{B}}-\dot{\boldsymbol{A}}} \tag{3.22}$$

式(3.21)は動節上の 1 点(この場合は点 A)の位置と速度および動節の角速度が与えられれば瞬間中心の位置が求まること, 式(3.22)は動節上の 2 点の位置とそれぞれの点の速度が与えられれば瞬間中心の位置が求まることをそれぞれ表している．さらに，式(3.20)より

$$\frac{\dot{\boldsymbol{A}}}{\dot{\boldsymbol{B}}}=\frac{\boldsymbol{A}-\boldsymbol{P}}{\boldsymbol{B}-\boldsymbol{P}}\ \Rightarrow\ \frac{\dot{\boldsymbol{A}}}{\boldsymbol{A}-\boldsymbol{P}}=\frac{\dot{\boldsymbol{B}}}{\boldsymbol{B}-\boldsymbol{P}} \tag{3.23}$$

であるから，次式が得られる.

$$\Delta PA\dot{A} \backsim \Delta PB\dot{B} \tag{3.24}$$

このことは，図 3.7 に示すように，上記とは逆に，瞬間中心 P の位置が既知のとき，動節上の 1 点の位置(例えば $\boldsymbol{A}$)と速度(例えば $\dot{\boldsymbol{A}}$)が与えられれば，任意の点(例えば点 B)の速度は式(3.24)の速度の相似性から決定できることを表している．

ここで，瞬間中心の意味についてもう少し深く考えてみよう．瞬間中心とはすでに述べたように，2 つの節の相対速度が瞬間的に 0 の点である．すなわち，その瞬間において 2 つの節が転がり接触を行うと考えれば，瞬間中心はその接触点と一致する．いま，Δt 間隔で連続する時刻 $t_1, t_2 = t_1 + \Delta t$，$t_3 = t_2 + \Delta t, \cdots, t_n$ における瞬間中心 $P_1, P_2, P_3, \cdots, P_n$ を考える．これらの瞬間中心をそれぞれの節上にプロットして曲線を作れば，2 つの節の相対運動はこれらの曲線を外形に持つ節の転がり接触運動として表すことができる．このように求めた曲線を極位置曲線(中心軌跡，centrode)と呼ぶ．特に，一方の節が静止節の場合，静止節上に描いた極位置曲線を静止極位置曲線(固定中心軌跡，fixed centrode)，動節上のそれを移動極位置曲線(移動中心軌跡，moving centrode)と呼ぶ．上記のとおり，静止極位置曲線と移動極位置曲線は転がり接触する．ここで，移動極位置曲線を求めておく．動節上の点 A を原点とする動座標系上の瞬間中心 P の位置ベクトルを $\boldsymbol{p}$，動座標系の静止座標系に対する姿勢角を θ とすれば，点 A の速度は次式のように書ける．

$$\dot{\boldsymbol{A}} = i\boldsymbol{A}_P\dot{\theta} = -i\,\boldsymbol{p}e^{i\theta}\dot{\theta} \tag{3.25}$$

したがって，瞬間中心の動座標系上の位置 $\boldsymbol{p}$ は，点 A の速度 $\dot{\boldsymbol{A}}$ および節の角速度 $\dot{\theta}$，あるいは瞬間中心および点 A の静止座標系上の位置 $\boldsymbol{P}$ および $\boldsymbol{A}$ と節の姿勢角 θ を用いて，次のように求められる．

$$\boldsymbol{p} = \frac{i\dot{\boldsymbol{A}}}{\dot{\theta}e^{i\theta}} = (\boldsymbol{P} - \boldsymbol{A})e^{-i\theta} \tag{3.26}$$

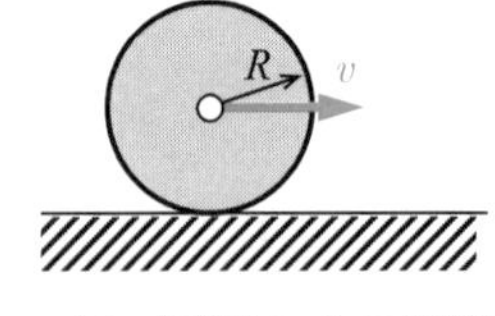

(a) 例題 **3・1** の問題

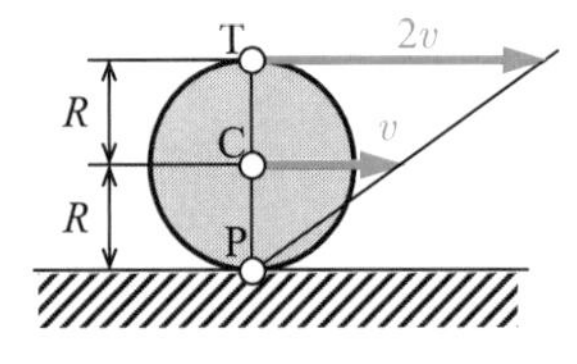

(b) 例題 **3・1** の解答(1)

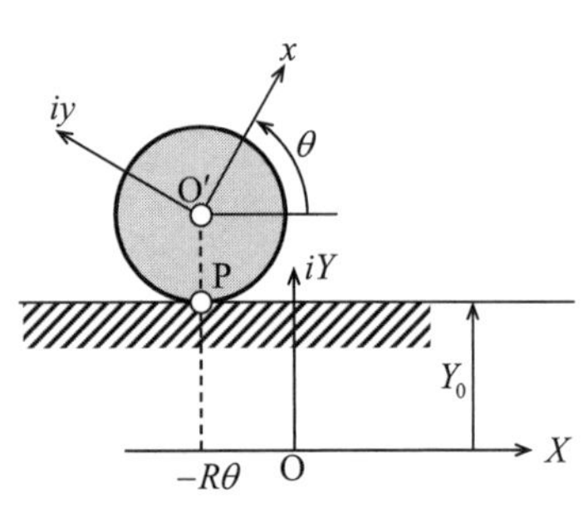

(c) 例題 **3・1** の解答(2)

図 3.8 水平面上を転がる円柱

【例題 3・1】***

図 3.8 に示すように，半径 R の円柱が水平面上を滑らずに転がるとき，次の各問いに答えよ．

(1) 円柱と静止節(水平面)の間の瞬間中心はどこか．

(2) 円柱の中心の速度が v のとき，円柱上での最大速度はいくらか．またその点はどこか．

(3) 移動極位置曲線および静止極位置曲線を求めよ．

【解答】

(1) 転がり接触の場合，接触点が瞬間中心であるから，図 3.8(b)の点 P が瞬間中心である．

(2) 円柱の各点の速度は瞬間中心からの距離に比例するから，図 3.8(b)の点 T において最大速度 $2v$ をとる．

(3) 水平面(静止節)上および円柱(動節)上に図 3.8(c)に示すように座標系を設定する．$O-XY$ は静止座標系，$O'-xy$ は円柱に固定された動座標系である．初期状態において，静止節上の Y 軸と動節上の y 軸は一致するものとする．このとき，円柱上の水平面との接触点 P と円柱の中心 O′ を円柱(動節)上の代表点としてこれらの点の位置および速度を式(3.22)における点 A および B の位置および速度として代入することにより，静止極位置曲線は次式のように求められる．

$$P = \frac{(-R\theta + iY_0)R\dot{\theta} - \{-R\theta + i(Y_0 + R)\}0}{R\dot{\theta} - 0} = -R\theta + iY_0 \quad \text{(ex3.1)}$$

すなわち，静止極位置曲線は水平面である．また，式(3.26)において，

$$P - A = -iR \quad \text{(ex3.2)}$$

であるから，

$$p = (P - A)e^{-i\theta} = -iRe^{-i\theta} = Re^{i\left(-\frac{\pi}{2}-\theta\right)} \quad \text{(ex3.3)}$$

となる．したがって，瞬間中心 P は円柱の回転に伴って円柱表面上を移動する．すなわち，移動極位置曲線は円柱の表面である．

****

【Example 3・2】***

Figure 3.9 shows a bar of length L in contact with a horizontal floor and a vertical wall and sliding down the vertical wall. Answer the following questions.

(1) Find the position of the instantaneous center of the bar as a function of the angle θ and the velocity ratio of points A and B.

(2) Derive the moving and fixed centrodes of the bar.

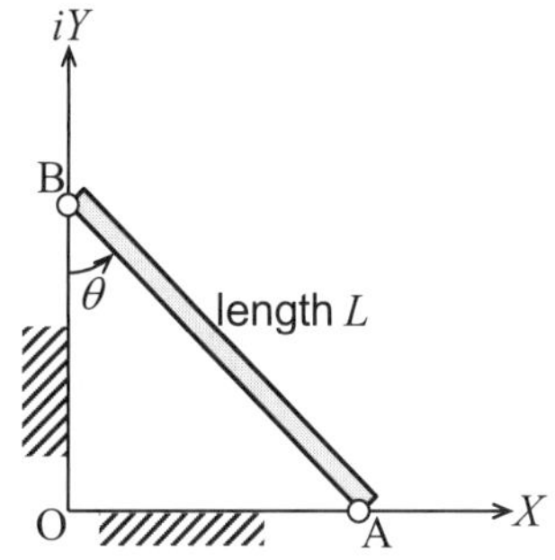

(a) Bar sliding along a horizontal floor and a vertical wall

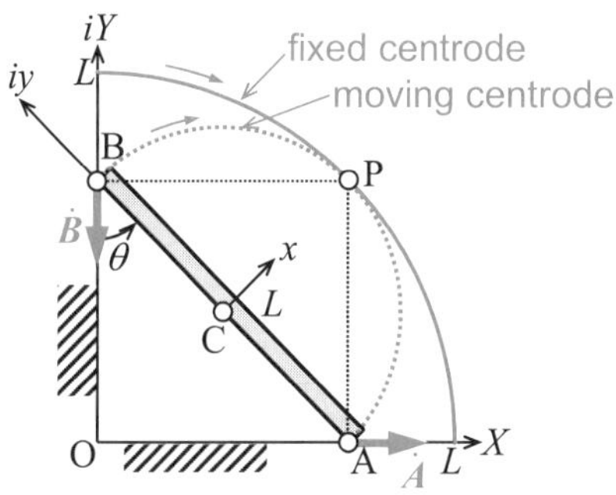

(b) Fixed and moving centrodes

Fig. 3.9　A bar sliding along a horizontal floor and a vertical wall and its centrodes

【Solution】

(1) Since the point A moves in X-direction and B moves in $-Y$-direction, the instantaneous center P is obtained as the intersection point of lines $X = X_A = L\sin\theta$ and $Y = Y_B = L\cos\theta$ as shown in Fig. 3.9(b). Therefore, the coordinates of P is $P(L\sin\theta, L\cos\theta)$. Then, $\boldsymbol{P} = L(\sin\theta + i\cos\theta) = Le^{i\left(\frac{\pi}{2}-\theta\right)}$.

From Eq. (3.20), velocity ratio of points A and B is written as

$$\frac{\dot{A}}{\dot{B}} = \frac{iA_P\dot{\theta}}{iB_P\dot{\theta}} = \frac{L\cos\theta\dot{\theta}}{-iL\sin\theta\dot{\theta}} = i\frac{\cos\theta}{\sin\theta} \quad \text{(ex3.4)}$$

Then, the velocity ratio of points A and B is calculated by

$$\left|\frac{\dot{A}}{\dot{B}}\right| = \cot\theta\,. \quad \text{(ex3.5)}$$

(2) Positions of A and B are written as

$$A = L\sin\theta\,,\ B = iL\cos\theta\,. \quad \text{(ex3.6)}$$

Substituting this relationship and Eq. (ex3.4) into Eq. (3.22), position of the instantaneous center written in the fixed coordinate system is obtained as

$$P = \frac{A\dot{B} - B\dot{A}}{\dot{B} - \dot{A}} = \frac{A - B\dfrac{\dot{A}}{\dot{B}}}{1 - \dfrac{\dot{A}}{\dot{B}}} = L(\sin\theta + i\cos\theta) = Le^{i\left(\frac{\pi}{2}-\theta\right)}\,. \quad \text{(ex3.7)}$$

Consider a moving coordinate system $C - xy$ as shown in Fig. 3.9(b). Position vector of the point C is written as

$$C = \frac{L}{2}(\sin\theta + i\cos\theta) \tag{ex3.8}$$

From Eq. (3.26), position of the instantaneous center on the moving coordinate system $C-xy$ is obtained as

$$p = (P - C)e^{-i\theta} = \frac{L}{2}(\sin\theta + i\cos\theta)e^{-i\theta} = \frac{L}{2}e^{i\left(\frac{\pi}{2}-2\theta\right)} \tag{ex3.9}$$

We know from these equations (ex3.7) and (ex3.9) that the fixed centrode is a quarter circle having a center O and radius L and that the moving centrode is a half circle having a center at the midpoint C of A and B and a radius $L/2$, as shown in Fig. 3.9(b).

****

なお，例題 **3･2** において求められた静止極位置曲線と移動極位置曲線を外形に持つ節を互いに転がり接触させることにより，図 3.9(a)に示した棒と水平・鉛直面の相対運動と同じ運動を得ることができる．逆に，2 つの節の運動が与えられた場合に，これを転がり接触により実現するための 2 つの節の外形(輪郭形状)は，それらの節の瞬間中心の軌跡をそれぞれの節上で描くことで求めることができる．これに関する具体的な内容は，第 6 章において述べる．

3・5　動節の加速度(acceleration of a moving link)

機械の設計や運用時において，運動に伴う慣性力を求めるためには，機械を構成する各動節の加速度を計算する必要がある．本節では，機構内の動節の加速度に関する式を導出する．

3・5・1　相対加速度(relative acceleration)

3･4 節と同様に，動節 b 上に 2 定点 A および B を取る．このとき，式(3.11)をさらに時間で微分して，次式を得る．

$$\ddot{B} = \ddot{A} + i\dot{B}_A\dot{\theta} + iB_A\ddot{\theta} \tag{3.27}$$

ここで，

$$\ddot{B}_A = i\dot{B}_A\dot{\theta} + iB_A\ddot{\theta} \tag{3.28}$$

とし，これを点 B の点 A に対する相対加速度(relative acceleration)とする．

$$i\dot{B}_A\dot{\theta} = i(iB_A\dot{\theta})\dot{\theta} = -B_A\dot{\theta}^2 \tag{3.29}$$

であるから，さらに

$$\left.\begin{aligned} \ddot{B}_{An} &= -B_A\dot{\theta}^2 \\ \ddot{B}_{At} &= iB_A\ddot{\theta} \end{aligned}\right\} \tag{3.30}$$

とおけば，相対加速度 $\ddot{B}_A$ は，B_A 方向に $\ddot{B}_{An}$，B_A に垂直な方向に $\ddot{B}_{At}$ の成分を有することがわかる．以上の式をまとめると，節 b 上の点 B の加速度 $\ddot{B}$ は，点 A の加速度 $\ddot{A}$，点 B の A に対する相対位置ベクトル B_A，角速度 $\dot{\theta}$ および角加速度(angular acceleration) $\ddot{\theta}$ を用いて次式のように表される．

$$\ddot{B} = \ddot{A} + (i\ddot{\theta} - \dot{\theta}^2)B_A \tag{3.31}$$

3・5・2　加速度極(acceleration pole of a moving link)

速度多角形と同様に，1 つの動節上の 3 定点における加速度に関して，図上に各点の加速度を表現してできる三角形と各点を結んでできる三角形は相似となる．以下，このことを示す．

式(3.31)より，次式を得る．

$$i\ddot{\theta}-\dot{\theta}^2=\frac{\ddot{\boldsymbol{B}}-\ddot{\boldsymbol{A}}}{\boldsymbol{B}_{\mathrm{A}}}=\frac{\ddot{\boldsymbol{B}}-\ddot{\boldsymbol{A}}}{\boldsymbol{B}-\boldsymbol{A}} \tag{3.32}$$

さらに，動節 b 上で任意に取った点 C についても同様にして，次式を得る．

$$i\ddot{\theta}-\dot{\theta}^2=\frac{\ddot{\boldsymbol{C}}-\ddot{\boldsymbol{A}}}{\boldsymbol{C}_{\mathrm{A}}}=\frac{\ddot{\boldsymbol{C}}-\ddot{\boldsymbol{A}}}{\boldsymbol{C}-\boldsymbol{A}} \tag{3.33}$$

式(3.32)および(3.33)より，次式が得られる．

$$\begin{aligned}\frac{\boldsymbol{C}-\boldsymbol{A}}{\boldsymbol{B}-\boldsymbol{A}}&=\frac{\ddot{\boldsymbol{C}}-\ddot{\boldsymbol{A}}}{\ddot{\boldsymbol{B}}-\ddot{\boldsymbol{A}}}=\frac{\boldsymbol{C}-\boldsymbol{A}+\tau'(\ddot{\boldsymbol{C}}-\ddot{\boldsymbol{A}})}{\boldsymbol{B}-\boldsymbol{A}+\tau'(\ddot{\boldsymbol{B}}-\ddot{\boldsymbol{A}})}\\&=\frac{\boldsymbol{C}+\tau'\ddot{\boldsymbol{C}}-(\boldsymbol{A}+\tau'\ddot{\boldsymbol{A}})}{\boldsymbol{B}+\tau'\ddot{\boldsymbol{B}}-(\boldsymbol{A}+\tau'\ddot{\boldsymbol{A}})}\end{aligned} \tag{3.34}$$

このことは，図 3.10 および次式(3.35)に示すとおり，2 つの三角形 ΔABC および $\Delta\ddot{\mathrm{A}}'\ddot{\mathrm{B}}'\ddot{\mathrm{C}}'$ は相似であることを表している．なお，τ' は加速度を図上で表現するための尺度係数である．

$$\Delta\mathrm{ABC}\backsim\Delta\ddot{\mathrm{A}}'\ddot{\mathrm{B}}'\ddot{\mathrm{C}}' \tag{3.35}$$

三角形 $\ddot{\mathrm{A}}'\ddot{\mathrm{B}}'\ddot{\mathrm{C}}'$ を加速度三角形(acceleration triangle)と呼ぶ．以上のように，動節上の任意の点の加速度は他の 2 点の加速度を基にして幾何学的に求めることができる．

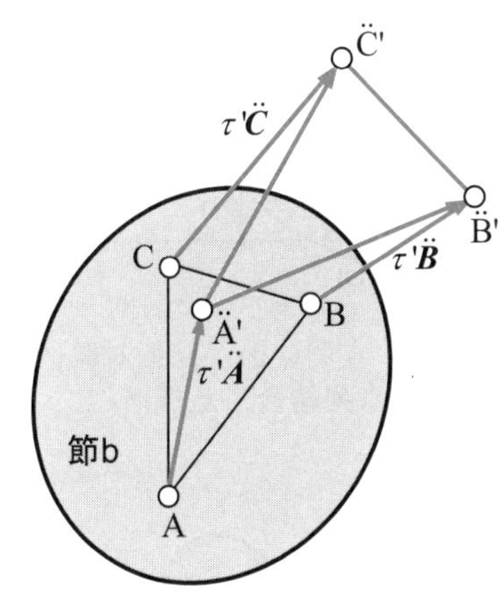

図 3.10　動節 b 上の 3 点 A, B, C の加速度と加速度三角形 Ä'B̈'C̈'

動節上で加速度が 0 である点を加速度極(acceleration pole)と呼ぶ．ここで，そのような点を Q と表す．この点の位置ベクトルを動座標系上で $\overline{\mathrm{AQ}}=\boldsymbol{q}$ と表すと，次式が成り立つ．

$$\ddot{\boldsymbol{Q}}=\ddot{\boldsymbol{A}}+\ddot{\boldsymbol{Q}}_{\mathrm{A}}=\ddot{\boldsymbol{A}}+(i\ddot{\theta}-\dot{\theta}^2)\boldsymbol{q}e^{i\theta}=\boldsymbol{0} \tag{3.36}$$

これを解いて，点 Q の位置は，動座標系上および静止座標系上で次のように表される．

$$\boldsymbol{q}=\frac{-\ddot{\boldsymbol{A}}}{(i\ddot{\theta}-\dot{\theta}^2)e^{i\theta}} \tag{3.37}$$

$$\boldsymbol{Q}=\boldsymbol{A}+\boldsymbol{Q}_{\mathrm{A}}=\boldsymbol{A}+\boldsymbol{q}e^{i\theta}=\boldsymbol{A}-\frac{\ddot{\boldsymbol{A}}}{i\ddot{\theta}-\dot{\theta}^2} \tag{3.38}$$

また，点 Q の位置が既知であれば，点 A の加速度は次式のように表される．

$$\ddot{\boldsymbol{A}}=(i\ddot{\theta}-\dot{\theta}^2)(\boldsymbol{A}-\boldsymbol{Q}) \tag{3.39}$$

別の定点 B についても同様に，

$$\ddot{\boldsymbol{B}}=(i\ddot{\theta}-\dot{\theta}^2)(\boldsymbol{B}-\boldsymbol{Q}) \tag{3.40}$$

であるから，次式の関係式が得られる．

$$\frac{\ddot{\boldsymbol{A}}}{\boldsymbol{A}-\boldsymbol{Q}}=\frac{\ddot{\boldsymbol{B}}}{\boldsymbol{B}-\boldsymbol{Q}} \tag{3.41}$$

これは図 3.11 において

$$\Delta\mathrm{A}\ddot{\mathrm{A}}\mathrm{Q}\backsim\Delta\mathrm{B}\ddot{\mathrm{B}}\mathrm{Q} \tag{3.42}$$

であることを表している．これにより，加速度極 Q と定点 A の加速度 $\ddot{\boldsymbol{A}}$ が

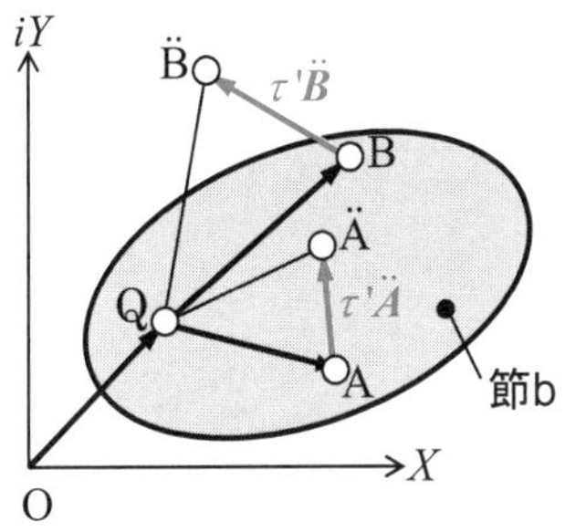

図 3.11　動節 b の加速度極 Q

与えられれば，任意の点Bの加速度$\ddot{\boldsymbol{B}}$が求められる．

また，2点A, Bの位置とその加速度$\ddot{\boldsymbol{A}}$および$\ddot{\boldsymbol{B}}$が与えられれば，(3.41)を基にして導かれる次式を用いて加速度極Qの位置が求められる．

$$\boldsymbol{Q} = \frac{\boldsymbol{A}\ddot{\boldsymbol{B}} - \boldsymbol{B}\ddot{\boldsymbol{A}}}{\ddot{\boldsymbol{B}} - \ddot{\boldsymbol{A}}} \tag{3.43}$$

3・6　動節上をさらに運動する点の速度・加速度 (velocity and acceleration of a point moving on a link)*

3・6・1　動節上をさらに運動する点の速度 (velocity of a point moving on a link)

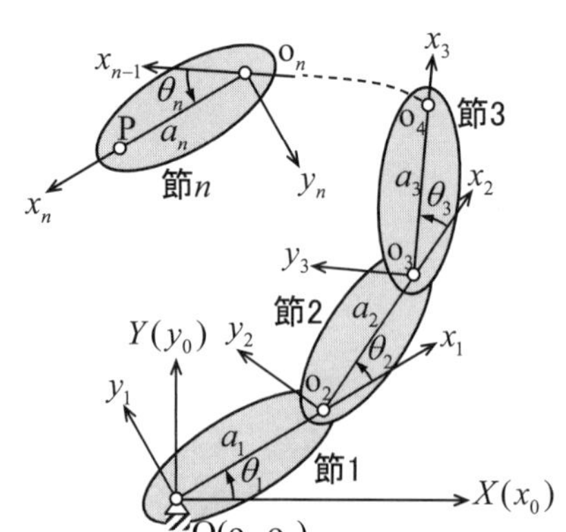

図3.12　$n+1$個の節が回転対偶により直列結合した機構

図3.12に示すように，$n+1$個の節が回転対偶により直列結合し，1番目の節が静止節である剛体系(機構)を考える．各節上に動座標系を図のように設定する．この機構の先端の点Pの運動を考える．まず，動座標系$o_{n-1}-x_{n-1}y_{n-1}$上で見た点Pの運動は，動座標系$o_n-x_ny_n$上の点Pの位置(a_n：定数)と動座標系$o_{n-1}-x_{n-1}y_{n-1}$に対する$o_n-x_ny_n$の運動(a_{n-1}：定数とθ_n，$\dot{\theta}_n$，$\ddot{\theta}_n$：変数)により表される．次に，点Pの運動を動座標系$o_{n-2}-x_{n-2}y_{n-2}$で見ると，いま求めた点Pの$o_{n-1}-x_{n-1}y_{n-1}$上の運動にさらにa_{n-2}とθ_{n-1}，$\dot{\theta}_{n-1}$および$\ddot{\theta}_{n-1}$の効果を加えたものとなる．この手順を静止座標系$O-XY$まで繰り返すことで点Pの静止座標系上の運動を求めることができる．ここで，点Pを例えば動座標系$o_2-x_2y_2$から見ると，動節2上を$\theta_3, \theta_4, \cdots, \theta_n$およびこれらの微分値と$a_2, a_3, \cdots, a_n$で表される運動を行っている点とすることができる．本節では，このように動節上をさらに運動する点の運動解析法について述べる．

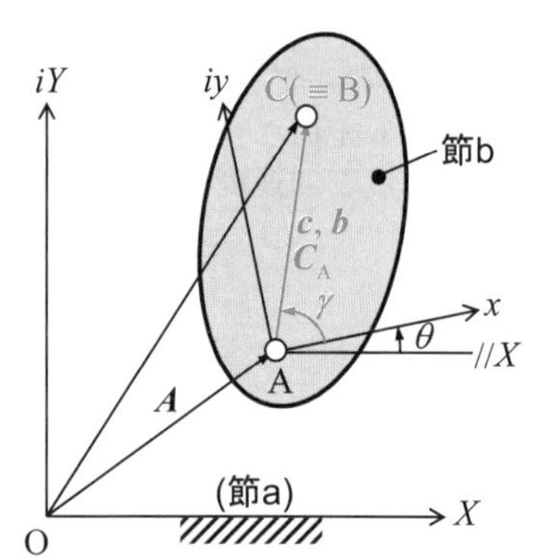

図3.13　動節b上を運動する点C

図3.13において，点Cは動節b上を運動しているものとし，動座標系$A-xy$上での位置を$\boldsymbol{c} = ce^{i\gamma}$と表す．ここに，$c$および$\gamma$は変数である．この時，点Cの速度$\dot{\boldsymbol{C}}$は次式のように表される．

$$\dot{\boldsymbol{C}} = \dot{\boldsymbol{A}} + \dot{\boldsymbol{C}}_{\mathrm{A}} = \dot{\boldsymbol{A}} + i\boldsymbol{c}e^{i\theta}\dot{\theta} + \dot{\boldsymbol{c}}e^{i\theta} \tag{3.44}$$

ここで，点Cに瞬間的に重なる動節b上の固定点をBとすれば，$\boldsymbol{b} = be^{i\beta}$，$b = c, \beta = \gamma$（$b$，$\beta$：定数）として，式(3.44)は次式のようになる．

$$\dot{\boldsymbol{C}} = \dot{\boldsymbol{A}} + i\boldsymbol{b}e^{i\theta}\dot{\theta} + \dot{\boldsymbol{c}}e^{i\theta} \tag{3.45}$$

ここで，

$$i\boldsymbol{b}e^{i\theta}\dot{\theta} = i\boldsymbol{B}_{\mathrm{A}}\dot{\theta} = \dot{\boldsymbol{B}}_{\mathrm{A}} \tag{3.46}$$

であり，

$$\dot{\boldsymbol{c}}e^{i\theta} = \dot{\boldsymbol{C}}_{\mathrm{B}} \tag{3.47}$$

と表せば，式(3.45)は次式のように書ける．

$$\dot{\boldsymbol{C}} = \dot{\boldsymbol{A}} + \dot{\boldsymbol{B}}_{\mathrm{A}} + \dot{\boldsymbol{C}}_{\mathrm{B}} \tag{3.48}$$

したがって，動節b上を運動する点Cの速度は点Cに瞬間的に重なった動節b上の定点Bの速度($\dot{\boldsymbol{A}} + \dot{\boldsymbol{B}}_{\mathrm{A}}$)と点Cが点Bに対して持つ相対速度$\dot{\boldsymbol{C}}_{\mathrm{B}}$の和として表されることがわかる．

3・6・2　動節上をさらに運動する点の加速度 (acceleration of a point moving on a link)

式(3.44)を時間で微分すれば，次式を得る．

$$\begin{aligned}\ddot{\boldsymbol{C}} &= \ddot{\boldsymbol{A}} + (i^2\boldsymbol{c}e^{i\theta}\dot{\theta}^2 + i\dot{\boldsymbol{c}}e^{i\theta}\dot{\theta} + i\boldsymbol{c}e^{i\theta}\ddot{\theta}) + (i\dot{\boldsymbol{c}}e^{i\theta}\dot{\theta} + \ddot{\boldsymbol{c}}e^{i\theta}) \\ &= \ddot{\boldsymbol{A}} + (i\ddot{\theta} - \dot{\theta}^2)\boldsymbol{c}e^{i\theta} + \ddot{c}e^{i\theta} + 2i\dot{c}e^{i\theta}\dot{\theta}\end{aligned} \tag{3.49}$$

前項と同様にして, 点 C に重なる動節 b 上の定点を B とすれば, 次式を得る.

$$\ddot{\boldsymbol{C}} = \ddot{\boldsymbol{A}} + (i\ddot{\theta} - \dot{\theta}^2)\boldsymbol{b}e^{i\theta} + \ddot{c}e^{i\theta} + 2i\dot{c}e^{i\theta}\dot{\theta} \tag{3.50}$$

ここで,

$$\ddot{c}e^{i\theta} = \ddot{\boldsymbol{C}}_{\mathrm{B}} \tag{3.51}$$

と表し, 式(3.46)および式(3.47)を用いれば, 次式を得る.

$$\ddot{\boldsymbol{C}} = \ddot{\boldsymbol{A}} + \ddot{\boldsymbol{B}}_{\mathrm{A}} + \ddot{\boldsymbol{C}}_{\mathrm{B}} + 2i\dot{\boldsymbol{C}}_{\mathrm{B}}\dot{\theta} = \ddot{\boldsymbol{B}} + \ddot{\boldsymbol{C}}_{\mathrm{B}} + 2i\dot{\boldsymbol{C}}_{\mathrm{B}}\dot{\theta} \tag{3.52}$$

上式に示すとおり, 動節 b 上で運動する点 C の加速度は, 点 C に瞬間的に一致する定点 B の加速度(右辺第 1 項), 点 C の点 B に対する相対加速度(右辺第 2 項)および点 C の点 B に対する相対速度に垂直で点 C の点 B に対する相対速度と節 b の角速度の積にその大きさが比例する加速度(右辺第 3 項)の和として表される. なお, 右辺第 3 項の加速度をコリオリの加速度(Coriolis acceleration)と呼ぶ.

【Example 3・3】***

Figure 3.14 shows a two-link mechanism, in which a moving link b is connected with the base link by a revolute pair A and a link c is connected with link b by a prismatic pair. The distance between points A and B is 100 mm. Calculate the following values when $x = 100\,\mathrm{mm}$, $\dot{x} = 50\,\mathrm{mm/s}$, $\ddot{x} = -100\,\mathrm{mm/s^2}$, $\theta = \pi/4$ rad, $\dot{\theta} = 1$ rad/s, $\ddot{\theta} = -2$ rad/s^2.

(1) Velocity $\dot{\boldsymbol{B}}$ and acceleration $\ddot{\boldsymbol{B}}$ of the point B fixed on b

(2)* Velocity $\dot{\boldsymbol{C}}$ and acceleration $\ddot{\boldsymbol{C}}$ of the point C fixed on c

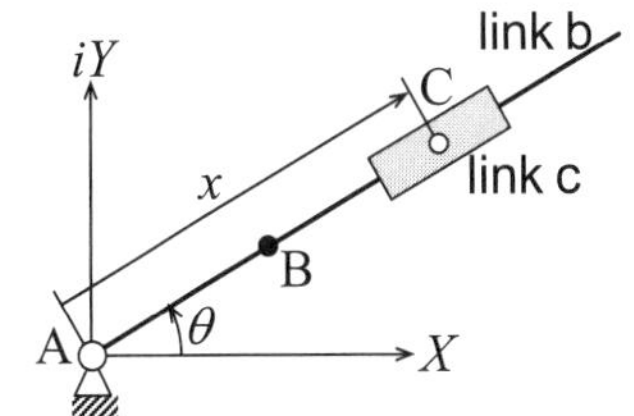

Fig. 3.14　Two-link mechanism with revolute and prismatic pairs

【Solution】

(1) $\dot{\boldsymbol{B}} = i\dot{\theta}\boldsymbol{B} = i\cdot1\cdot100(\sqrt{2}/2 + i\sqrt{2}/2) = -50\sqrt{2} + i50\sqrt{2}$ mm/s,

$\ddot{\boldsymbol{B}} = i\ddot{\theta}\boldsymbol{B} - \dot{\theta}^2\boldsymbol{B} = 50\sqrt{2} - i150\sqrt{2}$ mm^2/s.

(2)From the given conditions, $\dot{\boldsymbol{A}} = 0$, $\dot{\boldsymbol{B}}_{\mathrm{A}} = \dot{\boldsymbol{B}} = i\dot{\theta}\boldsymbol{B}$, $\dot{\boldsymbol{C}}_{\mathrm{B}} = \dot{x}e^{i\theta}$ in Eq. (3.48) and $\ddot{\boldsymbol{B}} = i\ddot{\theta}\boldsymbol{B} - \dot{\theta}^2\boldsymbol{B}$, $\dot{\boldsymbol{C}}_{\mathrm{B}} = \dot{x}e^{i\theta}$, $\ddot{\boldsymbol{C}}_{\mathrm{B}} = \ddot{x}e^{i\theta}$ in Eq. (3.52) are known. Substituting the known values into these equations, the following results are obtained.

$\dot{\boldsymbol{C}} = -25\sqrt{2} + i75\sqrt{2}$ mm/s and $\ddot{\boldsymbol{C}} = -50\sqrt{2} - i\,150\sqrt{2}$ mm/s^2.

****

3・7　高次対偶により直接接触する 2 つの節の運動(motion of two links in contact with each other through a higher pair)

本節では, 図 3.15 に示すように, 2 つの節が高次対偶により直接接触し運動を伝達する場合を取り上げ, 高次対偶を介した運動伝達(motion transmission)の条件, 対偶部における滑り速度, 転がり接触の条件, 瞬間中心に関する定理について述べる. 同図において, 動節 b および c はそれぞれ静止節 a に対して O_b および O_c まわりに回転するものとする. このような系は, 平面カム機構, 摩擦伝動機構および歯車機構の運動の基礎となるものである.

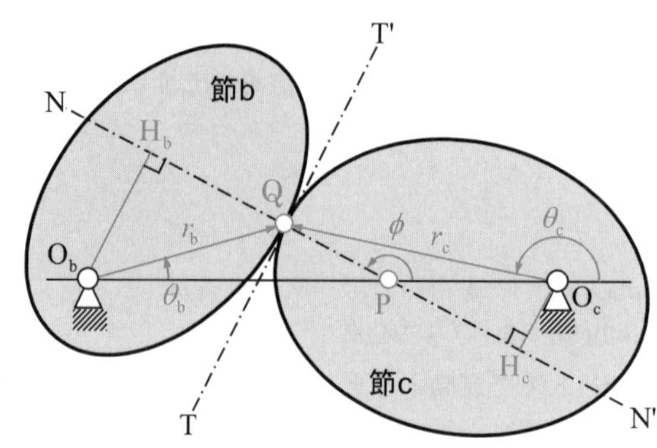

図 3.15　直接接触により運動を伝達する節 b および c

3・7・1　直接接触による運動伝達条件(motion transmission condition between two links through a higher pair)

図 3.15 において，節 b および c は点 Q において接触しているものとする．接触点における共通接線および共通法線をそれぞれ TT′ および NN′ と表す．このとき，節 b 上にある点 Q の速度 $\dot{\boldsymbol{Q}}_b$ は次式で表される．

$$\dot{\boldsymbol{Q}}_b = ir_b\dot{\theta}_b e^{i\theta_b} \tag{3.53}$$

一方，節 c 上にある点 Q の速度 $\dot{\boldsymbol{Q}}_c$ は次式となる．

$$\dot{\boldsymbol{Q}}_c = ir_c\dot{\theta}_c e^{i\theta_c} \tag{3.54}$$

式(3.55)の導出解説：
速度 $\dot{\boldsymbol{A}}$ の ϕ 方向の速度成分 $\dot{A}_\phi$ は $\dot{A}_\phi = \mathrm{Re}(\dot{A}e^{-i\phi})e^{i\phi}$ で求められる．なお，Re(•) は複素数•の実部を表す．

$\dot{\boldsymbol{Q}}_b$ および $\dot{\boldsymbol{Q}}_c$ の共通法線 NN′ 方向成分をそれぞれ $\dot{\boldsymbol{Q}}_{b,N}$ および $\dot{\boldsymbol{Q}}_{c,N}$ と表す．これらは共通法線 NN′ の方向を表す角 ϕ を用いて次のように表される．

$$\dot{\boldsymbol{Q}}_{b,N} = r_b\sin(\phi-\theta_b)\dot{\theta}_b e^{i\phi} \tag{3.55}$$

$$\dot{\boldsymbol{Q}}_{c,N} = r_c\sin(\phi-\theta_c)\dot{\theta}_c e^{i\phi} \tag{3.56}$$

接触を維持するためには，次式が満たされなければならない．

$$\dot{\boldsymbol{Q}}_{b,N} = \dot{\boldsymbol{Q}}_{c,N} \tag{3.57}$$

したがって，式(3.55)～(3.57)より角速度比に関して次式を得る．

$$\frac{\dot{\theta}_b}{\dot{\theta}_c} = \frac{r_c\sin(\phi-\theta_c)}{r_b\sin(\phi-\theta_b)} = -\frac{r_c\sin(\theta_c-\phi)}{r_b\sin(\phi-\theta_b)} = -\frac{\overline{O_cH_c}}{\overline{O_bH_b}} = -\frac{\overline{O_cP}}{\overline{O_bP}}\left(=-\frac{\overline{PH_c}}{\overline{PH_b}}\right) \tag{3.58}$$

$$\because \Delta PH_bO_b \backsim \Delta PH_cO_c \tag{3.59}$$

直接接触する動節の角速度比は，中心連結線と接触点の共通法線の交点を P とするとき，回転中心と点 P の距離の逆比に等しい．

ここに，点 H_b および H_c はそれぞれ O_b および O_c から共通法線 NN′ に下ろした垂線の足，点 P は節 b および c の回転中心 O_b および O_c を通る直線(中心連結線)と共通法線 NN′ の交点である．このような中心連結線と共通法線の交点をピッチ点(pitch point)という．以上のように，直接接触により運動伝達を行う場合，2 つの節の角速度比は，中心連結線と接触点の共通法線の交点を P とするとき，回転中心と点 P の距離の逆比に等しいことがわかる．

3・7・2　滑り速度(sliding velocity)

$\dot{\boldsymbol{Q}}_b$ および $\dot{\boldsymbol{Q}}_c$ の共通接線 TT′ 方向成分をそれぞれ $\dot{\boldsymbol{Q}}_{b,T}$ および $\dot{\boldsymbol{Q}}_{c,T}$ と表せば，これらは次式のように表される．

$$\dot{Q}_{b,T} = ir_b\cos(\theta_b - \phi)\dot{\theta}_b e^{i\phi} = -i\overline{QH_b}\dot{\theta}_b e^{i\phi} \tag{3.60}$$

$$\dot{Q}_{c,T} = ir_c\cos(\theta_c - \phi)\dot{\theta}_c e^{i\phi} = i\overline{QH_c}\dot{\theta}_c e^{i\phi} \tag{3.61}$$

ここで，$\dot{Q}_{b,T}$ と $\dot{Q}_{c,T}$ の差をとれば，これは接触点 Q における滑り速度(sliding velocity)と呼ばれ，次式のように表される．

$$\begin{aligned}\dot{Q}_{b,T} - \dot{Q}_{c,T} &= i\left(-\overline{QH_b}\dot{\theta}_b - \overline{QH_c}\dot{\theta}_c\right)e^{i\phi} \\ &= i\left\{-\overline{PH_b}\dot{\theta}_b - \overline{PH_c}\dot{\theta}_c + \overline{PQ}\left(\dot{\theta}_b - \dot{\theta}_c\right)\right\}e^{i\phi}\end{aligned} \tag{3.62}$$

前項における運動伝達条件(式(3.58))を式(3.62)に代入して，滑り速度は次式のように表される．

$$\dot{Q}_{b,T} - \dot{Q}_{c,T} = i\overline{PQ}\left(\dot{\theta}_b - \dot{\theta}_c\right)e^{i\phi} \tag{3.63}$$

このように，直接接触する2つの節の滑り速度は，中心連結線と接触点の共通法線の交点 P と接触点の距離および相対角速度の積で表される．

> 直接接触する 2 つの節の滑り速度は，中心連結線と接触点の共通法線の交点 P と接触点の距離および相対角速度の積で表される．

3・7・3　転がり接触条件(condition of rolling contact)

前項における滑り速度 $\dot{Q}_{b,T} - \dot{Q}_{c,T}$ が 0 となる場合，2 つの動節 b および c は転がっているといい，この場合の接触状態を転がり接触と呼ぶ．2 つの節が転がり接触を行う条件は，式(3.63)より，次の 2 つの場合が考えられる．

$$\overline{PQ} = 0 \tag{3.64}$$

$$\dot{\theta}_c = \dot{\theta}_b \tag{3.65}$$

ここで，式(3.65)は機構として無意味であるから，転がり接触条件として式(3.64)のみを考える．すなわち，2 つの節が転がり接触を行うための条件は，接触点 Q が点 P に一致することである．

> 転がり接触の条件：
> 2つの節が転がり接触を行うためには，接触点がこれらの節の瞬間中心でなければならない．
> 具体的な機構：
> 摩擦伝動機構(第 6 章)．

次に，点 P の意味について考えてみよう．

節 b 上の点 P の速度 $\dot{P}_b$ は，式(3.53)において $r_b = \overline{O_bP}$ および $\theta_b = 0$ を代入して，

$$\dot{P}_b = i\overline{O_bP}\dot{\theta}_b \tag{3.66}$$

一方，節 c 上の点 P の速度 $\dot{P}_c$ も同様にして，

$$\dot{P}_c = -i\overline{O_cP}\,\dot{\theta}_c \tag{3.67}$$

として求められる．ここで，式(3.58)より

$$\frac{\dot{\theta}_b}{\dot{\theta}_c} = -\frac{\overline{O_cP}}{\overline{O_bP}} \tag{3.68}$$

であるから，

$$\dot{P}_b = i\overline{O_bP}\left(-\frac{\overline{O_cP}}{\overline{O_bP}}\right)\dot{\theta}_c = -i\overline{O_cP}\,\dot{\theta}_c = \dot{P}_c \tag{3.69}$$

となり，動節 b 上の点 P の速度は動節 c 上の点 P の速度に等しい．すなわち，点 P は，動節 b と c の相対速度=0 となる，節 b と c の間の瞬間中心であることがわかる．

以上より，節 b および c が転がり接触を行うための条件は，接触点がこれらの節の間の瞬間中心にあることであることがわかる．

なお，転がり接触の条件が満たされない場合，これを滑り接触(sliding contact)と呼ぶ．転がり接触による伝動機構は第 6 章(摩擦伝動機構)で，滑り接触による伝動機構は第 5 章(平面カム機構)，第 7 章(歯車機構)でそれぞれ具体的に扱う．

> 滑り接触：
> 転がり接触の条件が満たされない直接接触状態．
> 具体的な機構：
> カム機構(第 5 章)
> 歯車機構(第 7 章)

三中心の定理(ケネディの定理)：平面内で運動する 3 つの節の間に存在する 3 つの瞬間中心は一直線上に存在する．

3・7・4　三中心の定理(theorem of three centers)

図 3.15 において，点 O_b は節 b と静止節の瞬間中心，点 O_c は節 c と静止節の瞬間中心である．また，前項で示したように点 P は節 b と c の瞬間中心である．このように平面内に置かれた 3 つの節の間には 3 つの瞬間中心が存在するが，これらは常に一直線上にある．これを三中心の定理(theorem of three centers)あるいはケネディの定理(Kennedy's theorem)と呼ぶ．これは，前項において，瞬間中心 P がもし直線 O_bO_c 上にないとした場合には節 b 上および節 c 上にある瞬間中心の速度ベクトルの方向が一致しないが，瞬間中心が直線 O_bO_c 上にある場合には，これらの速度ベクトルの方向が一致することから容易に導くことができる．ここでは高次対偶により直接接触する 2 つの節に関する速度解析式を基にして三中心の定理を示したが，この定理は任意の対偶により連結される平面内を運動する 3 つの節について成立する．

＝＝＝＝＝　練習問題　＝＝＝＝＝＝＝＝＝＝＝＝＝＝＝＝＝＝

【3・1】Consider two points A and B fixed on a link b moving in the XY-plane. Find the coordinates of the center of rotation of b when points $A(3+5\sqrt{3}, 7)$, $B(3+7.5\sqrt{3}, 4.5)$ move to $A(-2, 2+5\sqrt{3})$, $B(0.5, 2+7.5\sqrt{3})$, respectively.

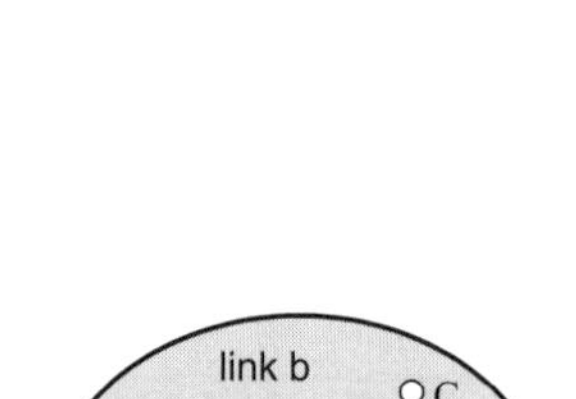

Fig. 3.16 Velocity of link b

【3・2】XY 平面内を運動する節 b 上の 2 定点 A および B を考える．$\overline{AB}=50$mm とする．$\arg(\boldsymbol{B}_A)=30^\circ$ であり，点 A の速度 $\dot{A}=10+i5$mm/s，節 b の角速度 $\dot{\theta}=-0.5$rad/s のとき，点 B の速度 $\dot{\boldsymbol{B}}$ を求めよ．ここで，$\arg(\boldsymbol{X})$ とはベクトル $\boldsymbol{X}$ を $\boldsymbol{X}=xe^{i\theta}$ と表したときの角 θ である．

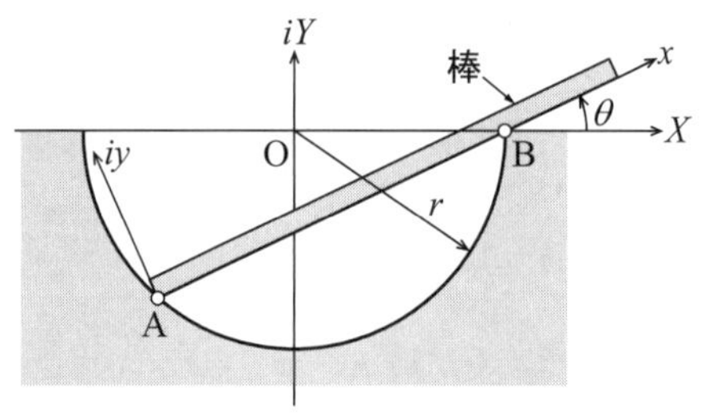

図 3.17　半円上を滑る棒の運動

【3・3】Consider the motion of three points A, B and C fixed on a link b as shown in Fig. 3.16. When these points are located at A(0,0), B(50,0) and C(50,50) [mm], the velocity of A and the moving direction of point B are $\dot{A}=-150$mm/s and $\arg(\dot{\boldsymbol{B}})=150^\circ$. Find the position of the instantaneous center, the angular velocity of b and the velocity of point C. Here, $\arg(\boldsymbol{X})$ denotes the deviation angle of a vector $\boldsymbol{X}$ from the horizontal axis.

【3・4】図 3.17 のように，静止節上に設けた半径 r の半円状の溝上の 2 点に太さの無視できる棒を接触させながら矢印の方向(角 θ が増大する方向)に滑らせる．この棒の瞬間中心の軌跡を図に示した 2 つの座標系 $O-XY$ および $A-xy$ 上で求め，図示せよ．

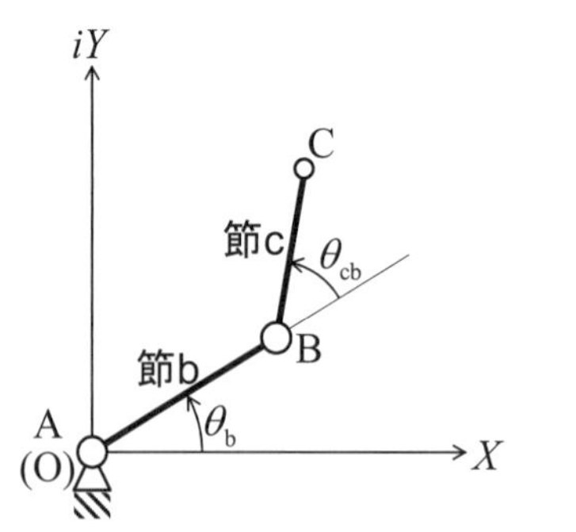

図 3.18　回転対偶で連結された 2 連節

【3・5】図 3.18 において，節 b は静止節 a と点 A で，節 c は節 b と点 B でそれぞれ回転対偶により連結している．角 θ_b および θ_{cb} を図に示すように定める．$\overline{AB}=\overline{BC}=100$mm とし，$\theta_b=\pi/6$ rad, $\theta_{cb}=\pi/3$ rad，$\dot{\theta}_b=1$ rad/s，$\dot{\theta}_{cb}=2$ rad/s，$\ddot{\theta}_b=1$ rad/s^2, $\ddot{\theta}_{cb}=-1$ rad/s^2 のとき，点 C の加速度を求めよ．

【3・6】図 3.19 のように，回転中心が O の偏心円板 b(節 b)が，端部が Y 軸に垂直な平坦面で Y 軸方向に直線運動を行う節 c と接触している．円板の偏

心 $\overline{\mathrm{OO_c}} = 40\mathrm{mm}$, 円板の半径=100mm とする．$\theta_b = \pi/6$ rad, $\dot{\theta}_b = \pi$ rad/s のとき，次の諸量を求めよ．

(1) 節 b と c の接触点の座標

(2) 節 b と c の間の瞬間中心の座標

(3) 節 c の速度

(4) 節 b と c の接触点における滑り速度の大きさ

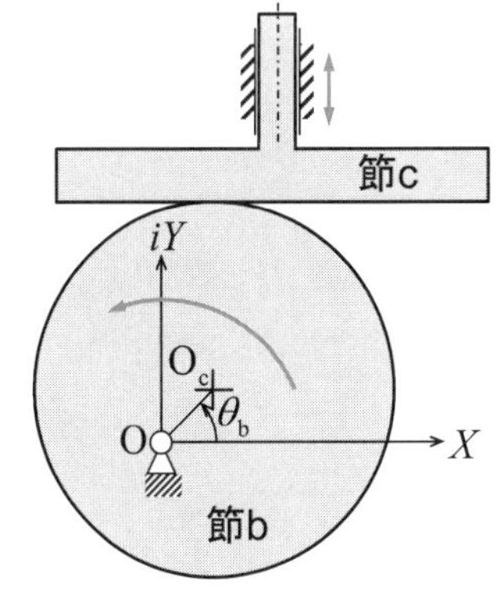

図 3.19　直接接触する節 b および c

【3・7】図 3.15 のように，2 つの動節 b および c がそれぞれ点 O_b および O_c まわりに回転し，点 Q で接触している．2 つの時刻 $t = t_1$ および $t = t_2$ において，節 b と節 c の角速度比が同じであった．このような状態を具体的に説明せよ．

【解答】

1. Using Eq. (3.7) yields

$$\boldsymbol{P}_{12} = 3 + i2 .$$

Then the coordinates of the center of rotation of b are (3,2).

2. $\dot{\boldsymbol{B}} = \dot{\boldsymbol{A}} + i\boldsymbol{B}_A\dot{\theta} = 10 + i5 - i(25\sqrt{3} + i25)\times 0.5 = 22.5 + i(5 - 12.5\sqrt{3})$ mm/s.

3. The coordinates of the instantaneous center P are $\mathrm{P}(0,-50\sqrt{3})$ mm . The angular velocity of b and the velocity of point C are $\dot{\theta} = \sqrt{3}$ rad/s and $\dot{\boldsymbol{C}} = -(150 + 50\sqrt{3}) + i50\sqrt{3}$ mm/s .

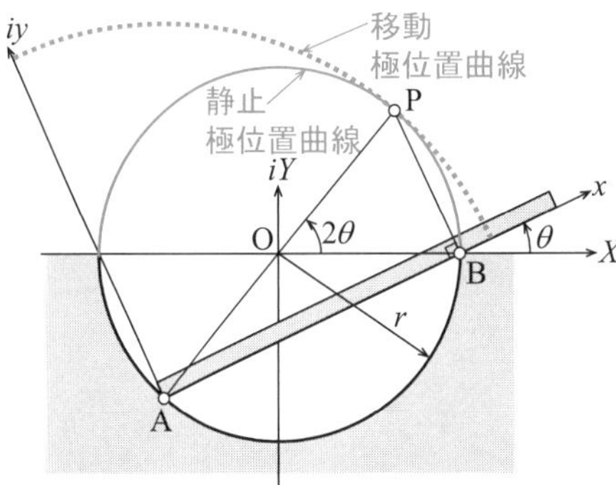

図 3.20　練習問題 **3・4** の解答図

4.式(3.22)より，静止極位置曲線：$\boldsymbol{P} = re^{i(2\theta)}$，式(3.26)より，移動極位置曲線：$\boldsymbol{p} = 2re^{i\theta}$ を得る．これを $0 \le \theta \le \pi/2$ の範囲で図示すれば図 3.20 を得る．

5. $\ddot{\boldsymbol{C}} = (i\ddot{\theta}_b - \dot{\theta}_b^{\,2})\boldsymbol{C} + \ddot{c}e^{i\theta_b} + 2i\dot{c}e^{i\theta_b}\dot{\theta}_b = -50 - 50\sqrt{3} + i(50\sqrt{3} - 950)$ mm/s^2.

6.

(1)接触点 Q の座標は，$\mathrm{Q}(20\sqrt{3}, 120)$ mm.

(2)瞬間中心 P の座標は，$\mathrm{P}(20\sqrt{3}, 0)$ mm.

(3) Y 軸方向に $20\sqrt{3}\pi$ mm/s .

(4) $\left|v_{\mathrm{slip}}\right| = \left|\overline{\mathrm{PQ}}(\dot{\theta}_c - \dot{\theta}_b)\right| = 120\pi$ mm/s(X 軸方向).

7. 2 つの時刻における接触点に関する共通法線と中心連結線 $\overline{\mathrm{O_bO_c}}$ の交点が同一である．

第 4 章
平面リンク機構の運動解析と総合
Kinematic Analysis and Synthesis of Planar Link Mechanism

4・1 はじめに(introduction)

図4.1に示す自動車のエンジンの機構部は図4.2に示すように，スライダ・クランク機構として表される．このように，機械の運動に関わるモデルとしての機構のうち，複数の節が低次対偶によって連結され，剛体による伝動を行う機構がリンク機構(link mechanism, linkage)である．

本章では，リンク機構について，その種類と特徴について簡単にまとめた後，平面リンク機構を取り上げ，機構定数と入力運動が与えられた場合の機構の運動解析法および与えられた出力運動を創成する機構の寸法決定法(機構総合法)について説明し，これらについて具体例を示す．

図 4.1　自動車のエンジンのカット写真
(人とくるまのテクノロジー展 2003)

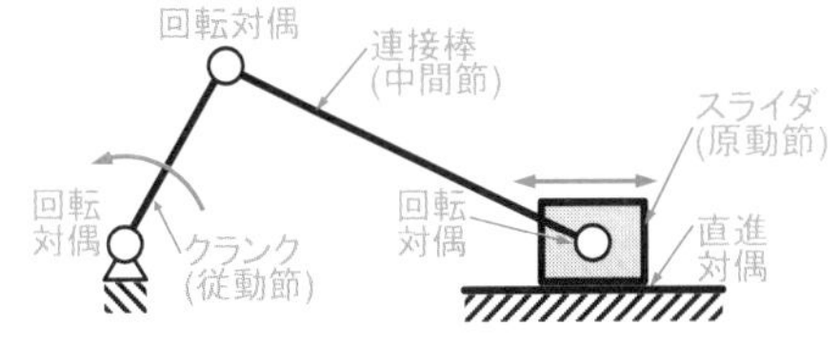

図 4.2　スライダ・クランク機構

4・2 リンク機構の種類と特徴 (classification and characteristics of link mechanism)

リンク機構は表4.1に示すように，①構造，②運動空間，③自由度などにより分類する．①の構造については，機構内のリンクが閉ループを形成するか(閉ループ機構)，形成しないか(開ループ機構：open-loop mechanism)，により分類する．開ループ機構は，シリアル機構(serial mechanism)とも呼ぶ．閉ループ機構は，図1.4，図2.16で紹介したようなパラレルメカニズム(パラレル機構)も含む．②の運動空間では，機構を構成するリンクの運動空間が任意の空間であるか(空間機構)，同一中心の球面内に限定されるか(球面機構)，平行平面内に限定されるか(平面機構)，により分類する．③の自由度については，1自由度の場合に1自由度機構(single degree-of-freedom mechanism)，2自由度以上の場合に多自由度機構と呼ぶ．多自由度機構の場合，図4.7の機構のように機構の自由度を明示することが多い．ロボットと呼ばれる汎用機械の主たる運動系を表す機構をロボット機構(robot mechanism)と呼ぶ．

表 4.1　リンク機構の分類

①構造	②運動空間	③自由度	機構の具体例
開ループ	空間	多自由度	ロボット機構(図 4.3)
	球面	多自由度	ロボット手首機構
	平面	多自由度	ロボット機構
閉ループ	空間	1 自由度	関数創成機構(図 4.4)
		多自由度	パラレルメカニズム(図 1.4)
	球面	1 自由度	ユニバーサル継手(図 1.8(b))
		多自由度	ジョイスティック
	平面	1 自由度	関数創成機構，経路創成機構(図 4.8)
		多自由度	ロボット機構(図 4.7)

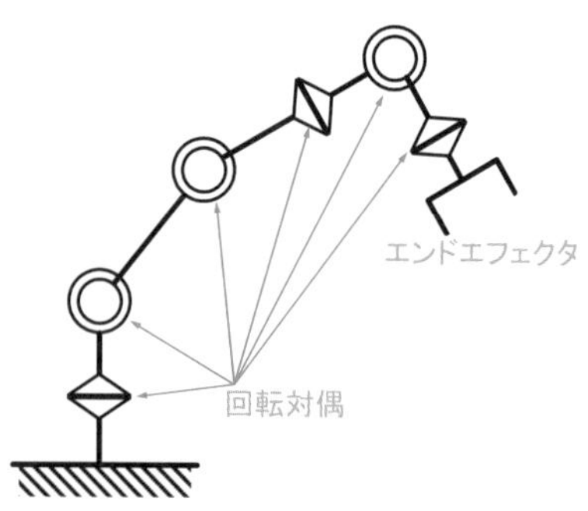

図 4.3　多関節ロボット機構

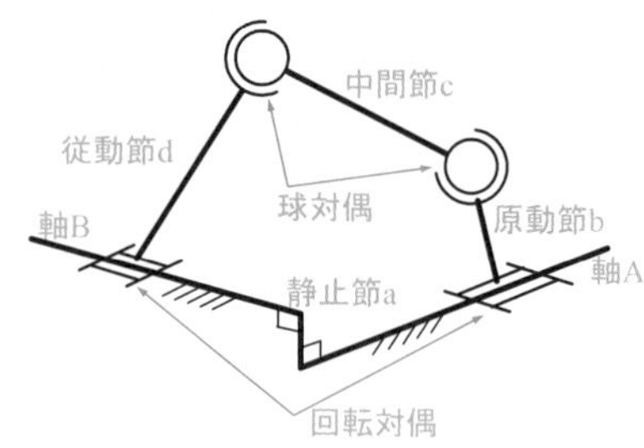

図 4.4　空間 4 節リンク機構

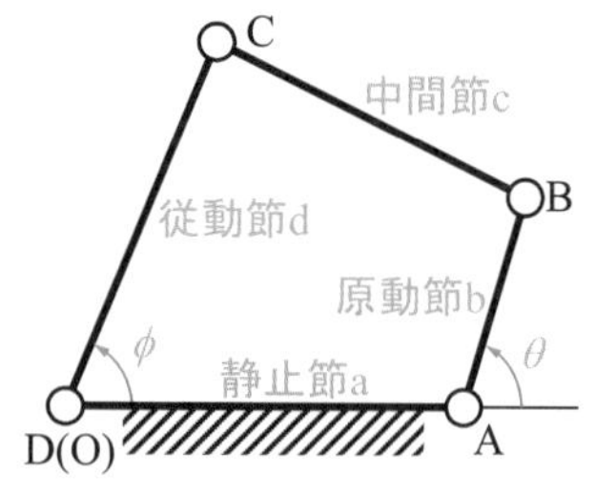

図 4.5　平面 4 節リンク機構

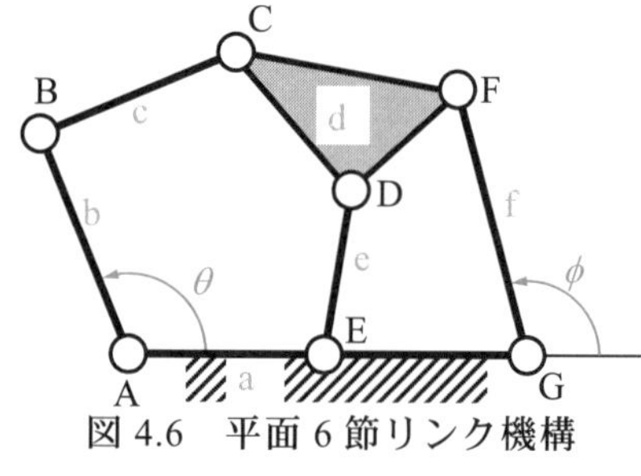

図 4.6　平面 6 節リンク機構

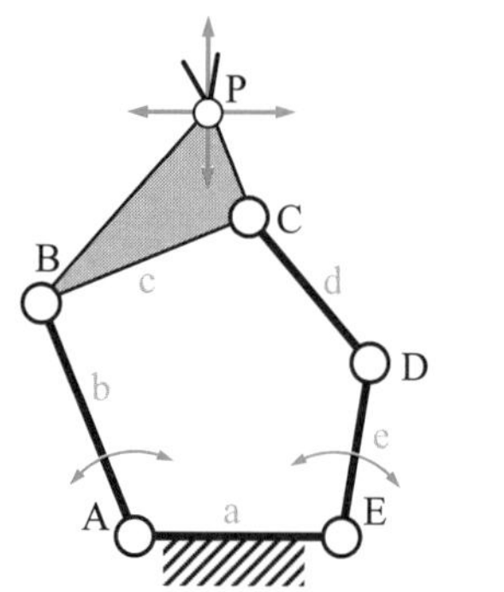

図 4.7　平面 5 節閉ループロボット機構
(2 自由度パラレル機構)

図 4.3 は，開ループの多自由度空間機構である多関節ロボット機構(articulated robot mechanism)(第 9 章参照)である．実際のロボットでは，すべての対偶にアクチュエータが取り付けられ，アクチュエータを駆動することで隣接するリンクの相対変位，すなわち対偶変位が決定され，出力リンクとしてのエンドエフェクタ(end-effector)の空間的な位置・姿勢が決定される．

図 4.4 の空間 4 節リンク機構において，入力の回転対偶の軸 A と出力の回転対偶の軸 B は平行ではなく，原動節 b の回転により従動節 d が揺動運動を行う．この機構は 1 自由度機構であり，能動対偶 A に取り付けられたアクチュエータの運動で出力運動が決定される．

図4.2に示すスライダ・クランク機構はすべてのリンクが1つの平面内を運動する1自由度の平面リンク機構である．1自由度の平面リンク機構としては，他にも第2章で示したように図4.5および図4.6に示す4節機構や6節機構などがある．図4.7は2自由度の平面5節閉ループロボット機構(パラレル機構)であり，静止節上の2つの回転対偶が能動対偶であり，ここにアクチュエータが取り付けられる．

図4.4の機構は原動節の角変位に対する従動節の角変位の関数関係が機構として重要であるが，図4.8の機構は節bを原動節として等速回転させたときに中間節BCP上の点Pが描く軌跡を出力として取り出すものである．この機構は，軌跡中にほぼ等速度の近似直線を含むため，歩行機械の脚運動創成に用いられることが多い．特に，図に示した寸法関係を有する機構をチェビシェフの近似直線創成機構(Chebyshev approximate straight-line mechanism)と呼ぶ．図4.4のような機構を関数創成機構(function generator)，図4.8のような機構を経路創成機構(path generator)と呼ぶ．また，図4.8の機構のように，中間節上の点が描く軌跡を中間節曲線(coupler curve)と呼ぶ．

閉ループのリンク機構の特徴をまとめれば，次のとおりである．

【長所】

(1) 低次対偶を用いるので，機械工作が容易で，機械的寿命が長い(摩擦面の動く距離：小，摩耗：少)．

(2) 摩擦および慣性が小さく，高速向きである．

(3) 安定した作動を行う．

(4) 出力運動が複雑な時間関数として与えられても，必ずしも機構および入力運動が複雑とならない．

(5) 節や対偶の数が増大しても連結が容易である．

(6) 経済的に製作できる．

【短所】

(1) 機構的な誤差を免れない．

(2) 機構上の制限，例えば運動限界位置(limit position)(特異点：singular point, singular configuration，思案点：change point)による運動の制限がある．なお，特異点については**4･8･2**項において具体的に述べる．

(3) 対偶を構成する軸受の公差(tolerance)を小さくしなければ誤差を増大する恐れがある．

平面リンク機構には，図4.2，図4.5～4.8および第1章，第2章において紹介した機構以外にも多くの種類がある．それらをここでまとめて紹介することは困難であるので，本文中で具体例としていくつかを適宜紹介する．なお，リンク機構の機構定数のうち長さの次元を持つものについて具体的に数値を与える場合，単位を付して実寸法で表すか，比で表すものとする．

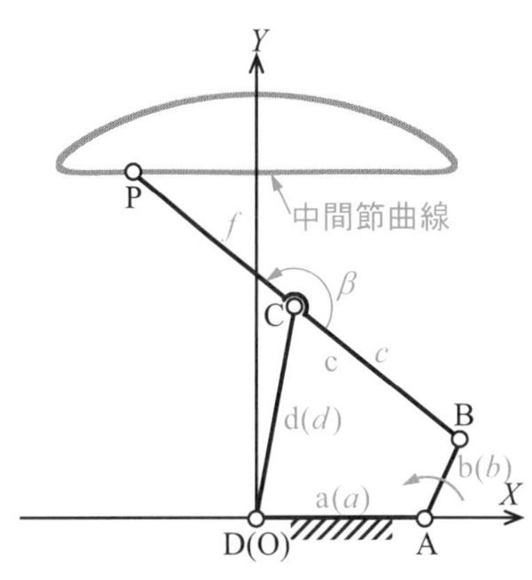

図 4.8　チェビシェフの近似直線創成機構
($b/a=0.5$, $c/a=d/a=f/a=1.25$, $\beta=\pi$ rad)

4・3　平面リンク機構の運動解析の手順 (procedure of kinematic analysis of planar link mechanism)

機構の運動を解析する場合，まず機構の入力変位と出力変位の関係を求めることが必要である．たとえば図4.2に示すスライダ・クランク機構ではスライダの入力変位に対するクランクの角変位，また図4.5に示す4節リンク機構では原動節bの角変位に対する従動節dの角変位の関係である．さらに，従動節の角速度や角加速度も実際の機構の設計の際には必要になる．

本章では，第 3 章で示した複素数を用いた手法により平面リンク機構の運動解析を行う．以下に解析の基本的な手順を述べる．

(1) 機構の運動平面(XY 平面)を複素平面内に置く(Y 軸を虚軸とする).

(2) 機構の各リンクをベクトルで表し，ベクトル図を描く．

(3) 変位に関する閉回路方程式(closed-loop equation, closure equation)(ベクトル方程式ともいう)を作る．

(4) ベクトルを複素数で表す．

(5) (4)の方程式を実部(real part)と虚部(imaginary part)に分けて連立方程式とし，これらから未知数を消去して1変数の方程式を導き，求めるべき変位あるいは角変位を求める．

(6) (3)の方程式を時間で微分し，速度に関する方程式を得る．

(7) (6)の式を実部と虚部に分けて連立一次方程式を導出し，これを解いて求めるべき速度あるいは角速度を求める．

(8) 加速度あるいは角加速度を求める場合も(6)，(7)と同様にする．

(5)において，機構のすべてについての閉回路方程式を一括して解く手法の代りに，与えられた変位の条件により直接定まる部分の変位から順次求める手法もある．

上記の手順は次節以降で具体的に説明する．

4・4　平面リンク機構の変位解析 (displacement analysis of planar link mechanism)

4・4・1　4節リンク機構の変位解析 (displacement analysis of four-bar mechanism)

図4.9(a)に示すスライダ・クランク機構において，その入出力変位関係を求める．ここでは，クランクbを原動節とし，スライダdの変位 X_B を求める．

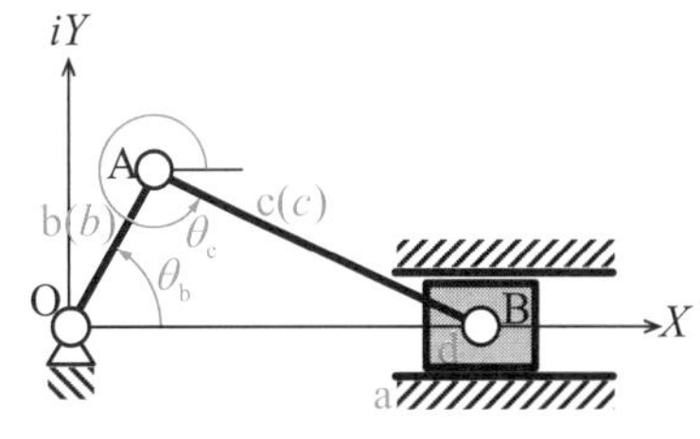

(a) 機構図

図4.9(a)に示すように，スライダ・クランク機構を複素平面内に置き，各リンクの姿勢角などを定める．このとき，原点Oから点AおよびBを経由して再び点Oに戻る閉回路を図4.9(b)のように考えると，これは次のベクトル方程式で表される．

$$\boldsymbol{A}+\boldsymbol{B}_{\mathrm{A}}+\boldsymbol{O}_{\mathrm{B}}=\boldsymbol{0} \tag{4.1}$$

これを複素数で表すと次式を得る．

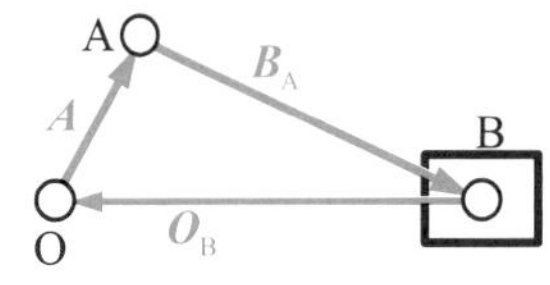

(b) ベクトル図

図 4.9　スライダ・クランク機構

$$be^{i\theta_b} + ce^{i\theta_c} - X_B = 0 \tag{4.2}$$

このような式を変位に関する閉回路方程式と呼ぶ．式(4.2)を実部と虚部に分けて整理すれば，次式を得る．

$$\left.\begin{aligned} X_B &= b\cos\theta_b + c\cos\theta_c \\ 0 &= b\sin\theta_b + c\sin\theta_c \end{aligned}\right\} \tag{4.3}$$

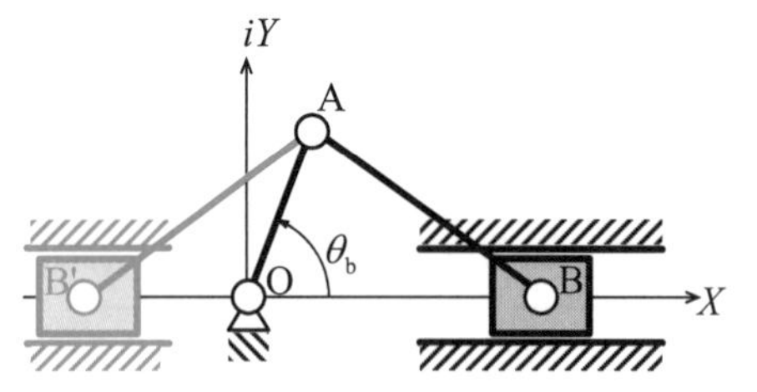

図 4.10　スライダ・クランク機構の2つの解の形状

式(4.3)より，θ_c を消去して次式のように X_B に関する二次方程式を得る．

$$X_B^2 - 2b\cos\theta_b X_B + b^2 - c^2 = 0 \tag{4.4}$$

上式を解いて，次式を得る．

$$X_B = b\cos\theta_b \pm \sqrt{c^2 - b^2\sin^2\theta_b} \tag{4.5}$$

このように変位解析については，2つの解がある．これらを図4.10に示す．これらの解は機構を組み立てた後には自由に選ぶことができないので，解析に先立って式(4.5)の複号のいずれを取るか，決めておく必要がある．なお，式(4.5)の＋側の解が図4.10の黒色の形状，－側の解が青色の形状に対応する．

ここで，この機構の対偶点O, AおよびBが作る三角形OABを考える．機構定数が与えられると節長 $\overline{\mathrm{OA}} = b$ および $\overline{\mathrm{AB}} = c$ が既知，ベクトル $\overline{\mathrm{OB}}$ の方向が既知となる．そして原動節角変位が与えられるとベクトル $\overline{\mathrm{OA}}$ が既知となり，点Bの位置は点Aを中心とする半径 c の円と $Y=0$ の直線の交点として求まり，ΔOABの形状および $\mathrm{O}-XY$ 座標系での位置が確定することがわかる．

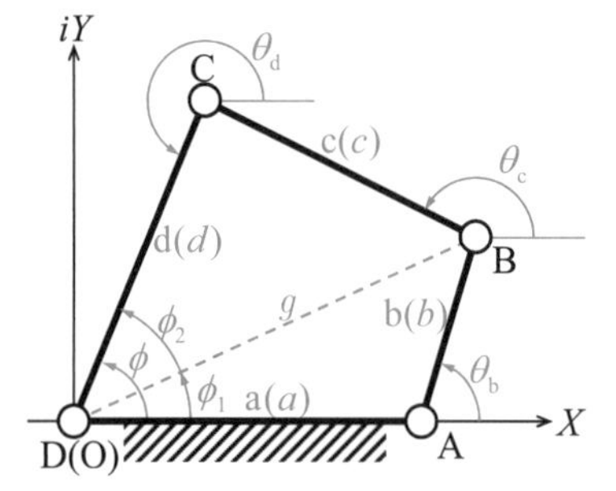

図 4.11　回転対偶のみを持つ4節リンク機構

次に，図4.11に示すような4つの回転対偶を持つ4節リンク機構の各リンクa, b, c, dの長さ a, b, c, d と原動節角変位 θ_b が与えられた場合について，各リンクの姿勢角 θ_c および $\theta_d(=\phi+\pi)$ を求める．

まず，機構を XY 平面内に置く．変位に関する閉回路方程式は

$$\boldsymbol{A} + \boldsymbol{B}_A + \boldsymbol{C}_B + \boldsymbol{D}_C = \boldsymbol{0} \tag{4.6}$$

のように表され，これは複素数で

$$a + be^{i\theta_b} + ce^{i\theta_c} + de^{i\theta_d} = 0 \tag{4.7}$$

のように表される．$\phi = \theta_d - \pi$ であるから，上式を実部と虚部に分けて表示すれば，次式を得る．

$$\left.\begin{aligned} d\cos\phi &= a + b\cos\theta_b + c\cos\theta_c \\ d\sin\phi &= b\sin\theta_b + c\sin\theta_c \end{aligned}\right\} \tag{4.8}$$

ここで，式(4.8)を未知数 θ_c および ϕ について直接解くことをせずに，4節リンク機構を ΔDABと ΔDBCの2つの三角形に分けて解くことを考える．

$\overline{\mathrm{DB}} = g, \angle\mathrm{BDA} = \phi_1$ とすれば，次式を得る．

$$ge^{i\phi_1} = a + be^{i\theta_b} \tag{4.9}$$

$$de^{i\phi} = ge^{i\phi_1} + ce^{i\theta_c} \tag{4.10}$$

式(4.9)を実部と虚部に分けて表すと，次式を得る．

$$\left.\begin{aligned} g\cos\phi_1 &= a + b\cos\theta_b \\ g\sin\phi_1 &= b\sin\theta_b \end{aligned}\right\} \tag{4.11}$$

式(4.11)の両辺を自乗して和をとれば，g が次のように求まる．

$$g = \sqrt{a^2 + b^2 + 2ab\cos\theta_b} \tag{4.12}$$

したがって，ϕ_1 は次式を満たす角 $(-\pi \le \phi_1 \le \pi)$ として求められる．

$$\cos\phi_1 = \frac{a + b\cos\theta_b}{g},\quad \sin\phi_1 = \frac{b\sin\theta_b}{g} \tag{4.13}$$

次に式(4.10)を実部と虚部に分けて，整理すれば，

$$\cos(\phi - \phi_1) = \frac{d^2 + g^2 - c^2}{2dg},\quad \cos(\theta_c - \phi_1) = \frac{d^2 - g^2 - c^2}{2cg} \tag{4.14}$$

すなわち，

$$\phi = \cos^{-1}\left\{\frac{d^2 + g^2 - c^2}{2dg}\right\} + \phi_1 \tag{4.15}$$

$$\theta_c = \cos^{-1}\left\{\frac{d^2 - g^2 - c^2}{2cg}\right\} + \phi_1 \tag{4.16}$$

のようにすべての節の姿勢角が求められる．

上述のように，4節リンク機構の変位解析において，機構を2つの三角形に分けることで，すべての対偶変位を解析的に求めることができる．ここで示した三角形に着目する方法は平面リンク機構の変位解析の基本である．このような三角形を作る際に着目すべき点は，三角形の位置および姿勢が与えられた条件だけで決定できることである．この点が満足されていれば，多くの平面多節リンク機構に対して，三角形を順に作って解析することで全体の変位を求めることができる．次項では，三角形を構成する条件と解法を示す．

4・4・2　平面三角形(planar triangle)

一般に図4.12に示すような平面三角形を閉回路方程式として表すと，

$$\boldsymbol{B}_A + \boldsymbol{C}_B - \boldsymbol{C}_A = \boldsymbol{0} \tag{4.17}$$

となり，これを複素数で表すと，

$$ae^{i\theta_a} + be^{i\theta_b} - ce^{i\theta_c} = 0 \tag{4.18}$$

である．これを実部と虚部に分けて表示すれば，次式を得る．

$$\left.\begin{aligned} a\cos\theta_a + b\cos\theta_b - c\cos\theta_c = 0 \\ a\sin\theta_a + b\sin\theta_b - c\sin\theta_c = 0 \end{aligned}\right\} \tag{4.19}$$

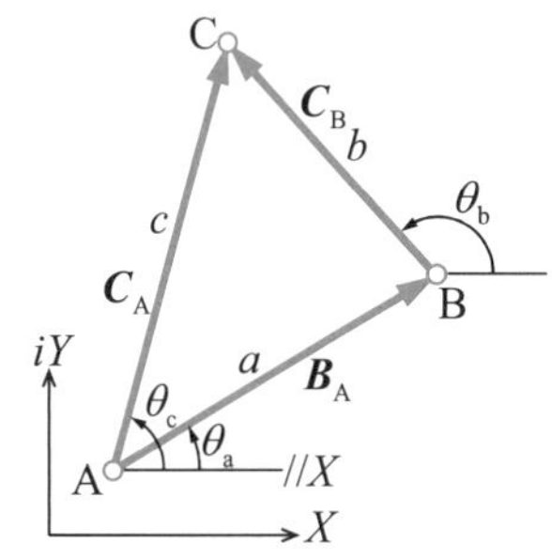

図 4.12　平面三角形

式(4.19)は6つの変数($a, b, c, \theta_a, \theta_b, \theta_c$)からなり，独立な式が2つなので，式(4.19)において未知の変数が2つであればこれらを求めることができ，図4.12の平面三角形が確定する．このような条件を満たす場合は次の4通りである．

(1)　1つのベクトルの大きさと方向のみが未知である場合

(2)　2つのベクトルの大きさのみが未知である場合

(3)　1つのベクトルの大きさともう1つのベクトルの方向のみが未知である場合

(4)　2つのベクトルの方向のみが未知である場合

以下，それぞれについて解法を示す．

(1) 1つのベクトルの大きさと方向のみが未知である場合(解法(1))

図4.13のように c および θ_c が未知であるとする． a, b, θ_a, θ_b が既知であるから，この場合は，単純に2つのベクトル $\boldsymbol{a}$ と $\boldsymbol{b}$ の和として表されるベクトル $\boldsymbol{c}$ を求めることになる．すなわち，

$$\left.\begin{aligned} x = a\cos\theta_a + b\cos\theta_b \\ y = a\sin\theta_a + b\sin\theta_b \end{aligned}\right\} \tag{4.20}$$

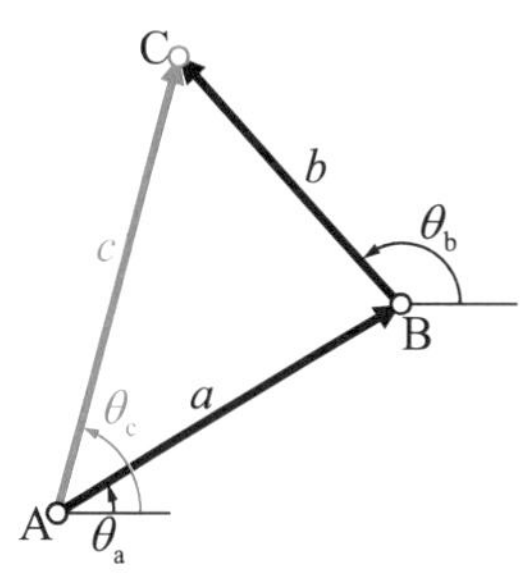

図 4.13　平面三角形(1)

とすれば，x および y は既知となり，c は次式により求められる．

$$c=\sqrt{x^2+y^2} \tag{4.21}$$

そして，θ_c は次式を満たす角として求められる．

$$\cos\theta_c=\frac{x}{c},\ \ \sin\theta_c=\frac{y}{c} \tag{4.22}$$

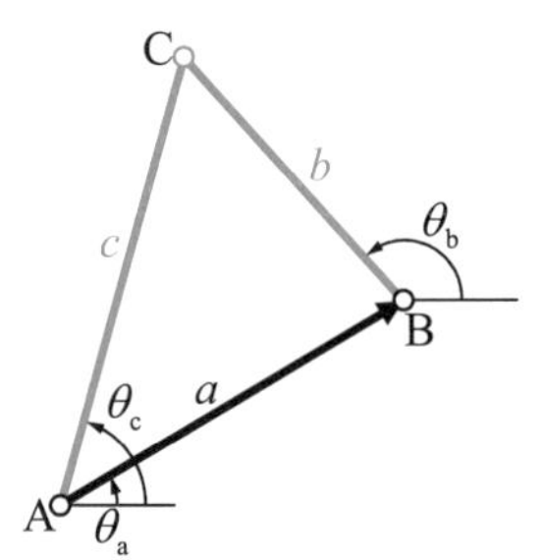

図 4.14　平面三角形(2)

(2)2つのベクトルの大きさのみが未知である場合(解法(2))

図4.14のように b および c が未知であるとする．この場合は，点Aを通り傾き $\tan\theta_c$ の直線と点Bを通り傾き $\tan\theta_b$ の直線の交点として点Cを求め，$\overline{BC}=b, \overline{AC}=c$ を求めることになる．式(4.18)の両辺に $e^{i(-\theta_c)}$ を乗じて虚部に着目すれば，次式のように b が求められる．

$$b=-\frac{a\sin(\theta_a-\theta_c)}{\sin(\theta_b-\theta_c)} \tag{4.23}$$

同様に式(4.18)の両辺に $e^{i(-\theta_b)}$ を乗じて虚部を整理すると次式のように c が求められる．

$$c=\frac{a\sin(\theta_a-\theta_b)}{\sin(\theta_c-\theta_b)} \tag{4.24}$$

(3) 1つのベクトルの大きさともう1つのベクトルの方向のみが未知である場合(解法(3))

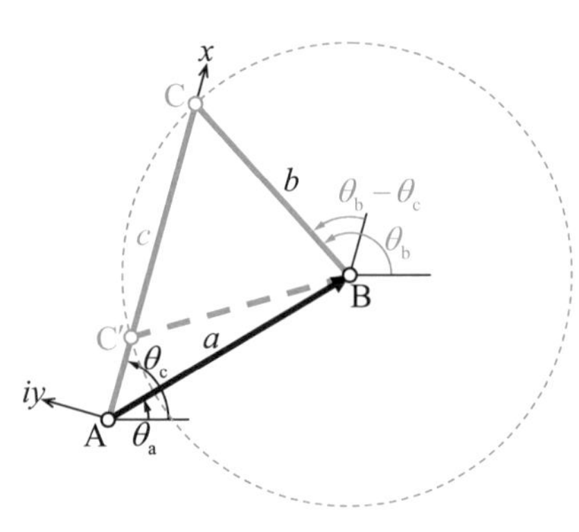

図 4.15　平面三角形(3)

図4.15のように c および θ_b が未知であるとする．この場合は，点Aを通る傾きが $\tan\theta_c$ の直線と点Bを中心とする半径が b の円の交点として点Cを求め，c および θ_b を求めることになる．式(4.18)の両辺に $e^{i(-\theta_c)}$ を乗じると次式を得る．

$$ae^{i(\theta_a-\theta_c)}+be^{i(\theta_b-\theta_c)}=c \tag{4.25}$$

ここで，図4.15に示すように座標系 $A-xy$ をとれば，上式の c は点Cの x 座標(x_C)であり，点Bの座標は $B(x_B,y_B)=(a\cos(\theta_a-\theta_c),a\sin(\theta_a-\theta_c))$ である．そして，c は次式の解として求められる．

$$c=x_C=x_B\pm\sqrt{b^2-y_B^2} \tag{4.26}$$

なお，図4.15には上式の複合の+側の解をC，−側の解を C′ として示している．

一方，θ_b については，式(4.18)

$$be^{i\theta_b}=-ae^{i\theta_a}+ce^{i\theta_c}$$

より，式(4.26)で求められた c を用いて

$$\left.\begin{aligned}\cos\theta_b&=(-a\cos\theta_a+c\cos\theta_c)/b\\ \sin\theta_b&=(-a\sin\theta_a+c\sin\theta_c)/b\end{aligned}\right\} \tag{4.27}$$

を満たす角として求めることができる．

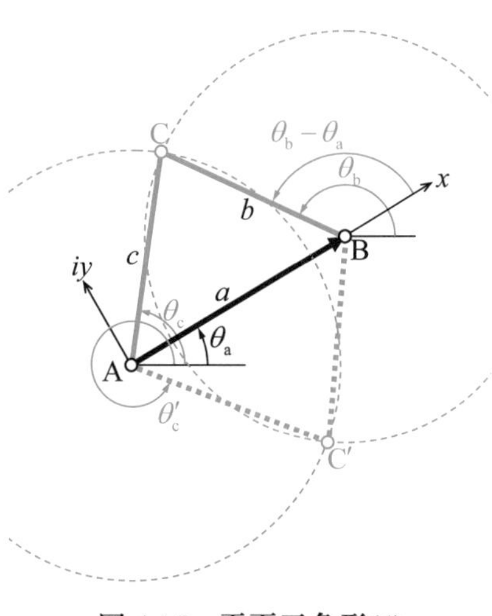

図 4.16　平面三角形(4)

(4)2つのベクトルの方向のみが未知である場合(解法(4))

図4.16のように θ_b および θ_c が未知であるとする．この場合は，点Aを中心とする半径 c の円と点Bを中心とする半径 b の2つの円の交点として点Cを求め，θ_b および θ_c を求めることになる．式(4.18)の両辺に $e^{i(-\theta_a)}$ を乗じて次式を得る．

$$a+be^{i(\theta_b-\theta_a)}-ce^{i(\theta_c-\theta_a)}=0 \tag{4.28}$$

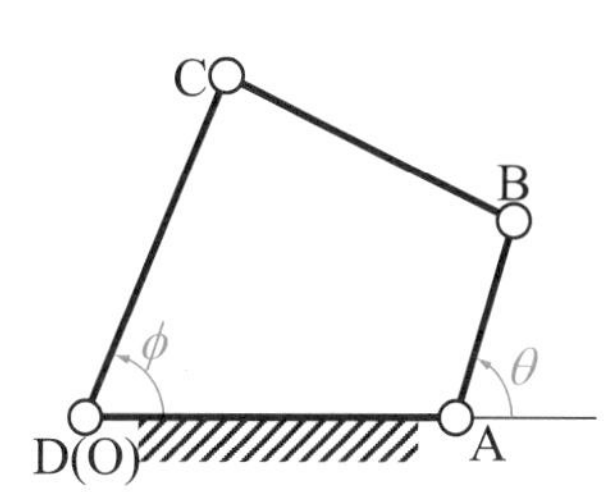

(a) 回転対偶のみからなる4節リンク機構

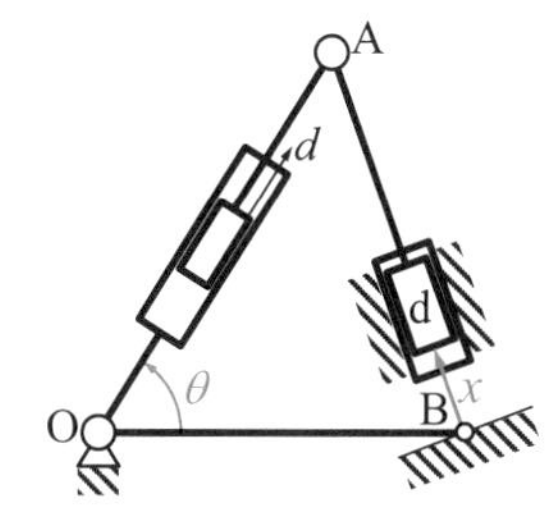

(b) 直進対偶を2つ持つ4節リンク機構

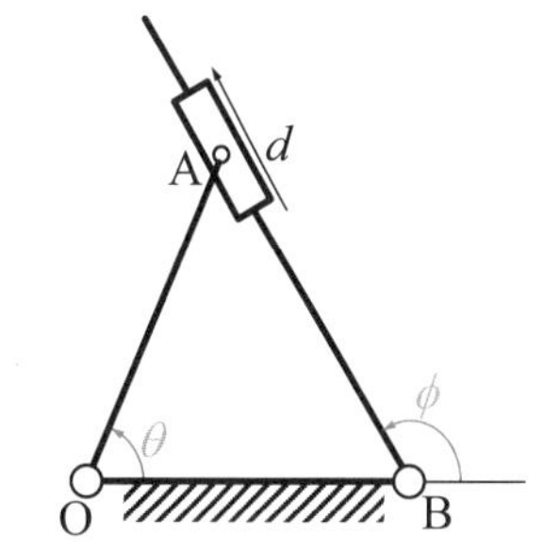

(c)1つの直進対偶を動節上に持つ4節リンク機構

ここで，図4.16に示すように座標系 A−xy をとれば，点Cの座標は $C(x_C, y_C) = (c\cos(\theta_c - \theta_a), a\sin(\theta_c - \theta_a))$ であるから

$$x_c^2 + y_c^2 = c^2 \tag{4.29}$$

であり，さらに式(4.28)より点Cに関して次式が成り立つ．

$$(x_C - a)^2 + y_c^2 = b^2 \tag{4.30}$$

式(4.29)および(4.30)より

$$x_C = \frac{a^2 - b^2 + c^2}{2a},\ y_C = \pm\sqrt{c^2 - x_c^2} \tag{4.31}$$

を得る．したがって，

$$\left.\begin{aligned}\cos(\theta_c - \theta_a) = x_C / c\\ \sin(\theta_c - \theta_a) = y_C / c\end{aligned}\right\} \tag{4.32}$$

より θ_c を得る．一方 θ_b については，求められた θ_c を用いて式(4.27)により求めることができる．なお，図4.16に示した点Cは式(4.31)の複号の + 側の解に，C′は－側の解に対応している．

以上の4つの解法により，点Aの静止座標系上の位置が与えられれば，すべての点の位置と辺の姿勢角を決定することができる．

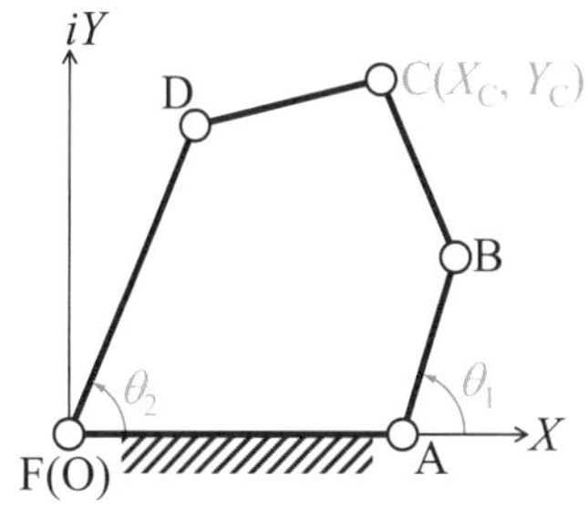

(d)1つの直進対偶を静止節上に持つ4節リンク機構

【例題4・1】***

図4.17に示す機構の変位解析は，平面三角形の4つの解法のいずれか，あるいはそれらの組み合わせで行うことができる．具体的にその手順を示せ．

(1)　図(a)の機構の場合(角 θ を与えて角 ϕ を求める場合)

(2)　図(b)の機構の場合(角 θ を与えて変位 x を求める場合)

(3)　図(c)の機構の場合(角 θ を与えて角 ϕ を求める場合)

(4)　図(d)の機構の場合(角 θ を与えて変位 x を求める場合)

(5)　図(e)の機構の場合(角 θ_1 および θ_2 を与えて点Cの位置を求める場合)

(6)　図(f)の機構の場合(角 θ を与えて角 ϕ を求める場合)

(e) 5節リンク機構

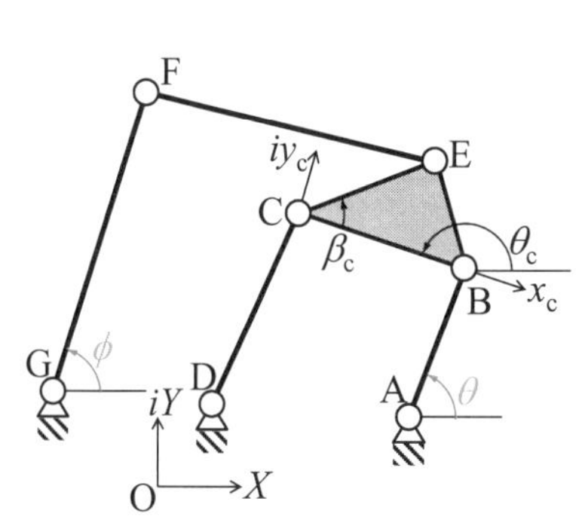

(f)6節リンク機構

図4.17　例題**4・1**の平面リンク機構

【解答】

(1)　角 θ が与えられた場合において，三角形ABDを考える．このとき解法(1)を適用すれば $\overline{DB}$ が定まる．次に三角形DBCを考える．これに(4)の解法を適用すれば，$\overline{BC}$ および $\overline{DC}$ の向き，すなわち，節BCの姿勢角とDCの姿勢角 ϕ がわかる．

(2)　角 θ が与えられた場合において，三角形OABを考える．$\overline{OA}$ および $\overline{BA}$ は

長さが未知であり，$\overline{\mathrm{OB}}$は既知である．したがって，(2)の解法を適用すれば，$\overline{\mathrm{OA}}$および$\overline{\mathrm{BA}}$がわかる．すなわち図中の直進対偶変位dおよびxがわかる．

(3) 角θが与えられた場合において，三角形OABを考える．$\overline{\mathrm{OA}}$および$\overline{\mathrm{OB}}$は既知であり，$\overline{\mathrm{BA}}$については大きさおよび方向ともに未知である．これらは(1)の解法を適用すれば求められる．

(4) 角θが与えられた場合において，三角形OABを考える．$\overline{\mathrm{OA}}$と$\overline{\mathrm{OB}}$の方向および$\overline{\mathrm{BA}}$の大きさが既知であり，$\overline{\mathrm{OB}}$の大きさと$\overline{\mathrm{BA}}$の方向が未知である．これらは(3)の解法を適用すれば求められる．

(5) 角θ_1およびθ_2が与えられた場合において，三角形BCDを考える．$\overline{\mathrm{BD}}$と$\overline{\mathrm{BC}}$および$\overline{\mathrm{DC}}$の大きさが既知であり，$\overline{\mathrm{BC}}$および$\overline{\mathrm{DC}}$の方向が未知である．これらは(4)の解法を適用すれば求められ，この結果を用いれば，点Cの座標が求められる．

(6) 角θが与えられた場合において，問い(1)の場合と同様に(1)と(4)の解法を適用すれば，節DCの姿勢角および節BCEの姿勢角θ_cが求められる．同時に，点Cの座標も求められる．ここで，3対偶素節BCEを考える．図4.17(f)のように点Cを原点とし$\overline{\mathrm{CB}}$をx_c軸とする動座標系を考えれば，点Eの位置は，この動座標系上で$\overline{\mathrm{CE}}e^{i\beta_c}$と表される．したがって，点Eの静止座標系上での位置は

$$\boldsymbol{E} = \boldsymbol{C} + \overline{\mathrm{CE}}e^{i\beta_c}e^{i(\theta_c-\pi)}$$

のように求められる．これにより$\overline{\mathrm{GE}}$が既知となる．そこで三角形GEFを考えれば，$\overline{\mathrm{GE}}$と$\overline{\mathrm{GF}}$および$\overline{\mathrm{EF}}$の大きさが既知であるので，(4)の解法を適用すれば$\overline{\mathrm{GF}}$および$\overline{\mathrm{EF}}$の方向が求められる．すなわち，角ϕが求められる．

****

次に，図4.18に示す6節リンク機構の変位解析について考えてみる．この機構において，入力角がθ，出力角がϕであるとする．図中の角θが与えられた場合において，上記のように未知数が2の三角形を探してみても見つからないことがわかる．一方，例えば，図中のθ_cを仮定してみる．このとき，点Cの位置が求まり，点EおよびGの位置は最初から与えられているので，2つの三角形CDEおよびCFGに(4)の解法が適用できる．しかし，三角形CDEに(4)の解法を適用した場合には，点Dの位置が求まり，CおよびDの位置をもとにして，同じ節上の点Fの位置も求まってしまう．このとき，点FはFGの長さが機構定数によって指定された値となる位置になければならないが，三角形CDEに(4)の解法を適用する際にはこの条件は考慮されていない．したがってθ_cを仮定した場合に求められる点Fの位置には幾何学的な矛盾がある場合がある．このような矛盾が生じないようにするために，点Fが満たすべき幾何学的条件が満たされるまで適切なθ_cを数値計算により探索することになる．このようにして求められた解は機構のすべての幾何学的条件を満たすので，変位解析の解として採用される．

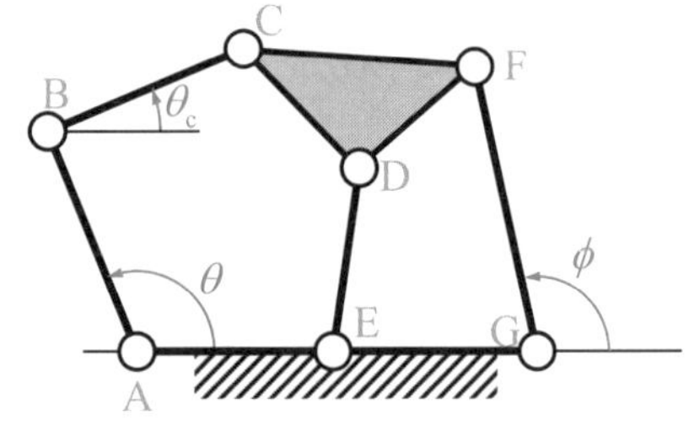

図 4.18　6 節リンク機構

*シリアル機構の名称について：
図 4.19 の機構は静止リンクを含めると節数が 4 であるが，3 リンクシリアル機構と呼ばれる．このようにシリアル機構の場合には，閉ループ機構の場合と異なり，動節の数をもとにした名称が付けられていることが多いので，注意を要する．

4・4・3　シリアル機構の変位解析 (displacement analysis of serial mechanism)

図4.19は3つの回転対偶を用いた3リンクシリアル機構*であり，ロボット機

構として用いられる．$\theta_b, \theta_{cb}, \theta_{dc}$ が能動対偶変位，第3リンク CP が出力リンクであり，その位置と姿勢(位置と姿勢を合わせてポーズ：poseという)を点Pの位置ベクトル $\boldsymbol{P}=[X_P\ Y_P]^T$ (Tはベクトルの転置を表す)と姿勢角 ϕ で表す．能動対偶変位 $\theta_b, \theta_{cb}, \theta_{dc}$ を与えると出力リンクのポーズは次のように求められる．

$$\left.\begin{aligned}\boldsymbol{P} &= be^{i\theta_b} + ce^{i(\theta_b+\theta_{cb})} + de^{i(\theta_b+\theta_{cb}+\theta_{dc})}\\ \phi &= \theta_b + \theta_{cb} + \theta_{dc}\end{aligned}\right\} \tag{4.33}$$

このように，入力変位を与えて出力変位を求めることを順変位解析(forward displacement analysis)といい，これは容易である．

一方，出力ポーズを与えて入力変位を求めることを逆変位解析(inverse displacement analysis)という．式(4.33)を解析的に解くことは困難なので，逆変位解析は次のように順を追って行う．まず，$\boldsymbol{P}$ と ϕ が与えられているので，点Cの位置ベクトル $\boldsymbol{C}$ を

$$\boldsymbol{C} = \boldsymbol{P} - de^{i\phi} \tag{4.34}$$

のように求める．ここで，ΔABC に着目すれば，$\overline{\mathrm{AC}} = \boldsymbol{C}$ は式(4.34)により既知，$\overline{\mathrm{AB}} = b$ および $\overline{\mathrm{BC}} = c$ は機構定数なので既知であるから，**4・4・2**における平面三角形の解法(4)を適用すれば，θ_b および $\theta_b + \theta_{cb}$ が求められる．この結果を式(4.33)に代入して θ_{dc} が求められる．なお，この変位解析は例題**4・1**(1)の平面4節リンク機構の変位解析と本質的に同じである．

図 4.19　3 リンクシリアル機構(3R 機構)

3リンクシリアル機構としては，図4.19に示した機構(3つの回転対偶を用いるという意味で3R機構とも呼ばれる)以外に，1つの直進対偶と2つの回転対偶からなる機構(1P2R機構)，2つの直進対偶と1つの回転対偶からなる機構(2P1R機構)があり，これらの対偶の配置の順序を考慮すれば表4.2に示す7種類の機構がある．ここで，左端の対偶が静止節上の対偶である．

表 4.2　3 リンクシリアル機構

対偶の数 (直進対偶，回転対偶)	機構の形式
(0,3)	RRR
(1,2)	PRR RPR RRP
(2,1)	PPR PRP RPP

(P:直進対偶，R:回転対偶)

【Example 4・2】＊＊

Derive the procedure of inverse displacement analysis for the PPR planar serial mechanism with three degrees of freedom shown in Fig. 4.20. In this analysis, s_1, s_2 and θ_{dc} should be determined as active joint displacements for given output link's position $\mathrm{P}(X_P, Y_P)$ and orientation ϕ.

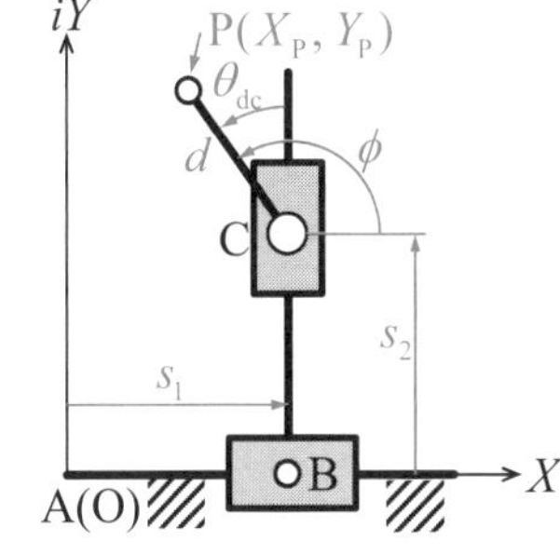

Fig. 4.20　PPR planar serial mechanism with three degrees of freedom

【Solution】

The position vector $\boldsymbol{C}$ of point C is obtained by the following equation using the output position vector $\boldsymbol{P}$ of the output point P and output orientation ϕ.

$$\boldsymbol{C} = \boldsymbol{P} - de^{i\phi} \tag{ex4.1}$$

On the other hand, the position vector $\boldsymbol{C}$ is written as

$$\boldsymbol{C} = s_1 + is_2\,, \tag{ex4.2}$$

using active joint displacements s_1 and s_2. From Eqs. (ex4.1) and (ex4.2), s_1 and s_2 can be calculated, and the following relationship holds:

$$\phi - \pi/2 = \theta_{dc}\,. \tag{ex4.3}$$

From this equation, θ_{dc} can be directly calculated from ϕ.

＊＊＊

この例題での機構の逆変位解析は，3R機構のそれと比較すればかなり容易であることがわかる．これは，3R機構の場合は出力リンクのポーズすべての

成分が$\theta_b, \theta_{cb}, \theta_{dc}$のすべての入力変位によって決定されているのに対し，PPR機構の場合は出力リンクの姿勢がθ_{dc}のみによって決定され，点Cの位置はs_1とs_2により決定されていることに起因する．このようにロボット機構において，出力ポーズのうちの位置と姿勢に関する解析問題を分離することのできる機構を位置・姿勢分離機構(decoupled mechanism)と呼ぶ．位置・姿勢分離機構のメリットは，平面機構よりも空間機構において著しく現れ，空間機構を用いたほとんどの産業用ロボットでは位置・姿勢分離機構が採用されている(例題**9・14**参照)．なお，位置・姿勢分離機構において，ロボットの出力位置を決定する部分をアーム(arm)，姿勢を決定する部分を手首(wrist)と呼ぶ．

4・4・4　パラレル機構の変位解析 (displacement analysis of parallel mechanism)

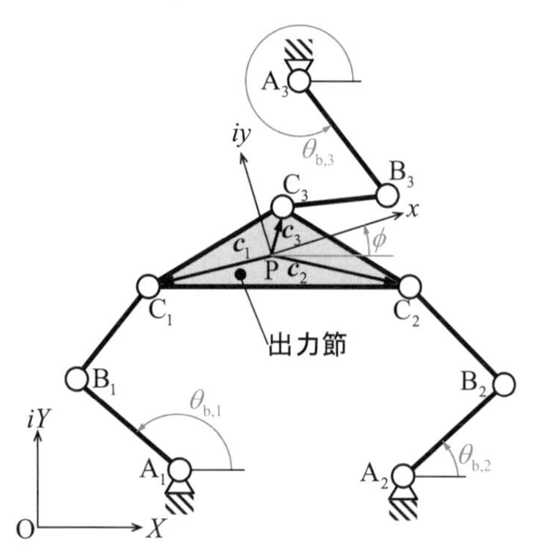

図 4.21　3 自由度パラレル機構

図4.21に示す3自由度パラレル機構の変位解析について考える．この機構では，静止節と出力節が3つの対偶を持つシリアル連鎖により並列に結合されている．各連鎖内の1つの対偶が能動対偶，他の2つが受動対偶である．ここでは，静止節上の回転対偶を能動対偶とし，その変位を$\theta_{b,i}(i=1,2,3)$で表す．

まず，この機構の逆変位解析について考える．出力節上に出力点Pを原点とする動座標系$\mathrm{P}-xy$を設置し，出力節上の対偶点$\mathrm{C}_i(i=1,2,3)$のこの座標系上の位置ベクトルを$\boldsymbol{c}_i$と表す．出力節のポーズ，すなわち点Pの位置$\boldsymbol{P}$と姿勢角ϕが与えられると，対偶点C_iの静止座標系上の位置ベクトル$\boldsymbol{C}_i$は

$$\boldsymbol{C}_i = \boldsymbol{P} + \boldsymbol{c}_i e^{i\phi} \tag{4.35}$$

で求められる．この$\boldsymbol{C}_i$を式(4.34)に示す3R機構における$\boldsymbol{C}$として考えれば，**4・4・3**項で示したシリアル機構の解析手順に従って能動対偶変位$\theta_{b,i}$を求めることができる．

一方，パラレル機構の順変位解析は，一般に解析的に行うことは困難であり，図4.18の6節機構の場合と同様に数値計算に基づく手法が用いられる．

パラレル機構は，静止節と出力節を並列に結合する連鎖(連結連鎖：connecting chain)の対偶の組合せと配置の順序を変更することにより，多くの機構を得ることができる．3自由度平面パラレル機構の連結連鎖としては，表4.2に示した3リンクシリアル機構における対偶の配置の順序をそのまま適用することができる．

4・5　平面リンク機構の速度解析 (velocity analysis of planar link mechanism)

4・5・1　閉ループ機構の速度解析 (velocity analysis of closed-loop mechanism)

図4.11に示す回転対偶のみを持つ4節リンク機構を取り上げる．原動節bの角速度を$\dot{\theta}_b$とし，これが与えられた場合の中間節cおよび従動節dの角速度$\dot{\theta}_c$および$\dot{\theta}_d(=\dot{\phi})$を求める．変位に関する閉回路方程式(式(4.6))を時間で微分すれば，

$$\dot{\boldsymbol{A}} + \dot{\boldsymbol{B}}_A + \dot{\boldsymbol{C}}_B + \dot{\boldsymbol{D}}_C = \boldsymbol{0} \tag{4.36}$$

であり，$\dot{\boldsymbol{A}} = \boldsymbol{0}$を代入して，さらに$\dot{\boldsymbol{B}}_A = i\boldsymbol{B}_A\dot{\theta}_b$ (**3・4・1**項参照)などを代入すれば，次式が得られる．

$$i\boldsymbol{B}_{\mathrm{A}}\dot{\theta}_{\mathrm{b}} + i\boldsymbol{C}_{\mathrm{B}}\dot{\theta}_{\mathrm{c}} + i\boldsymbol{D}_{\mathrm{C}}\dot{\theta}_{\mathrm{d}} = \boldsymbol{0} \tag{4.37}$$

$\dot{\theta}_{\mathrm{b}}$が与えられた場合には，次式

$$i\boldsymbol{C}_{\mathrm{B}}\dot{\theta}_{\mathrm{c}} + i\boldsymbol{D}_{\mathrm{C}}\dot{\theta}_{\mathrm{d}} = -i\boldsymbol{B}_{\mathrm{A}}\dot{\theta}_{\mathrm{b}} \tag{4.38}$$

を実部と虚部に分けて2元連立一次方程式を立てて解くことで，中間節および従動節の角速度 $\dot{\theta}_{\mathrm{c}}$ および $\dot{\theta}_{\mathrm{d}}(=\dot{\phi})$ を求めることができる．

ここで，$\theta_{\mathrm{d}} = \phi + \pi$ であるから，上式を展開，整理すれば，次式を得る．

$$b\sin(\theta_{\mathrm{c}} - \theta_{\mathrm{b}})\dot{\theta}_{\mathrm{b}} = d\sin(\theta_{\mathrm{c}} - \phi)\dot{\phi} \tag{4.39}$$

$$\dot{\theta}_{\mathrm{c}} = \frac{b\sin(\phi - \theta_{\mathrm{b}})}{c\sin(\theta_{\mathrm{c}} - \phi)}\dot{\theta}_{\mathrm{b}} \tag{4.40}$$

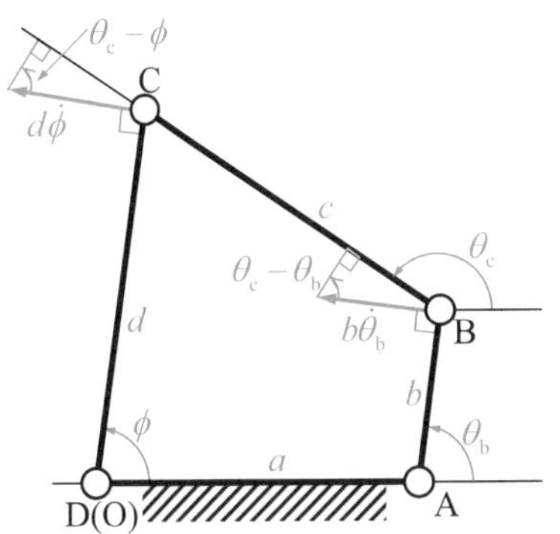

図 4.22　点 B および C の速度

式(4.39)は，図4.22に示すように対偶点BとCのそれぞれのBC方向速度成分が等しいこと，すなわち，中間節cの長さが変わらないことを意味している．

次に，瞬間中心を用いた速度解析法について述べる．図4.11に示す4節リンク機構の場合，節数が4であるから，各節の間の瞬間中心の数は，${}_4\mathrm{C}_2 = 6$ 個である．これらのうちの4つは，回転対偶により直接結合している節の間で定義できるもので，これらは各回転対偶の中心である．隣接していない節の組は，節aとcおよび節bとdである．これらの節間の瞬間中心は，第3章において説明した三中心の定理により求められる．三中心の定理とは，「3つの節の間に存在する3つの瞬間中心は一直線上に存在する」である．これに従うと，4節リンク機構の中間節cと静止節aの間の瞬間中心$\mathrm{P_{ac}}$および原動節bと従動節dの間の瞬間中心$\mathrm{P_{bd}}$は図4.23に示すように求められる．

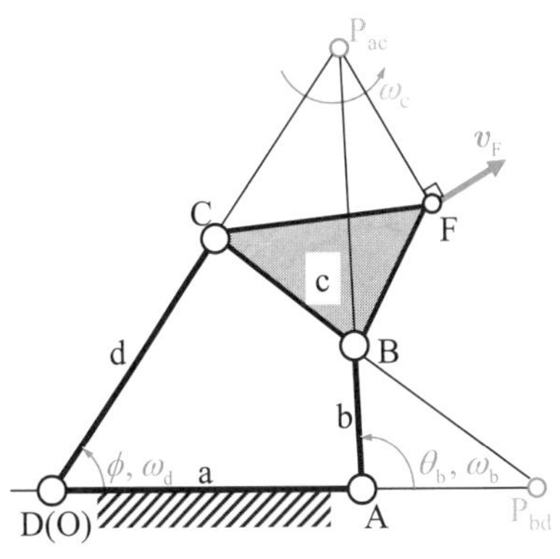

図 4.23　4 節リンク機構の瞬間中心

図4.23において，点$\mathrm{P_{bd}}$が節bとdの瞬間中心であることは，節b上の点$\mathrm{P_{bd}}$の速度と節d上の同じ点$\mathrm{P_{bd}}$の速度は等しいということである．したがって，節bとdの静止節aに対する角速度をそれぞれ ω_{b} と ω_{d} として，次式が成り立つ．

$$i\overrightarrow{\mathrm{AP_{bd}}}\omega_{\mathrm{b}} = i\overrightarrow{\mathrm{DP_{bd}}}\omega_{\mathrm{d}} \quad \rightarrow \frac{\omega_{\mathrm{d}}}{\omega_{\mathrm{b}}} = \frac{\overrightarrow{\mathrm{AP_{bd}}}}{\overrightarrow{\mathrm{DP_{bd}}}} = \frac{\overline{\mathrm{AP_{bd}}}e^{i0}}{\overline{\mathrm{DP_{bd}}}e^{i0}} = \frac{\overline{\mathrm{AP_{bd}}}}{\overline{\mathrm{DP_{bd}}}} \tag{4.41}$$

すなわち瞬間中心$\mathrm{P_{bd}}$の位置を幾何学的に求めれば，上式によって原動節の角速度 ω_{b} と従動節の角速度 ω_{d} の比が求められる．

中間節c上の点Fの速度 $\boldsymbol{v}_{\mathrm{F}}$ を求めてみよう．中間節cの静止節aに対する角速度を ω_{c} とすると瞬間中心$\mathrm{P_{ac}}$の静止節に対する速度は0であるから，点Fの速度 $\boldsymbol{v}_{\mathrm{F}}$ は次式のように書ける．

$$\boldsymbol{v}_{\mathrm{F}} = i\overrightarrow{\mathrm{P_{ac}F}}\omega_{\mathrm{c}} \tag{4.42}$$

点Bは節bとcの瞬間中心であるから，式(4.41)の場合と同様にして節cの静止節aに対する角速度 ω_{c} は次式のように求められる．

$$i\overrightarrow{\mathrm{AB}}\omega_{\mathrm{b}} = i\overrightarrow{\mathrm{P_{ac}B}}\omega_{\mathrm{c}} \quad \rightarrow \omega_{\mathrm{c}} = \frac{\overrightarrow{\mathrm{AB}}}{\overrightarrow{\mathrm{P_{ac}B}}}\omega_{\mathrm{b}} \tag{4.43}$$

したがって，点Fの速度は次式のように求められる．

$$\boldsymbol{v}_{\mathrm{F}} = i\,\overrightarrow{\mathrm{P_{ac}F}}\,\omega_{\mathrm{c}} = i\,\overrightarrow{\mathrm{P_{ac}F}}\left(\frac{\overrightarrow{\mathrm{AB}}}{\overrightarrow{\mathrm{P_{ac}B}}}\right)\omega_{\mathrm{b}} \tag{4.44}$$

【例題4・3】***

図4.9(a)に示すスライダ・クランク機構において，原動節の角速度 $\dot{\theta}_{\mathrm{b}}$ が与えられた場合について，次の各問いに答えよ．なお，変位解析の解は式(4.5)の＋側の解を採用するものとする．

(1) スライダの速度 $\dot{X}_B$ および節cの角速度 $\dot{\theta}_c$ を求めよ．

(2) (1)で得られた結果を用いて対偶点AおよびBのAB方向速度成分を求め，(1)で求めた結果が正しいことを確認せよ．

(3) 静止節aと節cの間の瞬間中心 P_{ac} を三中心の定理を用いて求め，(1)で求めた結果が正しいことを確認せよ．

(4) 原動節bとスライダdの間の瞬間中心 P_{bd} を求め，(1)で求めた速度の入出力関係式が正しいことを確認せよ．

【解答】

(1) 式(4.1)を時間で微分すれば，次式を得る．

$$i\boldsymbol{A}\dot{\theta}_b + i\boldsymbol{B}_A\dot{\theta}_c - \dot{X}_B = \boldsymbol{0} \tag{ex4.4}$$

上式のベクトルを複素数で表して実部と虚部に分けて整理すれば次式を得る．

$$\left.\begin{aligned} \dot{X}_B &= -b\sin\theta_b\dot{\theta}_b - c\sin\theta_c\dot{\theta}_c \\ 0 &= b\cos\theta_b\dot{\theta}_b + c\cos\theta_c\dot{\theta}_c \end{aligned}\right\} \tag{ex4.5}$$

これを解いて，次式を得る．

$$\dot{X}_B = -\frac{b\sin\phi}{\cos\theta_c}\dot{\theta}_b \tag{ex4.6}$$

$$\dot{\theta}_c = -\frac{b\cos\theta_b}{c\cos\theta_c}\dot{\theta}_b \tag{ex4.7}$$

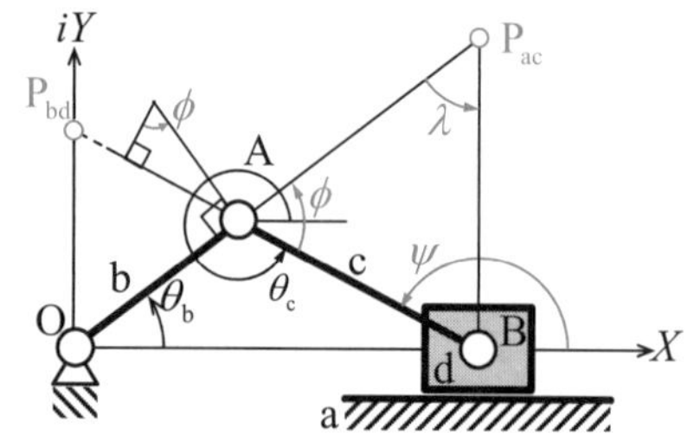

図 4.24　角 ϕ，ψ および λ の定義と瞬間中心 P_{ac} および P_{bd}

なお，式(ex4.6)の ϕ は図4.24に示す角であり，次式の通りである．

$$\phi = \theta_b - \theta_c + 2\pi$$

式(ex4.6)および(ex4.7)より，変位解析結果を用いれば原動節の角速度を与えることですべての節の速度を求めることができる．

(2) 式(ex4.6)を次式のように書き，

$$\dot{X}_B\cos\theta_c = -b\sin\phi\dot{\theta}_b$$

さらに図4.24に示すように角 ψ を定義すれば，次式を得る．

$$-\dot{X}_B\cos\psi = -b\sin\phi\dot{\theta}_b \tag{ex4.8}$$

上式の右辺は点Aの速度のAB方向成分，左辺は点Bの速度のAB方向成分である．これらが等しいということは，AB間の距離が変わらないことを意味しており，(1)で求めた結果が正しいことが確認できる．

(3) 三中心の定理より，瞬間中心 $P_{ac}(X_{Pac}, Y_{Pac})$ は2直線OAおよび $X = X_B$ の交点として図4.24のように求められる．ここで，$(X_{Pac}, Y_{Pac}) = (X_B, X_B\tan\theta_b)$ である．次に，(1)より，

$$\frac{\dot{X}_B}{\dot{\theta}_c} = \frac{c\sin\phi}{\cos\theta_b} \tag{ex4.9}$$

を得る．ここで図4.24のように角 λ を定義すれば，正弦定理より

$$c\sin\phi = Y_{Pac}\sin\lambda$$

であるから

$$\frac{c\sin\phi}{\cos\theta_b} = \frac{Y_{Pac}\sin\lambda}{\cos\theta_b} = Y_{Pac} \quad (\because \cos\theta_b = \sin\lambda)$$

を得る．これを式(ex4.9)に代入すれば，

$$\dot{X}_B = Y_{Pac}\dot{\theta}_c = i(-iY_{Pac})\dot{\theta}_c = i\overrightarrow{P_{ac}B}\dot{\theta}_c \tag{ex4.10}$$

を得る．すなわち，点Bの速度は瞬間中心 P_{ac} から点Bまでの位置ベクトル $\overrightarrow{P_{ac}B}$ に垂直の方向で節cの角速度 $\dot{\theta}_c$ に距離 Y_{Pac} を乗じた大きさに等しいことがわかる．これは，点 P_{ac} が節aとcの間の瞬間中心であることを表しており，(1)の結果が正しいことが確認できる．

(4) 三中心の定理より，瞬間中心 P_{bd} は直線ABおよび点Oを通りdの運動方向に垂直な直線すなわち Y 軸の交点として図4.24に示すように求められる．原動節b上の点 P_{bd} に一致する点の速度 $\dot{\boldsymbol{P}}_{bd}$ は次式のように表される．

$$\dot{\boldsymbol{P}}_{bd} = -Y_{Pbd}\dot{\theta}_b \qquad \text{(ex4.11)}$$

また，幾何学的条件より，

$$Y_{Pbd} = -X_B \tan\psi = -X_B \tan\theta_c, \quad b\sin\phi = -X_B \sin\theta_c$$

が成り立つから，これらを式(ex4.6)に代入すれば，次式を得る．

$$\dot{X}_B = -\frac{b\sin\phi}{\cos\theta_c}\dot{\theta}_b = X_B\frac{\sin\theta_c}{\cos\theta_c}\dot{\theta}_b = X_B\tan\theta_c\,\dot{\theta}_b = -Y_{Pbd}\dot{\theta}_b \qquad \text{(ex4.12)}$$

点 P_{bd} は原動節bとスライダdの間の瞬間中心であるから，$\dot{\boldsymbol{P}}_{bd}$ と $\dot{X}_B$ は等しくなければならないが，式(ex4.11)と(ex4.12)よりこのことが成立していることが確認できる．よって，(1)で求めた結果が正しいことが確認できる．

****

【例題4・4】***

図4.25に示す6節リンク機構において，原動節をbとする．機構定数と原動節の角変位 θ_b および角速度 $\dot{\theta}_b$ が与えられたとき，すべての節の角速度を求める手順を示せ．

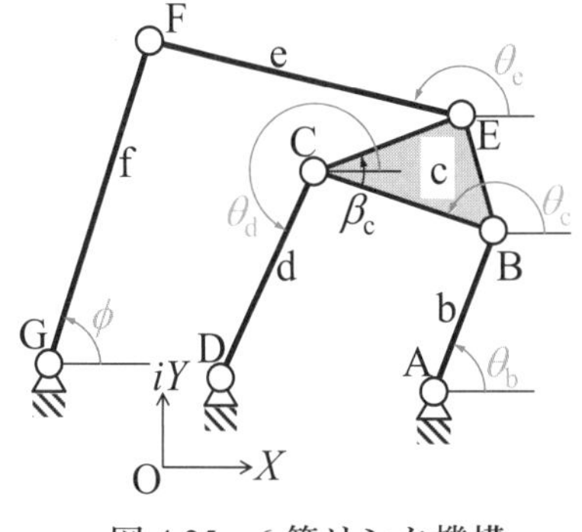

図 4.25　6 節リンク機構

【解答】

この機構内には独立な閉回路としてABCDAおよびDCEFGDの2つがあり，これらに関する閉回路方程式は次のように書ける．

$$\left.\begin{aligned} &\boldsymbol{B}_A + \boldsymbol{C}_B + \boldsymbol{D}_C + \boldsymbol{A}_D = \boldsymbol{0} \\ &\boldsymbol{C}_D + \boldsymbol{E}_C + \boldsymbol{F}_E + \boldsymbol{G}_F + \boldsymbol{D}_G = \boldsymbol{0} \end{aligned}\right\} \qquad \text{(ex4.13)}$$

これらの式を時間で微分し，静止節上の対偶間の相対速度=0とすれば，次式を得る．

$$\left.\begin{aligned} &i\boldsymbol{B}_A\dot{\theta}_b + i\boldsymbol{C}_B\dot{\theta}_c + i\boldsymbol{D}_C\dot{\theta}_d = \boldsymbol{0} \\ &i\boldsymbol{C}_D\dot{\theta}_d + i\boldsymbol{E}_C\dot{\theta}_c + i\boldsymbol{F}_E\dot{\theta}_e + i\boldsymbol{G}_F\dot{\phi} = \boldsymbol{0} \end{aligned}\right\} \qquad \text{(ex4.14)}$$

これらの2式をそれぞれ実部と虚部に分けると，4つの連立一次方程式を得る．変数は5つの角速度であり，原動節の角速度を与えれば未知数4，式数4の連立一次方程式が成立する．この式を解くことにより，すべての節の角速度を求めることができる．

****

パラレル機構の速度解析についても，本項で示した閉ループ機構の場合と同様の手順で行うことができる．

4・5・2　シリアル機構の速度解析
(velocity analysis of serial mechanism)

図4.26の2リンクシリアル機構について速度の入出力関係式を示し，ロボッ

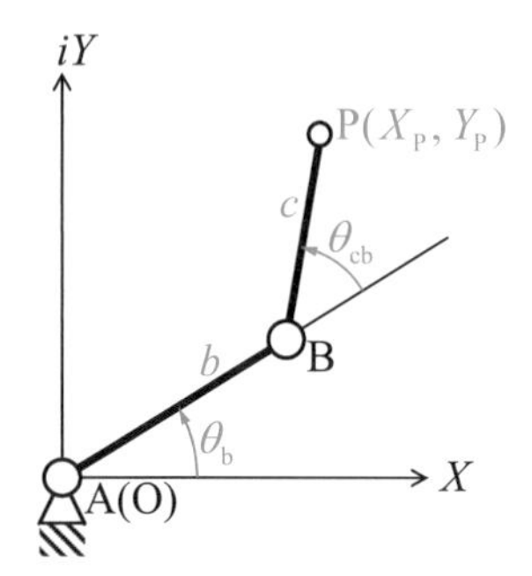

図 4.26　2リンクシリアル機構

ト機構の解析において重要な役割を果たす，ヤコビ行列(Jacobian matrix)を紹介する．図4.26において，点Pの位置ベクトル $\boldsymbol{P} = X_P + iY_P$ は

$$\boldsymbol{P} = \boldsymbol{B}_A + \boldsymbol{P}_B \tag{4.45}$$

であり，これを時間で微分して整理すれば，次式を得る．

$$\dot{\boldsymbol{P}} = i\boldsymbol{B}_A\dot{\theta}_b + i\boldsymbol{P}_B(\dot{\theta}_b + \dot{\theta}_{cb}) = i\boldsymbol{P}\dot{\theta}_b + i(\boldsymbol{P} - \boldsymbol{B})\dot{\theta}_{cb} \tag{4.46}$$

ここに $\boldsymbol{B}$ は点Bの位置ベクトルである．上式を実部と虚部に分けて整理して行列とベクトルで表せば，次式を得る．

$$\begin{aligned}\begin{bmatrix}\dot{X}_P \\ \dot{Y}_P\end{bmatrix} &= \begin{bmatrix}-Y_P & -(Y_P - Y_B) \\ X_P & X_P - X_B\end{bmatrix}\begin{bmatrix}\dot{\theta}_b \\ \dot{\theta}_{cb}\end{bmatrix} \\ &= \begin{bmatrix}-\{b\sin\theta_b + c\sin(\theta_b + \theta_{cb})\} & -c\sin(\theta_b + \theta_{cb}) \\ b\cos\theta_b + c\cos(\theta_b + \theta_{cb}) & c\cos(\theta_b + \theta_{cb})\end{bmatrix}\begin{bmatrix}\dot{\theta}_b \\ \dot{\theta}_{cb}\end{bmatrix}\end{aligned} \tag{4.47}$$

上式における (2×2) 行列は能動対偶速度を出力速度に変換する行列で，ヤコビ行列と呼んで一般に J により表し，ロボット工学の分野では単なる速度解析のみならず，後述するように特異点など，ロボット機構の運動特性の評価などにも用いられる．ヤコビ行列のランク(階数)はロボット機構の先端が持つ独立な運動方向成分(可動空間の座標軸)数を表す．

各能動対偶の角速度 $\dot{\theta}_b, \dot{\theta}_{cb}$ を与えて出力点Pの速度 $[\dot{X}_P\ \dot{Y}_P]^T$ を求めることを順速度解析(forward velocity analysis)，逆に出力点Pの速度を与えて能動対偶速度を求めることを逆速度解析(inverse velocity analysis)と呼ぶ．順速度解析は，式(4.46)あるいは式(4.47)により行うことができる．一方，逆速度解析の式は次のように表される．

$$\begin{aligned}\begin{bmatrix}\dot{\theta}_b \\ \dot{\theta}_{cb}\end{bmatrix} &= J^{-1}\begin{bmatrix}\dot{X}_P \\ \dot{Y}_P\end{bmatrix} = \frac{1}{\det J}\begin{bmatrix}X_P - X_B & Y_P - Y_B \\ -X_P & -Y_P\end{bmatrix}\begin{bmatrix}\dot{X}_P \\ \dot{Y}_P\end{bmatrix} \\ &= \frac{1}{X_BY_P - Y_BX_P}\begin{bmatrix}X_P - X_B & Y_P - Y_B \\ -X_P & -Y_P\end{bmatrix}\begin{bmatrix}\dot{X}_P \\ \dot{Y}_P\end{bmatrix}\end{aligned} \tag{4.48}$$

ここで，ヤコビ行列式 $\det J$

$$\det J = X_BY_P - Y_BX_P = bc\sin\theta_{cb} \tag{4.49}$$

は ΔABP の面積の2倍である．このヤコビ行列式が0となるとき，すなわち，$\theta_{cb} = 0, \pi$ のとき，逆速度解析ができないことがわかる．$\theta_{cb} = 0$ の状態を図4.27に示す．このとき，A, B, Pが一直線上にあり，$\dot{\theta}_b$ による点Pの速度 v_1 と $\dot{\theta}_{cb}$ による点Pの速度 v_2 はともに点A，B，Pを通る直線と直角の方向であることがわかる．すなわち，この機構は2自由度機構であるにもかかわらず，この点では，出力点がとる運動方向成分は1つとなっている．このような点がシリアル機構の特異点である．点Pを所定の軌道(trajectory)に追従させる場合，その軌道が特異点の近傍を通過することがあり，これは軌道制御において十分に考慮すべき事項である．このことについては，**4·7·5**項において具体的に述べる．

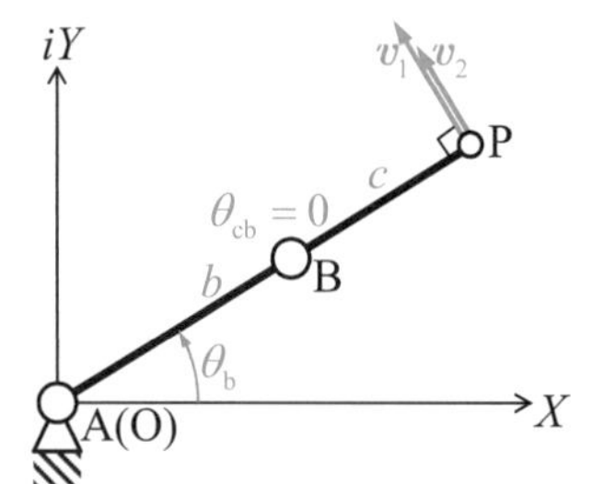

図 4.27　2リンクシリアル機構の特異点

4・6　平面リンク機構の加速度解析 (acceleration analysis of planar link mechanism)

4・6・1　閉ループ機構の加速度解析 (acceleration analysis of closed-loop mechanism)

図4.11に示した4節リンク機構について，速度の閉回路方程式(4.37)をさらに時間で微分すれば，次式を得る．

$$i\boldsymbol{B}_{\mathrm{A}}\ddot{\theta}_{\mathrm{b}} + i\boldsymbol{C}_{\mathrm{B}}\ddot{\theta}_{\mathrm{c}} + i\boldsymbol{D}_{\mathrm{C}}\ddot{\theta}_{\mathrm{d}} - \boldsymbol{B}_{\mathrm{A}}\dot{\theta}_{\mathrm{b}}^2 - \boldsymbol{C}_{\mathrm{B}}\dot{\theta}_{\mathrm{c}}^2 - \boldsymbol{D}_{\mathrm{C}}\dot{\theta}_{\mathrm{d}}^2 = \boldsymbol{0} \tag{4.50}$$

すでに変位解析および速度解析が終了していると考えれば，原動節bの角加速度 $\ddot{\theta}_{\mathrm{b}}$ に対する従動節および中間節の角加速度 $\ddot{\theta}_{\mathrm{d}}$ および $\ddot{\theta}_{\mathrm{c}}$ は，次式から2元連立一次方程式を立てて求めることができる．

$$i\boldsymbol{C}_{\mathrm{B}}\ddot{\theta}_{\mathrm{c}} + i\boldsymbol{D}_{\mathrm{C}}\ddot{\theta}_{\mathrm{d}} = -i\boldsymbol{B}_{\mathrm{A}}\ddot{\theta}_{\mathrm{b}} + \boldsymbol{B}_{\mathrm{A}}\dot{\theta}_{\mathrm{b}}^2 + \boldsymbol{C}_{\mathrm{B}}\dot{\theta}_{\mathrm{c}}^2 + \boldsymbol{D}_{\mathrm{C}}\dot{\theta}_{\mathrm{d}}^2 \tag{4.51}$$

上式において，$\ddot{\theta}_{\mathrm{d}}$ および $\ddot{\theta}_{\mathrm{c}}$ を求める式は，右辺が異なるだけで式(4.38)より導かれる速度解析のための連立一次方程式と同じ形である．

このように，平面リンク機構の加速度解析は，速度解析と同様の線形の式を用いて行うことができる．

【例題4・5】***

図4.9(a)のスライダ・クランク機構について，次の各問いに答えよ．

(1) 原動節をbとし，その角変位 θ_{b}，角速度 $\dot{\theta}_{\mathrm{b}}$ および角加速度 $\ddot{\theta}_{\mathrm{b}}$ に対するスライダdの加速度 $\ddot{X}_{\mathrm{B}}$ を求める式を導け．

(2) 図4.2のようにスライダ(図4.9の節d)が原動節でクランク(節b)が従動節の場合について，入力運動に対する出力運動の解析手順を述べよ．

【解答】

(1) 式(ex4.4)を時間で微分して整理すれば，次式を得る．

$$(i\ddot{\theta}_{\mathrm{b}} - \dot{\theta}_{\mathrm{b}}^2)\boldsymbol{A} + (i\ddot{\theta}_{\mathrm{c}} - \dot{\theta}_{\mathrm{c}}^2)\boldsymbol{B}_{\mathrm{A}} - \ddot{X}_{\mathrm{B}} = \boldsymbol{0} \tag{ex4.15}$$

上式のベクトルを複素数で表して実部と虚部に分けて整理すれば次式を得る．

$$\left.\begin{aligned} \ddot{X}_{\mathrm{B}} &= -b\sin\theta_{\mathrm{b}}\ddot{\theta}_{\mathrm{b}} - c\sin\theta_{\mathrm{c}}\ddot{\theta}_{\mathrm{c}} - b\cos\theta_{\mathrm{b}}\dot{\theta}_{\mathrm{b}}^2 - c\cos\theta_{\mathrm{c}}\dot{\theta}_{\mathrm{c}}^2 \\ 0 &= b\cos\theta_{\mathrm{b}}\ddot{\theta}_{\mathrm{b}} + c\cos\theta_{\mathrm{c}}\ddot{\theta}_{\mathrm{c}} - b\sin\theta_{\mathrm{b}}\dot{\theta}_{\mathrm{b}}^2 - c\sin\theta_{\mathrm{c}}\dot{\theta}_{\mathrm{c}}^2 \end{aligned}\right\} \tag{ex4.16}$$

これを解いて $\ddot{\theta}_{\mathrm{c}}$ を消去し，式(ex4.7)により $\dot{\theta}_{\mathrm{c}}$ を $\dot{\theta}_{\mathrm{b}}$ で表せば，スライダの加速度 $\ddot{X}_{\mathrm{B}}$ は次式のように求められる．

$$\ddot{X}_{\mathrm{B}} = \frac{1}{\cos\theta_{\mathrm{c}}}\left[b\sin(\theta_{\mathrm{c}} - \theta_{\mathrm{b}})\ddot{\theta}_{\mathrm{b}} - b\left\{\cos(\theta_{\mathrm{c}} - \theta_{\mathrm{b}}) + \frac{b\cos^2\theta_{\mathrm{b}}}{c\cos^2\theta_{\mathrm{c}}}\right\}\dot{\theta}_{\mathrm{b}}^2\right] \tag{ex4.17}$$

(2) 変位解析では式(4.4)の X_{B} を既知として θ_{b} を求めることになり，これは逆余弦関数により可能である．速度・加速度解析は，式(ex4.6)，(ex4.17)において $\dot{X}_{\mathrm{B}}$ および $\ddot{X}_{\mathrm{B}}$ を既知として $\dot{\theta}_{\mathrm{b}}$ および $\ddot{\theta}_{\mathrm{b}}$ を求めることになるが，いずれも線形の式により行うことができる．

****

4・6・2　シリアル機構の加速度解析 (acceleration analysis of serial mechanism)

図4.26に示した2リンクシリアル機構の速度の入出力関係式を次のようにベクトルおよび行列で表す．

$$v = J\omega \tag{4.52}$$

ここで，$v = [\dot{X}_{\mathrm{P}}\ \dot{Y}_{\mathrm{P}}]^{\mathrm{T}}$，$\omega = [\dot{\theta}_{\mathrm{b}}\ \dot{\theta}_{\mathrm{cb}}]^{\mathrm{T}}$ である．上式を時間で微分し，出力加速度を $\boldsymbol{a} = \dot{v}$ と表せば，次式を得る．

$$\boldsymbol{a} = \dot{v} = J\dot{\omega} + \dot{J}\omega \tag{4.53}$$

上式において，

$$\dot{J} = \begin{bmatrix} -\dot{Y}_{\mathrm{P}} & -(\dot{Y}_{\mathrm{P}} - \dot{Y}_{\mathrm{B}}) \\ \dot{X}_{\mathrm{P}} & \dot{X}_{\mathrm{P}} - \dot{X}_{\mathrm{B}} \end{bmatrix} \tag{4.54}$$

であり，速度解析が終了していればこれは既知であるから，加速度解析は速度解析と同じように行うことができる．

4・7 運動解析例(examples of motion analysis)

本節では，具体的なリンク機構の運動解析を行ってみる．

4・7・1 4節リンク機構の原・従動節の回転条件 (rotatability of driving and driven links of four-bar mechanism)

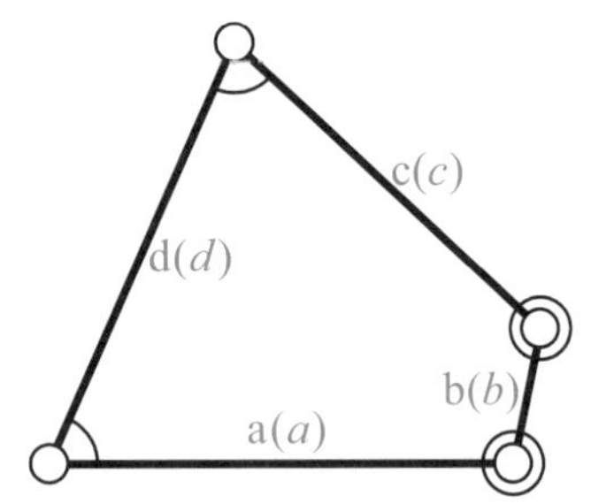

図 4.28 4 節リンク連鎖

図4.28に示すように，4つの節と回転対偶から構成される4節リンク連鎖を考える．この連鎖において，節a～dの各節の隣接する節に対する相対運動は，1回転できるか，あるいは揺動するかのいずれかで表され，それは，節長比により決定される．そして，このような4節リンク連鎖を関数創成機構として用いる場合には，4節連鎖のうちのどの節を静止節とするかによって，原動節，あるいは従動節が回転できるかどうかが決まる．同一の運動学連鎖で静止節とする節が異なる機構を互いに交替機構と呼ぶ(**2·5**節参照)．図4.28において，扇形の印を付した対偶により連結している節は互いに揺動しかできないことを，丸印を付した対偶により連結している節は互いに回転できることを表している．連鎖内にある節が隣接する節に対して回転できるとき，この連鎖を回転可能なリンク連鎖と呼ぶ．節長が与えられた場合に，回転可能なリンク連鎖かどうかは次のように調べることができる．

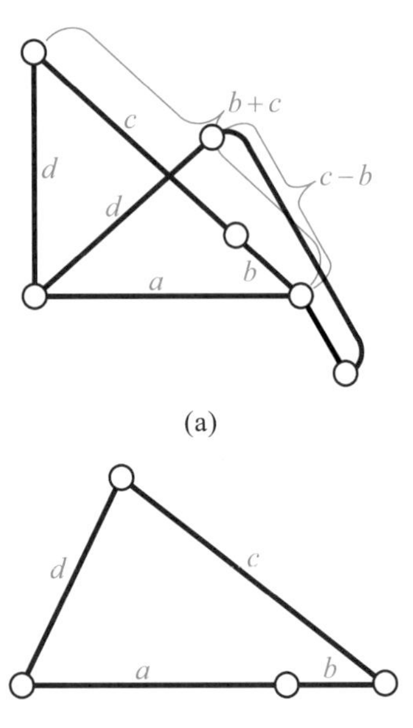

図 4.29 回転可能なリンク連鎖のチェック状態

回転可能なリンク連鎖が成立する条件は，回転するかどうかの限界点となる，隣りあった節が一直線になる状態において，節が形成する三角形の2辺の長さの和は他の1辺の長さより大きいという条件から求められる．ここではbが最短の節であるとする．図4.29に示すような三角形を作り不等式条件を列挙して整理すれば，回転可能な限界位置も含めて，最小節長の節bが回転可能となる条件は次式のように整理される．

$$\left.\begin{array}{l} b+c \le d+a \\ b+d \le c+a \\ b+a \le c+d \end{array}\right\} \tag{4.55}$$

すなわち最短の節bと他の節の節長の和は残りの2つの節長の和より小さいか等しい．この条件を満たせば，回転可能な4節リンク連鎖である．これをグラスホフの定理(Grashof's criteria)と呼ぶ．

グラスホフの定理を満足する 4 節リンク連鎖の 1 つの節を静止させて得られる 4 節リンク機構は，図 4.30 の(a)～(d)に示す 4 つの交替機構，すなわち，(a)回転揺動機構(クランク・ロッカ機構，crank-rocker mechanism)，(b)二重回転機構(二重クランク機構，double-crank mechanism)，(c)揺動回転機構(ロッカ・クランク機構，rocker-crank mechanism)および(d)二重揺動機構(二重ロッカ機構，double-rocker mechanism)に分類される．図 4.30 において，大きい丸で囲まれている回転対偶で連結している 2 つの節は相対的に 1 回転できる．

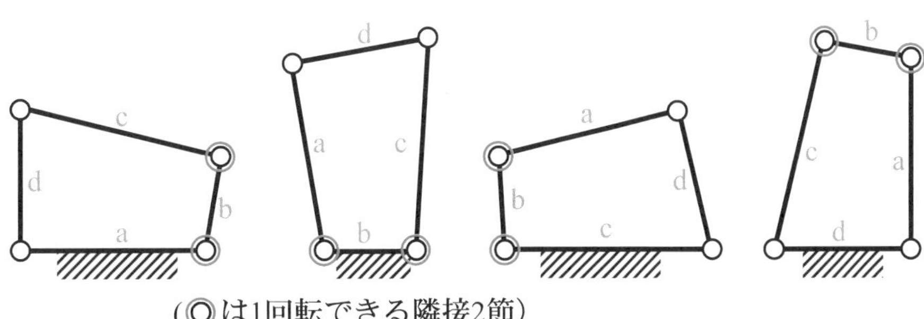

(a) 回転揺動機構　(b) 二重回転機構　(c) 揺動回転機構　(d) 二重揺動機構

図 4.30　4 節リンク機構の種類

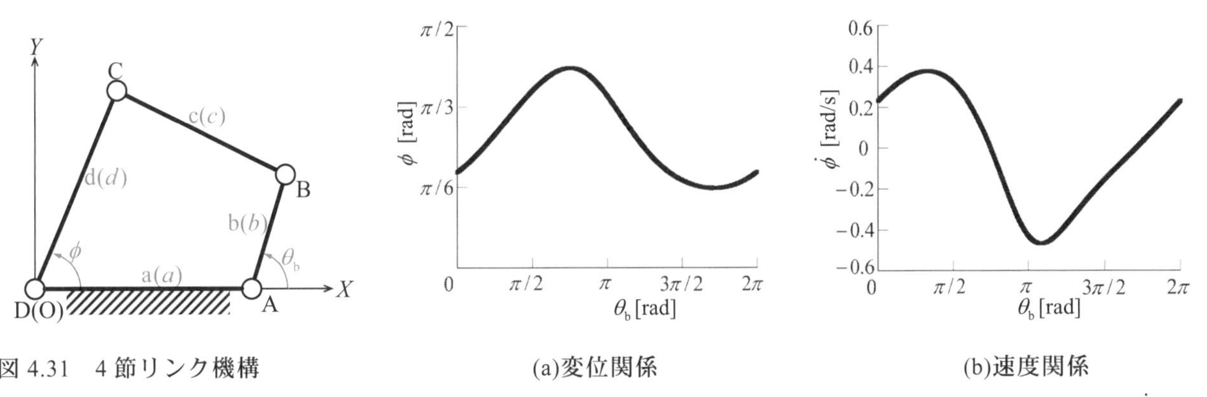

図 4.31　4 節リンク機構

(a)変位関係　(b)速度関係

図 4.32　4 節リンク機構の入出力関係 ($b/a=0.3, c/a=0.8, d/a=0.8, \dot{\theta}_b=1\,\mathrm{rad/s}$)

隣接する 2 つの節のすべてが相対的に 1 回転できない 4 節リンク機構を非グラスホフ機構と呼ぶ.

4・7・2　関数創成リンク機構の入出力関係 (input-output relationship of function generator)

図 4.31 の 4 節リンク機構について，具体的に機構定数として，$b/a=0.3$, $c/a=0.8$, $d/a=0.8$ を与え，原動節角変位 θ_b を $[0,2\pi]$ の間で連続的に変えて従動節角変位 ϕ を求めると図4.32(a)のようになる．このように，4節リンク機構における原・従動節角変位の関係は，回転揺動機構の場合，極大・極小値をそれぞれ1つずつ持つ曲線となる．ϕ が極大・極小値をとるのは図4.33に示すように節bと節cが一直線となるときである．ここで求められた変位の関係を用い，原動節角速度を $\dot{\theta}_b=1\,\mathrm{rad/s}$ とした場合の従動節角速度 $\dot{\phi}$ を求めると，図4.32(b)のようになる．

次に，図4.34のような6節リンク機構について，原動節bの角変位 θ_b と従動節fの角変位 ϕ の関係を考える．この機構は2つの4節リンク機構ABCDおよびDFGHから構成される．原動節を含む4節リンク機構ABCDが回転揺動形のときこの部分の入出力関係は図4.32と同様の形状である．4節リンク機構DFGHについては，3対偶素節dが揺動する範囲内に図4.33に示した ϕ が極大値あるいは極小値をとる形状，すなわち節dのDFと節eが一直線となる形状を含むかどうかを調べれば，この機構の入出力関係の概形がわかる．以上より，節dが揺動する範囲内に節dのDFと節eが一直線となる形状を含む場合には，ABCD部分の極大・極小値を1つずつ含む関数関係にさらにDFGHの極大・極小値を1つずつ含

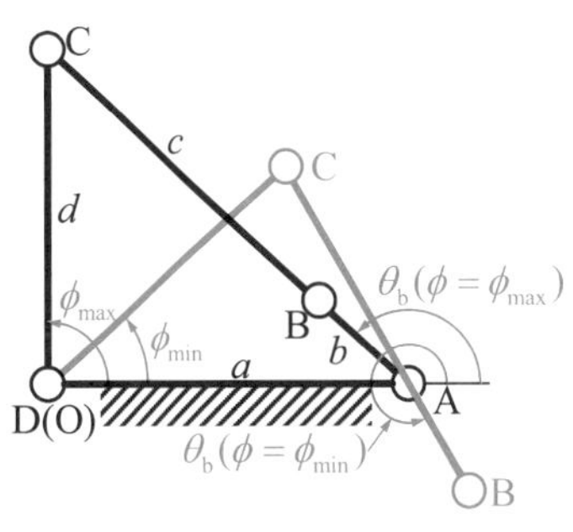

図 4.33　ϕ が極大・極小値をとる状態

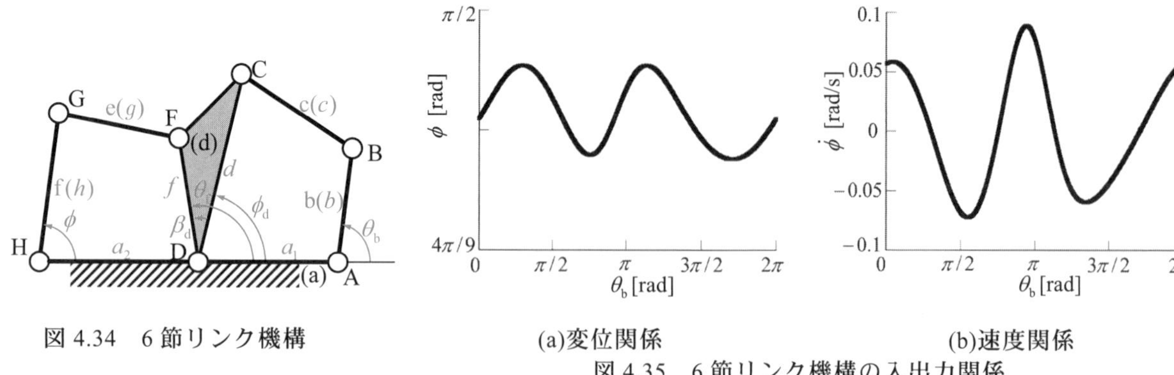

図 4.34　6節リンク機構

(a)変位関係　　(b)速度関係

図 4.35　6節リンク機構の入出力関係

$(b/a_1=0.3,\ c/a_1=0.8,\ d/a_1=0.8,\ f/a_2=0.3,\ g/a_2=0.8,\ h/a_2=0.5,\ \beta_d=5\pi/9\,\mathrm{rad},\ \dot{\theta}_b=1\,\mathrm{rad/s})$

む関数関係が加わるので，機構全体として極大・極小値を2つずつ持つ入出力関係を得る．逆に，節dが揺動する範囲内に節dのDFと節eが一直線となる形状を含まない場合には，極大･極小値の数は4節リンク機構の場合と同じである．この結果は，原動節を含む4節リンク機構ABCDが二重揺動機構の場合でも同様である．図4.34の機構について，具体的な機構定数を与えて原動節角変位 θ_b に対する従動節角変位 ϕ の変化および原動節角速度を $\dot{\theta}_b=1\mathrm{rad/s}$ とした場合の従動節角速度 $\dot{\phi}$ の変化を求めると，図4.35が得られる．このように，6節機構を用いると，4節機構では創成できないような，原動節が1回転する間に従動節角変位が2つの極大・極小値をとる，より複雑な関数関係を実現することができる．

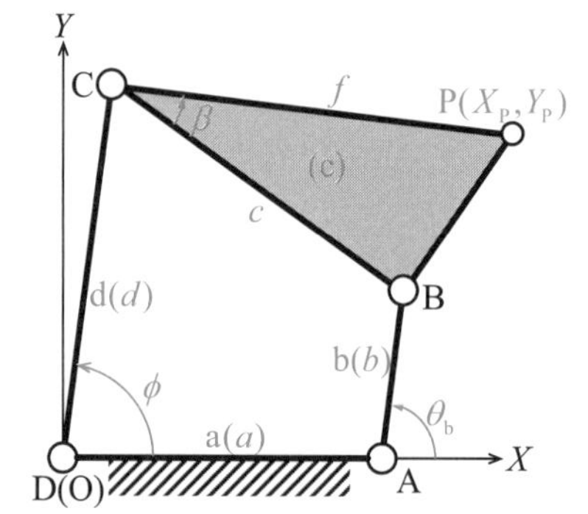

図 4.36　経路創成平面4節リンク機構

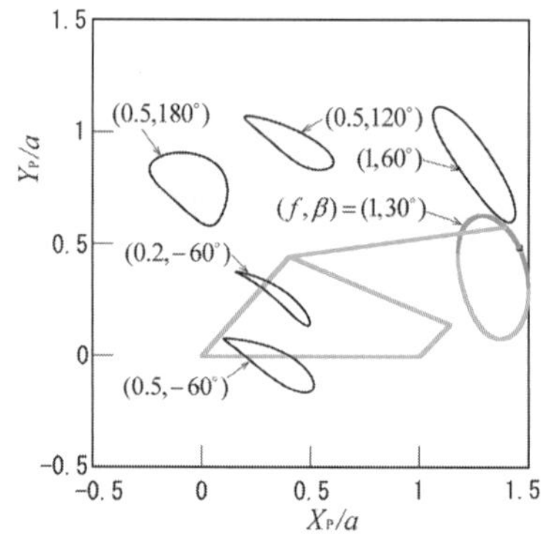

図 4.37　中間節曲線の例
$(b/a=0.2,\ c/a=0.8,\ d/a=0.6)$

4・7・3　4節リンク機構の中間節曲線 (coupler curve of four-bar mechanism)

1自由度の閉ループ機構の原動節を回転させた場合に中間節上の点が平面内で描く曲線，すなわち中間節曲線について考える．この形状と大きさは，機構の構造，機構定数などによって決まる．数多くの中間節曲線の中から機械の目的に合うものを見い出すことができれば，単純な機構により所要の運動を得ることができる．このように中間節曲線を用いる経路創成機構は，紡織機械や研磨機，かくはん機などに用いられている．

図4.36に示す平面4節リンク機構において，$b/a=0.2,\ c/a=0.8,\ d/a=0.6$ とした場合の中間節曲線の例を図4.37に示す．同図に示す曲線は，図4.36の f および β の組み合わせを種々に変えることによって求めたものである．図に示すように，中間節上の点Pの位置を表す2つの機構定数 (f,β) を変えるだけで，いろいろな形状・大きさの曲線を創成することができる．他の機構定数を変えるとさらにいろいろな曲線を得ることができる．なお，同図に示すように，閉ループ機構において原動節が1回転すると閉曲線の中間節曲線が描かれる．

4・7・4　ロボット機構の作業領域 (working space of robot mechanism)

ロボットのエンドエフェクタが到達可能な領域をそのロボットの作業領域(working space)と呼ぶ．産業用ロボットは，ほとんどの場合，**4・4・3**項で述べたように，手先効果器(エンドエフェクタ)の並進運動を担当するアーム部分と回転運動を担当する手首部分に構造的に分かれている．このような場合の作業領域は手首取り付け部の基準点に関して到達可能な領域と領域内の各位置における手首の各軸まわりの可動範囲により表される．しかし，図4.20に示した機構のようにエンドエフェクタの並進運動を表す代表点(出力点)Pが手首の基準点Cと一致しないケースも多い．またエンドエフェクタの位置と姿勢それぞれを担当する部分が明確にされていない機構の場合には，上記のような作業領域の表現は難しい．このような観点から，ここでは，作業領域をエンドエフェクタの出力点に関する到達可能領域とエンドエフェクタの姿勢に関する領域に分けて考える．そして，エンドエフェクタの位置に関して次のような領域を考える．

(1) 到達可能作業領域(reachable working space)：出力点が到達可能な領域
(2) 指定姿勢作業領域：エンドエフェクタの姿勢が指定された場合に出力点が到達可能な領域
(3) 任意姿勢作業領域(dexterous working space)：エンドエフェクタがどのような姿勢をもとることができる領域

以下では，これらの作業領域について，解析例を示す．

図4.38の3リンクシリアル機構を取り上げる．まず，出力節(節d)の長さが $d=0$ の場合を取り上げる．この場合，上記の3つの作業領域は同一である．各能動対偶の可動範囲に制限がないとし，点Pの X,Y 座標を X_P, Y_P とすれば，この機構の作業領域は，次式を満たす点の集合として表される．

$$\left.\begin{aligned} X_P^2+Y_P^2 &\le (b+c)^2 \\ X_P^2+Y_P^2 &\ge (b-c)^2 \end{aligned}\right\} \tag{4.56}$$

例えば $c/b=0.8$ の場合について図示すれば，図4.39の通りである．

次に，$d\neq 0$ の場合について考える．出力節の姿勢角を ϕ として，この機構の指定姿勢作業領域は，式(4.56)を参考にして，次式のように与えられる．

$$\left.\begin{aligned} (X_P-d\cos\phi)^2+(Y_P-d\sin\phi)^2 &\le (b+c)^2 \\ (X_P-d\cos\phi)^2+(Y_P-d\sin\phi)^2 &\ge (b-c)^2 \end{aligned}\right\} \tag{4.57}$$

これは $d=0$ として求められた作業領域を X 軸および Y 軸方向にそれぞれ $d\cos\phi$ および $d\sin\phi$ だけ移動させることで指定姿勢作業領域が得られることを表している．これを $c/b=0.8$，$d/b=0.3, \phi=\pi/2$ の場合について図示すれば図4.40の通りである．

さらに，図4.38の3リンクシリアル機構の任意姿勢作業領域について考えてみる．今，図4.41(a)のように出力点Pが X 軸上の点 $(f,0)$ にあるとする．この点が任意姿勢作業領域内にあるとすれば，出力節は点Pを中心として1回転することができなければならない．これは，原動節をPCとする4節リンク機構PCBAにおいてグラスホフの定理が成立しなければならないことと等価である．したがって，X 軸上で点Pが任意姿勢作業領域にあるのは点P(f)が次式を満足する場合である．

$$\left.\begin{aligned} b+c &\ge d+f \\ |b-c| &\le |d-f| \end{aligned}\right\} \tag{4.58}$$

点Pが X 軸上にない場合についても同様に考えれば，任意姿勢作業領域を領域

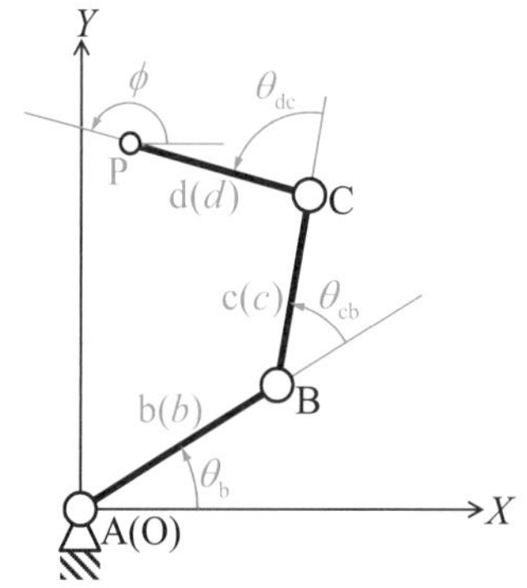

図 4.38　3 リンクシリアル機構

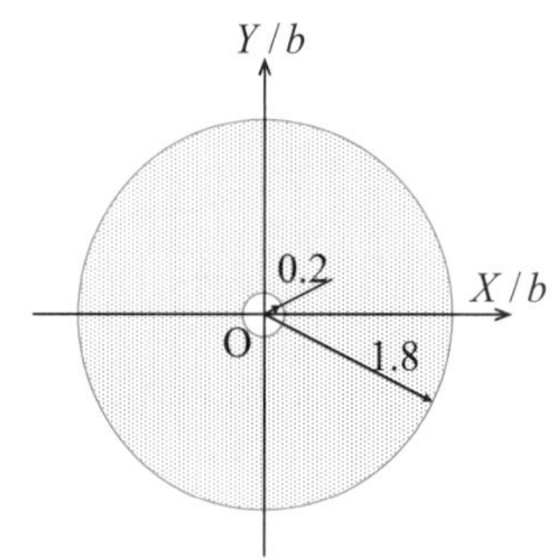

図 4.39　3 リンクシリアル機構の作業領域
($c/b=0.8, d/b=0$ の場合)

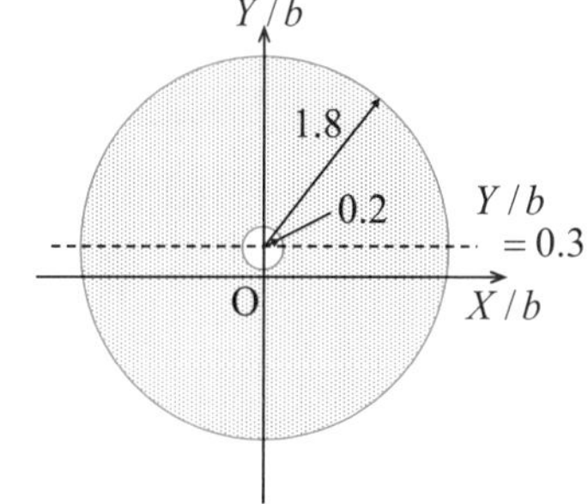

図 4.40　3 リンクシリアル機構の指定姿勢作業領域
($c/b=0.8, d/b=0.3, \phi=\pi/2$ rad の場合)

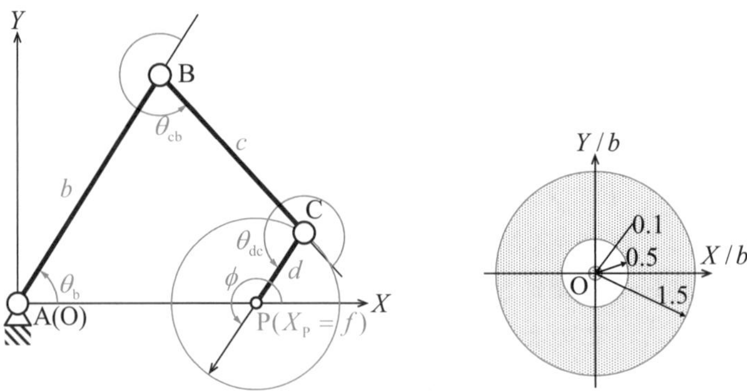

(a) 3リンクシリアル機構　　(b) 任意姿勢作業領域

図4.41　3リンクシリアル機構の任意姿勢作業領域
($c/b=0.8$, $d/b=0.3$の場合)

として求めることができる．$c/b=0.8$, $d/b=0.3$の場合について具体的に図示すれば，図4.41(b)の通りである．

4・7・5　ロボット機構の軌道制御 (trajectory control of robot mechanism)

多くのロボット機構では，コンパクトに構成できることから直進対偶よりもむしろ回転対偶が主として用いられる．このような構造的な特徴により，ロボットにおいては，エンドエフェクタが等速直線運動を行う場合でも，それを実現するための各能動対偶速度はエンドエフェクタの位置および姿勢とともに大きく変化する．したがって，設計時におけるアクチュエータの選定，制御系設計においては運動シミュレーションが必要である．以下に具体例を示す．

図4.42に示す2リンクシリアル機構の出力点Pが X 軸に平行に等速直線運動を行う場合に，各能動対偶に要求される速度を求めた結果を図4.43に示す．同図は $b=1\mathrm{m}, c=1\mathrm{m}$ の場合に，$Y_P=0.3\mathrm{m}$ および $Y_P=0.1\mathrm{m}$ の直線上を点Pが $\dot{X}_P=1\mathrm{m/s}$ の一定速度で移動する際に要求される能動対偶速度 $\dot{\theta}_b$ および $\dot{\theta}_{cb}$ を $-1\leq X_P[\mathrm{m}]\leq 1$ の範囲で求めたものである．これらの図より，出力点の速度が一定であってもその位置によって能動対偶に要求される速度が大きく変化することがわかる．特に，$Y_P=0.1\mathrm{m}$ の場合には，対偶Aに取り付けられるアクチュエータに極めて大きな負担がかかることがわかる．

図4.43では出力速度を実現するために要求される能動対偶速度を求めたが，実際のロボットにおいてはこれらの能動対偶はアクチュエータにより駆動される．アクチュエータには発生可能な最大速度が存在し，カタログに記載されたその数値以上の速度を出すことは困難である．例えば，対偶Aに取り付けられたアクチュエータの最大速度が5rad/sであった場合には，$t=1\mathrm{s}(X_P=0)$ 前後においてAのアクチュエータが目標値に追従できない状況が発生する．このような状況下では，出力点が目標軌道を実現できないこととなる．このような不具合を生じさせないためにもロボットシミュレータを導入して機構の入出力関係の変化に十分に注意して設計・運用を行う必要がある．

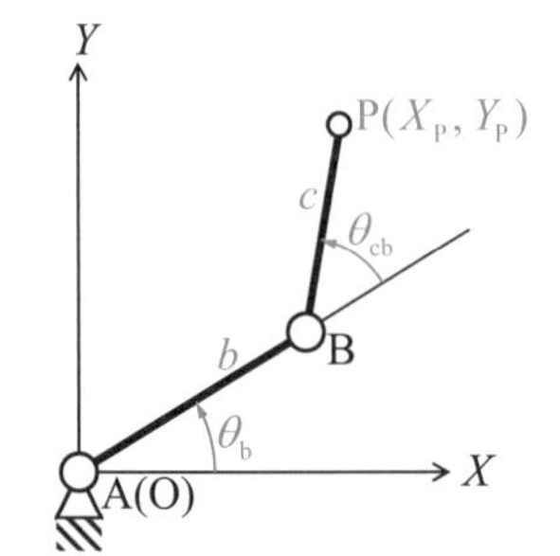

図4.42　2リンクシリアル機構

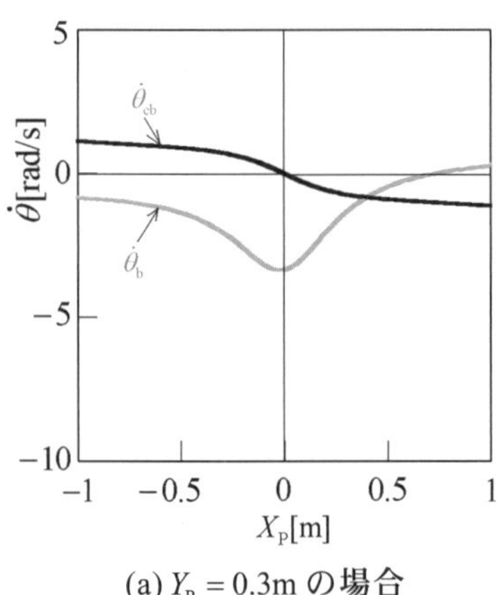

(a) $Y_P=0.3\mathrm{m}$ の場合

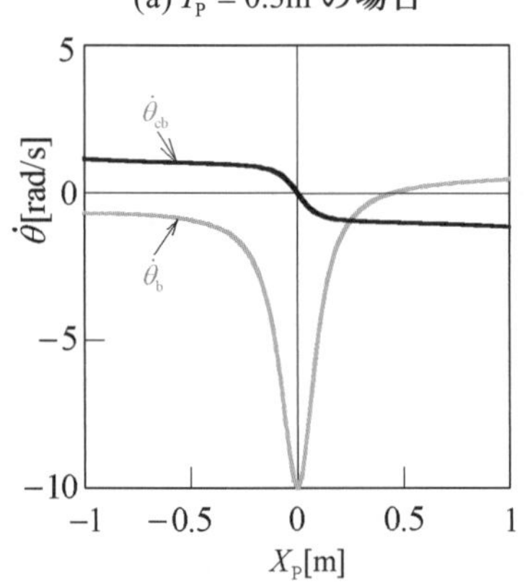

(b) $Y_P=0.1\mathrm{m}$ の場合

図4.43　能動対偶速度の変化

4・8　平面リンク機構の量の総合 (dimensional synthesis of planar link mechanism)＊

4・8・1　リンク機構の総合問題 (problem of dimensional synthesis of link mechanism)

機構が実現すべき運動(理想運動：desired motion)が指定されたとき，機構の構造を決定し，その入出力関係が理想運動に一致するように機構定数を決定することが機構総合である．機構総合のうち，前者の機構の構造の決定については第2章において述べたので，本節においては，後者の機構定数の決定，すなわち量の総合について述べる．機構総合においては，最大最小節長比，動節の占有空間，運動伝達性*などに関する条件も同時に考慮する．

＊運動伝達性：機構の原動節から従動節に運動および力を伝達する特性．リンク機構における伝達角(transmission angle)，カム機構における圧力角(pressure angle)はその評価指標の例．

1自由度のリンク機構における原・従動節の角変位の関数関係(入出力関係)や中間節曲線は機構定数により決定される．例えば，4節リンク機構の原・従動節の角変位の関数関係を決定する独立な機構定数は3つである．よって，4節リンク機構において，原動節と従動節の角変位の理想関数(desired function)が与えられても，その関数上の3点しか厳密に満足することはできない．このような点以外では，原動節と従動節の角変位の関係(創成関数：generated function)は誤差を持つことになるが，この誤差ができるだけ小さくなるようにしなければならない．このことは，節数の異なる閉ループ機構の場合や経路創成機構の場合においても同様である．経路創成機構において，中間節の点が描くべき曲線を理想曲線(desired curve)，実際の機構が描く曲線を創成曲線(generated curve)というが，関数創成機構においても，その入出力変位関係を表す関数を図示したとき，これらを理想／創成曲線という．機構総合時に理想曲線上で機構が厳密に満足すべき点として採用する点を厳正点(precision point)，理想曲線に対する創成曲線の誤差を構造誤差(structural error)と呼ぶ．

ロボット機構においては，創成すべき特定の軌道が機構総合時に与えられることはほとんどないので，ロボット機構の総合では，エンドエフェクタの作業領域に関する条件が与えられ，これを満足し，かつ運動特性に優れた機構を探索・決定する．

総合条件が与えられ，これを定式化して逆問題を解くことで機構定数の決定すなわち量の総合を行うことができる場合もあるが，機構定数を与え運動解析と評価を繰り返し行って最適な機構寸法を求める数理計画法を利用した総合手法も有効である．

4・8・2　総合時に用いられる評価指標 (evaluation indices used in dimensional synthesis)

総合時に用いられる評価指標は，1自由度機構か多自由度機構か，開ループ機構か閉ループ機構かなど対象とする機構の種類，そして総合対象の機構の使用条件などによって異なる．

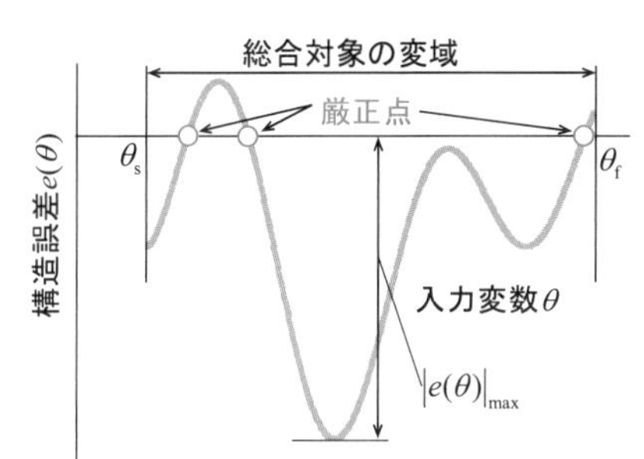

図 4.44　構造誤差

【構造誤差】

まず，1自由度機構の場合について述べる．1自由度機構の場合には構造誤差が第一の評価指標である．構造誤差の一例を図4.44に示す．構造誤差の評価は，入力変数θに対する構造誤差の値を$e(\theta)$とすれば，例えば，次式の平均誤差

E_{ave} や最大誤差 E_{max} により行う．

$$\left.\begin{aligned} E_{ave} &= \int_{\theta_s}^{\theta_f} |e(\theta)| d\theta / |\theta_f - \theta_s| \\ E_{max} &= |e(\theta)|_{max} \end{aligned}\right\} \tag{4.59}$$

【機構定数誤差に関する出力の感度と伝達角】

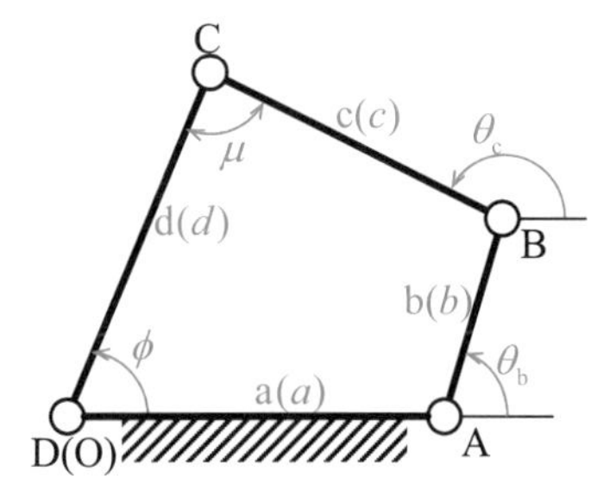

図 4.45　4 節リンク機構

実際の機械装置による創成曲線の精度を考慮して，機構定数の誤差によって生じる出力誤差を評価することも多い．機構定数の誤差に対する出力誤差の大きさを感度(sensitivity)あるいは影響係数と呼ぶ．例えば，図4.45の4節リンク機構において，位置に関する閉回路方程式の式(4.8)の両辺を機構定数 a で偏微分して整理すると次式を得る．

$$\begin{bmatrix} -c\sin\theta_c & d\sin\phi \\ c\cos\theta_c & -d\cos\phi \end{bmatrix} \begin{bmatrix} \partial\theta_c / \partial a \\ \partial\phi / \partial a \end{bmatrix} = \begin{bmatrix} -1 \\ 0 \end{bmatrix} \tag{4.60}$$

上式を解けば，

$$\begin{bmatrix} \partial\theta_c / \partial a \\ \partial\phi / \partial a \end{bmatrix} = \frac{1}{cd\sin(\theta_c - \phi)} \begin{bmatrix} d\cos\phi \\ c\cos\theta_c \end{bmatrix} \tag{4.61}$$

となる．これらが感度であり，これは静止節の長さ誤差に対する各節の姿勢誤差を表し，この数値が大きいほど誤差が拡大されることを表す．機械の製作面から考えると，この感度は小さいほど望ましい．感度の数値は式(4.61)右辺の分母に支配される．ここで，分母にある $\theta_c - \phi$ は $\theta_c - \phi = \mu = \angle BCD$ であり，この角 μ を伝達角と呼ぶ．伝達角が 90° の場合，式(4.61)の分母は最大となり感度の観点から最良であり，一般には全域において 45° ～ 135° の範囲に収まるのが望ましい．ここでは，静止節長 a に関する感度を導いたが，他の機構定数に関する感度の式も，式(4.61)のようにその大きさを支配する分母項として伝達角の正弦値が含まれている．一例として，$a = 100$mm, $b = 50$mm，$c = d = 80$mm の場合について，伝達角 μ および感度の原動節角変位 θ_b に対する変化を図4.46に示す．同図のように，伝達角の正弦値が小さい位置では感度が大きくなる傾向があるので，機構の運動伝達性の評価指標として $\sin\mu$ が採用される．

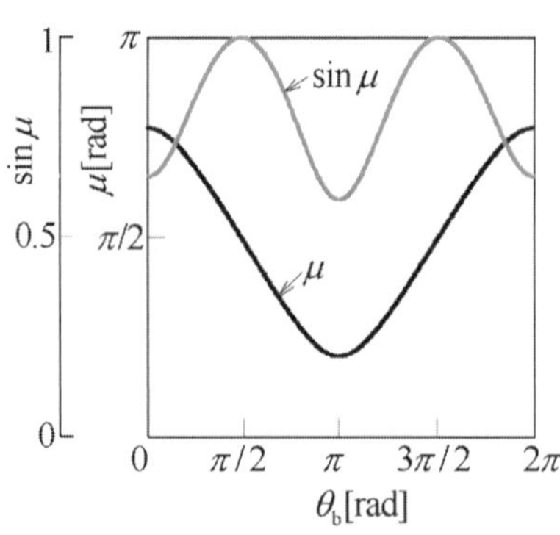

(a)伝達角の変化

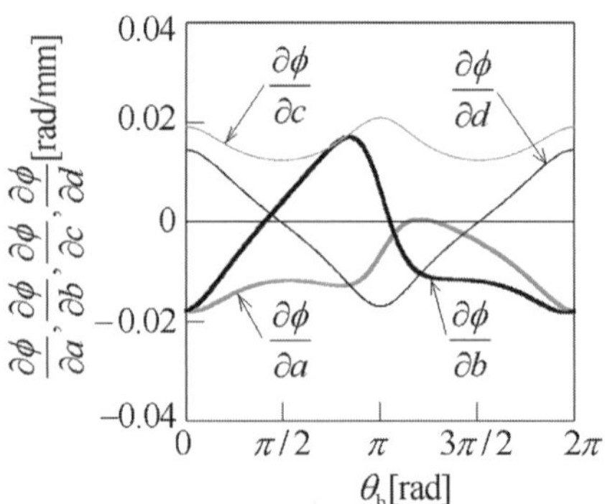

(b)感度の変化

図 4.46　伝達角と感度の変化

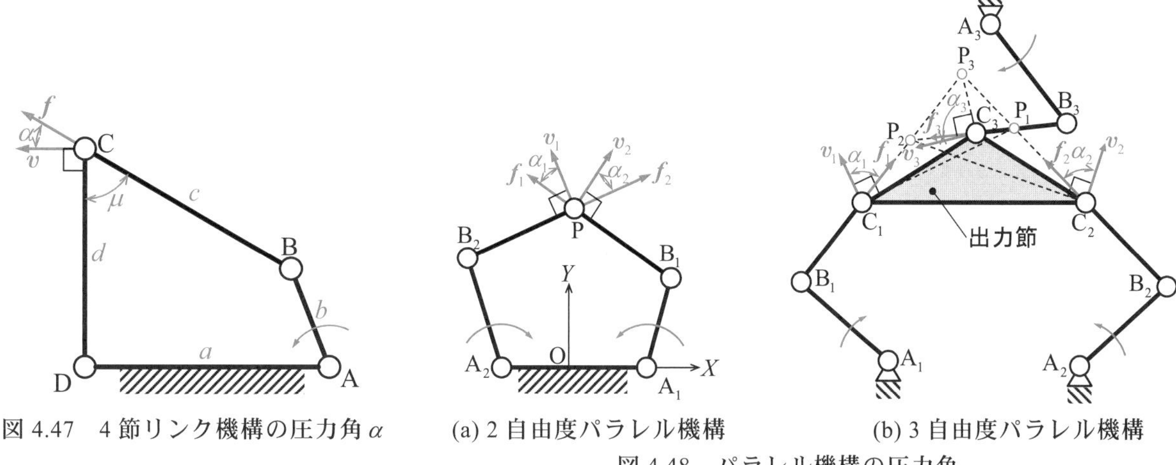

図 4.47　4節リンク機構の圧力角 α

(a) 2自由度パラレル機構　(b) 3自由度パラレル機構

図 4.48　パラレル機構の圧力角

【圧力角(pressure angle)と特異点】

圧力角とは，「出力節と伝達節の対偶点における運動方向(速度方向)と伝達節から出力節への作用力方向のなす角」であり，4節リンク機構の圧力角 α は図4.47に示すように伝達角の余角となる．図4.48のようなパラレル機構においては，図中に示したように機構の自由度 N と等しい数の圧力角 α が存在する．このような場合には，運動伝達指数(transmission index) TI として，次式の指標を用いる．

$$TI = \min(\cos\alpha_1, \cos\alpha_2, \cdots, \cos\alpha_N) \tag{4.62}$$

この TI は[0,1]の無次元量であり，機構は，この数値が1に近いほど運動伝達性に優れており，$TI=0$ の位置では出力節に作用する負荷に抗することができず，所要の運動を行うことができない．

図4.48の機構において，入力節はいずれも青の矢印を付した節 $A_iB_i (i=1,2,3)$ であり，(a)の機構では点Pが出力点であると考える．図中の P_i, $\boldsymbol{v}_i$, $\boldsymbol{f}_i$, α_i はそれぞれ入力節 A_iB_i のみを駆動するときの出力節の瞬間中心，出力節と中間節(伝達節)の連結点の速度，中間節から出力節に作用する力，圧力角である．図4.48の機構について，具体的な機構定数を与えた場合の TI の作業領域内の分布を図4.49に示す．同図は0.1間隔で TI の等高線を示している．

$TI=0$ となる点を閉ループ機構の特異点と呼ぶ．図4.47および4.48の機構について，特異点の例を図4.50に示す．同図(a)において，原動節bをこの点よりさらに時計方向に動かすことができないため，運動の限界位置であり，また，従動節dは原動節bを反時計方向に動かしたときにどちらに動くかわからない．この意味で，この特異点は思案点とも呼ばれる．力学的な観点からは，原動節bに反時計方向のトルクを加えても中間節cから従動節dに対して従動節を回転させようとするトルクは作用しない．この意味で，この特異点は死点(dead point)と呼ばれる．同図(b)，(c)でも(a)と同様の性質を有している．このようなパラレル機構の場合，能動対偶を1つずつ取り上げ，他の能動対偶を固定した1自由度機構を仮想的に考えれば特異点とその性質を把握することができる．図4.48(b)中の P_1〜P_3 はそれぞれ能動対偶 A_1〜A_3 のみを駆動したときの出力節の静止節に対する瞬間中心であるが，図4.50(c)に示した特異点においてはこれらが1点に一致している．

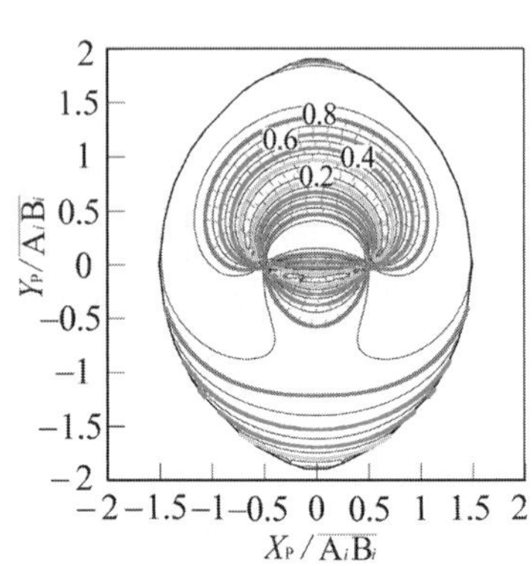

(a)2 自由度パラレル機構

$$\begin{bmatrix} \overline{B_iP}/\overline{A_iB_i}=1, \\ (X_{Ai}/\overline{A_iB_i},\ Y_{Ai}/\overline{A_iB_i})=((-1)^{i+1}0.5,\ 0) \end{bmatrix}$$

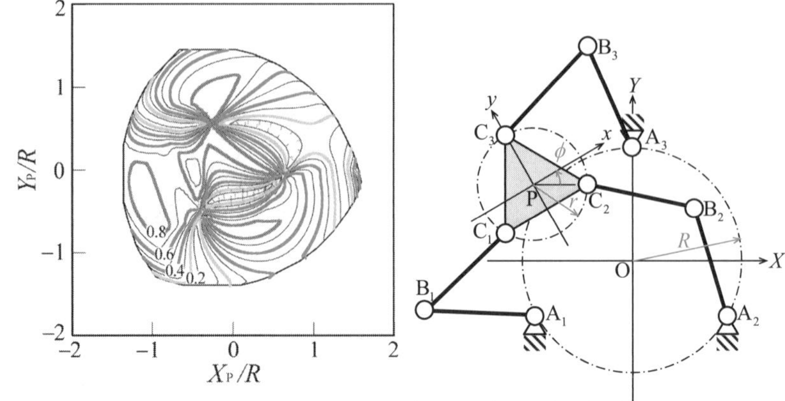

(b) 3 自由度パラレル機構（左の分布図は $\phi=-\pi/6\,\mathrm{rad}$ の場合）

$$\begin{bmatrix} \overline{A_iB_i}/R=\overline{B_iC_i}/R=1,\ r/R=0.5, \\ \overline{A_1A_2}=\overline{A_2A_3}=\overline{A_3A_1},\ \overline{C_1C_2}=\overline{C_2C_3}=\overline{C_3C_1} \end{bmatrix}$$

図 4.49　パラレル機構の運動伝達指数 TI の作業領域内の分布

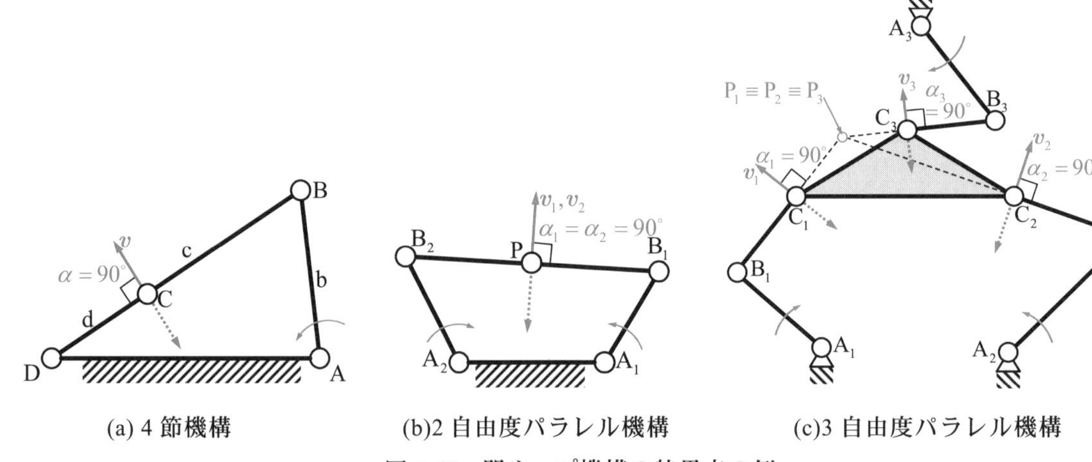

(a) 4 節機構　　(b)2 自由度パラレル機構　　(c)3 自由度パラレル機構

図 4.50　閉ループ機構の特異点の例

【シリアル機構の可操作性】

シリアルロボット機構に関する運動特性評価指標について説明する．式(4.52)に示したとおり，ロボット機構の速度の入出力関係は次式のように表される．

$$\boldsymbol{v}=J\boldsymbol{\omega}$$

ここで，入力速度 $\boldsymbol{\omega}$ について，次式のような制約条件を与える．

$$\|\boldsymbol{\omega}\|^2 \le \omega_1^2+\omega_2^2+\cdots+\omega_N^2 \le 1 \tag{4.63}$$

このとき，出力速度 $\boldsymbol{v}$ は次式のように表される．

$$\boldsymbol{v}^{\mathrm{T}}(J^{-1})^{\mathrm{T}}J^{-1}\boldsymbol{v} \le 1 \tag{4.64}$$

上式は，出力速度 $\boldsymbol{v}$ がだ円体上にあることを表している．このだ円体を可操作性だ円体(manipulability ellipsoid)と呼ぶ．入力速度が出力速度に効果的に反映されることが多自由度機構では必要であるから，この可操作性だ円体が球体に近いこと(等方性：isotropy)が望まれる．また，高速運動が要求される場合にはこの楕円体の体積が大きい位置での作業が適している．

次に，式(4.52)を次式のように入力誤差 $\Delta\boldsymbol{\theta}=[\Delta\theta_b\ \Delta\theta_{cb}]^T$ と出力誤差 $\Delta\boldsymbol{P}=[\Delta X_P\ \Delta Y_P]^T$ の関係式に置き換えて考えてみる．

$$\Delta\boldsymbol{P}=J\Delta\boldsymbol{\theta} \tag{4.65}$$

このように誤差の観点からは，上記の可操作性だ円体は入力誤差に対する出力誤差の大きさを表していると考えることができる．精密運動が要求されるロボット機構の場合，入力誤差の影響が出力誤差にできるだけ出ないようにするために，この楕円体の体積が小さい位置での作業が望ましい．

以上に述べた，可操作性だ円体の大きさを表す体積はヤコビ行列の行列式により表される．また，球体への近さの程度はだ円体の長軸と短軸の比により表されるが，これはヤコビ行列の条件数(condition number)により表される．ヤコビ行列の行列式を可操作度(manipulability)と呼ぶ．具体的に，図4.42の2リンクシリアル機構について，可操作性だ円と可操作度の解析例を図4.51に示す．同図(a)において，だ円の長軸方向に機構先端で大きな速度を出すことができることを示している．このようにシリアル機構の速度の出しやすさは出力点の位置および運動方向によって著しく異なることがわかる．したがって，機構総合および運用においてはこのことを良く考慮する必要がある．

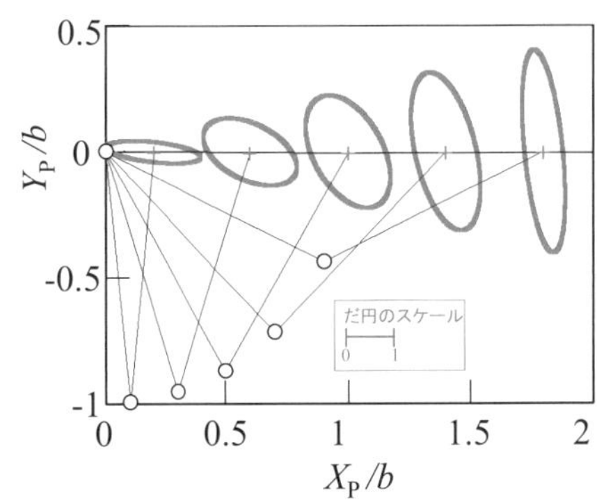

(a)可操作性だ円

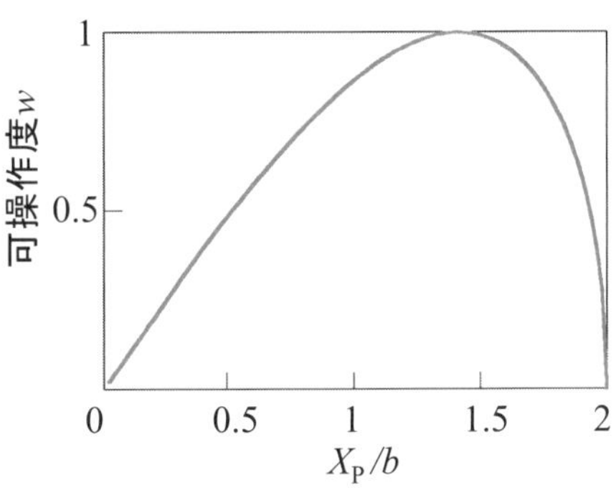

(b) 可操作度

図 4.51　2リンクシリアル機構の可操作性だ円および可操作度（$b=c=1$）

4・8・3　リンク機構の量の総合法 (dimensional synthesis method of link mechanism)

自由度が1の閉ループ機構は，主として，関数創成機構あるいは経路創成機構として用いられる．これらの機構に対して，与えられた理想曲線上のいくつかの代表点(厳正点)を与える機構総合法が開発されてきた．このような総合手法を厳正点法と呼ぶ．ここでは，まず厳正点法による関数創成4節リンク機構の総合法について述べる．

【関数創成機構の総合法】

図4.52に示す4節リンク機構を関数創成機構として使用する場合を考え，$\phi=f(\theta)$ なる関係が与えられた場合に，この関係を満足する機構の総合を行うものとする．機構定数(比) $b/a,\ c/a,\ d/a$ が与えられた場合に，出力角変位 ϕ と入力角変位 θ の関係は式(4.8)より θ_c を消去すれば，次のようになる．

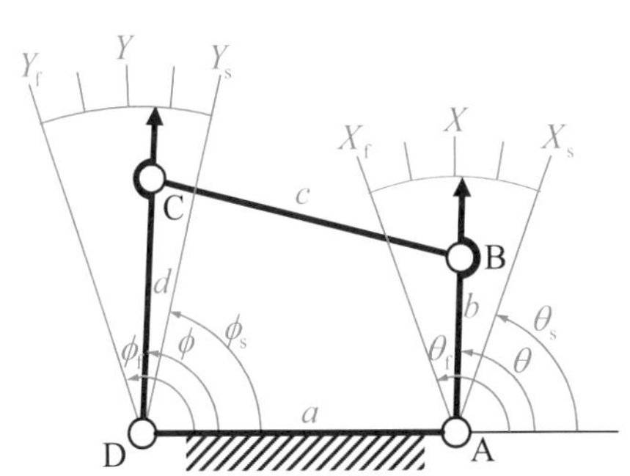

図 4.52　関数創成 4 節リンク機構

$$\frac{a}{d}\cos\theta-\frac{a}{b}\cos\phi+\frac{a^2+b^2-c^2+d^2}{2bd}=\cos(\theta-\phi) \tag{4.66}$$

ここで，

$$R_1=\frac{a}{d},\ R_2=\frac{a}{b},\ R_3=\frac{a^2+b^2-c^2+d^2}{2bd} \tag{4.67}$$

とおくと，式(4.66)は次式のようになる．

$$R_1\cos\theta-R_2\cos\phi+R_3=\cos(\theta-\phi) \tag{4.68}$$

上式(4.68)に3組の $(\theta,\phi)=(\theta_i,\phi_i)(i=1,2,3)$ を与え，整理すれば次式を得る．

$$\left.\begin{array}{l}R_1\cos\theta_1-R_2\cos\phi_1+R_3=\cos(\theta_1-\phi_1)\\R_1\cos\theta_2-R_2\cos\phi_2+R_3=\cos(\theta_2-\phi_2)\\R_1\cos\theta_3-R_2\cos\phi_3+R_3=\cos(\theta_3-\phi_3)\end{array}\right\} \tag{4.69}$$

すなわち，

$$\begin{bmatrix} \cos\theta_1 & -\cos\phi_1 & 1 \\ \cos\theta_2 & -\cos\phi_2 & 1 \\ \cos\theta_3 & -\cos\phi_3 & 1 \end{bmatrix} \begin{bmatrix} R_1 \\ R_2 \\ R_3 \end{bmatrix} = \begin{bmatrix} \cos(\theta_1 - \phi_1) \\ \cos(\theta_2 - \phi_2) \\ \cos(\theta_3 - \phi_3) \end{bmatrix} \tag{4.70}$$

のように3元連立一次方程式が得られ，3組の $(\theta,\phi)=(\theta_i,\phi_i)$ を与えれば，(R_1, R_2, R_3) が求まる．式(4.67)より，(R_1, R_2, R_3) の数値から節長比 b/a，c/a，d/a は即座に求められるから，与えられた3つの厳正点に対する機構の寸法が得られることになる．ここで，式(4.70)の係数行列の行列式が0となるような厳正点の組み合わせを与えた場合にはこの総合問題の解はないので，このようなことがないように厳正点の選定には注意を要する．

実際の総合問題では，入力および出力の値は角度で表されるものとは限らないので，理想関数 $Y=F(X)$ が変域とともに与えられた場合には，次のように変数の置き換えを行って厳正点を定めて機構総合を行う．

理想関数： $Y=F(X)$

変域： $X_s \le X \le X_f, Y_s \le Y \le Y_f$

機構の作動範囲：

入力節： $\theta_s \le \theta \le \theta_f$

出力節： $\phi_s \le \phi \le \phi_f$

厳正点：

$$\theta_i = \frac{\theta_f - \theta_s}{X_f - X_s}(X_i - X_s) + \theta_s \tag{4.71}$$

$$\phi_i = \frac{\phi_f - \phi_s}{Y_f - Y_s}(Y_i - Y_s) + \phi_s \tag{4.72}$$

ここに，$Y_i = F(X_i), (i=1,2,\cdots,N)$ (N ：厳正点の数)であり，初期位置 (θ_s, ϕ_s) は総合時に与える．

本項では，理想関数 $Y=F(X)$ が与えられ，その関数上の3つの厳正点を通過する4節リンク機構の寸法を決定する手法を示した．総合結果として求められた機構を用いた場合，図4.44に示したような構造誤差が存在する．つまり，厳正点上では理想関数と創成関数が一致するが，それら以外の点では誤差が存在する．

ここで，理想関数 $Y=F(X)$ 上の厳正点の組み合わせは無限に存在し，また，異なる厳正点に対する総合結果は異なる．当然のことながら，構造誤差の大きさも異なる．機構総合時には，この構造誤差ができるだけ小さくなるように厳正点を選ぶ必要がある．

関数創成機構の場合について，ここで示した3点総合のみならず，初期位置 (θ_s, ϕ_s) も総合対象とするなど，より多くの点を厳正点として扱う総合法がすでに整備されている．

【経路創成機構の総合法】

経路創成機構の場合についても，関数創成機構のように厳正点を与えて機構の寸法を求める逆問題的な機構総合法が開発されてきた．一方，逆問題的な手法ではなく数理計画法を活用して順問題的に機構総合を行う手法も多く用いられる．このような場合には，理想曲線と機構による創成曲線との差を評価することになる．ここでは，例えば図4.53に示すように，大きさおよび形状の異

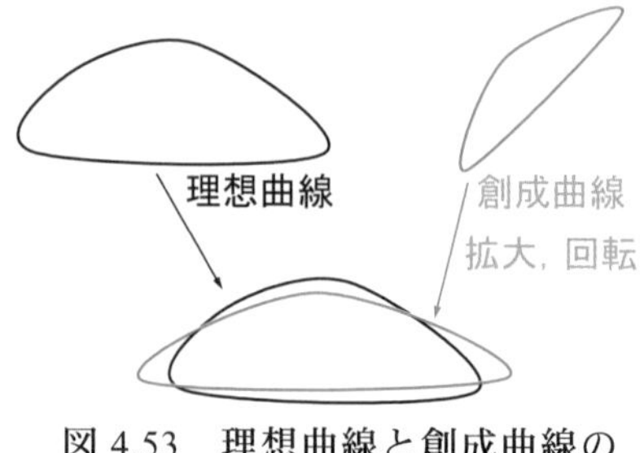

図 4.53　理想曲線と創成曲線の一致の度合いの評価

なる理想曲線と創成曲線の一致の度合いをどのように評価するかが問題である．

【ロボット機構の総合法】

ロボット機構の場合には，1自由度機構のように明確な総合条件が示されないことが多い．このような場合には，まず**4･7･4**項の作業領域を考慮して機構寸法を与え，次に**4･8･2**項で示した評価指標などを用いて運動特性を評価し，最適な機構寸法を求める．

＝＝＝＝＝　練習問題　＝＝＝＝＝＝＝＝＝＝＝＝＝＝＝＝＝＝

【4・1】Consider a slider-crank mechanism shown in Fig. 4.9(a). Let the kinematic constants be $b = 30\text{mm}$ and $c = 100\text{mm}$. Find the following values when the input crank b rotates at a constant angular velocity $\dot{\theta}_{\text{b}} = \pi$ rad/s.

(1) Displacement X_{B} and velocity $\dot{X}_{\text{B}}$ of the slider d, pressure angle α with respect to the slider, and sensitivity $\partial X_{\text{B}} / \partial b$ of the slider displacement with respect to the crank length b when the crank angle is $\theta_{\text{b}} = \pi/3$ rad.

(2) Stroke of the slider d.

【4・2】図4.47に示す4節リンク機構において，$a = 100$ mm，$b = 50$ mm，$c = 80$ mm，$d = 100$ mm とする．原動節bが一回転するとき，従動節角変位ϕおよび伝達角μの最大値と最小値を求めよ．

【4・3】Consider a four-bar mechanism with four revolute pairs shown in Fig. 4.36. Let the kinematic constants be $a = 173.2$ mm, $b = 100$ mm, $c = 100$ mm, $d = 173.2$ mm, $f = 86.60$ mm and $\beta = 30^\circ$. Find the angular velocity $\dot{\phi}$ of the following link d, the angular velocity ω_{c} of the coupler link c, and the velocity v_{P} of the point P on the link c when the angular displacement and the angular velocity of the input link b are $\theta_{\text{b}} = \pi/2$ rad and $\dot{\theta}_{\text{b}} = \pi$ rad/s, respectively.

【4・4】図4.54に示す回転対偶のみからなる2自由度パラレル機構において，対偶A_1およびA_2が能動対偶であり，対偶点Pが出力点であるとする．出力点Pの座標系 $\text{O}-XY$ 上の位置を $\text{P}(X_{\text{P}}, Y_{\text{P}})$ と表す．$a_1 = a_2 = 0.25\text{m}, b_1 = b_2 = 0.4\text{m}$，$c_1 = c_2 = 0.6\text{m}$ とする．以下の諸量を求めよ．

(1) $\theta_{\text{b},1} = \pi/3$ rad, $\theta_{\text{b},2} = 2\pi/3$ rad のときの出力点Pの位置 $\text{P}(X_{\text{P}}, Y_{\text{P}})$．

(2) 出力点Pの位置 $\text{P}(X_{\text{P}}, Y_{\text{P}}) = (0.25, 0.5)$m のときの能動対偶変位 $(\theta_{\text{b},1}, \theta_{\text{b},2})$．

(3) 出力点PがY軸上にあるとき，圧力角が$\pi/2$となる特異点の位置(Y座標)とそのときの能動対偶変位 $(\theta_{\text{b},1}, \theta_{\text{b},2})$．

(4) $\theta_{\text{b},1}$および$\theta_{\text{b},2}$に制限がない場合における点Pの作業領域(図示せよ)．

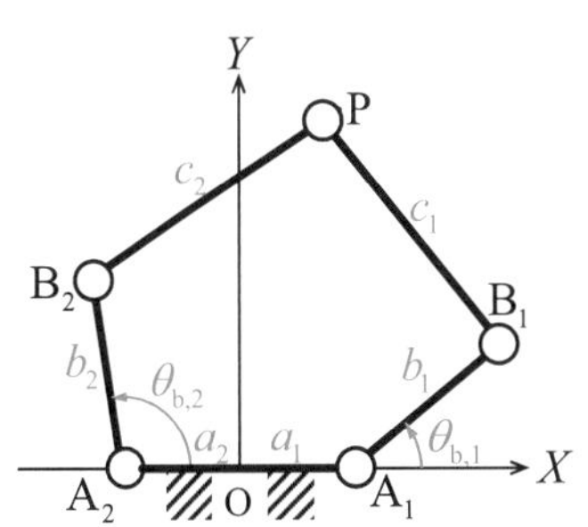

図 4.54　2自由度パラレル機構

【4・5】Consider a two-link serial mechanism shown in Fig. 4.26 with kinematic constants $b = 0.5$ m and $c = 0.5$ m. The output point P moves parallel to the X-axis at a constant velocity $v_{\text{P}} = [1\ \ 0]^{\text{T}}$ m/s from $\text{P}_1(0, 0.5)$ m to $\text{P}_2(0.5, 0.5)$ m. Find the active joint velocities at the initial point P_1 and the final point P_2 using

Jacobian matrices $J_{(\mathrm{P}_1)}$ and $J_{(\mathrm{P}_2)}$ at these points.

【4・6】図4.19に示す3リンクシリアル機構において，$b=c=1\mathrm{m}, d=0.3\mathrm{m}$とする．第3リンクが出力リンクであり，その上の点PのO$-XY$座標系上の位置を$\mathrm{P}(X_\mathrm{P}, Y_\mathrm{P})$，それの姿勢を$\phi$で表す．点Pが直線$X=-0.3\mathrm{m}$上を一定姿勢$\phi=\pi$ radを保持して一定速度$\boldsymbol{v}_\mathrm{P}=[0\ \ 1]^\mathrm{T}\mathrm{m/s}$で動く場合を考える．以下の問いに答えよ．

(1) 点PがP(-0.3,1)mにあるとき各能動対偶の角変位$(\theta_\mathrm{b}, \theta_\mathrm{cb}, \theta_\mathrm{dc})$および角速度$(\dot{\theta}_\mathrm{b}, \dot{\theta}_\mathrm{cb}, \dot{\theta}_\mathrm{dc})$を求めよ．
(2) 能動対偶変位および速度に制限がない場合について，上記の運動が実現できる点PのY座標Y_Pの範囲を求めよ．
(3) 第3能動対偶の変位について，$0\le\theta_\mathrm{dc}\le\pi$の制限があるとき，上記の運動が実現できる点Pの$Y$座標$Y_\mathrm{P}$の範囲を求めよ．
(4) 第1および第2能動対偶の角速度について$\left|\dot{\theta}_i\right|\le 2\mathrm{rad/s}$ (i=b, cb)の制限があるとき，上記の運動を実現できる点PのY座標Y_Pの最大値$Y_{\mathrm{P,max}}$を求めよ．

【4・7】図4.31に示す4節リンク機構によって関数$y=\sin x(0\le x\le 90^\circ)$を創成したい．$x$は原動節角変位$\theta_\mathrm{b}$，$y$は従動節角変位$\phi$により表すものとする．次の3つの条件のそれぞれの場合について機構総合を行い，式(4.59)で定義される構造誤差E_aveを求めよ．なお，$x_i(i=1,2,3)$を厳正点とし，xとθ_b，yとϕの間の変換は次のように行うものとする．

$$x_i=\frac{\Delta x}{\Delta\theta_\mathrm{b}}\Delta\theta_{\mathrm{b}i},\ \Delta x=x_\mathrm{f}-x_\mathrm{s},\ \Delta\theta_\mathrm{b}=\theta_\mathrm{bf}-\theta_\mathrm{bs},\ \Delta\theta_{\mathrm{b}i}=\theta_{\mathrm{b}i}-\theta_\mathrm{bs}$$

$$y_i=\frac{\Delta y}{\Delta\phi}\Delta\phi_i,\ \Delta y=y_\mathrm{f}-y_\mathrm{s},\ \Delta\phi=\phi_\mathrm{f}-\phi_\mathrm{s},\ \Delta\phi_i=\phi_i-\phi_\mathrm{s}$$

(1)$\theta_\mathrm{bs}=90^\circ,\theta_\mathrm{bf}=-30^\circ,\phi_\mathrm{s}=120^\circ,\phi_\mathrm{f}=60^\circ,(x_1,x_2,x_3)=(6^\circ,45^\circ,84^\circ)$
(2)$\theta_\mathrm{bs}=60^\circ,\theta_\mathrm{bf}=-60^\circ,\phi_\mathrm{s}=90^\circ,\phi_\mathrm{f}=30^\circ,(x_1,x_2,x_3)=(6^\circ,45^\circ,84^\circ)$
(3)$\theta_\mathrm{bs}=90^\circ,\theta_\mathrm{bf}=-30^\circ,\phi_\mathrm{s}=120^\circ,\phi_\mathrm{f}=60^\circ,(x_1,x_2,x_3)=(1^\circ,45^\circ,89^\circ)$

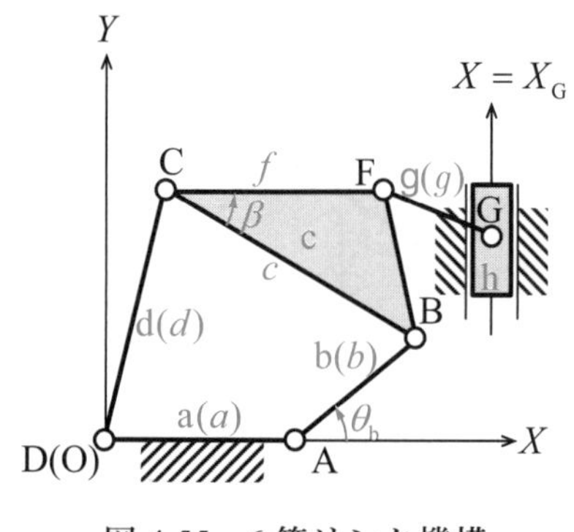

図4.55 6節リンク機構
(練習問題**4・8**)

【4・8】図4.55に示す6節リンク機構において，節bの角変位θ_bを入力変位，$X=X_\mathrm{G}$上のスライダhのY軸方向変位Y_Gを出力変位とする．$a=1, b=\sqrt{3}/2$, $c=0.5, d=1, f=\sqrt{3}/3, g=\sqrt{3}/3, \beta=30^\circ, X_\mathrm{G}=1.5$とする(長さの単位は[m])．$\dot{\theta}_\mathrm{b}=\pi$ rad/s＝一定とし，$\theta_\mathrm{b}=\pi/2$ radにおけるスライダhの速度$\dot{Y}_\mathrm{G}$を求めたい．以下の諸量を順次求めよ．

(1) 節cの静止節aに対する瞬間中心$\mathrm{P_{ca}}$の位置．
(2) 節gの静止節aに対する瞬間中心$\mathrm{P_{ga}}$の位置．
(3) 節cおよびgの角速度ω_cおよびω_g
(4) スライダhの速度$\dot{Y}_\mathrm{G}$

【4・9】図4.45の4節リンク機構について，従動節角変位ϕに関して，原動節長b，中間節長cおよび従動節長dの誤差に関する誤差の感度を表す式を導け．

【4・10】Derive the manipulability w of two-link serial mechanism as a function of link lengths (b, c) and active joint displacements $(\theta_\mathrm{b}, \theta_\mathrm{cb})$, and find the optimal geometric condition of this mechanism in terms of manipulability subject to $b+c=l$ = constant.

【解答】

1.

(1) $X_{\mathrm{B}}=\sqrt{100^2-(15\sqrt{3})^2}+15=111.6$ mm

$\dot{X}_{\mathrm{B}}=i\,\overrightarrow{\mathrm{PB}}\omega_{\mathrm{c}}=-94.3$ mm/s (Pは節cの静止節に対する瞬間中心である)

$\alpha=15.06^\circ$

$$\frac{\partial X_{\mathrm{B}}}{\partial b}=\frac{\cos(\theta_{\mathrm{b}}-\theta_{\mathrm{c}})}{\cos\theta_{\mathrm{c}}}=0.267$$

(2) The maximum and minimum values of X_{B} are 130 and 70 mm, respectively, so the stroke is obtained as 60 mm.

2.従動節角変位 ϕ については，

$\theta_{\mathrm{b}}=130.5^\circ$ のとき最大値 $\phi_{\max}=81.1^\circ$， $\theta_{\mathrm{b}}=278.6^\circ$ のとき最小値 $\phi_{\min}=17.3^\circ$.

伝達角については，

$\theta_{\mathrm{b}}=0$ のとき最大値 $\mu_{\max}=112.4^\circ$， $\theta_{\mathrm{b}}=180^\circ$ のとき最小値 $\mu_{\min}=29.7^\circ$.

3. $\dot{\phi}=\dfrac{1}{2}\dot{\theta}_{\mathrm{b}}=\dfrac{\pi}{2}$ rad/s , $\omega_{\mathrm{c}}=-\dfrac{1}{2}\dot{\theta}_{\mathrm{b}}=-\dfrac{\pi}{2}$ rad/s , $\boldsymbol{v}_{\mathrm{P}}=-75\pi$ mm/s .

4.

(1) P(0, 0.743)m.

(2) $(\theta_{\mathrm{b},1},\theta_{\mathrm{b},2})=(0.125, 1.80)$ rad を得る.

(3) 特異点となるのはB_1PB_2が一直線上に並ぶときであるから，

P(0,0,194) m, $(\theta_{\mathrm{b},1},\theta_{\mathrm{b},2})=(0.506, 2.63)$ rad .

(4) 図4.56のとおり($r_1=b_1+c_1=b_2+c_2=1,\ r_2=|b_1-c_1|=|b_2-c_2|=0.2$).

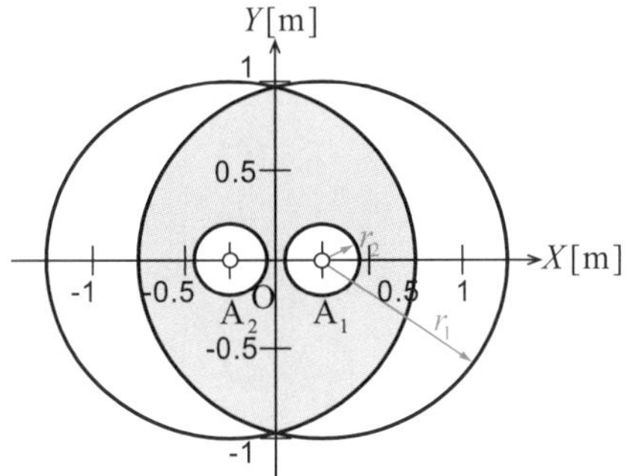

図 4.56　2 自由度パラレル機構の作業領域

5. At P_1(0,0.5) m, $J_{(\mathrm{P1})}=\begin{bmatrix}-0.5 & -0.25\\ 0 & -0.25\sqrt{3}\end{bmatrix}$, $(\dot{\theta}_{\mathrm{b}},\dot{\theta}_{\mathrm{cb}})=(-2,0)$ rad/s .

At P_2(0.5,0.5) m, $J_{(\mathrm{P2})}=\begin{bmatrix}-0.5 & -0.5\\ 0.5 & 0\end{bmatrix}$, $(\dot{\theta}_{\mathrm{b}},\dot{\theta}_{\mathrm{cb}})=(0,-2)$ rad/s .

6.

(1) $(\theta_{\mathrm{b}},\theta_{\mathrm{cb}},\theta_{\mathrm{dc}})=(\pi/6,2\pi/3,\pi/6)$, $(\dot{\theta}_{\mathrm{b}},\dot{\theta}_{\mathrm{cb}},\dot{\theta}_{\mathrm{dc}})=(\sqrt{3}/3,-2\sqrt{3}/3,\sqrt{3}/3)$ rad/s .

(2) $-2\le Y_{\mathrm{P}}[\mathrm{m}]\le 2$

(3) $0\le Y_{\mathrm{P}}[\mathrm{m}]\le 2$

(4) $Y_{\mathrm{P,\,max}}=\sqrt{3}$ m .

7.

(1) $b/a = 0.4329,\ c/a = 1.298,\ d/a = 0.5812,\ E_{\mathrm{ave}} = 0.004757$

(2) $b/a = 1.051,\ c/a = 1.548,\ d/a = 1.062,\ E_{\mathrm{ave}} = 0.008903$

(3) $b/a = 0.4241,\ c/a = 1.292,\ d/a = 0.5772,\ E_{\mathrm{ave}} = 0.006937$

8.

(1) 4節リンク機構ABCDを考える． $\mathrm{P_{ca}}(1, \sqrt{3})$ m .

(2) (1)で求められた瞬間中心$\mathrm{P_{ca}}$を用いて仮想のスライダ・クランク機構$\mathrm{P_{ca}FG}$を考える． $\mathrm{P_{ga}}(1, \sqrt{3}/2)$ m .

(3) $\omega_{\mathrm{c}} = -\dot{\theta}_{\mathrm{b}} = -\pi$ rad/s , $\omega_{\mathrm{g}} = 2\pi$ rad/s .

(4) Y 軸正方向に π m/s .

9. $\dfrac{\partial\phi}{\partial b} = \dfrac{\cos(\theta_{\mathrm{c}} - \theta_{\mathrm{b}})}{d\sin(\theta_{\mathrm{c}} - \phi)},\ \dfrac{\partial\phi}{\partial c} = \dfrac{1}{d\sin(\theta_{\mathrm{c}} - \phi)},\ \dfrac{\partial\phi}{\partial d} = -\dfrac{\cos(\theta_{\mathrm{c}} - \phi)}{d\sin(\theta_{\mathrm{c}} - \phi)} = -\dfrac{1}{d\tan(\theta_{\mathrm{c}} - \phi)}$

10. The manipulability w is calculated as $w = |\det J| = bc|\sin\theta_{\mathrm{cb}}|$. The optimal condition is then derived as $b = c = l/2$ and $\theta_{\mathrm{cb}} = \pi/2$ rad.

第 5 章
平面カム機構
Planar Cam Mechanism

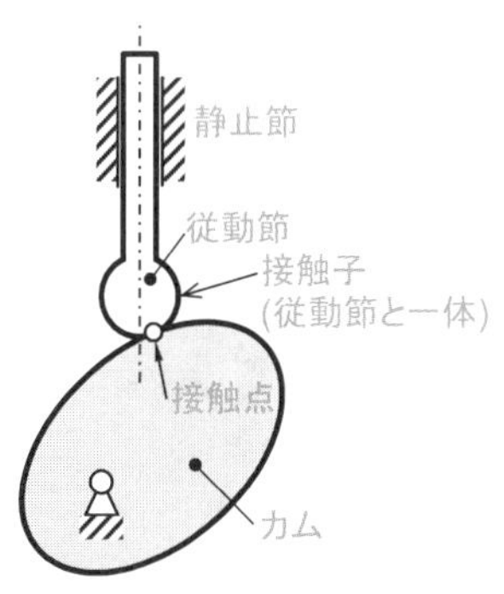

(a)

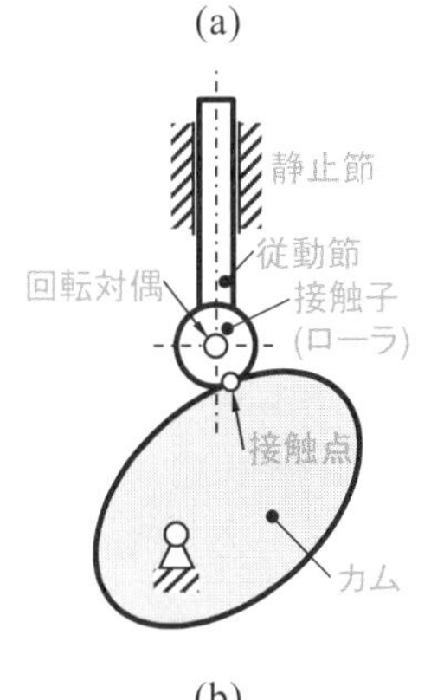

(b)

図 5.1　カム機構の構成

5・1　はじめに(introduction)

カム機構(cam mechanism)は，カムの形状に基づいて所要の運動を創成できる機構である．カム機構は，図 5.1 に示すように静止節，カム，従動節および接触子(contacting element)からなる．カムと接触子は高次対偶により連結される．接触子は従動節に一体化される場合(図 5.1(a))と従動節と回転対偶などを介して連結される場合(図 5.1(b))がある．通常，カムは特殊な形状であるが，接触子は単純な形状をしており，カムと接触子が常に接触を維持することで，カム機構は，直進または回転するカムの運動を従動節の任意の直進運動または回転運動に変換することができる．そしてカム機構は，運動伝達(motion transmission)のみならず，トルク変動(torque fluctuation)やエネルギー(energy)の変動を平滑化する目的にも用いられる．

カム機構はいろいろな機械で用いられている．代表的な機械装置をあげれば，自動組立機，自動包装機，印刷機，自動織機，エンジンの弁機構，ミシンの天びん機構などがある．最近では電子部品を基盤の上に挿入する表面実装機などで使われている．

実際に使用されているカム装置の例を図 5.2 から図 5.4 に示す．図 5.2 は間欠割出装置(インデックス装置)の一種であるローラギヤカム式インデックス装置である．この装置では，連続回転するカム(図左)が 1 回転する間に，従動節であるタレット(図右)がある角度回転して停止する．インデックス装置は包装機や充填機など多くの産業機械に用いられている．図 5.3 は工作機械の自動工具交換装置(工作機械を無人運転できるようにいろいろな工具を自動的に交換する装置，ATC:Automatic Tool Changer)に用いられるカムである．ATC では工具の出し入れ(直進動作)と，工具を収納している工具マガジン・スピンドル間の移動(旋回動作)の 2 自由度が必要であり，2 つのカムから構成される．図 5.3 の例では，ローラギヤカムが旋回運動を，右側の平面溝カムが直進運動を作り出す．

図 5.4 はパラレルインデックスカム(パラレルカムともいう)機構で，奥の一対がパラレルカム，手前がタレットであり，間欠送りのために使われる平面カム機構である．パラレルカムという名称は入力軸と出力軸が平行であることに由来している．

以下ではカムが持つ上記の運動伝達機能，トルク変動の平滑化機能のうち，運動伝達機能に関する平面形状のカムについて述べる．

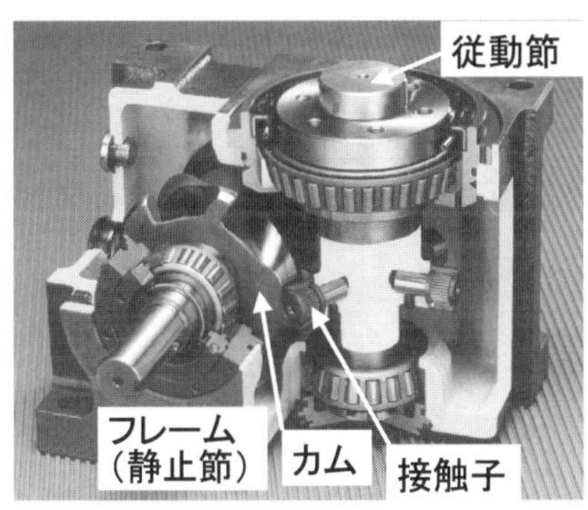

図 5.2　ローラギヤインデックス装置
((株)三共製作所提供)

図 5.3　自動工具交換装置(ATC)用
ローラギヤカム＋溝カム
(高広工業(株)提供)

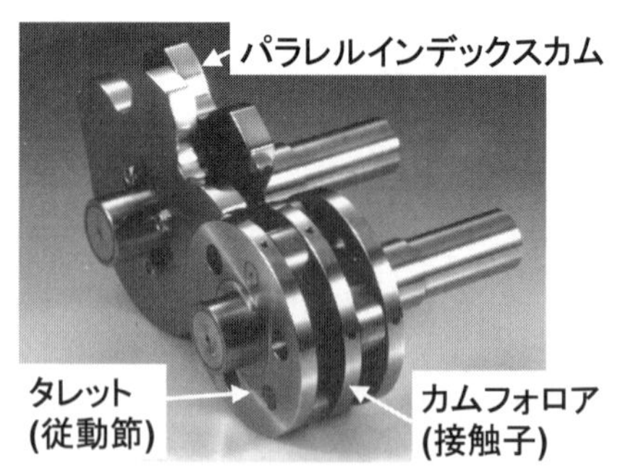

図 5.4 パラレルインデックスカム装置
(オーツカハイテック(株)提供)

カム機構の分類項目：

- カムの形状
- 接触子の形状
- 従節の動作形態
- 接触子とカムとの拘束方法

5・2 カム機構の種類と特徴 (classification and characteristics of cam mechanism)

5・2・1 カム機構の種類(classification of cam mechanism)

カム機構を対象とする場合，原動節は原節あるいはカム，従動節は従節と呼び，また空間機構としてのカム機構は立体カム機構(spatial cam mechanism)と呼ぶのが慣例であるので，本章でもこれを踏襲して使用することとする．なお，平面機構としてのカム機構は平面カム機構(planar cam mechanism)と呼ぶ．

図 5.5 に代表的な平面カム機構を示す．

カム機構は，カムの形状，接触子の形状，従節の動作形態および接触子とカムとの拘束方法の 4 つで分類される．たとえば「板カム(disk cam)」というだけではカムの形状が板状であることしかわからないが，たとえば図 5.5(g)の場合は「ローラ端直進従節溝カム機構(grooved cam mechanism with translating roller follower)」と呼ぶことで，接触子がローラで，ローラが溝案内(grooved guide)で拘束される平面状のカムで，従節が直進形であることがわかる．またカムが原節でない場合もあり，これを逆カム(inverse cam)と呼ぶ．

カムの形状は文字通りカムの形を示すもので，原節の動作形態が直進形の直進板カム(translating cam)，回転形の回転板カム(単に板カムともいう)，端面カム(end cam)，円筒カム(cylindrical cam)，円すいカム(conical cam)，太鼓形カム(drum cam)，鼓形カム(globoidal cam)などがある．端面カム以降のカムは立体カムである．立体カムについては本書では扱わない．

代表的な接触子の形状には円端(円弧端)，ナイフエッジ(尖端)および平板(平端)の 3 種類がある．単に円端あるいは円弧端という場合は，図 5.1(a)のように円弧形状の接触子が従節に固定されており，図 5.1(b)のように両者が回転対偶で連結している場合はローラ端と呼ぶ．尖端状接触子は半径 0 の円

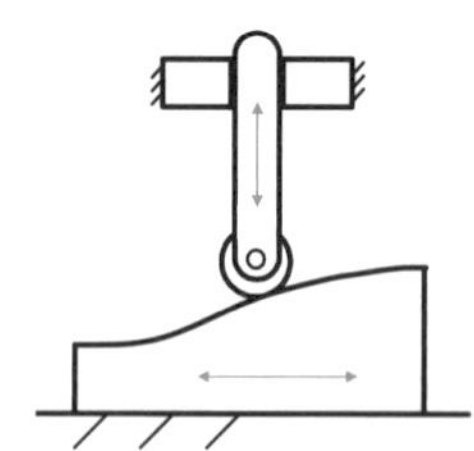

(a)ローラ端直進従節直進カム機構

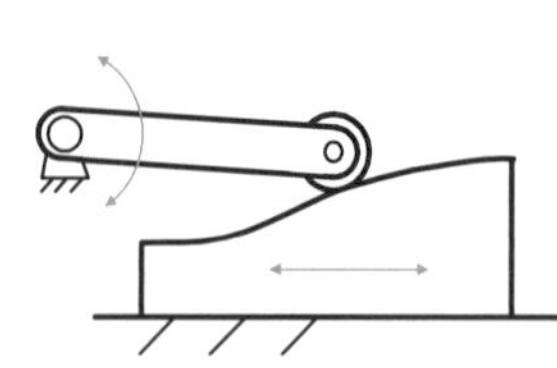

(b)ローラ端揺動従節直進カム機構

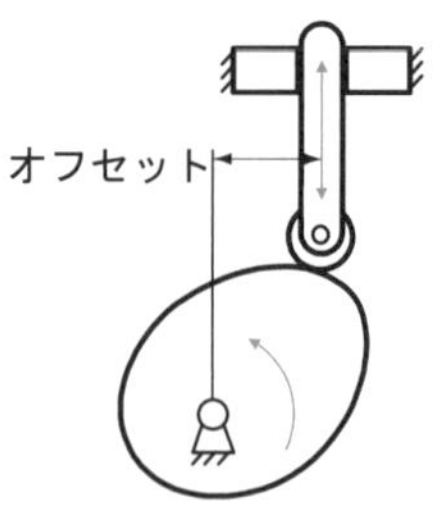

(c)ローラ端直進従節板カム機構

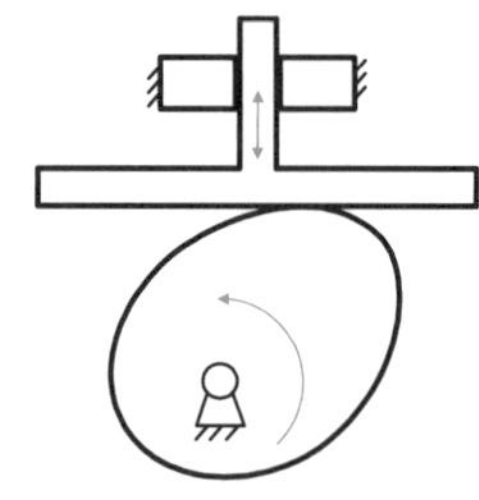

(d)平端直進従節板カム機構

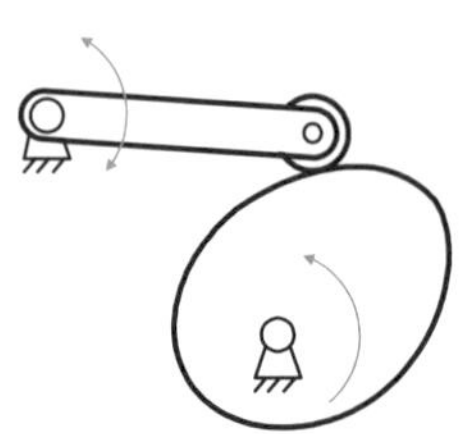

(e)ローラ端揺動従節板カム機構

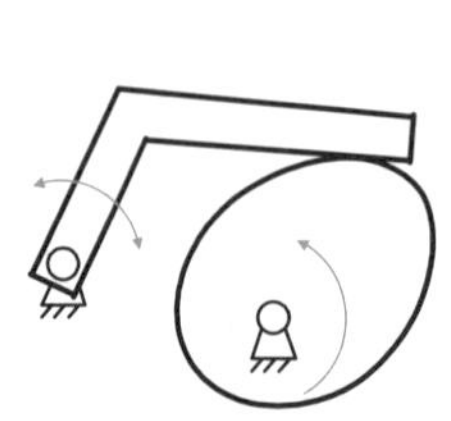

(f)平端揺動従節板カム機構

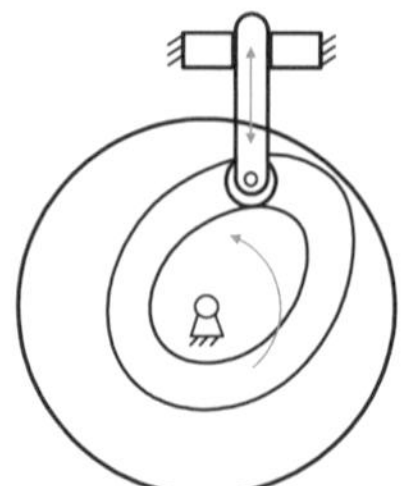

(g)ローラ端直進従節溝カム機構

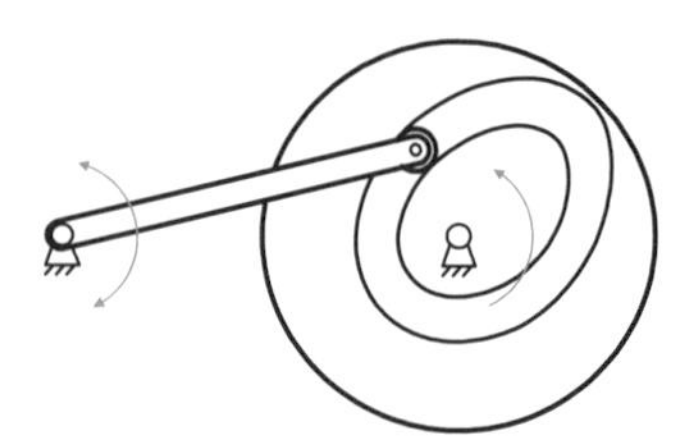

(h)ローラ端揺動従節溝カム機構

図 5.5 平面カム機構のいろいろ

端状接触子とみることもできる．この他異形の形状もあるが特殊なものであるのでここでは扱わない．

従節の動作形態には直進形と回転形がある．

カムと接触子との拘束方法については，外部拘束(external constraint)と内部拘束(internal constraint)とがある．外部拘束とはカム自体には拘束要素がなく，接触子がカムから離れないように，ばねや重力(gravitational force)で拘束するものである．他方，内部拘束とはカム自体が接触子を拘束するための案内を持つものである．これらの代表には，接触子を溝で拘束する溝案内，2 つの接触子をカムのリブの両側に配置して拘束するリブ案内(ribbed guide)(図 5.6 参照)などがある．このような内部拘束を持つカムは接触子がカムから離れることがないので確動カム(positive cam)と呼ばれる．

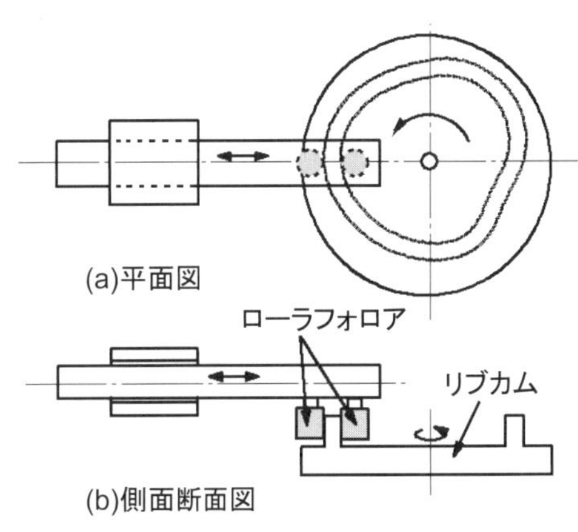

図 5.6　リブ案内

5・2・2　カム機構の特徴(characteristics of cam mechanism)

カム機構は等速入力を与えて，所期の出力運動を得ることのできる機構である．カム機構の特徴は，次のようにまとめることができる．

(1) 割出しなどの間欠運動に対して，加速度まで連続な運動の設計ができるので，運動特性が良好であり，高速駆動に適する．

(2) 位置決め精度(positioning accuracy)が高く他のカム機構との同期駆動(synchronous drive)が可能であり，また繰返し精度(repeatability)も高い．

(3) 必要な占有空間が小さくてすむ．

(4) 特別な制御装置(controller)を必要とせず安価である．

第 4 章で述べたように，等速の入力から不等速の出力を得る機構にリンク機構がある．上記のカム機構の特徴はリンク機構にも当てはまるが，カム機構とリンク機構の違いを挙げれば次のようになる．

(a) カム機構の方が設計の自由度が大きい．

リンク機構で設計の自由度を増やすためには，静止節上の対偶の位置を変えたり，停止時間を得るために節数を増やすなどの対策を必要とする．しかも，**4･8** 節で述べたように，リンク機構では，節数が有限個であるため，入出力関係の理想曲線が与えられたとき，その曲線上の有限個の点だけしか満足できない．これに対しカム機構の場合は，圧力角や切下げ(undercut) (**5・3・4** 項で解説する)などの幾何学的制約条件はあるが，節長の影響があまりないため運動のストロークと運動曲線(motion curve)をほぼ自由かつ簡単に作ることができる．

(b) カム機構では，製作誤差により出力運動，特に加速度が大きく変わる可能性がある．

(c) カム機構の製作費は，リンク機構に比べて一般に高い．

(d) カム機構はリンク機構よりも荷重を受けられない．

5・3　カム機構の運動特性解析 (kinematic analysis of cam mechanism)

カム機構の設計，運用にあたっては，カムの回転角に対する従節の変位すなわち入出力関係のみならず，滑り速度，圧力角，カムの曲率半径(radius of curvature)，切下げの有無などのカム機構特有の項目について十分に考慮する必要がある．本節では，カムおよび従節の形状，従節の位置など，カム機構の幾何学的条件が与えられた場合にこれらを解析する手法を述べる．

本章では，位置決め用の平面カム機構を主として取り上げる．まず，このようなカム機構に用いられる用語などについて紹介しておく．

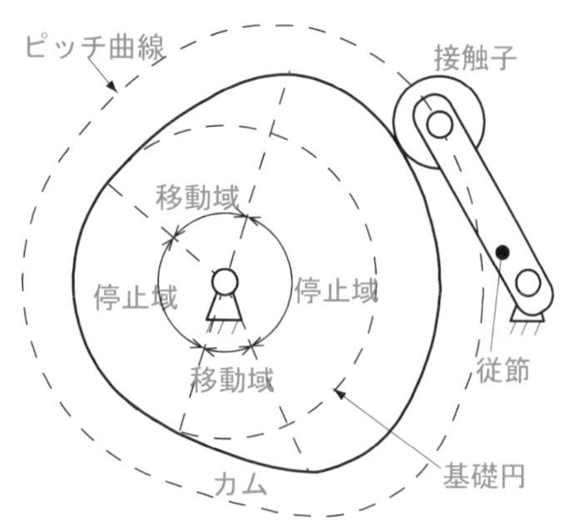

図 5.7　ローラ端揺動従節板カム機構

図 5.7 に平面カム機構の一例を示す．ここでカムの最小半径を半径とする円を基礎円(base circle)といい，カムを固定したときの接触子中心軌跡をピッチ曲線(pitch curve)という．従節は接触子が図 5.7 の移動域のカム軌道面(cam surface)に接触しているとき回転し，停止域のカム軌道面に接触しているとき停止している．また平面カムの場合にカムの回転軸方向から見たカム軌道面をカム輪郭(cam profile)という．図 5.8 に示す動作線図(timing chart)において，従節が 1 行程進むために必要なカムの回転角を割付角(indexing angle)，従節が停止状態にあるときのカムの回転角を停留角(dwell angle)という．なお図 5.5 の回転形のカム機構ではカムが 1 回転すると，従節は元の位置にもどる．このようなカム機構では従節は往復運動を行うが，図 5.2 のローラギヤカム機構や図 5.4 のパラレルカム機構では従節は一方向に回転して元に戻らない．これらはロータリテーブルやコンベヤなどの間欠割出(indexing drive)に用いられる．

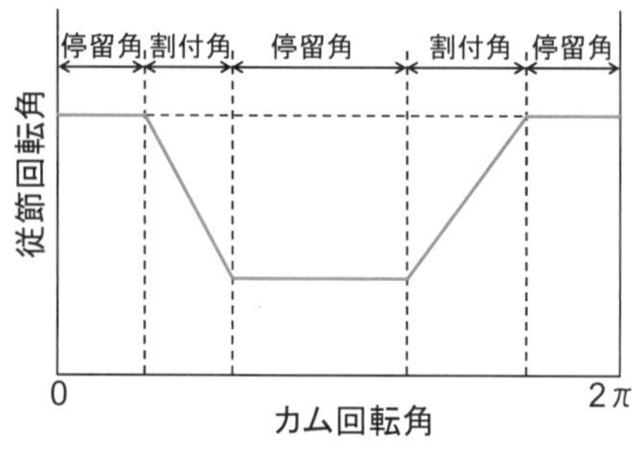

図 5.8　カム機構の動作線図

5・3・1　入出力関係 (relationship between input and output motions)

図 5.9 に示す平端揺動従節板カム機構を例にとって説明する．

図 5.9 おいて O_c-xy はカムに固定された動座標系であり，この座標系に関する輪郭上の点は $r(\lambda)$ により表される．カム輪郭が与えられているとき，$r(\lambda)$ は既知である．カムの回転角 θ が与えられた場合において，図のようにカムと従節がこの輪郭上の点 Q において接触する場合を考える．なお，ここでは従節の幅は無視できるものとする．このとき，カム輪郭を表す曲線と接触子(従節の端部)形状を表す曲線(この場合は直線)が接する条件を満足する点(角 λ)が接触点 Q である．θ を連続的に変化させて各 θ に対する接触点を繰り返し求めれば，変位に関する入出力関係を求めることができる．

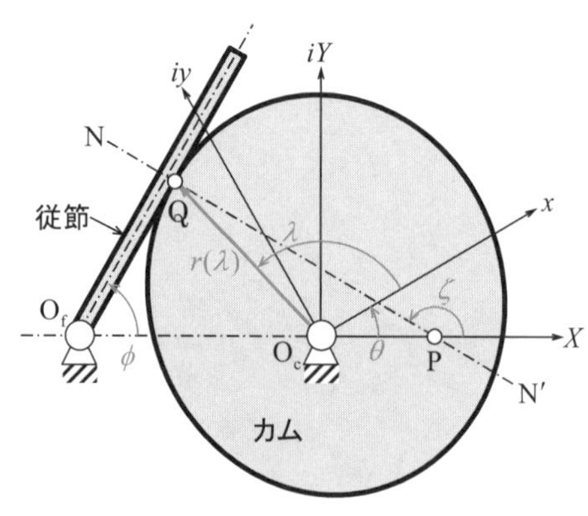

図 5.9　平端揺動従節板カム機構

図 5.9 において，直線 NN′ は接触点におけるカム輪郭と接触子(直線)の共通法線であり，カムおよび従節の静止節上の回転中心 O_c および O_f を結ぶ直線と共通法線 NN′ の交点 P はカムと従節の間の瞬間中心である(**3･7･3** 項参照)．式(3.58)より，入出力速度比は次式により求められる．

$$\frac{\dot{\phi}}{\dot{\theta}}=\frac{\overline{O_cP}}{\overline{O_fP}} \tag{5.1}$$

図 5.9 において，接触点 Q に関するカム輪郭の曲率中心を点 C とする．このとき，接触点 Q に直進対偶，カムの曲率中心点 C に回転対偶を設置した図 5.10 の平面 4 節リンク機構 O_cCQO_f を考える．このリンク機構の速度に関する入出力関係は式(5.1)と同じである．このように，ある状態においてカム機構と速度の入出力関係が同じリンク機構が存在する．このようなカム機構の等価リンク機構(equivalent linkage)は，カムおよび従節の接触点における共通法線上に回転対偶を 2 つ設置すれば得られるが，通常はカムおよび従節の

接触子の曲率中心に回転対偶を設置したものとする．図 5.9 の場合には，接触子が平端状であるため，NN′ 上の無限遠点に回転対偶を設置する代わりに接触点に直進対偶を設置して図 5.10 の等価リンク機構としている．なお，カム機構の等価リンク機構はカムの回転に伴い変化する．

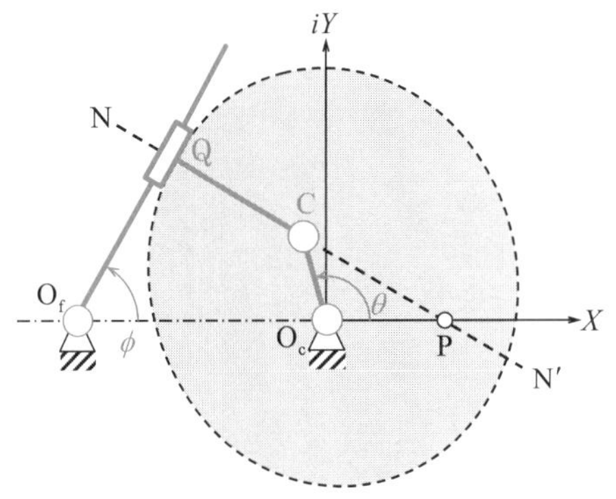

図 5.10　平端揺動従節板カム機構の等価リンク機構

5・3・2　滑り速度(sliding velocity)

カムと接触子が接触を維持するための条件から，カムと従節は瞬間中心 P と接触点 Q を結ぶ $\overline{PQ}$ 方向に相対速度を持たない．したがって，式(3.63)より，カムと従節の接触点 Q における滑り速度は次式で与えられる．

$$v_s = i\overline{PQ}(\dot{\phi} - \dot{\theta})e^{i\zeta} \tag{5.2}$$

なお，図 5.9 の状態では，この滑り速度 v_s はカムに対する従節の $\overrightarrow{QO_f}$ 方向の速度を表している．

5・3・3　圧力角(pressure angle)

図 5.11(a)に円端直進従節板カム機構を示す．この機構では，カムと従節が直接接触しているので，カムと従節の接触点における共通法線方向 NN′ と従節の運動方向のなす角 ψ が圧力角である(**4・8** 節参照)．カムと従節の間に作用する力は共通法線 NN′ 方向の力 F であり，そのうちの従節の運動方向成分 $F\cos\psi$ だけが従節の動作に使われる．一方，従節の運動方向に垂直な成分 $F\sin\psi$ は従節の動作に使われないだけでなく，従節をこじる力として作用する．案内の長さが短かかったり，案内から円端接触子までの張り出しが長い場合は，ψ が小さい場合でも従節と案内が噛んで摩擦力も大きくなり，力の伝達ができなくなる．したがって圧力角はできるだけ小さい方が望ましい．なお，点 R および Q はそれぞれ接触子の円弧の中心および接触点である．

また，接触子がローラ端の場合について，圧力角を図 5.11(b)に示す．この場合，ローラと従節の間の回転対偶 R には，カムとローラの接触点 Q における共通法線の方向の力が作用するので，この力と従節上の点 R の運動方向のなす角として圧力角が定義される．図 5.11(a)と(b)の圧力角の大きさは同じである．

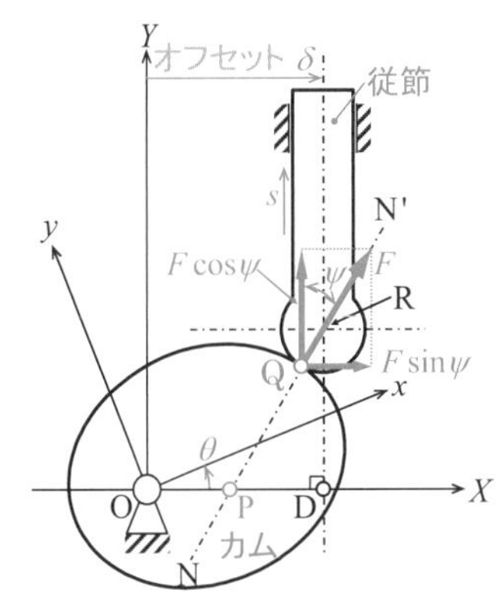

(a)円端の場合

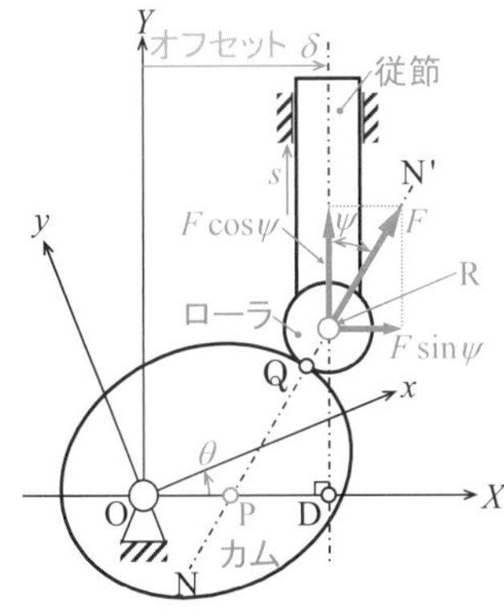

(b)ローラ端の場合

図 5.11　直進従節板カム機構の圧力角

図 5.11(a)において，カム座標系(cam coordinate system) O-xy の x 軸と静止座標系の X 軸のなす角がカムの回転角 θ であり，カムは点 O を中心に角速度 $\omega(=\dot{\theta})$ で回転し，従節は Y 軸方向に運動する．s は従節の Y 軸方向変位，P はカムと従節の瞬間中心である．また点 D は従節の移動中心線にカムの回転中心から下ろした垂線の足である．点 P はカムと従節の瞬間中心であるから，この点に一致するカム上の点と従節上の点の速度が一致するので，カムの角速度 ω と従節の速度 $\dot{s}$ との間には式(5.1)と同様に次の関係が成立する．

$$\overline{OP}\,\omega = \frac{ds}{dt} = \dot{s} \tag{5.3}$$

これを微小変位の関係式に書き直すと次式を得る．

$$\overline{OP} = \frac{ds}{d\theta} \tag{5.4}$$

ここで図 5.11(a)の幾何学的関係と式(5.4)から，圧力角 ψ は次のように表される．

$$\tan\psi = \frac{\overline{\mathrm{DP}}}{\overline{\mathrm{DR}}} = \frac{\left|\delta - \overline{\mathrm{OP}}\right|}{s+k} = \frac{\left|\delta - ds/d\theta\right|}{s+k} \tag{5.5}$$

ここで δ はオフセット(offset)，k は $s=0$ となるときの従節の位置すなわちカムの回転中心 O からの Y 軸方向の距離である．上式から $\tan\psi$ はカムの入出力変位曲線の傾きが大きくなると大きくなり，カムの大きさが大きくなると小さくなり，またオフセットを与えることによって小さくできることがわかる．

一般論からいえば圧力角を小さくするには

(1)ストロークを小さくする

(2)割付角を大きくする

(3)基礎円半径を大きくする

などの対策が有効である．

図 5.11 の場合，正のオフセットが与えられている．いまカムを反時計方向に回転するとき従節は上り行程にあるが，オフセットがない場合と比較すると最大圧力角が小さくなる．一方戻り行程においてはオフセットがない場合と比較すると最大圧力角は大きくなる．負のオフセットの場合はこの逆になる．オフセットを与えるのは，作業を行う上り行程の圧力角の改善を目的としている．

一般的に最大圧力角は直進従節の場合は 30°，揺動従節の場合は 45° 程度に抑えるように設計する．

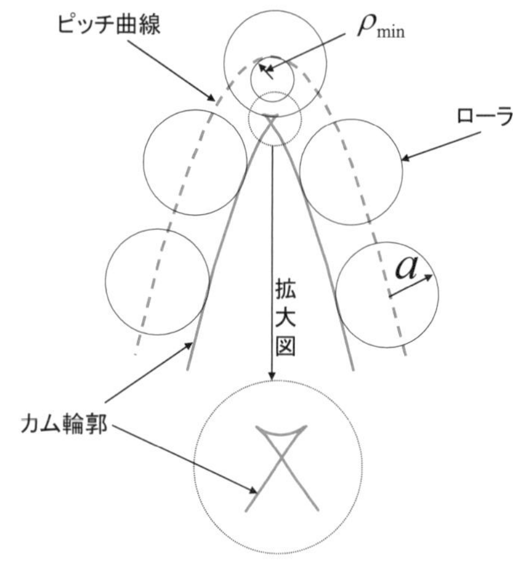

図 5.12　切下げ

5・3・4　切下げ(undercut)

図 5.12 に，従節ローラ中心の軌跡（ピッチ曲線）の曲率(curvature)が大きく，それ自身の包絡線(envelope)が干渉してカム輪郭が正しく形成されない場合を示す．これを切下げという．この場合，カム輪郭に尖り点が発生し，摩耗の観点から望ましくないばかりでなく，所望の運動が得られない．

切下げはローラ中心軌跡の曲率半径 ρ の最小値がローラの半径 a より小さい場合，すなわち $\rho_{\min} \le a$ の場合に発生する．実機の設計においては安全をみて $\rho_{\min} \ge 2a$ とした方が良い．なおカムの接触子がローラ形状ではなく平端形状の場合，カム輪郭は全周凸でなければならない．

なお，曲率半径の最小値を大きくするには前項の圧力角に関する対策と同様の対策が有効である．

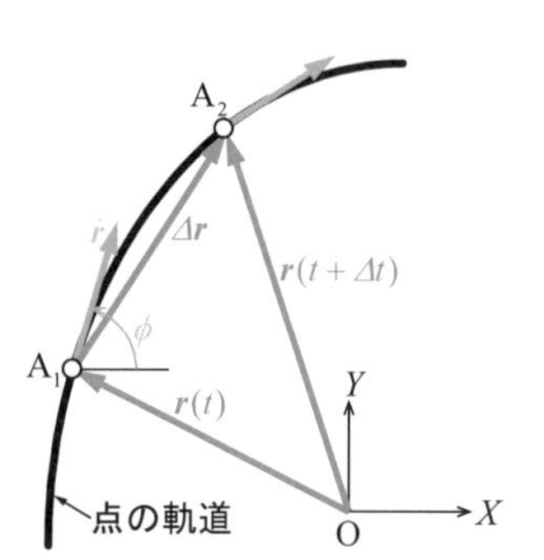

図 5.13　位置ベクトルとその微分

5・3・5　カムの曲率半径の求め方 (calculation procedure of radius of curvature of cam)*

上述のように，切下げの発生の有無を判定し，さらに接触応力(contact stress)を評価することはカムの設計において重要である．このためにはカムのピッチ曲線あるいは輪郭の曲率半径を求めなければならない．以下ではカムのピッチ曲線（図 5.7 参照）に関する曲率半径を求める方法を示す．カムの輪郭の曲率半径はピッチ曲線の曲率半径±ローラ半径として求められる（ + はカムの凹部，－ は凸部に対応する）．

一般に，運動する点の位置を t を助変数としてベクトル $\boldsymbol{r}=\boldsymbol{r}(t)$ で表すものとする．いま図 5.13 に示すように点が軌道 A_1A_2 に沿って移動するとき，その速度は次のように与えられる．

$$\lim_{\Delta t \to 0} \frac{\boldsymbol{r}(t+\Delta t)-\boldsymbol{r}(t)}{\Delta t} = \lim_{\Delta t \to 0} \frac{\Delta \boldsymbol{r}}{\Delta t} = \frac{d\boldsymbol{r}}{dt} = \boldsymbol{r}' \tag{5.6}$$

いま軌道の長さを $s = s(t)$ とすれば，点 A_1 における単位接線ベクトル(tangent vector) $\boldsymbol{t}$ は次のようになる．

$$\frac{d\boldsymbol{r}}{ds} = \frac{d\boldsymbol{r}/dt}{ds/dt} = \frac{\boldsymbol{r}'}{s'} = \boldsymbol{t} = \begin{bmatrix} \cos\phi \\ \sin\phi \end{bmatrix} \tag{5.7}$$

ここで ϕ はベクトル $\boldsymbol{t}$ の方向角であり，X 軸とのなす角である．ベクトル $\boldsymbol{t}(t)$ と $\boldsymbol{t}(t+\Delta t)$ のなす角を $\Delta\phi$ としたとき

$$\kappa = \frac{1}{\rho} = \lim_{\Delta s \to 0} \frac{\Delta\phi}{\Delta s} = \frac{d\phi}{ds} \tag{5.8}$$

が得られる．通常，微分幾何学では $|\kappa|$ を曲率，その逆数 $|\rho|$ を曲率半径というが，κ と ρ に負の値を許すことによって，その値によってカム輪郭の凹凸を区別できるので，式(5.8)で定義した κ と ρ を曲率および曲率半径と定義しておく．ここで

$$\lim_{\Delta s \to 0} \frac{\Delta \boldsymbol{t}}{\Delta s} = \frac{d\boldsymbol{t}}{ds}$$

はベクトル $\boldsymbol{t}$ と直交し，ベクトル $\boldsymbol{t}$ の大きさが 1 であることから，次式が得られる．

$$\frac{d\boldsymbol{t}}{ds} = \frac{d\phi}{ds}\boldsymbol{n} = \kappa\boldsymbol{n} \tag{5.9}$$

この $\boldsymbol{n}$ を単位(主)法線ベクトル(normal vector)と呼ぶ．以上から

$$\boldsymbol{n} = \frac{1}{\kappa}\frac{d\boldsymbol{t}}{ds} = \frac{1}{\kappa}\frac{d^2\boldsymbol{r}}{ds^2} \tag{5.10}$$

を得る．カム機構ではほとんどの場合，カムがその軸心まわりに等速回転する回転カムが使われる．このようなカムの場合，カム輪郭を表すのに最も適している座標系は極座標系(polar coordinate system)である．したがって，二次元の位置ベクトルを次のように表すことにする．

$$\boldsymbol{r}(t) = \begin{bmatrix} r\cos\theta \\ r\sin\theta \end{bmatrix} \tag{5.11}$$

式(5.11)を助変数 t で微分すると次式が得られる．

$$\frac{d\boldsymbol{r}}{dt} = \boldsymbol{r}' = \begin{bmatrix} r'\cos\theta - \theta' r\sin\theta \\ r'\sin\theta + \theta' r\cos\theta \end{bmatrix} = s'\boldsymbol{t} \tag{5.12}$$

式(5.7)，(5.12)から ϕ と s' が次のように求められる．

$$\tan\phi = \frac{r'\sin\theta + \theta' r\cos\theta}{r'\cos\theta - \theta' r\sin\theta},\quad s' = \sqrt{r'^2 + (\theta' r)^2} \tag{5.13}$$

さて，式(5.8)より曲率半径 ρ は次のように表すことができる．

$$\rho = \frac{ds}{d\phi} = \frac{s'}{\phi'} = \frac{s'^2}{\phi' s'} \tag{5.14}$$

ϕ' を求めるために式(5.12)をさらに t で微分し，整理すると

$$\phi' s' = (r'' - \theta'^2 r)\sin(\theta - \phi) + (2\theta' r' + \theta'' r)\cos(\theta - \phi) \tag{5.15}$$

を得る．ここで式(5.12)から次式を得る．

$$\cos(\theta-\phi)=\frac{r'}{s'},\ \sin(\theta-\phi)=-\frac{\theta' r}{s'} \tag{5.16}$$

式(5.13)～(5.16)より，曲率半径 ρ は次式のように，点の軌道を表すパラメータ r と θ およびそれらの微分を用いて表すことができる．

$$\rho=\frac{\left\{r'^2+(\theta' r)^2\right\}^{3/2}}{-\theta' r'' r+2\theta' r'^2+\theta'' r' r+\theta'^3 r^2} \tag{5.17}$$

$\theta'=$ 一定が成り立つ場合（通常カムは等速度で回転しているので，この仮定が成立する）には，曲率半径 ρ は次のように表される．

$$\rho=\frac{\left\{r'^2+(\theta' r)^2\right\}^{3/2}}{-r'' r+2r'^2+(\theta' r)^2}\cdot\frac{1}{\theta'} \tag{5.18}$$

【例題 5・1】**

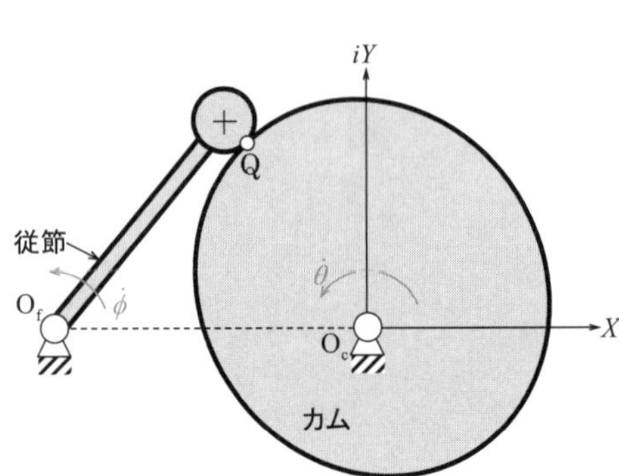

図 5.14　円端揺動従節板カム機構

図 5.14 に示す円端揺動従節板カム機構について，

(1) 等価リンク機構を図示し，

(2) カムの角速度 $\dot{\theta}$ と従節の角速度 $\dot{\phi}$ の比 $\dot{\phi}/\dot{\theta}$

を求めよ．

【解答】

(1) カムおよび従節の輪郭の曲率中心 A および B を図 5.15 のようにとれば，この機構の等価リンク機構は O_cABO_f となる．

(2) 図 5.15 に示すように，カムと従節の間の瞬間中心 P を求めれば，カムと従節の角速度の比は，式(5.1)より $\dot{\phi}/\dot{\theta}=\overline{O_cP}/\overline{O_fP}$ として求められる．

****

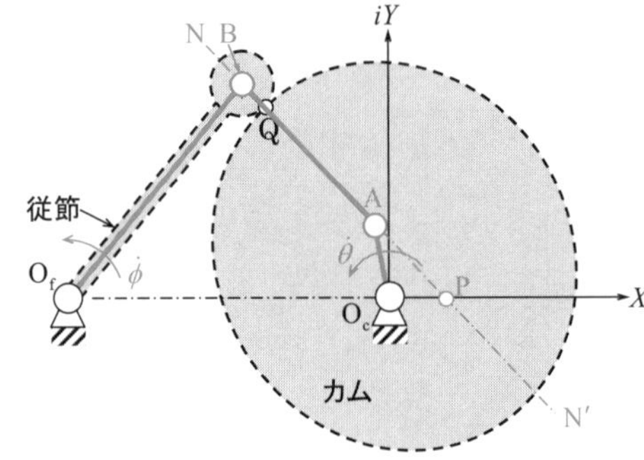

図 5.15　円端揺動従節板カム機構の等価リンク機構と瞬間中心 P

【例題 5・2】**

図 5.16 に示す平端直進従節偏心円板カム機構について，カムの回転角 θ に対する圧力角および滑り速度の変化を求めよ．

【解答】

まず，圧力角は常に 0 である．

一方，滑り速度については，接触点 Q の座標を (X_Q, Y_Q) と表すとき，カムと従節の間の瞬間中心 P の座標は $(X_Q, 0)$ であるから，式(5.2)に，$\overline{PQ}=Y_Q$，$\dot{\phi}=0, \varsigma=\pi/2$ を代入し，

$$v_s=Y_Q\dot{\theta} \tag{ex5.1}$$

を得る．Y_Q はカムの回転角 θ に対して

$$Y_Q=r\sin\theta+R \tag{ex5.2}$$

のように変化するから，滑り速度 v_s とカムの回転角 θ の関係は次式となる．

$$v_s=\left(r\sin\theta+R\right)\dot{\theta} \tag{ex5.3}$$

なお，この式は接触点 Q における従節側の点のカム側の点に対する滑り速度を与える．

****

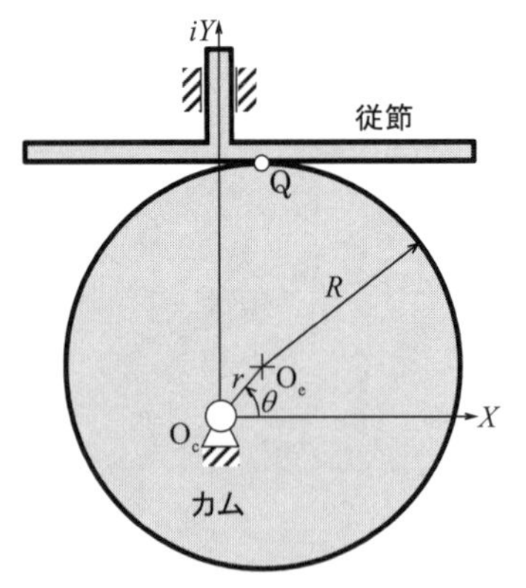

図 5.16　平端直進従節偏心円板カム機構

【例題 5・3】***

曲率半径 ρ を直交座標(Cartesian coordinates)表示を用いて求めよ．

【解答】

位置ベクトルを $\boldsymbol{r}=[x \quad y]^{\mathrm{T}}$ とするとき，(x, y) と (r, θ) は次の関係で結び付けられている．

$$x = r\cos\theta, \quad y = r\sin\theta \tag{ex5.4}$$

これを助変数 t で微分すると次式を得る．

$$\left.\begin{aligned} x' &= r'\cos\theta - \theta' r\sin\theta \\ x'' &= (r'' - \theta'^2 r)\cos\theta - (2\theta' r' + \theta'' r)\sin\theta \\ y' &= r'\sin\theta + \theta' r\cos\theta \\ y'' &= (r'' - \theta'^2 r)\sin\theta + (2\theta' r' + \theta'' r)\cos\theta \end{aligned}\right\} \tag{ex5.5}$$

そして，これを整理すれば，次式を得る．

$$\left.\begin{aligned} & r'^2 + (\theta' r)^2 = x'^2 + y'^2 \\ & -\theta' r'' r + 2\theta' r'^2 + \theta'' r' r + \theta'^3 r^2 = x' y'' - x'' y' \end{aligned}\right\} \tag{ex5.6}$$

これらの関係を式(5.17)に代入すると直交座標表示の曲率半径 ρ の式が次のように得られる．

$$\rho = \frac{(x'^2 + y'^2)^{3/2}}{x' y'' - x'' y'} \tag{ex.5.7}$$

****

5・4　運動曲線(motion curves)

5・4・1　定義と正規化(definition and normalization)

図 5.17 に示すようなリンク機構を含むカム機構の設計では，最終従節の変位を与えてカム輪郭を求めるという手順が望ましい．この求解手順は中間節の構成によって異なる．したがって簡易的に考える場合は，接触子が取り付けられている揺動レバーなどの運動を対象としてもよい．この運動曲線の変位を一般に $y = y(t)$（回転運動の場合は $\tau = \tau(t)$）と定義する．カム機構における最終従節の運動曲線をカム曲線(cam curve)と呼ぶ．多くのカムは等速回転しており，このような場合は，カムの回転角 θ は時間 t の一次関数である．位置決め装置などのカム機構の動作における最終従節の運動は，上昇(rise) - 停留(dwell) - 戻り(return) - 停留・・・の動作を繰り返し，カム軸が 1 回転して元の状態に戻る．各動作はそれぞれの動作に必要なカムの回転角 $\theta_{h,i}$ の間に行われる．したがって

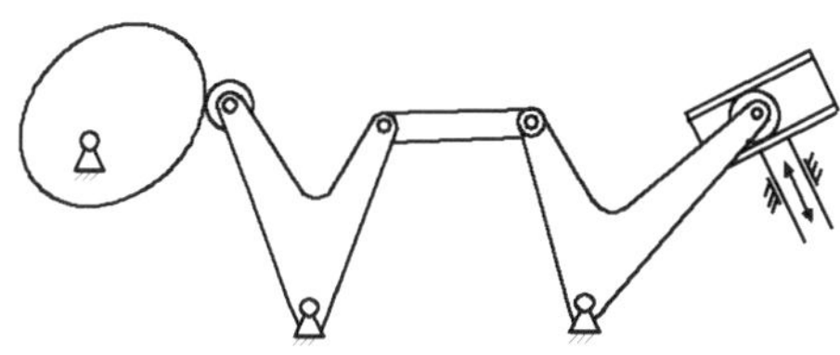

図 5.17　リンク機構を含むカム機構

$$\sum_{i=1}^{n} \theta_{h,i} = 2\pi \tag{5.19}$$

となる．ここで n は停止を含む行程の総数である．いま最終従節が時刻 t_0 のとき y_0 の位置から動きはじめ，時間 t_{h} 後に y_{h} だけ移動するものとする．このときカム軸の回転角が θ_0 から θ_{h} だけ回転したとすると次の無次元量が定められる．

$$T = \frac{t - t_0}{t_{\mathrm{h}}} = \frac{\theta - \theta_0}{\theta_{\mathrm{h}}} \quad , \quad S = \frac{y - y_0}{y_{\mathrm{h}}} \tag{5.20}$$

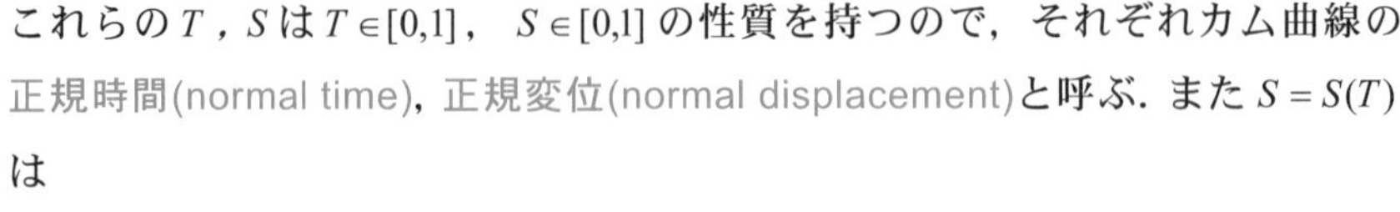

これらの T , S は $T \in [0,1]$, $S \in [0,1]$ の性質を持つので，それぞれカム曲線の正規時間(normal time)，正規変位(normal displacement)と呼ぶ．また $S = S(T)$ は

$$S(0) = 0, \ S(1) = 1 \tag{5.21}$$

なる性質を持ち T に関する単調増加関数である． T, S, θ, y の関係を図 5.18 に示す．カム機構の運動の量は t_h , θ_h および y_h によって決まるが，運動の性質は $S(T)$ およびそれを微分した次の関数で決まる．

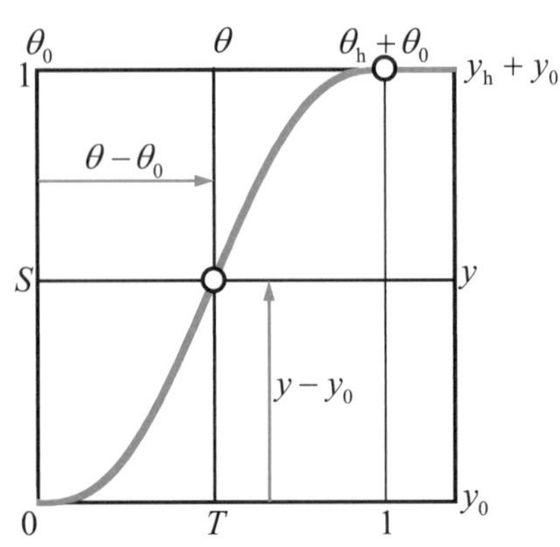

図 5.18 カム曲線の正規化

$$V(T) = \frac{dS}{dT} \quad , \quad A(T) = \frac{dV}{dT} \quad , \quad J(T) = \frac{dA}{dT} \tag{5.22}$$

これらの $V(T), A(T), J(T)$ をそれぞれカム曲線の正規速度(normal velocity)，正規加速度(normal acceleration)，正規ジャーク（正規躍動）(normal jerk)という．最終従節の変位は式(5.20)より次のようになる．

$$y = y_h S(T) + y_0 \tag{5.23}$$

したがって最終従節の実際の速度および加速度は次のようになる．

$$\left.\begin{aligned} \dot{y} &= \frac{dy}{dt} = \frac{dT}{dt}\frac{dy}{dT} = \frac{dT}{dt} y_h \frac{dS}{dT} = \frac{y_h}{t_h} V(T) \\ \ddot{y} &= \frac{d\dot{y}}{dt} = \frac{y_h}{t_h}\frac{dV}{dt} = \frac{y_h}{t_h}\frac{dT}{dt}\frac{dV}{dT} = \frac{y_h}{t_h^2} A(T) \end{aligned}\right\} \tag{5.24}$$

滑らかな運動をするために，カム曲線には次のような性質が望まれる．

(1)速度および加速度の連続性(動作の開始時と終了時を含めて)があること．

(2)正規速度および正規加速度の最大値 V_{max} および A_{max} が小さいこと．

(3)入力軸駆動トルクの式に現れる $(AV)_{max}$ が小さいこと．

5・4・2 カム曲線の種類(cam curves)

カム機構の従節の運動は，停留，上昇，戻りよりなる．カム曲線を正規加速度波形で表す場合，カム曲線の境界条件(boundary condition)によって，3 種類のカム曲線がある．ここで境界条件というのは位置決めの開始あるいは終了時における正規加速度が 0 であるか有限値であるかということである．これらを図 5.19 に示す．いずれの曲線においても， $S(0) = 0, S(1) = 1,$ $V(0) = 0,$ $V(1) = 0$ である．

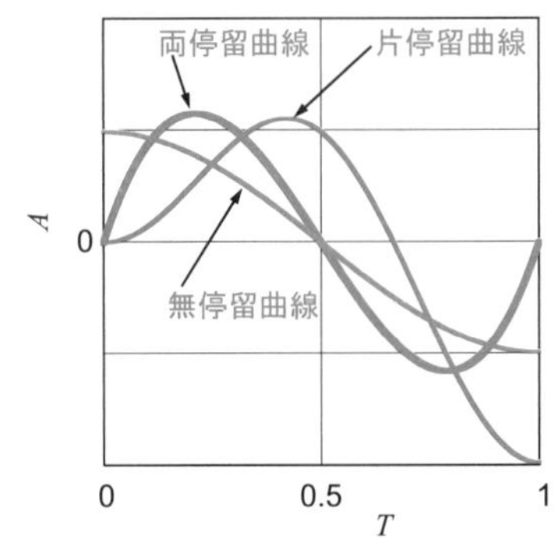

図 5.19 3 種類のカム曲線

両停留カム曲線（DRD カム曲線）(dwell-rise-dwell curve)

これは，停留－上昇－停留 形の動作パターンに用いられるカム曲線である．この場合には割り出しの両側で停留があるので $A(0) = 0$ および $A(1) = 0$ の境界条件を満たす必要がある．

片停留カム曲線

これは，停留－上昇－戻り－停留 形の動作パターンの停留－上昇あるいは戻り－停留部分に用いられるカム曲線である．「上昇」から「戻り」に移るとき，加速度は 0 である必要はなく，連続でありさえすればよい．したがって $A(0) = 0$ かつ $A(1) \neq 0$ 又は $A(0) \neq 0$ かつ $A(1) = 0$ の境界条件を満たす必要がある．

無停留カム曲線

これは，上昇－戻り－上昇 形の動作パターンの上昇あるいは戻り部分に用いられるカム曲線である．すなわち $A(0) \neq 0$ かつ $A(1) \neq 0$ が成立するものをいう．

このように $T=0$ および $T=1$ において正規加速度が 0 でないカム曲線を用いると，最大加速度が小さくなるので有利である．

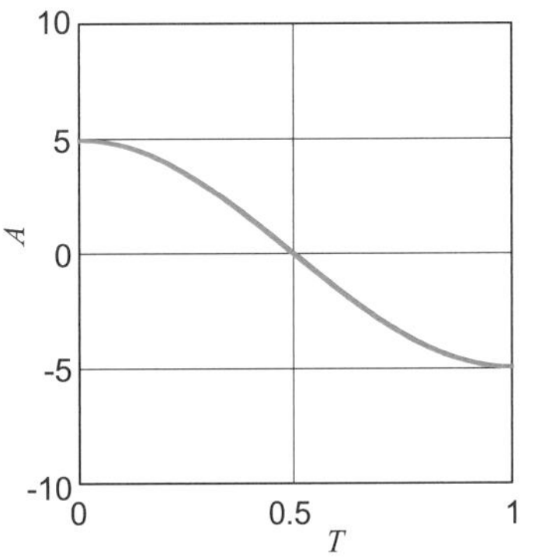

図 5.20　単弦曲線の加速度線図

5・4・3　代表的カム曲線(popular cam curves)

以下では代表的なカム曲線の正規変位式と正規加速度波形を示しておく．速度，加速度などは正規変位式を時間 T で微分して得る．

【単弦曲線(simple harmonic curve)】

代表的無停留カム曲線である(図 5.20)．

$$S = \frac{1}{2}(1 - \cos \pi T) \tag{5.25}$$

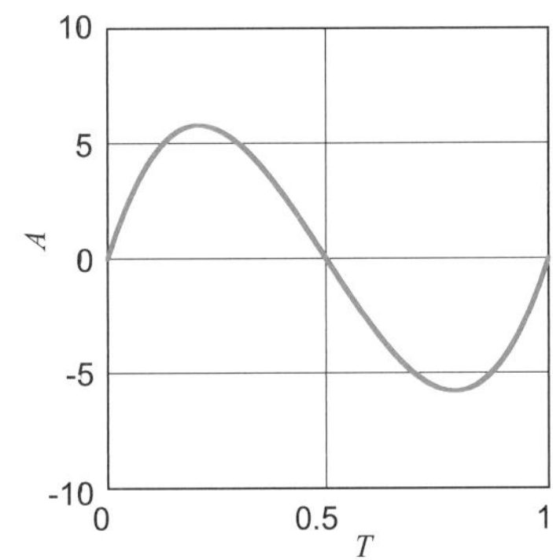

図 5.21　5 次曲線の加速度線図

【5 次曲線(fifth power polynomial curve)】

古くから知られている，代表的な多項式系の両停留カム曲線である(図 5.21)．

$$S = 6T^5 - 15T^4 + 10T^3 \tag{5.26}$$

【サイクロイド曲線(cycloidal curve)】

変形正弦曲線(modified sine curve)や変形台形曲線(modified trapezoid curve)が作られるまでは万能かつ最良の両停留カム曲線であった．振動特性は良好であるが，加速度が若干大きい(図 5.22)．

$$S = T - \frac{1}{2\pi}\sin 2\pi T \tag{5.27}$$

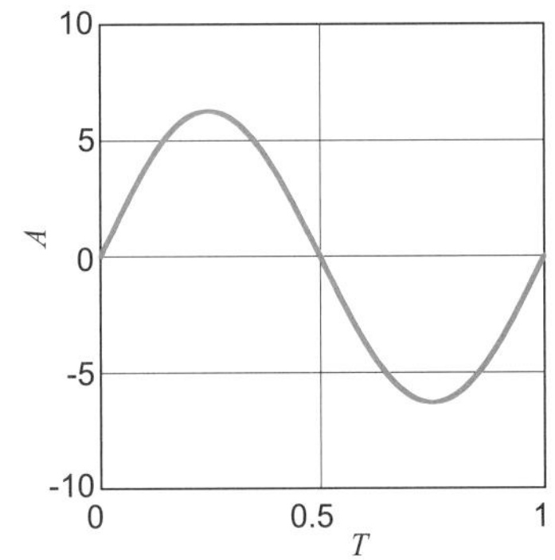

図 5.22 サイクロイド曲線の加速度線図

【変形正弦曲線(modified sine curve)】

スムーズな動作で，良く使われている．トルク変動が小さいことが特長の両停留カム曲線である(図 5.23)．

$$\left.\begin{aligned}
&T_1 = \frac{1}{8},\quad T_2 = 1 - T_1,\quad A_m = \frac{4\pi^2}{\pi + 4},\quad V_1 = V_2 = \frac{2T_1}{\pi}A_m \\
&S_1 = \frac{2T_1}{\pi}A_m\left(T_1 - \frac{2T_1}{\pi}\right),\quad S_2 = 1 - S_1 \\
&\text{区間 I}\ (0 \le T \le T_1) \\
&\qquad S = \frac{2T_1}{\pi}A_m\left\{T - \frac{2T_1}{\pi}\sin\frac{\pi T}{2T_1}\right\} \\
&\text{区間 II}\ (T_1 \le T \le T_2) \\
&\qquad S = \frac{(T_2 - T_1)^2}{\pi^2}A_m\left\{1 - \cos\frac{\pi(T - T_1)}{(T_2 - T_1)}\right\} + V_1(T - T_1) + S_1 \\
&\text{区間 III}\ (T_2 \le T \le 1) \\
&\qquad S = \frac{4(1 - T_2)^2}{\pi^2}A_m\left\{-1 + \cos\frac{\pi(T - T_2)}{2(1 - T_2)}\right\} + V_2(T - T_2) + S_2
\end{aligned}\right\} \tag{5.28}$$

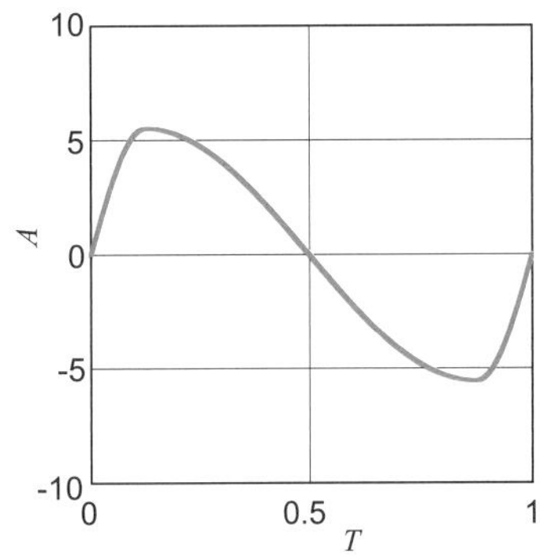

図 5.23　変形正弦曲線の加速度線図

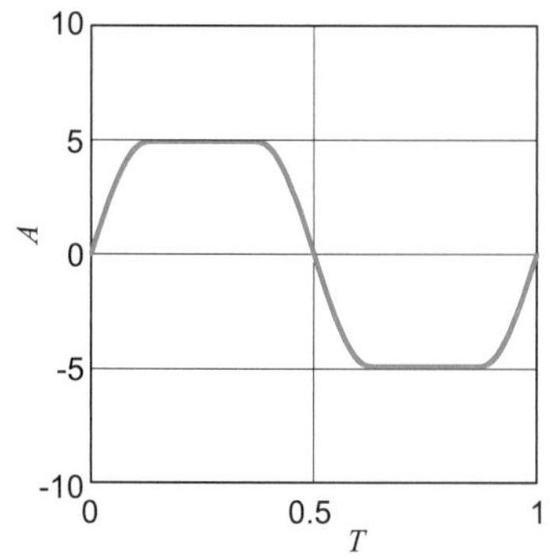

図 5.24　変形台形曲線の加速度線図

【変形台形曲線(modified trapezoid curve)】

高速軽荷重仕様で多用されており，最大加速度が小さいことが特長の両停留カム曲線である(図 5.24).

$$
\left.\begin{aligned}
&T_1=\frac{1}{8},\ T_2=\frac{3}{8},\ T_3=\frac{5}{8},\ T_4=\frac{7}{8},\ A_m=\frac{8\pi}{\pi+2},\ V_1=V_4=\frac{2T_1}{\pi}A_m\\
&V_2=V_3=A_m(T_2-T_1)+V_1\ ,\quad S_1=\frac{2T_1^2}{\pi}A_m\left(1-\frac{2}{\pi}\right)\\
&S_2=\frac{A_m}{2}(T_2-T_1)^2+V_1(T_2-T_1)+S_1\ ,\quad S_3=1-S_2\ ,\quad S_4=1-S_1\\
&\text{区間 I}\ (0\le T\le T_1)\\
&\qquad S=\frac{2T_1}{\pi}A_m\left\{T-\frac{2T_1}{\pi}\sin\frac{\pi T}{2T_1}\right\}\\
&\text{区間 II}\ (T_1\le T\le T_2)\\
&\qquad S=\frac{A_m}{2}(T-T_1)^2+V_1(T-T_1)+S_1\\
&\text{区間 III}\ (T_2\le T\le T_3)\\
&\qquad S=\frac{(T_3-T_2)^2}{\pi^2}A_m\left\{1-\cos\frac{\pi(T-T_2)}{T_3-T_2}\right\}+V_2(T-T_2)+S_2\\
&\text{区間 IV}\ (T_3\le T\le T_4)\\
&\qquad S=-\frac{A_m}{2}(T-T_3)^2+V_3(T-T_3)+S_3\\
&\text{区間 V}\ (T_4\le T\le 1)\\
&\qquad S=\frac{4(1-T_4)^2}{\pi^2}A_m\left\{-1+\cos\frac{\pi(T-T_4)}{2(1-T_4)}\right\}+V_4(T-T_4)+S_4
\end{aligned}\right\}\tag{5.29}
$$

【Example 5・4】***

Obtain a dwell-rise-dwell (DRD) type cam curve where the displacement reaches 60% of the stroke at $T=0.5$, and draw normal displacement, velocity and acceleration curves.

【Solution】

As a DRD type cam curve is required, the boundary conditions such as $S(0)=0$, $V(0)=0$, $A(0)=0$, $S(1)=1$, $V(1)=0$, and $A(1)=0$ must be satisfied. An additional condition $S(0.5)=0.6$ is required. Although there are many ways to create such cam curves, a polynomial curve is a candidate of the curve. As the number of the conditions is seven, the equation for $S(T)$ is written as

$$S(T)=a_o+a_1T+a_2T^2+a_3T^3+a_4T^4+a_5T^5+a_6T^6, \tag{ex5.8}$$

from which those for $V(T)$ and $A(T)$,

$$
\left.\begin{aligned}
V(T)&=a_1+2a_2T+3a_3T^2+4a_4T^3+5a_5T^4+6a_6T^5\\
A(T)&=2a_2+6a_3T+12a_4T^2+20a_5T^3+30a_6T^4
\end{aligned}\right\}. \tag{ex5.9}
$$

The boundary conditions $S(0)=0$, $V(0)=0$ and $A(0)=0$ result in $a_0=a_1=a_2=0$. By solving the simultaneous linear equations that satisfy the conditions $S(0.5)=0.6$, $S(1)=1$, $V(1)=0$ and $A(1)=0$, the following

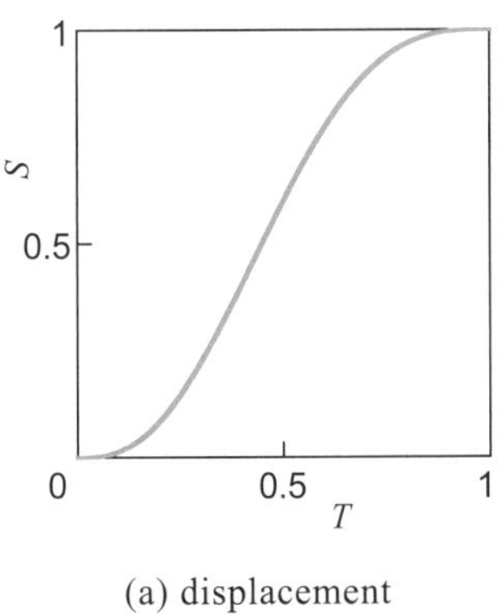

(a) displacement

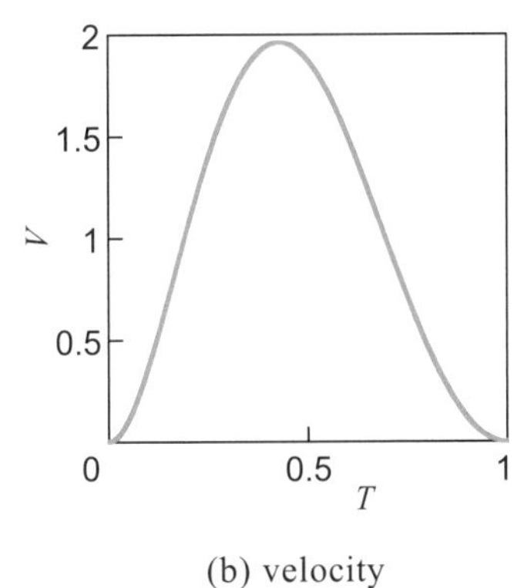

(b) velocity

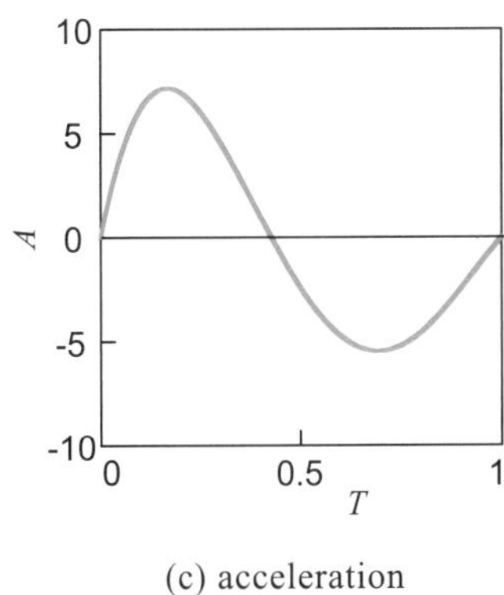

(c) acceleration

Fig. 5.25 Displacement, velocity and acceleration curves of DRD type cam curve using 6-th power polynomial

relationship can be derived.

$a_3 = 16.4$, $a_4 = -34.2$, $a_5 = 25.2$ and $a_6 = -6.4$.

The displacement, velocity and acceleration curves are shown in Fig. 5.25

****

5・5 カム機構の総合 (kinematic synthesis of cam mechanism)

カム機構はカムと接触子(従節)の直接接触によって所要の運動を創成する機構であり，カムの輪郭形状が重要である．このカム輪郭形状はカムと接触子の接触点の包絡線として表されるので，カム機構の総合を行うためには，カムと従節の接触点がどのように決定されるかを十分に理解しておく必要がある．

5・5・1 接触点の計算の基本的考え方 (basic concept for calculating contact points of cam and follower)

図 5.26 に示す円端直進従節板カム機構を具体的に取り上げる．従節の変位は円端接触子の中心 R の Y 座標 Y_R で表す．従節が最下点にある(Y_R が最小)となるときのカムの回転角を $\theta=0$ とし，このときの従節変位を Y_0 とする．カムは反時計方向に回転するものとし，カムの回転角 θ と従節変位 Y_R の間には図 5.27 に示すような入出力関係が与えられるとする．このとき，時々刻々の θ に対するカムと接触子の接触点 Q の位置，すなわちカムの形状を求める．このためには，カム上に設置された動座標系 $\mathrm{O}-xy$ 上で接触点を求めるのが簡便である．次項以降では，この考え方に基づくカムの形状決定法，すなわちカム機構の総合法として，図式による方法および数式による方法を示す．なお，図式解法は読者の理解を深めるために示すもので，実際の設計現場では数式解法に基づいてコンピュータを使ってカム機構の総合を行う．

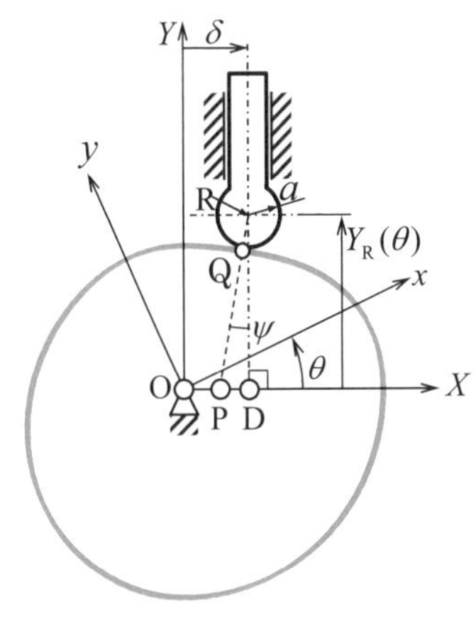

図 5.26 円端直進従節板カム機構

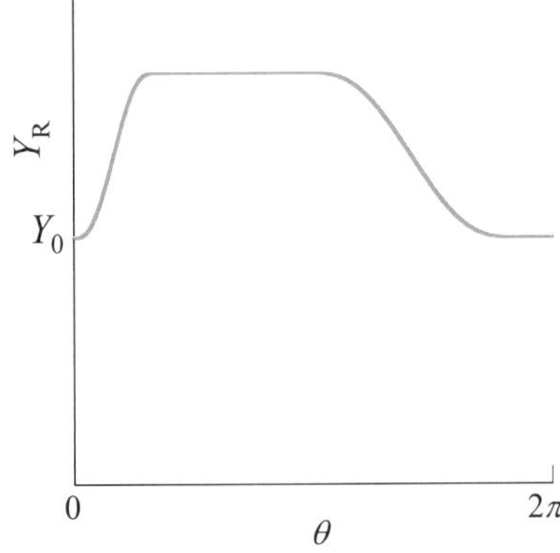

図 5.27 カム機構の入出力関係の例

円端直進従節板カム機構の総合において与えられる諸量および求めるべき諸量，ならびに座標系，変数などの定義を次の通りとする．

与えられる諸量： $Y_R(\theta) = Y_0 + Y(\theta)$

求めるべき諸量： $\mathrm{Q}(x_Q(\theta), y_Q(\theta))$

カム座標系： $\mathrm{O}-xy$

静止座標系： $\mathrm{O}-XY$

カムの回転角：θ(反時計方向を正)

従節の運動方向：Y 軸方向

円端接触子の半径：a

オフセット：δ

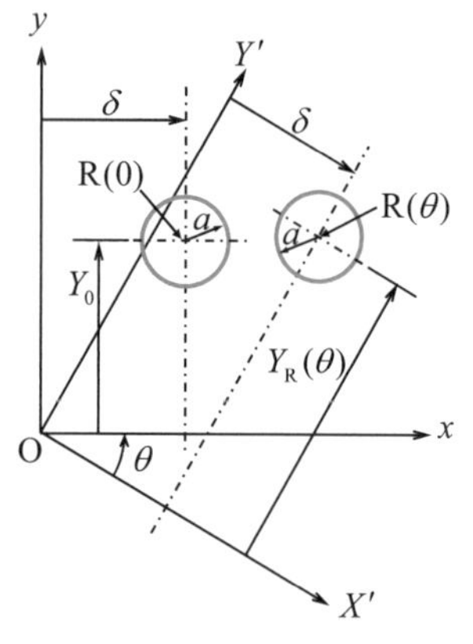

図 5.28　円端接触子の位置

5・5・2　図式解法(graphical method)

まず，$\theta=0$における従節変位Y_0より，$\theta=0$におけるカム座標系上の円端接触子の位置$\mathrm{R}(x_\mathrm{R}, y_\mathrm{R})$は，図 5.28 に示すように$(x_\mathrm{R}, y_\mathrm{R})=(\delta, Y_0)$であり，この点を中心として半径$a$の円を描けば，これがカム座標系上の$\theta=0$における接触子である．

次に，カムの回転角がθのときの円端接触子のカム座標系上の位置を求める．ここで，$\mathrm{O}-xy$から$-\theta$だけ回転させた座標系を$\mathrm{O}-X'Y'$とする．図 5.28 に示すように，この座標系上で$(\delta, Y_\mathrm{R}(\theta))$にある点が接触子中心の求めるべき位置である．この点を中心として半径aの円を描けばこれがカムの回転角がθのときの接触子である．カムの回転角θを種々に変えてこの手順に従って従節接触子を描けば，これらの円の包絡線がカム輪郭を与える．

5・5・3　数式解法(analytical method)

図 5.26 において，円端接触子の中心 R の静止座標系$\mathrm{O}-XY$上の座標は$\mathrm{R}(X_\mathrm{R}, Y_\mathrm{R})=(\delta, Y_\mathrm{R}(\theta))$である．図において，点 P はカムと従節の間の瞬間中心であるから，$\mathrm{P}(X_\mathrm{P}, 0)$として，式(5.4)および(5.5)より

$$\tan\psi(\theta)=\frac{\delta-X_\mathrm{P}}{Y_\mathrm{R}(\theta)}=\frac{\delta-\dfrac{dY_\mathrm{R}(\theta)}{d\theta}}{Y_\mathrm{R}(\theta)} \tag{5.30}$$

である．ここで，点 P, Q, R は一直線上にあるから次式を得る．

$$\left.\begin{aligned}X_\mathrm{Q}(\theta)&=X_\mathrm{R}(\theta)-a\sin\psi(\theta)=\delta-a\sin\psi(\theta)\\Y_\mathrm{Q}(\theta)&=Y_\mathrm{R}(\theta)-a\cos\psi(\theta)\end{aligned}\right\} \tag{5.31}$$

図 5.26 において，$\mathrm{O}-XY$上で表された位置ベクトル$\boldsymbol{X}$を$\mathrm{O}-xy$上のベクトル$\boldsymbol{x}$に変換するためには，次式を用いればよい．

$$\boldsymbol{x}=\boldsymbol{X}e^{-i\theta} \tag{5.32}$$

上式の$\boldsymbol{X}$に点 Q の$\mathrm{O}-XY$上の位置ベクトル$\boldsymbol{X}_\mathrm{Q}=X_\mathrm{Q}+iY_\mathrm{Q}$(式(5.31))を代入して$\mathrm{O}-xy$上の接触点 Q の位置ベクトル$\boldsymbol{x}_\mathrm{Q}=x_\mathrm{Q}+iy_\mathrm{Q}$を求める．

$$\begin{aligned}\boldsymbol{x}_\mathrm{Q}&=\boldsymbol{X}_\mathrm{Q}e^{-i\theta}\\&=\left[\delta-a\sin\psi(\theta)+i\{Y_\mathrm{R}(\theta)-a\cos\psi(\theta)\}\right](\cos\theta-i\sin\theta)\\&=\{\delta-a\sin\psi(\theta)\}\cos\theta+\{Y_\mathrm{R}(\theta)-a\cos\psi(\theta)\}\sin\theta\\&\quad+i\left[\{Y_\mathrm{R}(\theta)-a\cos\psi(\theta)\}\cos\theta-\{\delta-a\sin\psi(\theta)\}\sin\theta\right]\end{aligned} \tag{5.33}$$

以上より，カム輪郭の座標はカム座標系上で次式のように表され，$Y_\mathrm{R}(\theta)$，$\dfrac{dY_\mathrm{R}(\theta)}{d\theta}$，$\delta$および$a$が与えられれば数式的に求めることができることがわかる．

$$\left.\begin{aligned}x_\mathrm{Q}(\theta)&=\{\delta-a\sin\psi(\theta)\}\cos\theta+\{Y_\mathrm{R}(\theta)-a\cos\psi(\theta)\}\sin\theta\\y_\mathrm{Q}(\theta)&=\{Y_\mathrm{R}(\theta)-a\cos\psi(\theta)\}\cos\theta-\{\delta-a\sin\psi(\theta)\}\sin\theta\end{aligned}\right\} \tag{5.34}$$

【例題 5・5】***

図 5.26 に示す円端直進従節板カム機構の従節を図 5.29 の運動曲線に従って運動させるためのカム輪郭を決定する．$\delta = 20\text{mm}, a = 10\text{mm}$，$\theta_1 = 5\pi/9\,\text{rad}$，$\theta_2 = \pi\,\text{rad}, \theta_3 = 11\pi/6\,\text{rad}$，$Y_0 = 50\text{mm}, Y_1 = 70\text{mm}$ とし，関数 f_1 および f_2 はともに 5 次曲線とし，カムの角速度を $\dot{\theta} = 1$ rad/s とする．次の各問いに答えよ．

(1) カムの回転角 θ に対する従節の変位 Y_R [mm] および速度 $\dot{Y}_R$ [mm/s] の変化を図示せよ．

(2) 図式解法に基づき，θ が 0 から $\pi/9$ rad ごとの接触子をカム座標系上で描け．

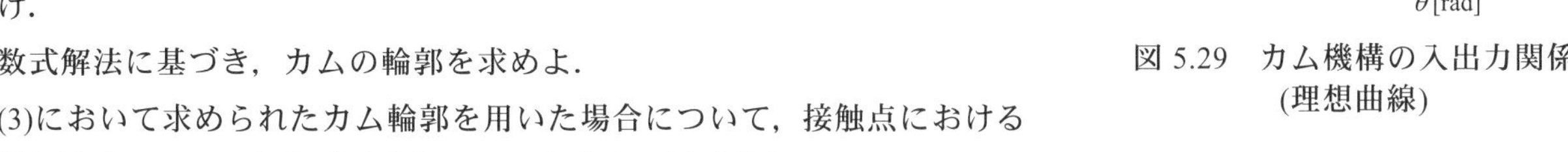

(3) 数式解法に基づき，カムの輪郭を求めよ．

(4) (3)において求められたカム輪郭を用いた場合について，接触点における滑り速度 v_s [mm/s] および圧力角 ψ [rad] を求め，図示せよ．

図 5.29　カム機構の入出力関係 (理想曲線)

【解答】

(1) 式(5.26)より，カムの回転角に対する従節の変位および速度は次式のように表される．

(i) $0 \le \theta \le 5\pi/9$:

$$\left.\begin{aligned} Y_R(\theta) &= Y_0 + (Y_1 - Y_0)S(T) = 50 + 20\left\{6\left(\frac{\theta}{5\pi/9}\right)^5 - 15\left(\frac{\theta}{5\pi/9}\right)^4 + 10\left(\frac{\theta}{5\pi/9}\right)^3\right\}[\text{mm}] \\ \dot{Y}_R(\theta) &= (Y_1 - Y_0)\frac{dT}{dt}\dot{S}(T) \\ &= 20\frac{1}{5\pi/9}\left\{30\left(\frac{\theta}{5\pi/9}\right)^4 - 60\left(\frac{\theta}{5\pi/9}\right)^3 + 30\left(\frac{\theta}{5\pi/9}\right)^2\right\} \\ &= \frac{1080}{\pi}\left\{\left(\frac{\theta}{5\pi/9}\right)^4 - \left(\frac{\theta}{5\pi/9}\right)^3 + \left(\frac{\theta}{5\pi/9}\right)^2\right\}[\text{mm/s}] \end{aligned}\right\}$$

(ii) $5\pi/9 \le \theta \le \pi$:

$$\left.\begin{aligned} Y_R(\theta) &= 70\ \text{mm} \\ \dot{Y}_R(\theta) &= 0\ \text{mm/s} \end{aligned}\right\}$$

(iii) $\pi \le \theta \le 11\pi/6$:

$$\left.\begin{aligned} Y_R(\theta) &= Y_1 + (Y_0 - Y_1)S(T) \\ &= 70 - 20\left[6\left\{\frac{\theta-\pi}{5\pi/6}\right\}^5 - 15\left\{\frac{\theta-\pi}{5\pi/6}\right\}^4 + 10\left\{\frac{\theta-\pi}{5\pi/6}\right\}^3\right][\text{mm}] \\ \dot{Y}_R(\theta) &= (Y_0 - Y_1)\frac{dT}{dt}\dot{S}(T) \\ &= -20\frac{1}{5\pi/6}\left\{30\left(\frac{\theta-\pi}{5\pi/6}\right)^4 - 60\left(\frac{\theta-\pi}{5\pi/6}\right)^3 + 30\left(\frac{\theta-\pi}{5\pi/6}\right)^2\right\} \\ &= -\frac{720}{\pi}\left\{\left\{\frac{\theta-\pi}{5\pi/6}\right\}^4 - 2\left\{\frac{\theta-\pi}{5\pi/6}\right\}^3 + \left\{\frac{\theta-\pi}{5\pi/6}\right\}^2\right\}[\text{mm/s}] \end{aligned}\right\}$$

(iv) $11\pi/6 \le \theta \le 2\pi$:

$$\left.\begin{aligned} Y_R(\theta) &= 50\ \text{mm} \\ \dot{Y}_R(\theta) &= 0\ \text{mm/s} \end{aligned}\right\}$$

これを図示すれば，図 5.30 を得る．

(2) **5・5・2** 項の手法に基づいて，従節の位置を求めれば図 5.31 の通り(青丸)

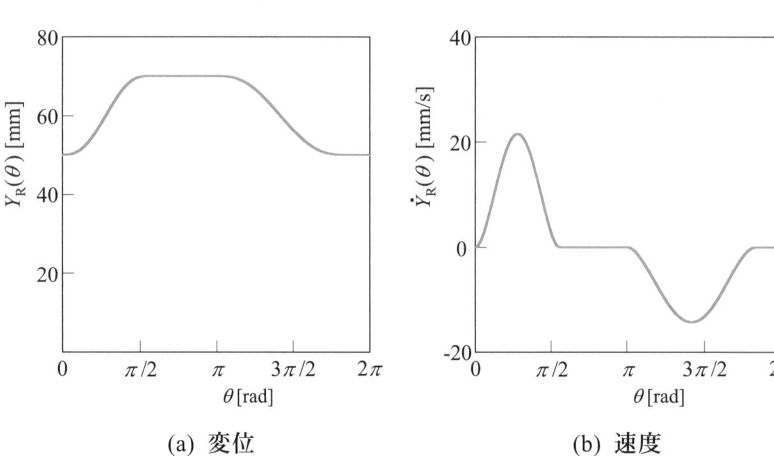

(a) 変位　　　(b) 速度

図 5.30　カム機構の入出力関係(例題 **5•5**)

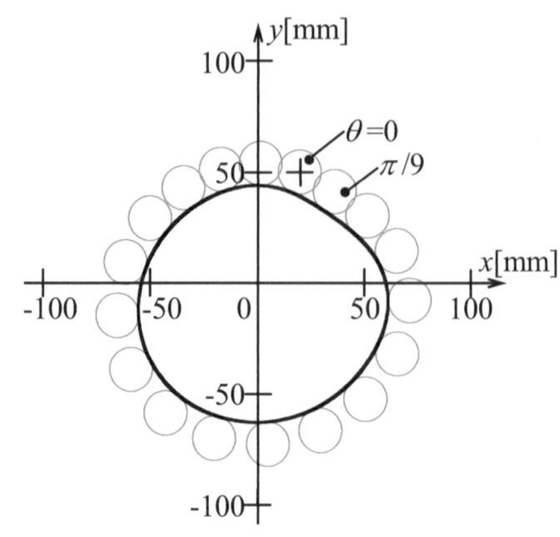

図 5.31　カム機構の総合結果(例題 **5•5**)

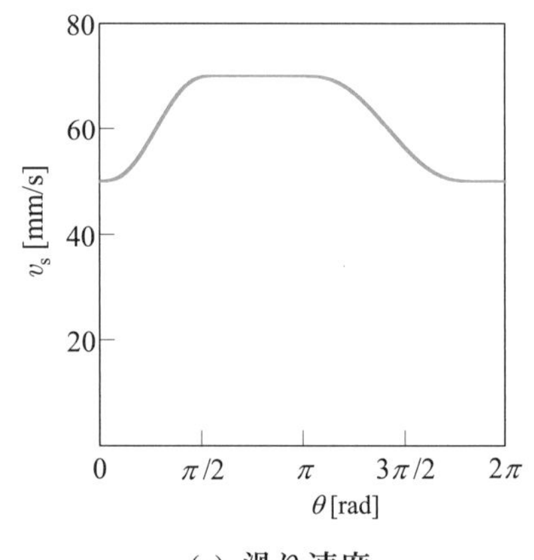

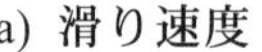

(a) 滑り速度

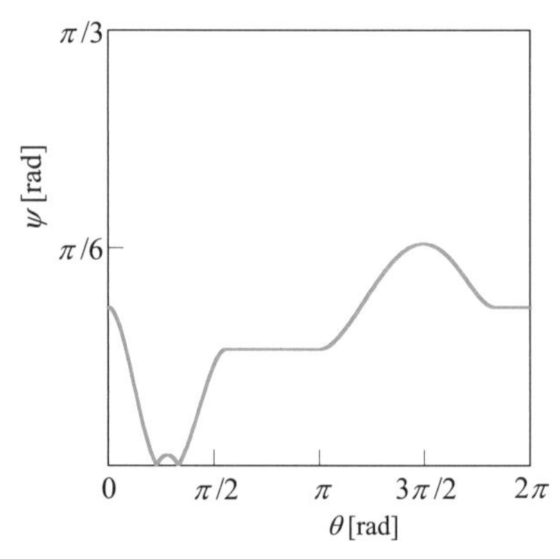

(b) 圧力角

図 5.32　総合された機構の滑り速度および圧力角の変化(例題 **5•5**)

である．

(3) **5•5•3** 項の手法に基づいて, カムの形状を求めれば図 5.31 の通り(黒実線)である．

(4) 滑り速度は式(5.2)により，圧力角は式(5.5)により，それぞれ求めれば，図 5.32 の通りである．

****

＝＝＝＝＝　練習問題　＝＝＝＝＝＝＝＝＝＝＝＝＝＝＝

【5・1】A translating follower rises 50 mm in 0.8 s. Find maximum velocity and maximum acceleration for the modified sine curve.

【5・2】Find the normal acceleration and its maximum value for the fifth power polynomial curve.

【5・3】図 5.33 に示す平端直進従節板カム機構を総合したい．カムの回転角を θ [rad]，従節の変位の理想曲線を $Y(\theta)$[mm] とする．次の各問いに答えよ．

(1) 図式解法を示せ．

(2) 数式解法を示せ．

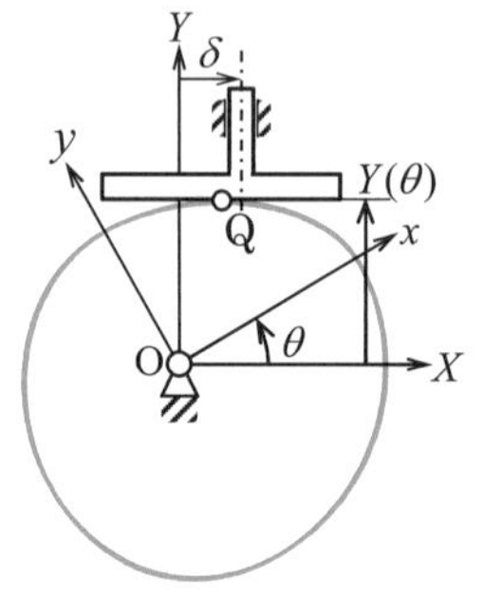

図 5.33　平端直進従節板カム機構

(3) 従節が図 5.29 と同様の運動曲線に従って運動するものとする．$\delta = 20\text{mm}$，$Y_0 = 50\text{mm}, Y_1 = 70\text{mm}$ とし，関数 f_1 および f_2 はともに 5 次曲線とする．次の 2 つの場合について，(i)図式解法に基づいて θ が 0 から $\pi/9$ rad ごとの接触子をカム座標系上で描き，(ii)数式解法に基づいてカムの輪郭を求めよ．

① $\theta_1 = \pi/3\,\text{rad}, \theta_2 = \pi\,\text{rad}, \theta_3 = 11\pi/6\,\text{rad}$ の場合

② $\theta_1 = 5\pi/9\,\text{rad}, \theta_2 = \pi\,\text{rad}, \theta_3 = 11\pi/6\,\text{rad}$ の場合

【解答】

1. For the modified sine curve, the maximum values of the normal velocity and normal acceleration are 1.76 and 5.53, respectively. Substituting these values and $t_h = 0.8$ s, $y_h = 50$ mm into Eq. (5.24) yields:

$$v_{\max} = \dot{y}_{\max} = \frac{50}{0.8} \times 1.76 = 110 \text{ mm/s} \quad \text{and} \quad a_{\max} = \ddot{y}_{\max} = \frac{50}{0.8^2} \times 5.53 = 432 \text{ mm/s}^2$$

2. By differentiating Eq.(5.26), the following equations are obtained as

$$A(T) = 120T^3 - 180T^2 + 60T,\ J(T) = 360T^2 - 360T + 60\,.$$

From $J(T) = 0,\ T = \dfrac{3 \pm \sqrt{3}}{6}$.

Therefore, the maximum of the normal acceleration is $A_{\max} = A\left(\dfrac{3-\sqrt{3}}{6}\right) = 5.774$.

3.

(1) **5･5** 節の方法と同様にしてカム座標系 $\text{O}-xy$ を基準として図を描く．まず，従節上に代表点 A および B を設定し，カムの回転角 $\theta = 0$ のときのこれらの点を A_0 および B_0 と表す．同様に，任意の θ のときのこれらの点を A_θ および B_θ と表す．図 5.34 に示すように，$\theta = 0$ における従節変位 Y_0 より，$y = Y_0$ 上に線分 $\text{A}_0\ \text{B}_0$ を描く．次に，$\text{O}-xy$ に対して $-\theta$ だけ傾いている座標系 $\text{O}-X'Y'$ において $Y' = Y(\theta)$ 上に θ における線分 $\text{A}_\theta\ \text{B}_\theta$ を描く．カムの回転角 θ を種々に変え，座標系 $\text{O}-X'Y'$ 上で線分 $\text{A}_\theta\ \text{B}_\theta$ を描けば，これらの線分の包絡線がカム輪郭を与える．

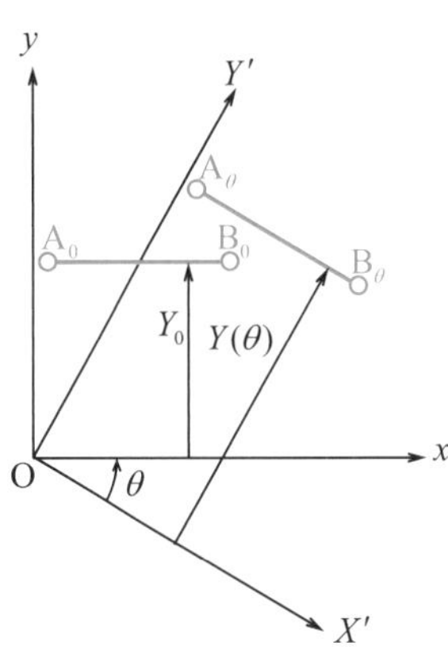

図 5.34　平端接触子の位置

(2) カムと従節の間の瞬間中心 P は図 5.35 に示す通りである．このとき，接触点 Q の位置ベクトル $\boldsymbol{Q}$ を複素数で

$$\boldsymbol{Q} = X_Q + iY_Q$$

と表すとき，

$$X_Q(\theta) = X_P(\theta) = \frac{dY(\theta)}{d\theta},\ Y_Q(\theta) = Y(\theta)$$

である．カム輪郭は $\boldsymbol{Q}$ を $\text{O}-xy$ 座標系で表したベクトル $\boldsymbol{q}$ であるから，

$$\begin{aligned}\boldsymbol{q} &= \boldsymbol{Q}e^{-i\theta} \\ &= \frac{dY(\theta)}{d\theta}\cos\theta + Y(\theta)\sin\theta + i\left\{Y(\theta)\cos\theta - \frac{dY(\theta)}{d\theta}\sin\theta\right\}\end{aligned}$$

より，接触点 Q の $\text{O}-xy$ 座標系上での位置は

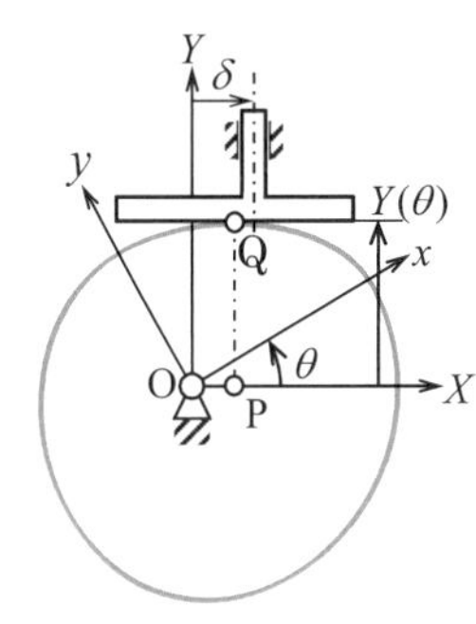

図 5.35 平端直進従節板カム機構の瞬間中心 P

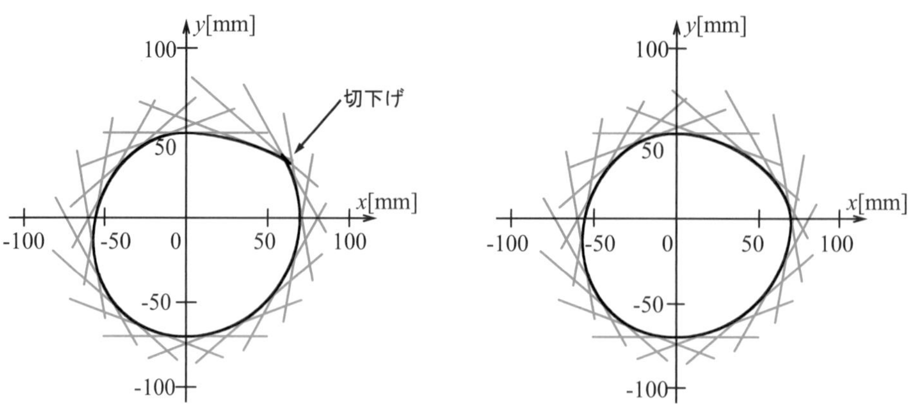

(a) ①の場合のカム輪郭　　(b) ②の場合のカム輪郭

図 5.36　平端直進従節板カム機構の総合結果

$$\mathrm{Q}\left(\frac{dY(\theta)}{d\theta}\cos\theta + Y(\theta)\sin\theta,\ Y(\theta)\cos\theta - \frac{dY(\theta)}{d\theta}\sin\theta\right)$$

と求められる．このように，$Y(\theta)$ および $\dfrac{dY(\theta)}{d\theta}$ が与えられれば平端直進従節板カム機構のカム輪郭を求めることができる．

(3) ①および②の解は図 5.36 の通り(青線が平端従節，黒線がカム輪郭)．なお，①の場合は Y_0 に対して $0 \le \theta \le \theta_1$ の区間における入出力変位曲線の傾きが大きいため切下げが生じているが，②の場合には θ_1 を①よりも大きくして入出力変位曲線の傾きを小さくしたために切下げを生じていない．

第 6 章
摩擦伝動機構
Friction / Traction Driving Mechanism[†]

6・1 摩擦伝動機構の種類 (type of friction driving mechanism)

2 つの節が直接接触し，摩擦力によって一方から他方へ運動を伝達するとき，これを摩擦伝動機構という．摩擦車(friction wheel)は，図 6.1(a)のように，おのおのの軸心まわりに回転する 2 つの車を互いに押し付け，回転を伝達するものである．図 6.1(b)は回転運動を直線運動に変換する機構である．図 6.1(c)は回転運動からねじ運動に変換する機構であり，実例を図 6.2 に示す．摩擦力を利用して動力を伝達する方法は古くから使われてきたが，摩耗や多少の滑りを伴う．しかし，運動の滑らかさや静粛性などで有利であり，部品の形状が単純で精度を高めやすいなどの長所を持っているため，精密な位置決め機構などにも用いられている．

6・2 転がり伝動における角速度比 (angular velocity ratio in rolling contact)

既に **3・7・3** 項で互いに平行な回転軸を持つ 2 つの節が転がり接触を行うためには，接触点がこれらの節の間の瞬間中心でなければならないことを示した．つまり接触点は 2 つの節の回転中心の連結線上になくてはならない．図 6.3(a)は 2 つの節 1，2 が接触点 Q で転がり接触をしている場合の例である．この図において節 1，2 の角速度を ω_1，ω_2 とすると，接触点 Q の速度 $v(v = v_1 = v_2)$ は

$$v = i\overline{\mathrm{O_1Q}}\,\omega_1 = i\overline{\mathrm{O_2Q}}\,\omega_2 \tag{6.1}$$

であるから，

$$\frac{\omega_2}{\omega_1} = -\frac{\overline{\mathrm{O_1Q}}}{\overline{\mathrm{O_2Q}}} \tag{6.2}$$

の関係が得られる．つまり，2 つの節の角速度の絶対値の比は，回転中心から接触点 Q までの距離の逆比となる．

また，図 6.3(a)では回転中心 $\mathrm{O_1}$，$\mathrm{O_2}$ を結ぶ線が接触点 Q により内分されている．このようなとき，式(6.2)のとおり 2 つの節は互いに逆方向に回転する．また図 6.3(b)のように，線分 $\mathrm{O_1O_2}$ が接触点 Q により外分されているとき，同方向に回転する．

さらに，上の式(6.2)から，角速度比を一定にするためには **3・7・1** 節で示したピッチ点が中心連結線上の定点であることが必要であることがわかる．したがって，転がり接触伝動において，接触点の位置が変化する場合は角速度比も

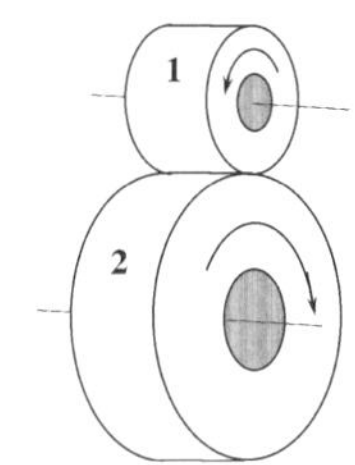

(a) 回転運動

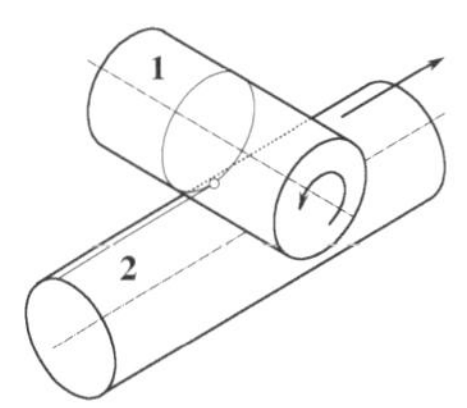

(b) 直線運動

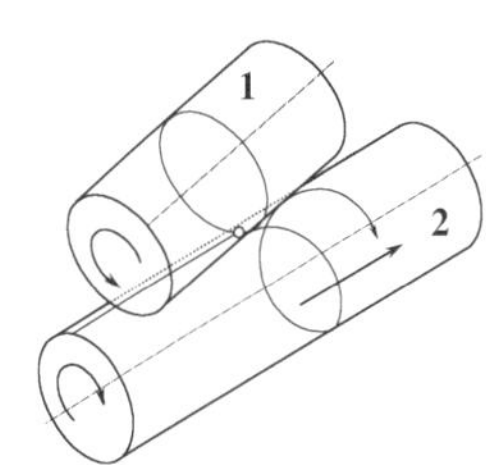

(c)ねじ運動

図 6.1 摩擦伝動機構の種類

図 6.2 ナノメートル以下の位置決め分解能を可能にしたツイストローラ摩擦駆動装置(鳥取大学・水本氏提供)

[†] 摩擦伝動機構には，節同士が直接接触して生ずる摩擦力により力を伝えるフリクションドライブの他に，節同士が直接接触せず，潤滑油膜の流体摩擦により動力を伝えるトラクションドライブがある．本書での摩擦伝動機構はトラクションドライブを含むものとする．

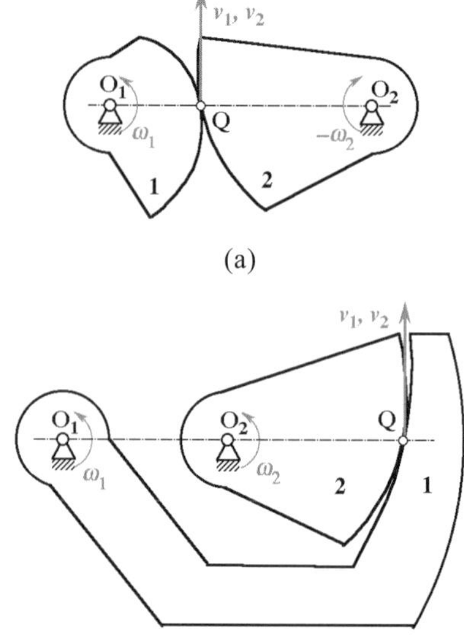

図 6.3　転がり接触をする 2 つの節の例

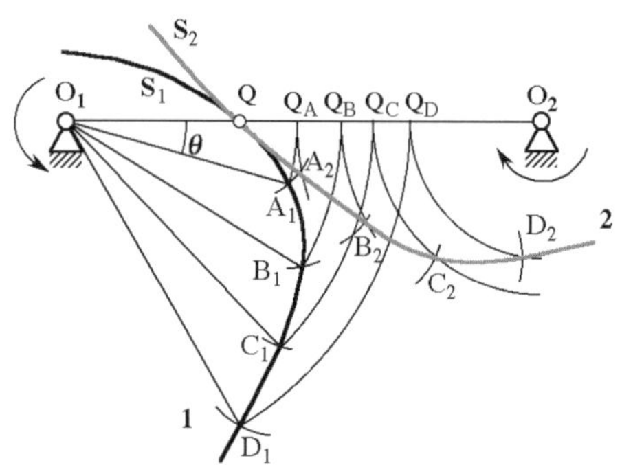

図 6.4　輪郭曲線の求め方

変化する．角速度比一定の摩擦車の例として，後述の円筒摩擦車がある．また，角速度比が変化する摩擦車の例として，だ円車(**6･4･1** 項)，対数ら線車(**6･4･2** 項)などがある．

以上の結果を表 6.1 および表 6.2 にまとめる．

表 6.1　滑り接触と転がり接触伝動

接触形態	接触点 Q と ピッチ点 P の関係	例
滑り接触	Q と P が一致しない	図 3.15
転がり接触	Q と P が 一致	図 6.3

表 6.2　角速度比一定の転がり伝動と一定でない転がり伝動

角速度比	接触点 Q の位置	圧力角	例
変化	中心連結線上を移動する．	$\neq 90°$	だ円車，対数ら線車
一定	中心連結線上の定点にある．	$= 90°$	円筒摩擦車

6・3　転がり輪郭曲線（profile curve in rolling contact）

一方の節の輪郭曲線が与えられたとき，これと転がり接触をする他方の節の輪郭曲線は図式的には次のように求めることができる．

図 6.4 において，節 1 と節 2 はそれぞれ回転中心 O_1，O_2 を中心として回転するものとする．節 1 の輪郭曲線 S_1 が与えられていて，節 2 の輪郭曲線 S_2 を求める．輪郭曲線 S_1 と中心連結線 O_1O_2 の交点を接触点 Q とすれば，節 2 の輪郭曲線 S_2 もこの点 Q を通る．次に，輪郭 S_1 上に点 A_1，B_1，C_1，D_1…を取る．各点間の弧の長さ $\widehat{QA_1}$，$\widehat{A_1B_1}$，…は十分小さく，直線とみなせるものとする．

まず，節 1 が角度 θ 回転して輪郭 S_1 上の点 A_1 が接触点になったとする．このとき接触点は中心連結線 O_1O_2 上の点 Q_A となる．ここで，$\overline{O_1A_1} = \overline{O_1Q_A}$ である．中心連結線 O_1O_2 の長さは不変であるから，節 2 上の接触点 A_2 から回転中心 O_2 までの距離は O_2Q_A である．また，輪郭 S_1 と輪郭 S_2 は滑ることなく転がるわけであるから，$\overline{QA_1} = \overline{QA_2}$ である（正確には弧の長さが等しい）．したがって，点 Q から距離 $\overline{QA_1}$ でかつ中心点 O_2 から距離 $\overline{O_2Q_A}$ の位置にある点 A_2 が求める輪郭 S_2 上の点となる．

以下同様にして，接触点は Q_B，Q_C，Q_D，…へ移動し，輪郭 S_2 上の点 B_2，C_2，D_2…が求められる．最後に，求めた Q，A_2，B_2，C_2，D_2，…の各点を滑らかな曲線で結べば節 2 の輪郭曲線 S_2 を得る．以上の作図方法は，前出の転がり接触をする 2 つの節の接触線は両節の中心連結線上にあるという原理と，回転中に接触する輪郭の弧の長さは等しいことに基づいている．

次に，2 つの節の角速度比が与えられた場合に，この運動を転がり接触により行うための節の輪郭形状(外形)を求める方法について説明する．それぞれの節(1 および 2)の静止節に対する回転中心を O_1 および O_2 とし，中心連結線方向 $\overline{O_1O_2}$ に X 軸をとり，O_1 を原点とした座標系を設定すれば，**3･7** 節で述べたように節 1 と 2 の接触点 Q は X 軸上にある．そして，節 1 と 2 の角速度比 ω_2/ω_1 は，次式のように表される．

$$\frac{\omega_2}{\omega_1} = \frac{X_Q}{X_Q - \overline{O_1O_2}} \tag{6.3}$$

式(6.3)より，回転中心間の距離および角速度比が与えられれば次式のように接触点 Q の X 座標が求められる．

$$X_{\mathrm{Q}} = \frac{\omega_2/\omega_1}{\omega_2/\omega_1 - 1}\overline{\mathrm{O_1O_2}} \tag{6.4}$$

ここで求められる接触点の静止座標系上での位置をそれぞれの節の座標系に変換すれば，各節の輪郭形状を求めることができる．

【例題 6・1】***

転がり接触する 2 つの節 1 および 2 が静止節と回転対偶で連結されている．それぞれの回転中心を $\mathrm{O_1}$ と $\mathrm{O_2}$ とし，これらの間隔 $\overline{\mathrm{O_1O_2}}$ は 100mm である．静止座標系 $\mathrm{O_1}-XY$ ($\overrightarrow{\mathrm{O_1O_2}}$ 方向が X 軸方向)から測った各節の角変位 θ_1 および θ_2 の間に次の関係が成り立つようにしたい．それぞれの節の輪郭形状を求めよ．

$$\theta_2 = -\theta_1 + 0.4(\cos\theta_1 - 1) \tag{ex6.1}$$

各節に固定された動座標系をそれぞれ $\mathrm{O_1}-x_1y_1$ および $\mathrm{O_2}-x_2y_2$ とし，各節の輪郭形状はこれらの動座標系で表すものとする．各節の形状を表す式を求めるとともに，$\theta_1 = 0^\circ$ および $\theta_1 = 120^\circ$ のときの 2 つの節の接触状態を図で示せ．

【解答】

$\mathrm{O_1}$ および $\mathrm{O_2}$ を結ぶ方向を X 軸とする静止座標系 $\mathrm{O_1}-XY$ を設置し，接触点を Q とすれば，点 Q の座標は $\mathrm{Q}(X_{\mathrm{Q}},0)$ のように表される．与条件および式(6.3)より，節 1 および 2 の角速度比は次式のようになる．

$$\frac{\dot{\theta}_2}{\dot{\theta}_1} = -\frac{X_{\mathrm{Q}}}{100 - X_{\mathrm{Q}}} = -(1 + 0.4\sin\theta_1) \tag{ex6.2}$$

これを解けば，

$$X_{\mathrm{Q}} = 50\frac{1 + 0.4\sin\theta_1}{1 + 0.2\sin\theta_1} \tag{ex6.3}$$

を得る．接触点 Q の動座標系 $\mathrm{O_1}-x_1y_1$ 上の位置を $\boldsymbol{q}_1$，動座標系 $\mathrm{O_2}-x_2y_2$ 上の位置を $\boldsymbol{q}_2$ とすれば，

$$\left.\begin{aligned} \boldsymbol{q}_1 &= X_{\mathrm{Q}}e^{-i\theta_1} = 50\frac{1+0.4\sin\theta_1}{1+0.2\sin\theta_1}\cos\theta_1 - i50\frac{1+0.4\sin\theta_1}{1+0.2\sin\theta_1}\sin\theta_1 \\ \boldsymbol{q}_2 &= (X_{\mathrm{Q}} - \overrightarrow{\mathrm{O_1O_2}})e^{-i\theta_2} = -50\frac{1}{1+0.2\sin\theta_1}\cos\theta_2 + i50\frac{1}{1+0.2\sin\theta_1}\sin\theta_2 \end{aligned}\right\} \tag{ex6.4}$$

を得る．θ_1 を $[0,2\pi]$ の範囲で連続的に変化させ，各 θ_1 に対する θ_2 を(ex6.1)により求めて式(ex6.4)に代入すれば，各動座標系上の点 Q の軌跡，すなわち各節の輪郭形状を求めることができる．

次に，上記により求めた各節の輪郭形状を表す点群の座標を $\boldsymbol{q}_1(i), \boldsymbol{q}_2(i) (i = 1,2,\cdots,n; n$ は分割点数)とする．各 θ_1 に対する静止座標系上の各節の点群の位置 $\boldsymbol{Q}_1(i), \boldsymbol{Q}_2(i)$ は次式により求められる．

$$\left.\begin{aligned} \boldsymbol{Q}_1(i) &= \boldsymbol{q}_1(i)e^{i\theta_1} \\ \boldsymbol{Q}_2(i) &= \overrightarrow{\mathrm{O_1O_2}} + \boldsymbol{q}_2(i)e^{i\theta_2} \end{aligned}\right\} \tag{ex6.5}$$

なお，上式における θ_2 は式(ex6.1)により求める．

以上の式により求めた節 1 および 2 の形状を図 6.5 に示す．なお，$\theta_1 = 0^\circ$ の

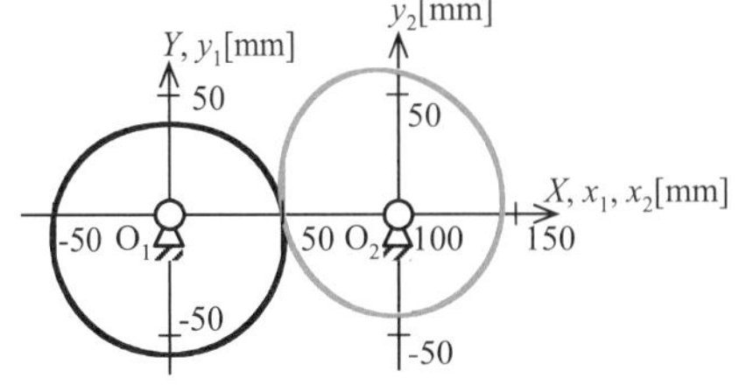

(a) $\theta_1 = 0^\circ$ のとき

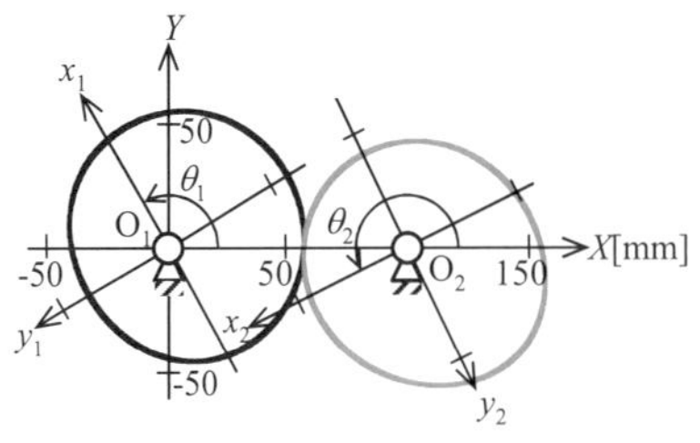

(b) $\theta_1 = 120^\circ$ のとき

図 6.5　例題 **6・1** の解答

とき$\theta_2 = 0^\circ$，$\theta_1 = 120^\circ$ のとき$\theta_2 = 205.6^\circ(-154.4^\circ)$である．

****

6・4　転がり輪郭曲線の例 (examples of profile curves in rolling contact)

6・4・1　だ円車(elliptic wheel)

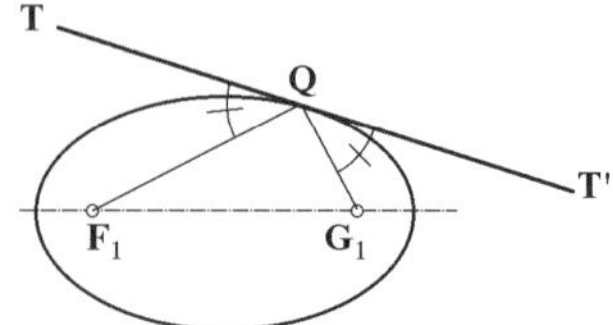

図 6.6　だ円に接する直線

だ円の性質として，図 6.6 のようにだ円の 2 つの焦点を F_1, G_1 としたとき，だ円の周上の点 Q における接線 TT′ と F_1Q, G_1Q のなす角は等しいことが知られている．

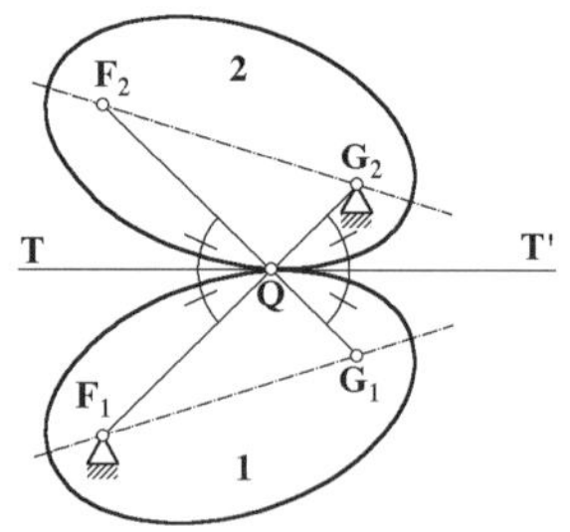

図 6.7　2 だ円車の接触

今，だ円 1 上の点 Q における接線 TT′ に関して，だ円 1 と線対称なだ円 2 を考えると図 6.7 のようになる．ここで，$\angle F_1QT = \angle G_1QT'$ であると同時に $\angle G_1QT' = \angle G_2QT'$ であるから，$\angle F_1QT = \angle G_2QT'$ となる．つまり，F_1, Q, G_2 は一直線上にある．よって，

$$\overline{F_1G_2} = \overline{F_1Q} + \overline{QG_2} = \overline{F_1Q} + \overline{QG_1} = 2a \tag{6.5}$$

の関係が求められる．ここで，$2a$ はだ円の長軸の長さであり一定の値である．

以上より，同じ大きさのだ円の焦点 F_1，G_2 をそれぞれの回転中心とし，その間隔を長軸の長さ $2a$ とすれば，その接触点 Q は常に中心連結線 F_1G_2 上にあることになり，転がり接触の条件を満たしている．2 つのだ円の接触点 Q は，だ円の回転に伴い中心連結線上を移動する．

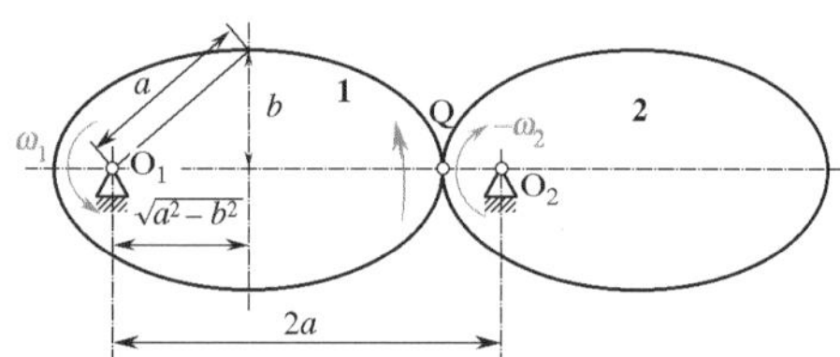
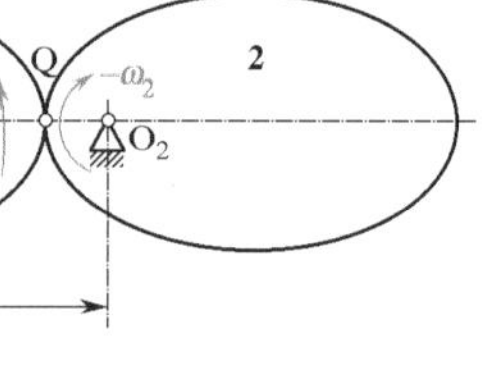

Fig.6.8 Contact of elliptic wheels

【Example 6･2】***

For an elliptic wheel friction drive with major axis $2a$ and minor axis $2b$, determine the maximum and minimum angular velocity ratios.

【Solution】From Fig. 6.8, the maximum angular velocity ratio λ_{max} and the minimum angular velocity ratio λ_{min} are calculated as follows:

$$\lambda_{max} = \frac{\omega_2}{\omega_1} = -\frac{\overline{O_1Q}}{\overline{O_2Q}} = \frac{a + \sqrt{a^2 - b^2}}{a - \sqrt{a^2 - b^2}}, \tag{ex6.6}$$

$$\lambda_{min} = \frac{\omega_2}{\omega_1} = -\frac{\overline{O_2Q}}{\overline{O_1Q}} = \frac{a - \sqrt{a^2 - b^2}}{a + \sqrt{a^2 - b^2}}. \tag{ex6.7}$$

****

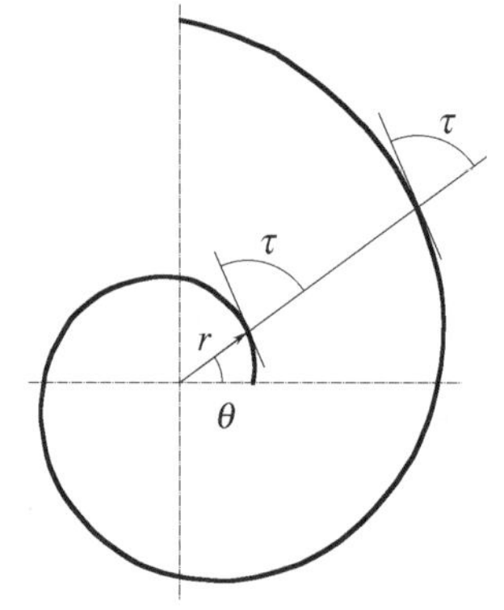

図 6.9　対数ら線

6・4・2　対数ら線車(logarithmic spiral wheel)

図 6.9 のように，動径および動径角をそれぞれ r, θ としたときに，$r = ae^{b\theta}$ で表される曲線を対数ら線(logarithmic spiral)という（ベルヌーイのら線(spiral of Bernoulli)，等角ら線(equiangular spiral)ともいう）．対数ら線は，曲線の任意の一点における接線と動径のなす角 τ が一定である†．したがって，図 6.10 のように 2 つの同じ対数ら線車をそれぞれの極 O_1，O_2 を中心として回転させ

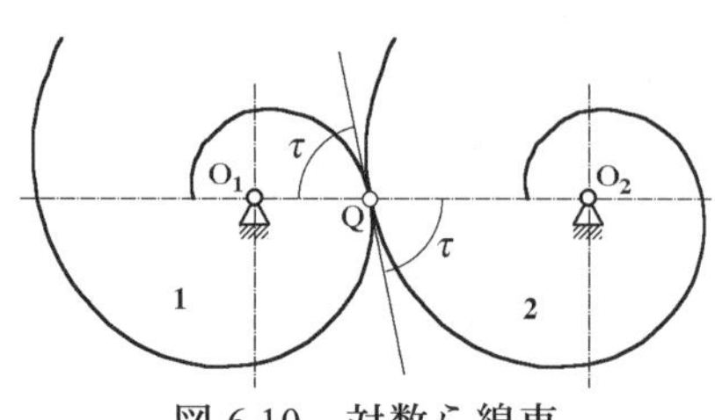

図 6.10　対数ら線車

† 曲線の方程式が曲座標で $r = f(\theta)$ と表されているとき，曲線上の点 Q での接線と動径とのなす角を τ とすると $\tan\tau = r/r'$ である（ここで $r' = dr/d\theta$）．したがって，対数ら線の任意の点での接線と動径のなす角は $\tan\tau = 1/b$ と定数となる．

れば，点 Q は中心連結線上に位置することになり，転がり接触をすることがわかる．

しかし，対数ら線の動径は動径角の増加に伴い増加あるいは減少するばかりであるから，連続した輪郭曲線とすることができず，連続的に回転を伝達することができない．そこで，図 6.11 に示すように，この曲線の一部をつなぎ合わせたものを摩擦車として用いる．これを木の葉車(lobed wheel)または葉形車という．

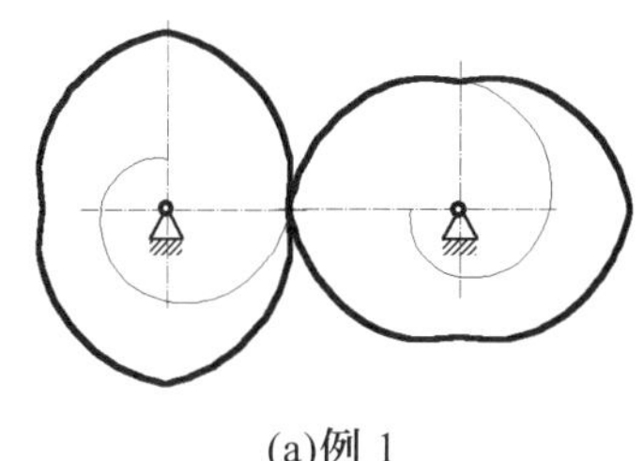

(a)例 1

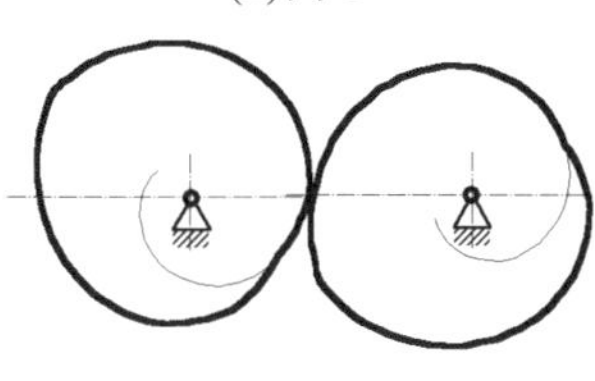

(b)例 2

図 6.11 木の葉車の例

6・4・3 放物線車(parabolic wheel)

図 6.12 のだ円車において，だ円の焦点間の距離 $\overline{F_1O_1}$ および $\overline{F_2O_2}$ を無限大に拡大すれば，図 6.13 のような放物線(parabola)となる．このとき，節 1 はその回転中心 O_1 のまわりに回転するが，節 2 の回転中心 O_2 は右無限遠方にあるため，節 2 は中心連結線に垂直な方向つまり上下方向に運動する．放物線車(parabolic wheel)はだ円車と同様に転がり接触をし，その接触点 Q は中心連結線(この場合，図の一点鎖線)上を移動する．

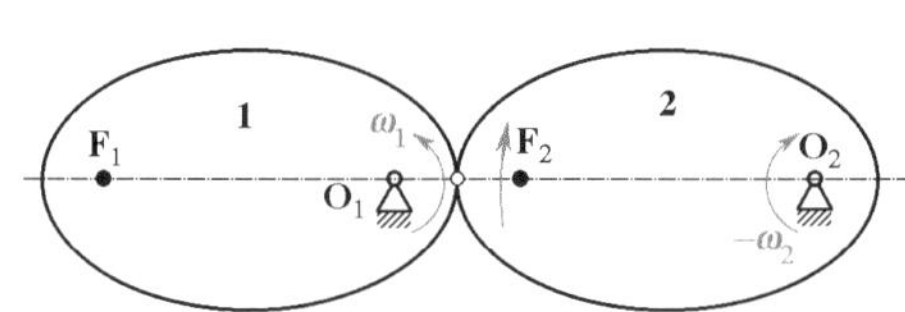

図 6.12 だ円車

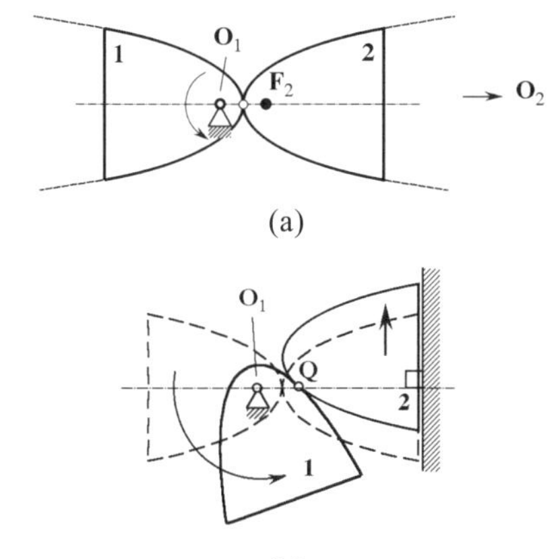

(a)

(b)

図 6.13 放物線車の接触

6・5 角速度比が一定な転がり接触伝動 (rolling contact drive with constant angular velocity ratio)

6・2 節で述べたように，互いに平行な軸を持つ 2 つの節の角速度比が一定な転がり接触伝動を実現するためには，接触点が中心連結線上にあり，なおかつ定点に位置することが必要である．また，このような条件を満たすためには，2 つの摩擦車の軸直角断面がともに円であることが必要であることは容易に推察できる．このような摩擦車では，一般的に両車を押し付けることにより発生する摩擦力を利用して伝動力とする[†]が，押し付けあうための機構が必要となる．

2 つの節の回転軸が平行でない場合，角速度比が一定な転がり接触伝動を実現するためには，接触点が定点に位置し，2 つの摩擦車の軸直角断面がともに円であることが必要である．軸直角断面が円形である摩擦車を，2 つの回転軸の相対的な位置関係により，次の 3 種類に分類する．

(1)2 軸が平行な場合

(2)2 軸が交わる場合

(3)2 軸が平行でなく，交わらない場合

以下，それぞれについて具体的に解説する．

6・5・1 2 軸が平行な場合(parallel friction wheel)

2 軸が平行な角速度比一定の転がり接触では，摩擦車は円筒形状となる．これを円筒摩擦車(cylindrical friction wheel)という．図 6.14 は，接触点が回転中

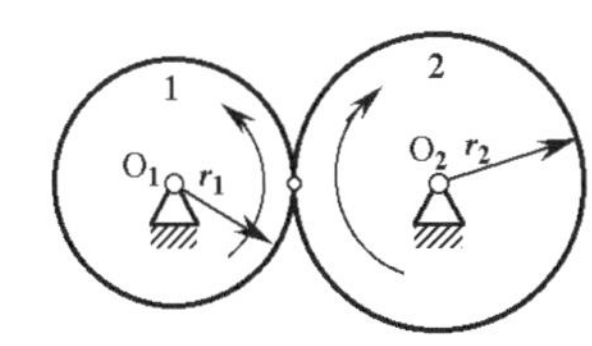

図 6.14 外接する円筒摩擦車

[†] 第 5 章のカム機構では原動節から従動節に伝わる力 f のうちの $f\cos\alpha$ が従節を駆動するのに有効な力であった．α は圧力角であり，一般にカム機構や前出のだ円車，対数ら線車，放物線車などでは 90° より小さな角度である(すなわち，$f\cos\alpha \neq 0$)．したがってだ円車などでは原動車と従動車間の摩擦力以外に，直接接触伝動による伝動力も従動車を回転させる力となる．これに対して，図 6.14 や図 6.15 などの円筒摩擦車では $\alpha = 90°$ すなわち $f\cos\alpha = 0$ であるため，摩擦力が必要となる．

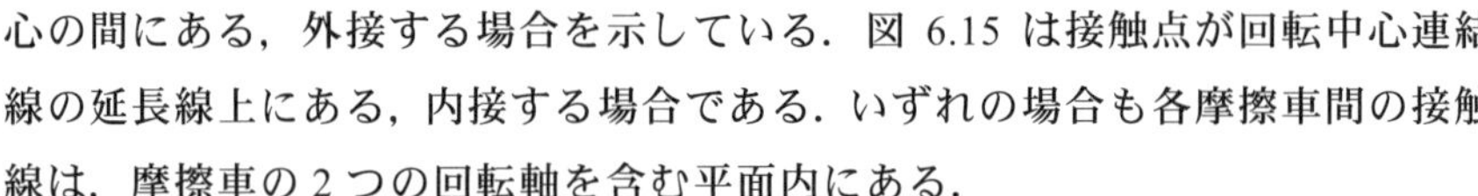

心の間にある，外接する場合を示している．図 6.15 は接触点が回転中心連結線の延長線上にある，内接する場合である．いずれの場合も各摩擦車間の接触線は，摩擦車の 2 つの回転軸を含む平面内にある．

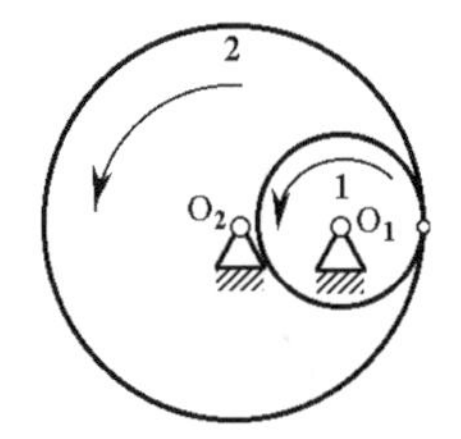

図 6.15　内接する円筒摩擦車

2 つの車の半径と角速度をそれぞれ r_1, r_2 および ω_1, ω_2 とすれば，式(6.2)から

$$\left|\frac{\omega_2}{\omega_1}\right| = \frac{r_1}{r_2} \tag{6.6}$$

である．

回転方向については，外接の場合は原動車と従動車は反対方向，内接の場合は同方向となる．図 6.16 のように，中間車(遊び車，idler wheel)を介せば回転方向は以上と逆になる．このとき中間車の大きさは原動車と従動車の角速度比に影響を及ぼさない．

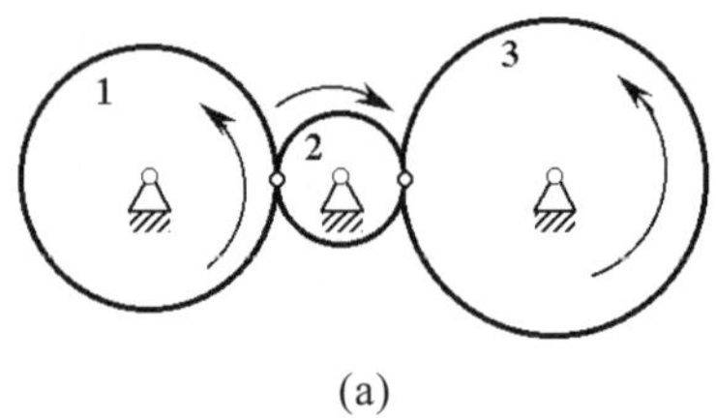

(a)

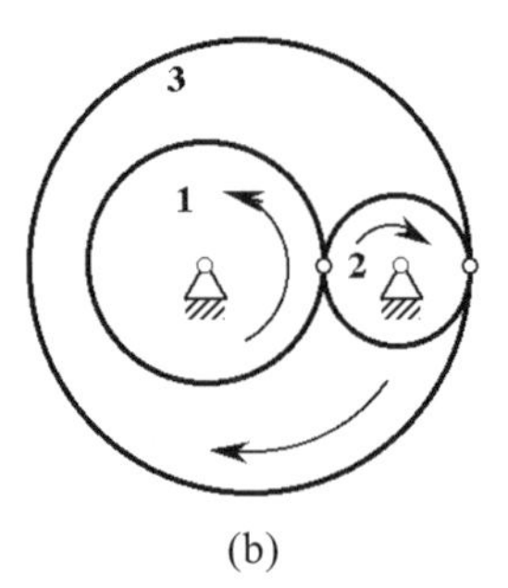

(b)

図 6.16　中間車のある円筒摩擦車

【例題 6・3】***

図 6.14 のような外接する円筒摩擦車において，角速度比 $\lambda = \omega_2/\omega_1$，中心間距離 a がわかっている場合の摩擦車の半径 r_1 および r_2 を求めよ．内接する場合(図 6.15)についても求めよ．

【解答】

原動車と従動車が外接する場合は，中心間距離 $a = r_1 + r_2$ であり，式(6.6)から $\lambda = -r_1/r_2$ であるから，この 2 式から r_1 と r_2 を求めれば，次式となる．

$$r_1 = \frac{-a\lambda}{1-\lambda}, \quad r_2 = \frac{a}{1-\lambda} \tag{ex6.8}$$

内接する場合の中心間距離は $a = r_2 - r_1$ であり，角速度比は $\lambda = r_1/r_2$ であるから，r_1 と r_2 は次式となる．

$$r_1 = \frac{a\lambda}{1-\lambda}, \quad r_2 = \frac{a}{1-\lambda} \tag{ex6.9}$$

****

6・5・2　2 軸が交わる場合 (friction wheel with intersecting axes)

交差する 2 軸の場合は，原・従動車はその交点を共通の頂点とする 2 つの円すい車(conical wheel)となる．

図 6.17 は外接している場合である．回転方向の関係は，前項の円筒摩擦車の場合と同じである．図のように，2 軸の交角を Σ，各円すい車の角速度を ω_1，ω_2 とし，半頂角を δ_1，δ_2 とする．両円すい車の接触線上の任意の点 Q を通る各円すい車の半径を r_1，r_2 とすると，

$$\frac{\omega_2}{\omega_1} = -\frac{r_1}{r_2} = -\frac{\overline{\mathrm{AQ}}\sin\delta_1}{\overline{\mathrm{AQ}}\sin\delta_2} = -\frac{\sin\delta_1}{\sin(\Sigma-\delta_1)} \tag{6.7}$$

である．

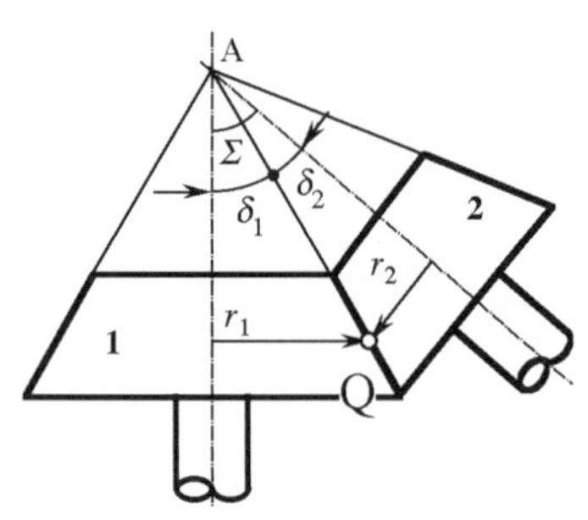

図 6.17　外接する円すい摩擦車

6・5・3　2軸が平行でなく，交わらない場合 (friction wheel with nonparallel and nonintersecting axes)

この場合は，回転一様双曲面(hyperboloid of revolution of one sheet)の摩擦車となる．この双曲面は，図 6.18 のように，中心軸 OO′ とねじれの位置にある直線 AA′ を OO′ のまわりに回転させてできる線織曲面(せんしききょくめん)(ruled surface)である．この曲面の中心軸 OO′ に直角な断面は真円であり，OO′ を通る平面で切断した場合，断面は双曲線となる．以上の直線 AA′ を母線(generating line)という．

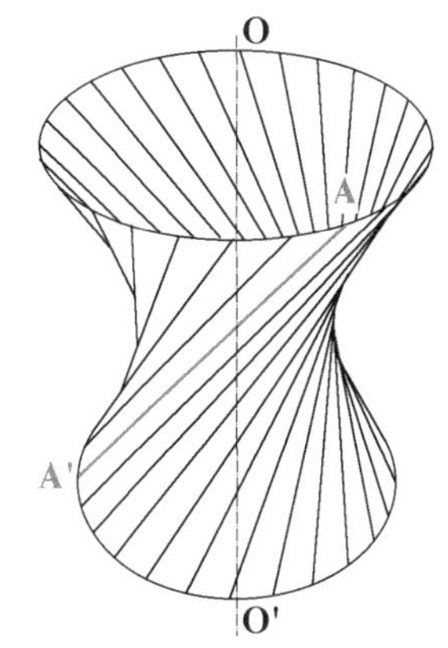

図 6.18　回転一様双曲面

図 6.19 は，2 つの双曲面の母線同士を接触させた様子を示している．このように双曲面を摩擦車として接触させた場合は，2 つの摩擦車の軸は平行でなく，交わらない位置にある．2 つの摩擦車は接触直線である母線に直角方向に転がり，母線方向には滑る．

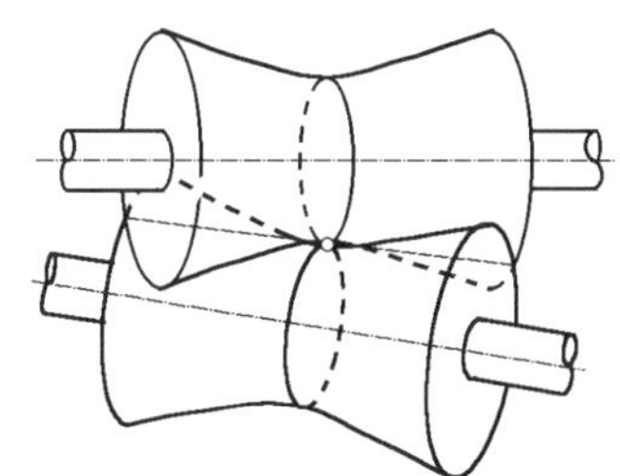
図 6.19　双曲面の接触

図 6.2 の摩擦駆動装置では，双曲面の代わりに円筒を用いている．

6・6　溝付き摩擦車(grooved friction wheel)

図 6.20 のような円筒摩擦車において，摩擦車を互いに押し付ける力を Q，摩擦車間の静止摩擦係数を μ とすれば，接触面に沿う最大回転力 F は，

$$F = \mu Q \tag{6.8}$$

で与えられる．摩擦係数 μ は摩擦車の材質などに依存するが，鋼などでは 0.1〜0.3 程度である．したがって，円筒摩擦車で十分な回転力を得るためには，押し付け力 Q を十分大きく与えなければならないが，軸受の負担が大きく，軸受における摩擦損失も大となる．

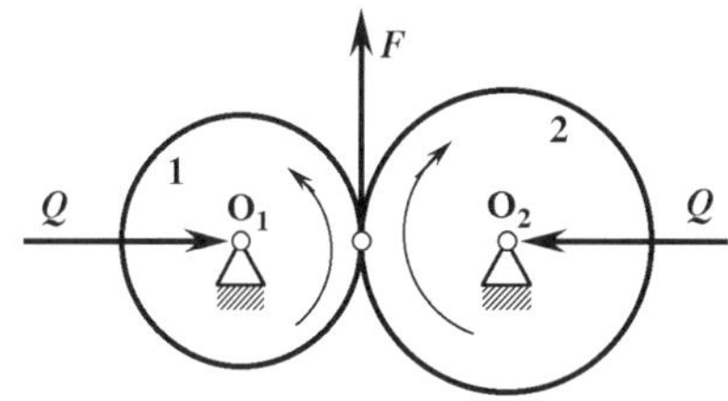

図 6.20　円筒摩擦車の回転力

そこで，比較的小さな押し付け力でも大きな回転力の得られるものとして，溝付き摩擦車がある．図 6.21 のように，円筒摩擦車の筒面に V 溝を設けてあり，接触面には大きな摩擦力が生ずる．図 6.22 は溝付き摩擦車の 1 つの溝を示しているが，接触している溝の面は円すい面であり，接触線は直線となる．摩擦車を互いに力 Q で押し付けると，溝の面には垂直な抗力 N が生ずる．図 6.22(a)において，溝の面は 2 面あるから，接触面の摩擦係数を μ とすると，摩擦車の接線方向の回転力 F は，式(6.8)と同様に次式で表される．

$$F = 2\mu N \tag{6.9}$$

また，この接触面に沿った方向にも摩擦力が発生する．摩擦力の方向は，図 6.22(b)のように摩擦車の凸部が凹部に押し込まれるのに抗する方向となる．し

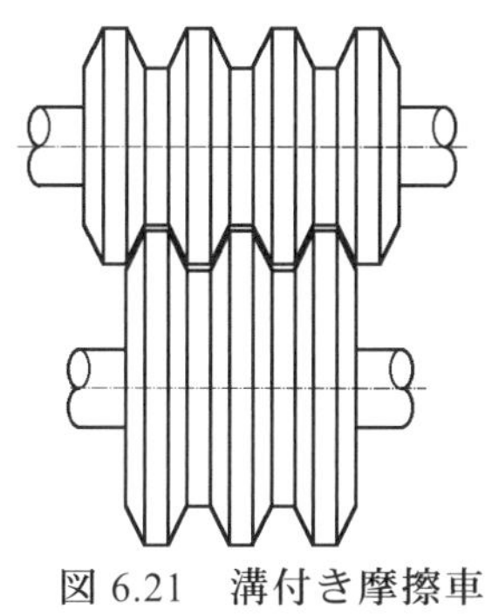
図 6.21　溝付き摩擦車

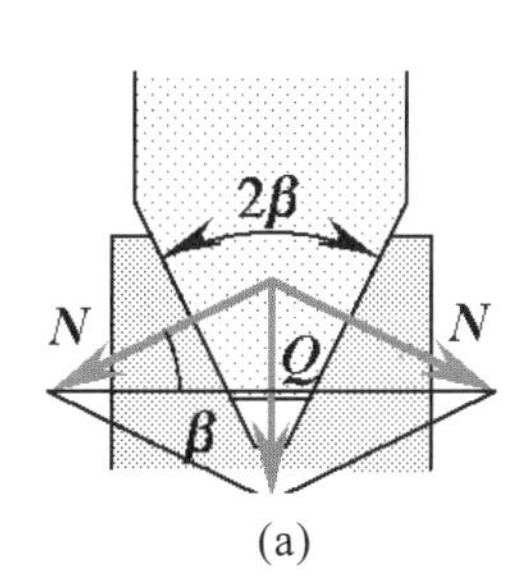

(a)

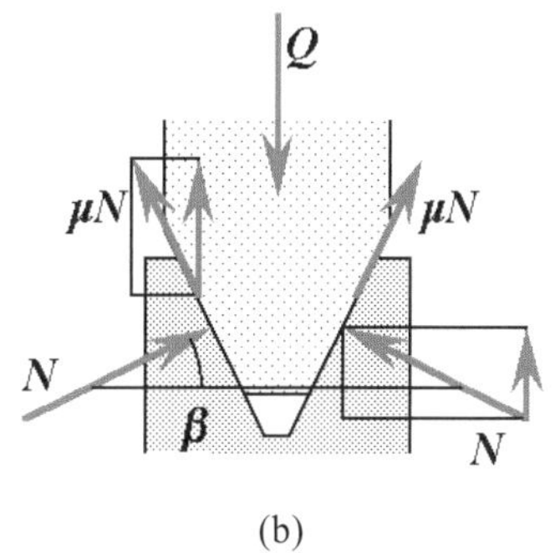

(b)

図 6.22　溝付き摩擦車に働く垂直抗力と摩擦力

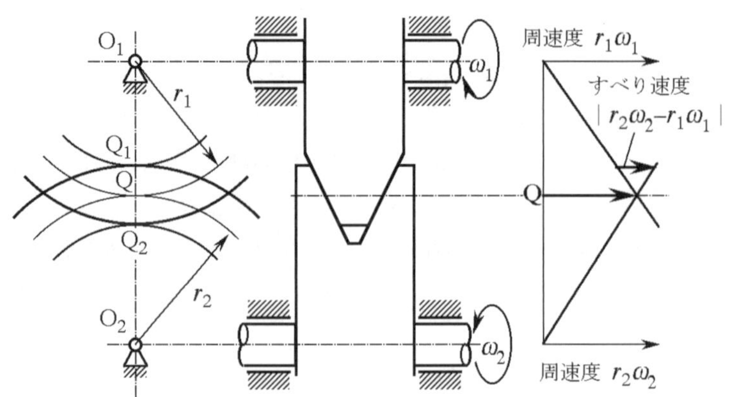

図 6.23　溝付き摩擦車の滑り速度

たがって，摩擦車の押し付け力 Q に沿った力の釣り合い式は

$$Q = 2(N\sin\beta + \mu N\cos\beta) \tag{6.10}$$

となる．式(6.9)と式(6.10)より次式を得る．

$$F = \frac{\mu Q}{\sin\beta + \mu\cos\beta} = \mu' Q \tag{6.11}$$

ここで μ' は相当摩擦係数(見かけの摩擦係数)であり，

$$\mu' = \frac{\mu}{\sin\beta + \mu\cos\beta} \tag{6.12}$$

となる．一般に $\mu < \mu'$ の関係となるように摩擦車の溝角度 β を決定すれば，図 6.20 の円筒摩擦車よりも大きな回転力が得られる．

次に，円すい面上にある任意の点の周速度を考えると，摩擦車 1 のそれは $r_1\omega_1$，摩擦車 2 では $r_2\omega_2$ となる．この様子を図 6.23 右図に示す．摩擦車 1 と摩擦車 2 の周速度が一致する，すなわち滑り速度が 0 になる（転がり接触をする）のは，接触線 Q_1Q_2 上の 1 点 Q だけである．この点から離れるにつれて運動学的な滑り速度は増加し，摩擦車の摩耗や動力損失は大きくなるため，溝はあまり深くない方がよい．転がり接触をする半径 O_1Q，O_2Q の仮想円あるいは仮想円筒をピッチ円(pitch circle)またはピッチ円筒(pitch cylinder)という．

6・7　無段変速機構(continuously variable transmission)

前節までに，円筒車・円すい車・双曲面などを用いた摩擦車について述べてきたが，これら以外にも円板，球面車などを用いても摩擦伝動機構を構成できる．また，摩擦車では接触点の回転半径を機構的に変化させることにより，無段階に角速度比を変更することができる．

6・7・1　円板を用いた機構(transmission with disk)

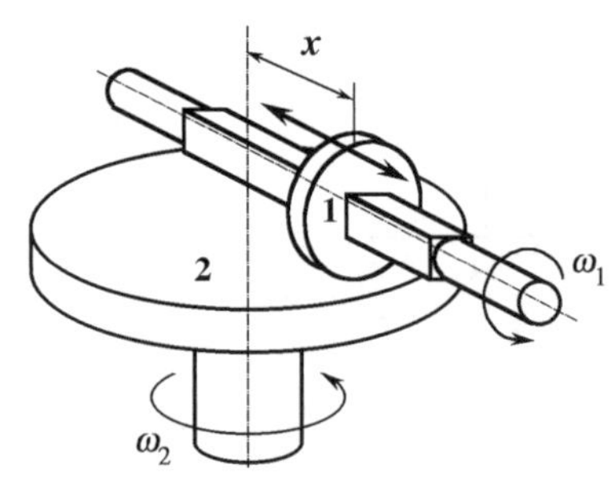

図 6.24　円板と小円板の摩擦車

図 6.24 は円板と小円板による摩擦車である．小円板 1 は滑りキーあるいはスプラインなどにより，軸上の任意の位置へ移動できる．仮に小円板 1 を原動車とすると，小円板 1 が円板 2 の外周に近い位置にあるほど円板 2 の角速度は遅くなる．

図 6.25 は，小円板 2 を上下から 2 枚の円板で挟んだもので，小円板は中間車となる．図 6.24 の機構に見られる押し付け力による小円板 1 の軸のたわみ

を排除するのに有効である．

【例題 6・4】＊＊

図 6.24 に示した円板と小円板の摩擦車の角速度比を求めよ．

【解答】

小円板の半径を r，円板 2 の回転軸から小円板 1 までの距離を x とすると，接触点の周速度はそれぞれ $r\omega_1, x\omega_2$ で等しいことから，次式を得る．

$$\frac{\omega_2}{\omega_1}=\frac{r}{x} \tag{ex6.10}$$

すなわち角速度比は r に比例し， x に反比例する．

＊＊

【Example 6・5】＊＊＊

Determine the angular velocity ratio of the friction drive shown in Fig. 6.25.

【Solution】

The peripheral velocity of the idler is $x\omega_1=(d-x)\omega_3$, so the angular velocity ratio of the friction drive is given by

$$\frac{\omega_3}{\omega_1}=\frac{x}{d-x}. \tag{ex6.11}$$

＊＊

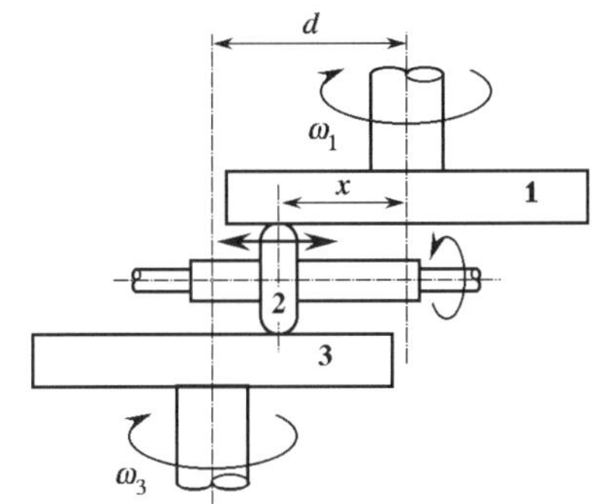

Fig.6.25　Friction drive consisting of two disks and one idler

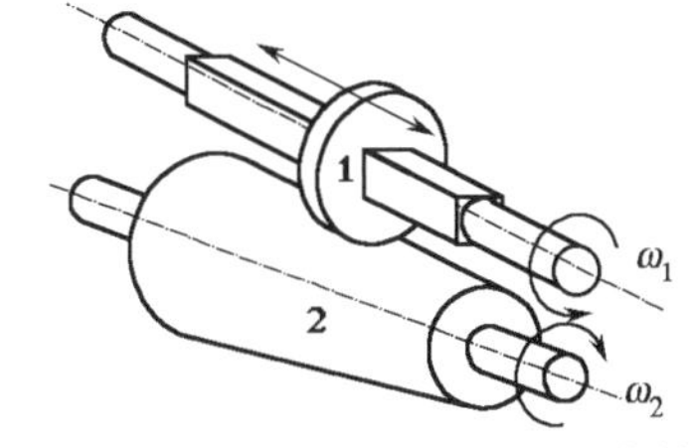

図 6.26　円すい車と小円板の摩擦車

6・7・2　円すいを用いた機構(transmission with cone)

図 6.26 および図 6.27 は円すい車と小円板による機構の例である．前項と同様に，小円板を軸方向に移動することにより，変速を行う．

【例題 6・6】＊＊

図 6.26 に示した円すい車と小円板の摩擦車の角速度比を求めよ．

【解答】

図 6.28 のように小円板の半径を r，円すい車の半頂角を α とすると，接触点の周速度はそれぞれ $r\omega_1, x\sin\alpha\,\omega_2$ で等しいことから，角速度比は次式となる．

$$\frac{\omega_2}{\omega_1}=\frac{r}{x\sin\alpha} \tag{ex6.12}$$

＊＊

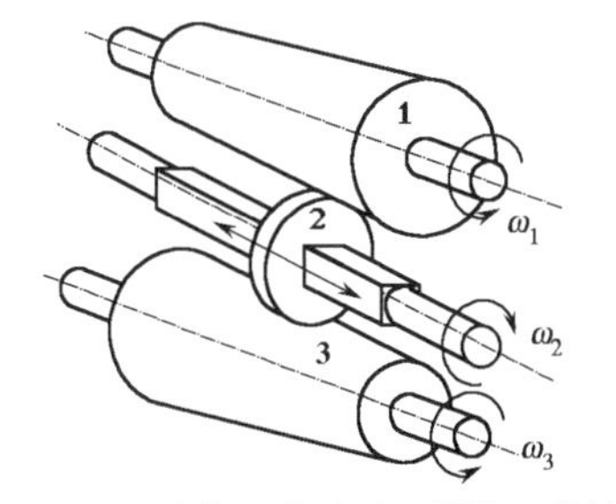

図 6.27　2 円すい車と小円板の摩擦車

また，図 6.29(a)～(c)は傘状の円すい車 1 と円すい内面を持つ従動車 2 を組み合わせた例である．図(a)のとき，両車の角速度比は 1：1 となり，円すい車 1 の頂点の方向に従動車 2 を移動させるにつれ，2 の速度は遅くなる．図 (c) のとき，従動車 2 の角速度は 0 となる．

図 6.30 および図 6.31 は 2 つの円すい車とリングを用いた無段変速機構である．前者は 2 つの円すい車の間にリングを挿入し，リングを左右に動かすことにより変速を行う．後者は，2 つの円すい車の外側にリングの内側を接触させ

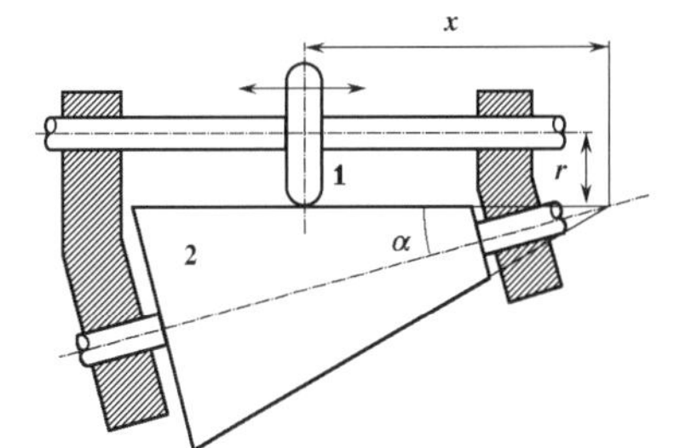

図 6.28　円すい車と小円板の摩擦車におけるパラメータの定義

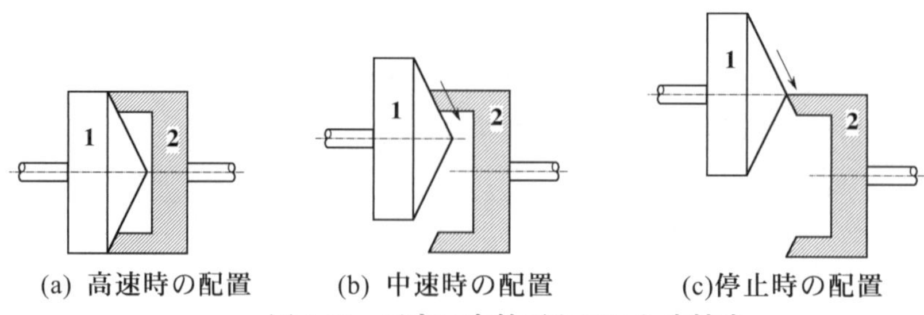

(a) 高速時の配置　(b) 中速時の配置　(c)停止時の配置

図 6.29　円すい内外面を用いた摩擦車

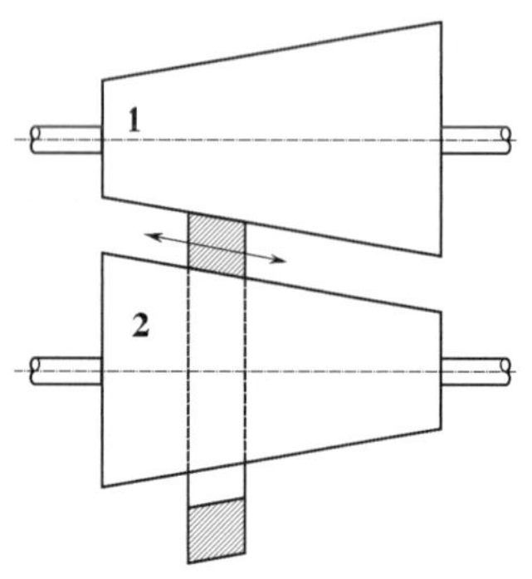

図 6.30　2つの円すい車とリングを用いた無段変速機構(1)

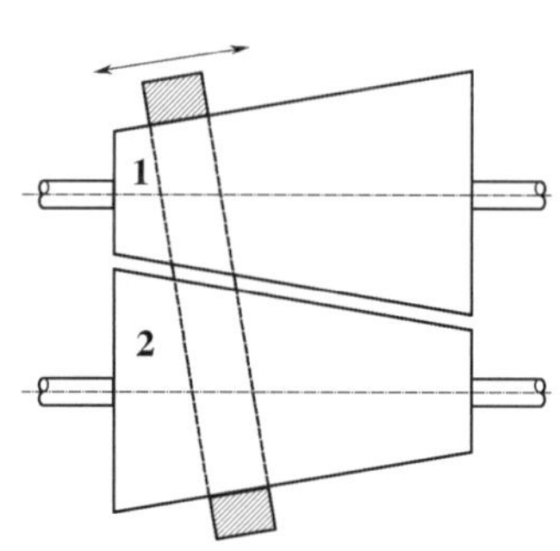

図 6.31　2つの円すい車とリングを用いた無段変速機構(2)

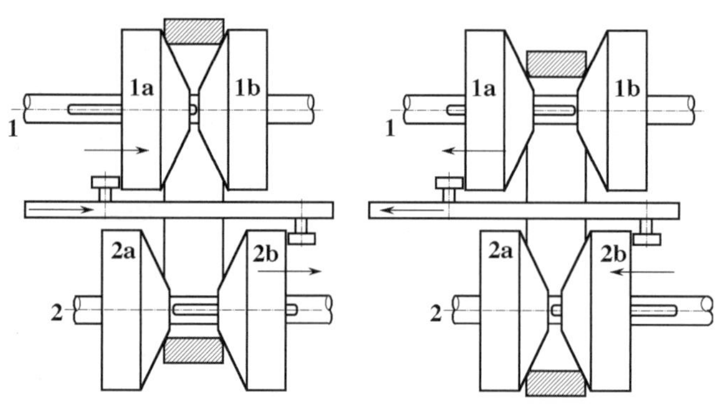

図 6.32　円すい車とリングを用いた無段変速機構(3)

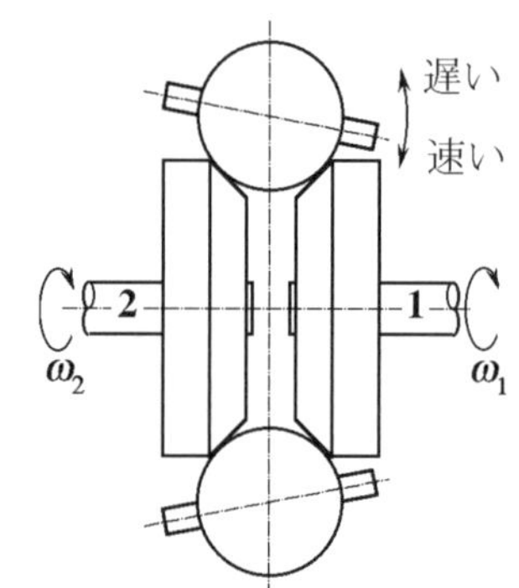

図 6.33　コップ式無段変速機構

ている．

図 6.32 も円すい車とリングを用いた機構である．円すい車を 2 つ向かい合わせにしたものを 2 組とリングを用いている．4 個の円すい車のうち 1a と 2b の 2 つは連動して軸方向に移動できる．これにより向かい合わせた円すい間のすきまの大きさが変化し，2 軸の角速度比を変化させることができる．

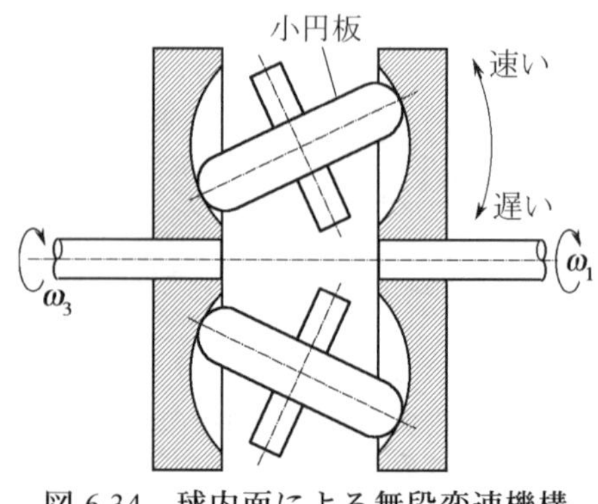

図 6.34　球内面による無段変速機構

6・7・3　球を用いた機構(transmission with sphere)

図 6.33 は球状の摩擦車を用いている．上下の球車は互いに同じ角度だけ傾くようなしくみになっている．図 6.34 も同様の無段変速機構である．

6・7・4　実用例(application examples)＊

図 6.35 は自動車の自動変速機に用いられている，ハーフトロイダル CVT(half toroidal continuously variable transmission)と呼ばれる無段変速機構の原理図である．図 6.34 に示した球内面を用いた機構であるが，小円板と球内面との

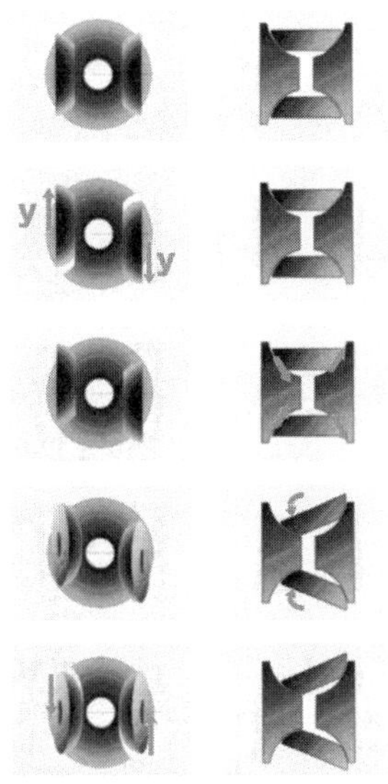

図 6.35 ハーフトロイダル CVT の原理図
（NSK Technical Journal No.669(2000)）

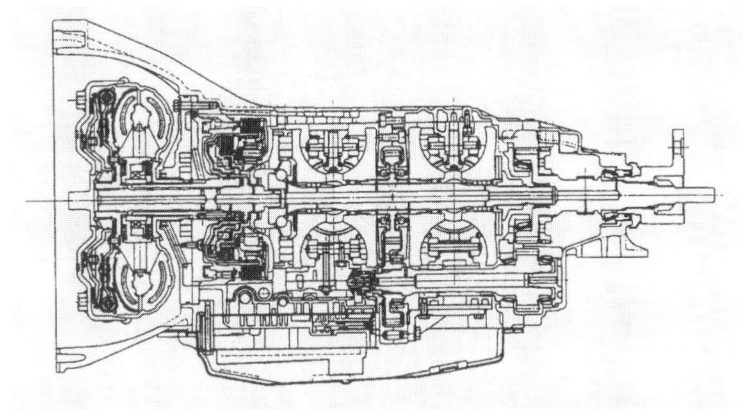

図 6.36　ハーフトロイダル CVT を用いた自動車用変速機
(日産自動車，NSK Technical Journal No.669(2000))

滑りが少ないという特長を持っている．自動車の変速機として製品化された例を図 6.36 に示す．

図 6.37 は図 6.1(b)に示した機構と同様の摩擦伝動による直線運動機構の例である．駆動モータの回転運動は駆動側摩擦車を介して直方体形状の部品(図中のトラクションバー)の直線運動に変換される．三次元座標測定機や半導体製造装置など高い運動精度や位置決め分解能が必要な機械の送り機構に用いられている．

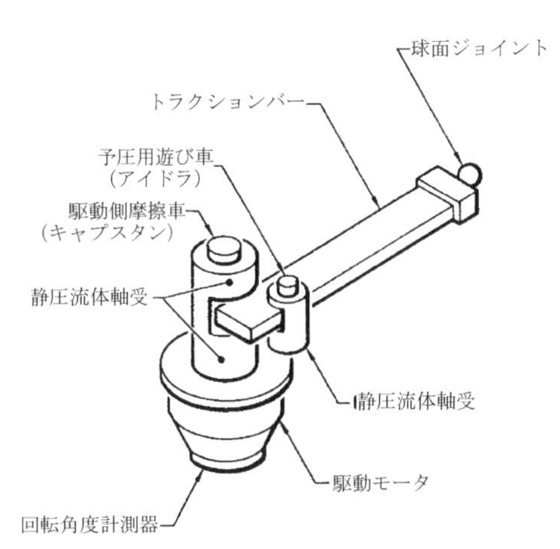

図 6.37 摩擦伝動による直線運動機構
(Precision Engineering, 1(3),(1979))

6・8　巻き掛け伝動機構
(belt-driving mechanism /chain-driving mechanism)＊

ベルトやチェーンのように自由に曲がることのできる可撓体を用いて原動車から従動車へ運動を伝える場合，これを巻き掛け伝動という．ベルト車(プーリ，belt pulley)とベルト，あるいは溝車(grooved pulley)とロープ(rope)などの間の摩擦力を利用するものをベルト伝動機構(belt-driving mechanism)(図 6.38)，チェーン(鎖，chain)とスプロケット(鎖車，sprocket)を用いるものをチェーン伝動機構(chain-driving mechanism)(図 6.39) という．以上の巻き掛け伝動機構は，原動軸と従動軸の軸間距離を離したい場合など直接接触が困難な場合に用いられる．

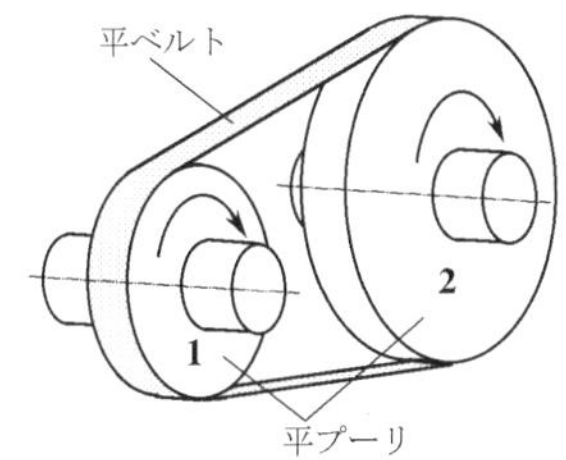

図 6.38　ベルト伝動機構

ベルト伝動では，ベルトとプーリ間の摩擦力を得るために，ある程度の張力をベルトに与えておく必要がある．摩擦伝動機構と同様に静粛な運転が可能であるが，滑りを免れないため，角速度比を厳密に保つことや高速・高トルクの伝動は難しい．

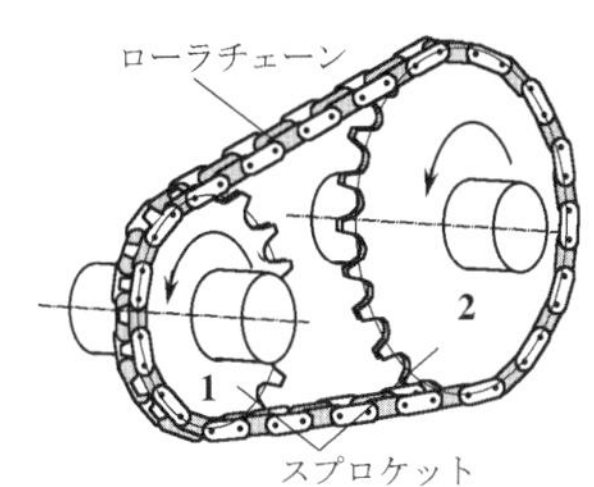

図 6.39　チェーン伝動機構

ベルト伝動機構に用いられる可撓体には，図 6.38 に示すような平ベルト(flat transmission belt)のほかに，V ベルト(V-belt)，あるいはロープなどが用いられる(図 6.40)．通常，ベルトは図 6.41(a)に示すような平行掛け(open belt) で用いられるが，平ベルトやロープなどでは，図 6.41(b)のようなたすき掛け(crossed belt)も可能である．平行掛けでは原動車と従動車の回転方向は同一

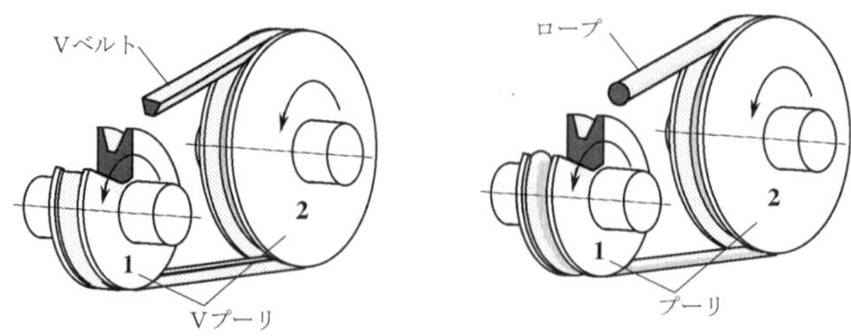

図 6.40　Vベルトによる伝動とロープによる伝動

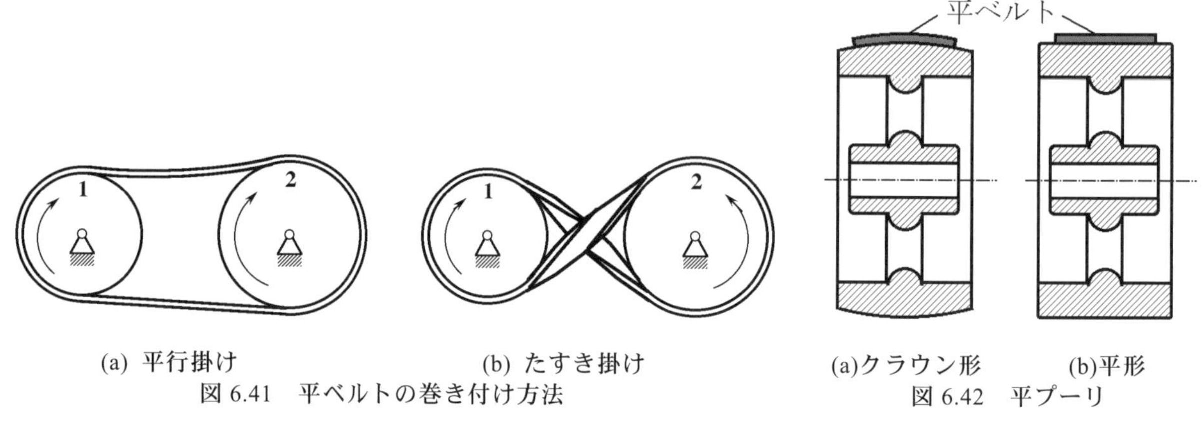

(a) 平行掛け　(b) たすき掛け
図 6.41　平ベルトの巻き付け方法

(a)クラウン形　(b)平形
図 6.42　平プーリ

(a) ローラチェーンの構造　(b) 内リンク　(c) 外リンク
図 6.43　ローラチェーン(JIS B1801 : 1997)

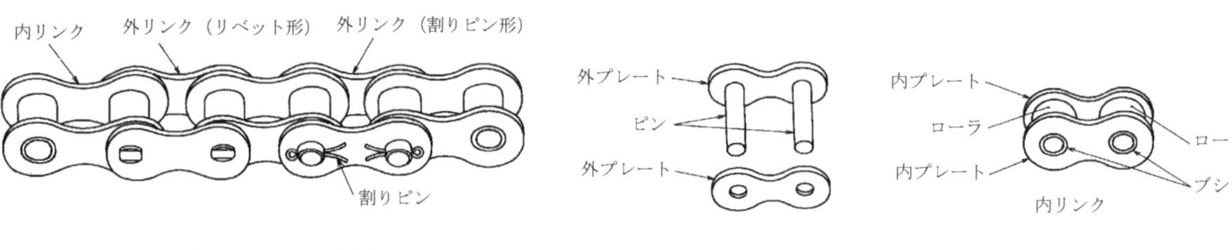

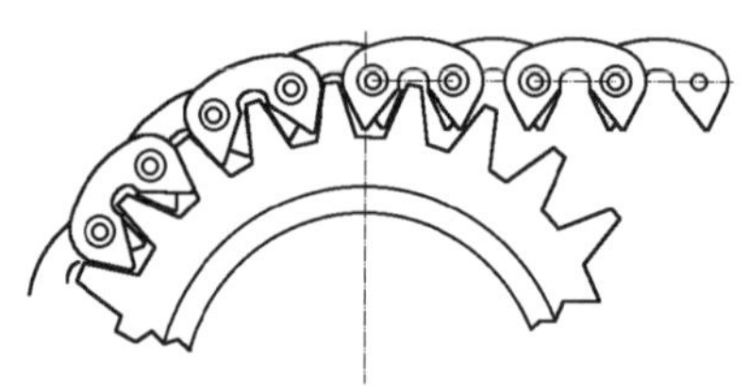

図 6.44　サイレントチェーン

図 6.45　歯付きベルト伝動
(タイミング伝動(設計資料),
三ツ星ベルト(株))

であるが，たすき掛けでは逆方向となる．たすき掛けではベルトがプーリに巻き付く角度が大きく，摩擦力が大きくなる．

平プーリの外周面は図 6.42 に示すようにクラウン形と平形がある．クラウン形の中高になった形状はベルトがプーリの直径の大きい方へ移動していく性質を利用してベルトの外れるのを防ぐために付けられる．

チェーン伝動では，チェーンとスプロケットがかみ合っているため，角速度比を正確に保ちたい場合や，伝達トルクの大きい場合などに用いられるが，振動や騒音を発生しやすいため，ベルト伝動よりも低速で用いられる．チェーンには図 6.43 のようなローラチェーンのほかに，図 6.44 のようなサイレントチェーンなどがある．図 6.45 は歯付きプーリと歯付きベルトによる伝動機構を示している．

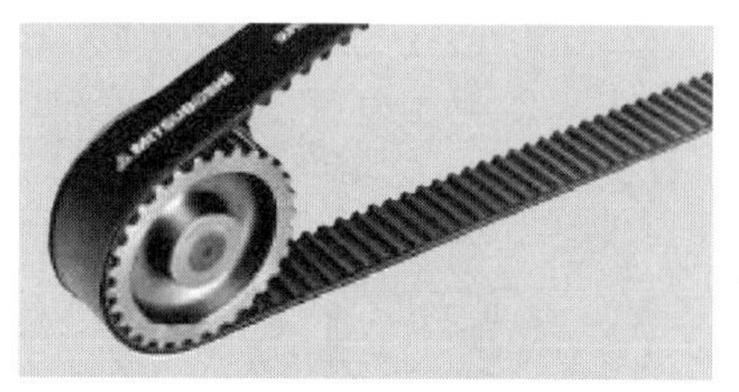

＝＝＝＝＝　練習問題　＝＝＝＝＝＝＝＝＝＝＝＝＝＝＝＝＝＝

【6・1】図 6.4 において，節 1 の輪郭曲線 S_1 が極座標方程式 $r_1 = f(\theta_1)$ として与えられている時，節 2 の輪郭曲線 $r_2 = f(\theta_2)$ を求めよ．

【6・2】In an elliptic wheel friction drive with a center distance of 200 mm, the velocity ratio varies from 1/3 to 3/1. Determine the major and the minor axes of the elliptic wheel.

【6・3】練習問題【6･1】で求めた式を用いて，一定の半径 $r_1 = a/3$ を持つ円筒摩擦車の輪郭曲線を求めよ．

【6・4】In Fig. 6.17, the driving and the driven conical wheels rotate at 200 and 100 rpm, respectively. Determine the half-cone angles of the driving and driven wheels when the shaft angle is 90°.

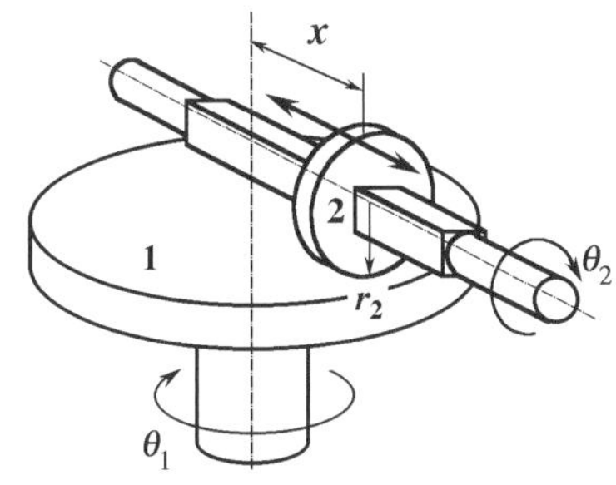

図 6.46　円板と小円板の摩擦車

【6・5】Determine the angular velocity ratio for the transmission consisting of two disks with torus contours as shown in Fig. 6.34.

【6・6】図 6.46 は図 6.24 の原動車と従動車を入れ替えたものである．小円板の位置 x を円板 1 の回転角 θ_1 の関数であるとすると，小円板 2 の回転角 θ_2 は x を θ_1 で積分した結果を与えることを示せ．

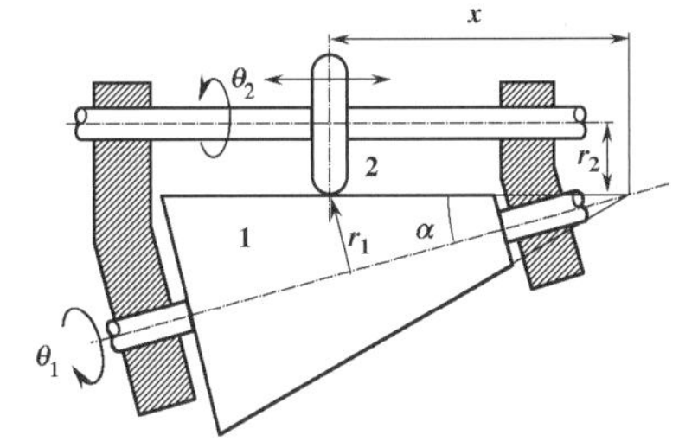

図 6.47　円すい車と小円板の摩擦車

【6・7】図 6.47 は図 6.26 の原動車と従動車を入れ替えたものである．今，小円板の位置 x が円すい車 1 の回転角 θ_1 に比例して増加する（$x = k\theta_1$）とすると，小円板 2 の回転角 θ_2 は円すい車 1 の回転角 θ_1 の二乗に比例することを示せ．

【6・8】サイレントチェーンがなぜ静粛な運転ができるのか述べよ．

【解答】

1. 図 6.48 において，

$$r_1 + r_2 = a \tag{ex6.13}$$

$$r_1 d\theta_1 = r_2 d\theta_2 = (a - r_1) d\theta_2 \tag{ex6.14}$$

を用いれば，次式を得る．

$$\therefore \theta_2 = \int \frac{r_1}{a - r_1} d\theta_1 + C \tag{ex6.15}$$

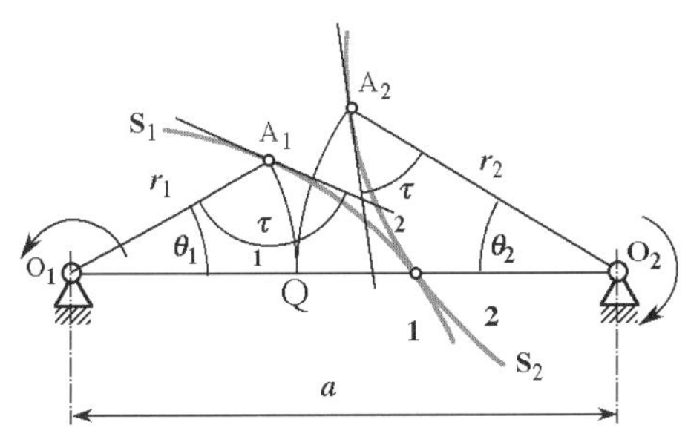

図 6.48　極座標で表示された輪郭曲線

2. The major axis is 200 mm. The minor axis is 173.2 mm.

3. 式(ex6.13)より半径 $r_2 = 2a/3$ で一定．動径角 θ_2 は式(ex6.15)より $\theta_1/2$．つまり径が倍で，半分の角速度で回転する円筒摩擦車となる．

4. Using Eq.(6.7), the following equation is obtained:

$$\tan\delta_1 = -\frac{\sin\Sigma}{\dfrac{\omega_1}{\omega_2} - \cos\Sigma} = -\frac{1}{-\dfrac{200}{100}} = \frac{1}{2}\,. \qquad \text{(ex6.16)}$$

Therefore, the half-cone angles of the driving and driven wheels are

$\delta_1 = 26.57^\circ$ and $\delta_2 = 63.43^\circ$, respectively.

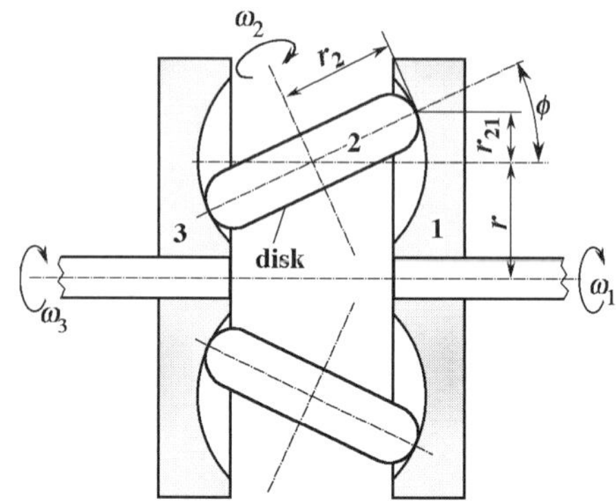

Fig.6.49　Continuously variable transmission with sphere-shaped wheels

5. Introducing the angle ϕ shown in Fig.6.49, the angular velocity ratio is

$$\therefore \frac{\omega_3}{\omega_1} = \frac{r + r_2 \sin\phi}{r - r_2 \sin\phi}\,. \qquad \text{(ex6.17)}$$

6.

$$\theta_2 = \frac{1}{r_2}\int x d\theta_1 \qquad \text{(ex6.18)}$$

であり，特に x が一定の場合は，

$$\theta_2 = \frac{x}{r_2}\theta_1 \qquad \text{(ex6.19)}$$

となり，x を変えて任意の数を乗ずることのできる乗算機構となる．

7.小円板の位置 x と円すい車 1 の回転角 θ_1 の比例定数を k，$c = k\sin\alpha$ とすれば，次式を得る．

$$d\theta_2 = \frac{r_1}{r_2}d\theta_1 = \frac{c}{r_2}\theta_1 d\theta_1 \qquad \text{(ex6.20)}$$

これを積分して，

$$\theta_2 = \frac{c}{r_2}\int \theta_1 d\theta_1 = \frac{c}{2r_2}\theta_1^2 + C \qquad \text{(ex6.21)}$$

となり，小円板 2 の回転角 θ_2 は円すい車 1 の回転角 θ_1 の二乗に比例することがわかる．小円板を原動側とすれば，平方根の計算を行う機構となる．

8.一般のローラチェーンがスプロケットにかみ合う時，チェーンローラがスプロケット歯底にほぼ 0° の入射角で衝突する(図 6.50(a))ため，高速ではかなりの騒音が発生する．さらに摩耗によるピッチの伸びが生ずるとチェーンのローラとスプロケットがうまくかみ合わず，チェーンの振動が発生しやすい．これに対して，サイレントチェーンでは，チェーンのプレートがスプロケット歯面に対して 90° に近い大きな入射角で接触する(図 6.50(b))．さらにピッチが伸びた場合(図 6.51)でもスプロケットの歯と密着するため，静かな運転が可能である．

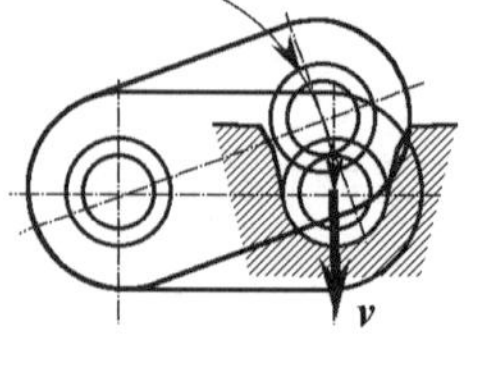

(a) ローラチェーン

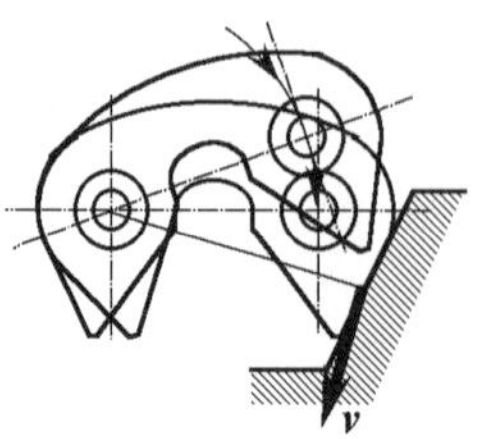

(b) サイレントチェーン

図 6.50　チェーンとスプロケット歯面との接触の違い

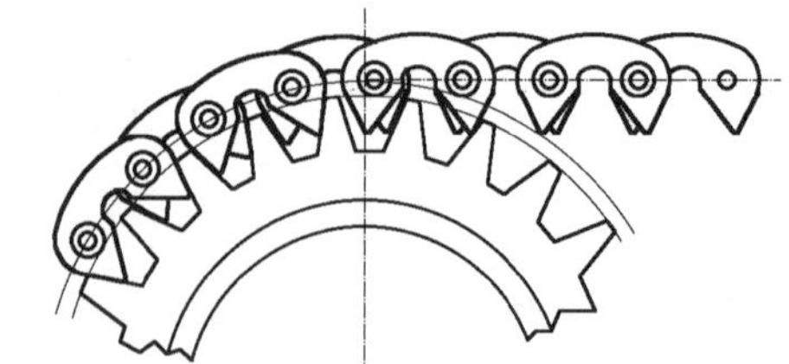

図 6.51　ピッチの伸びたサイレントチェーンのかみ合い

第 7 章
歯車機構
Gear Mechanism

7・1　歯車の目的 (purposes of gears)

第 6 章では摩擦車を用いて回転運動を伝達する方法を示した. 摩擦車では, 大きな動力を伝達しようとすれば大きな押し付け力が必要となる. これにより軸受系の負担や摩擦損失も大となる. また, 摩擦車間の滑りがあるため, 角速度比を厳密に保つことは困難である.

以上のような不具合を避けるために, 図 7.1 に示すように車の周上に突起状の歯(tooth)を設けたものを歯車(gear, toothed gear)という. 図中の摩擦車の接触面に相当する仮想的な面をピッチ面(pitch surface)という. また, 2 つの歯車を相対的な位置が変わらない軸のまわりに回転できるように歯をかみ合わせることにより, 摩擦車と同様に回転運動を伝達するものを歯車対(gear pair)という. このような歯車伝動は, **7・3** 節で述べるように, 2 車間の角速度比を一定に保つことができるため時計のような精密な機器に用いられていたり, 図 7.2 のようにマイクロロボット用減速機にも応用されている. また大きな動力を伝達することも可能であり, 工業的に広く用いられている.

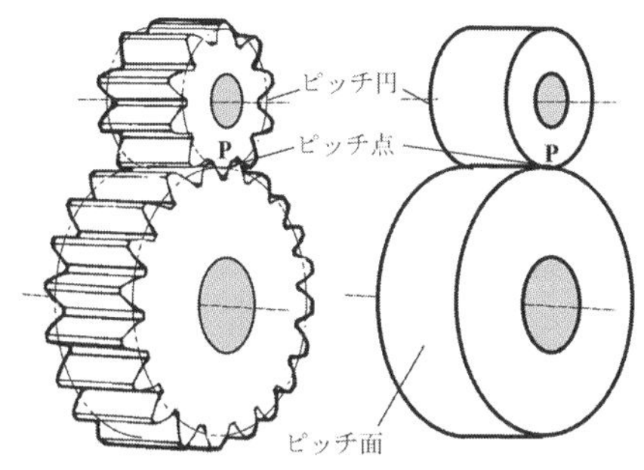

図 7.1　歯車と摩擦車[*1]

図 7.2　最新の技術で製作されたモジュール 0.05mm の歯車からなるマイクロロボット用減速機構(左側は米粒)((株)東芝提供)

上述の 2 車間の角速度比が常に一定であること, すなわち連続的で滑らかな回転運動が伝達できることは歯車伝動の大きな特長であるが, そのためには機構学的にどのような条件が満たされる必要があるのだろうか. 本章では, このような条件について理論的に示し, 具体例を挙げて示すこととする.

また歯車および歯車を用いた装置には多くの種類があり, それらを用いて機械を設計するためには, それぞれの特徴についての知識を持つこと, および歯車装置の入出力の関係について計算ができることが重要である.

7・2　歯車の種類(types of gears)

歯車には多くの種類があるが, 2 つの歯車軸の相対的位置関係によって分類するのが一般的であり, 大きく 3 つに分けられる. 2 軸が互いに平行な平行軸歯車対(parallel gears)には円筒歯車(cylindrical gear)やラック(rack)などがある. 2 軸の交わる交差軸歯車対には, かさ歯車(bevel gear)などがある. 2 軸がねじれの位置にある食い違い軸歯車対には, ねじ歯車(crossed helical gears)やウォームギヤ(worm gear)などがある. 表 7.1 に歯車軸の関係と歯車の種類を示す.

表 7.1　歯車の分類

歯車軸の関係	歯車の種類
平行軸	平歯車
	ラック
	内歯車
	はすば歯車
	はすばラック
	やまば歯車
交差軸	すぐばかさ歯車
	まがりばかさ歯車
食い違い軸	ウォームギヤ
	ハイポイドギヤ
	ねじ歯車

7・2・1　平行軸の歯車(parallel gears, parallel axes gears)

円筒摩擦車は 2 個の円筒であったが, これに相当するのがピッチ面が円筒である円筒歯車である. 図 7.1 はピッチ円筒(pitch cylinder)の外側に歯を持つ外歯車(external gear)である. ピッチ面と歯面(tooth flank)との交線を歯すじ(tooth trace)というが(図 7.3 参照), 図のように, 歯すじが軸に平行な直線で

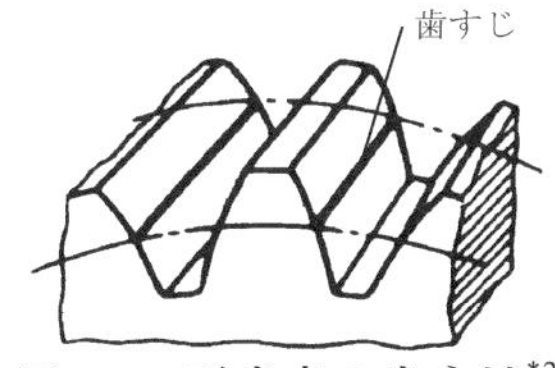

図 7.3　平歯車の歯すじ[*2]

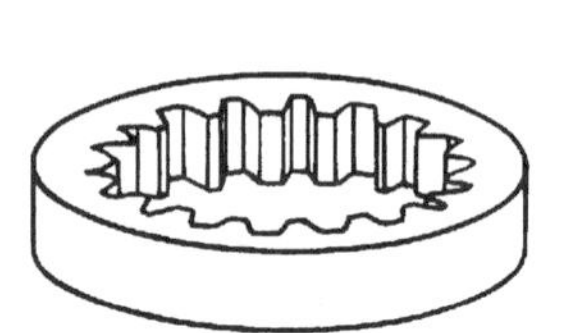

図 7.4 内歯車[*1]

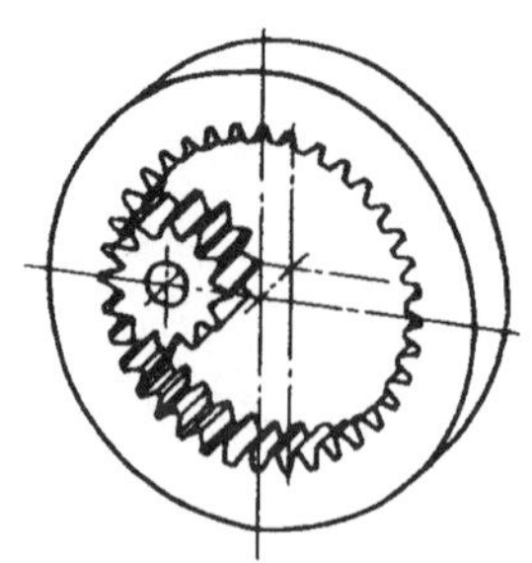

図 7.5 内歯車とピニオン[*2]

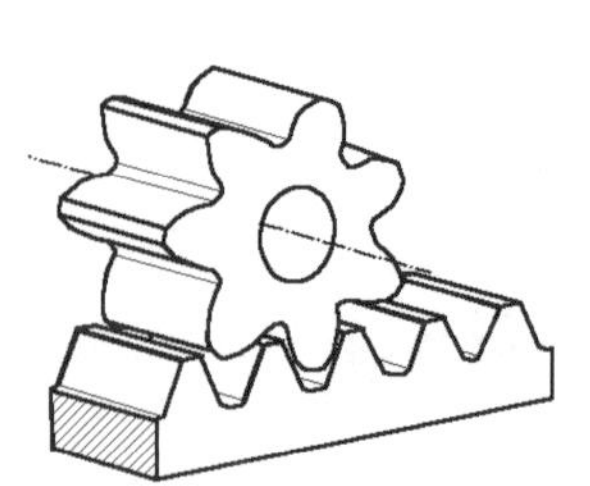

図 7.6 ラックとピニオン

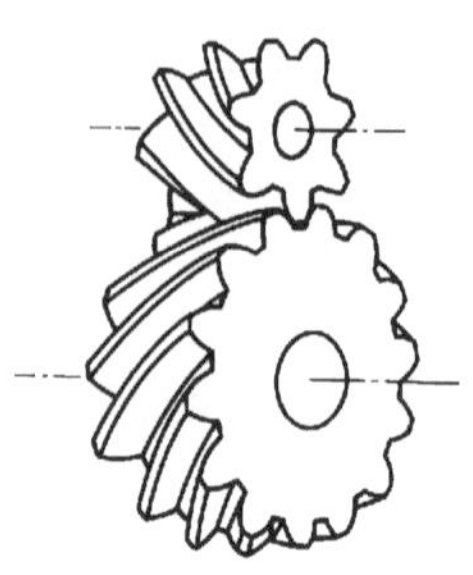

図 7.7 はすば歯車[*1]

*1:JIS B0102:1988 歯車用語-幾何学的定義より引用
*2:JIS B0102:1999 歯車用語-幾何学的定義より引用

あるものを平歯車(spur gear)という．平歯車は製作が容易で最も多く用いられている．

図 7.4 および 7.5 に示す歯車のように内側に歯を持つ歯車を内歯車(internal gear)という．内歯車は 2 軸間の距離を外歯車に比較して小さくできるため，装置を小形化できる．このため後述の遊星歯車列(planetary gear train)などに多く用いられる．

かみ合う 1 対の歯車のうち，歯数の多い方の歯車を大歯車(wheel / gear)あるいはギヤという．歯数の少ない方の歯車を小歯車(ピニオン，pinion)という．大歯車のピッチ円筒の径が無限大に大きくなったものをラックという．図 7.6 は平歯車とかみ合うラックであり，ピッチ面は平面となる．

図 7.7 のように，歯すじがつる巻き線である円筒歯車をはすば歯車(helical gear)という．平歯車より強く，またかみ合い長さ(**7・8** 節)が平歯車より長いため，1 つの歯から次の歯へのかみ合いの移り具合が滑らかになり，振動・騒音が小さくなる．したがって高速回転で使用される歯車装置などで用いられている．

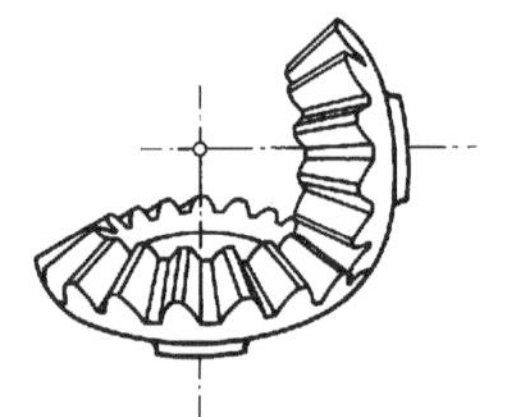

図 7.8 すぐばかさ歯車[*1]

7・2・2 交差軸の歯車(gears with intersecting axes)

2 軸が交わる場合の摩擦車は円すい形状をしていたが，歯車の場合も同様であり，ピッチ面は円すいとなる．円すいに歯を付けたものがかさ歯車である．図 7.8 のように，歯すじがピッチ円すい(pitch cone)の母直線と一致するかさ歯車をすぐばかさ歯車(straight bevel gear)といい，かさ歯車のなかでは多く用いられている．後出の自動車駆動軸用差動歯車装置(図 7.47)における歯車 1～4 にはかさ歯車が使用されている．

図 7.9 のように，歯すじが曲線であるかさ歯車をまがりばかさ歯車(spiral bevel gear)といい，静かで強い歯車として広く用いられている．

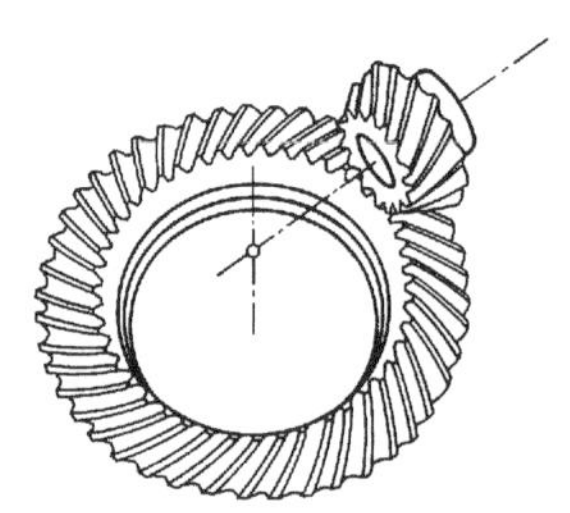

図 7.9 まがりばかさ歯車[*1]

7・2・3 食い違い軸の歯車 (gears with nonparallel and nonintersecting axes)

2 軸が交わらず，かつ平行でない場合の摩擦伝動車は回転双曲面であったが，この回転双曲面をピッチ曲面とし，母線に沿って歯を付ければ食い違いかさ歯車ができる．しかし製作が難しいため，ほとんど使用されていない．

図 7.10 のように，はすば歯車の対を食い違い軸の歯車として用いたものをねじ歯車という．ねじ歯車は点接触となるため，摩耗しやすく比較的軽負荷

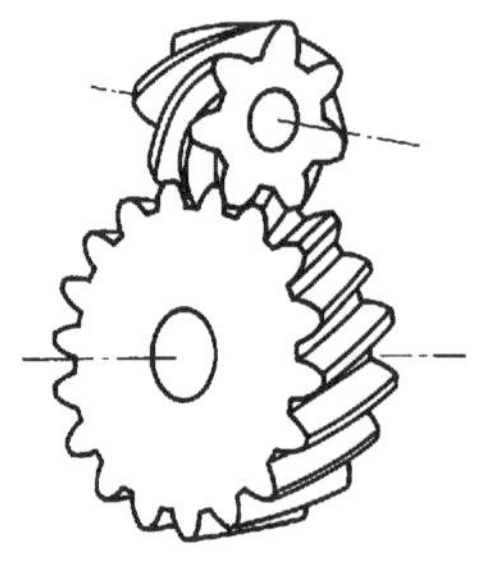

図 7.10 ねじ歯車[*1]

の場合に用いられる．平行軸のはすば歯車では，互いのねじれ角が等しく，ねじれ方向が逆であるが，ねじ歯車では任意のねじれ角を持つ．

ねじ歯車における小歯車の歯数を 1 枚とすると，この小歯車は一条ねじのような形となる．このような 1 枚あるいはそれ以上の歯数を持ったねじ状の歯車をウォーム(worm)といい，これとかみ合うウォームホイール(worm wheel)とからなる歯車対をウォームギヤという(図 7.11)．通常，軸角は直角である．1 組のウォームとウォームホイールのみで大きな減速が可能であり静かであるが，歯面間の相対的滑りが大きく，効率が低い．

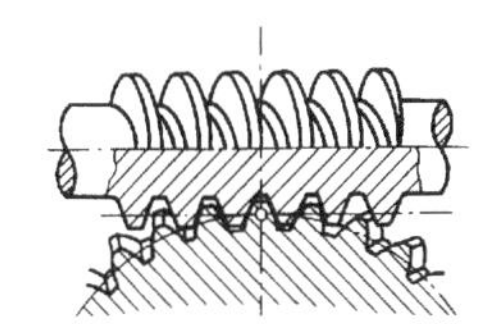

図 7.11　円筒ウォームギヤ*1

図 7.12 のようにねじれの位置にある 2 つの円すいを点接触させ，この円すいをピッチ面とする食い違い軸の歯車をハイポイドギヤ(hypoid gear)という．かさ歯車と異なり軸がねじれの位置にあるため，歯車の両側に軸受を設けることができる．また小歯車のねじれが大きいので，**7･12** 節のはすば歯車のように歯の強度が高い．後述の自動車駆動軸用差動歯車装置(図 7.47)における歯車 5 および 6 では，ハイポイドギヤが使用されている．

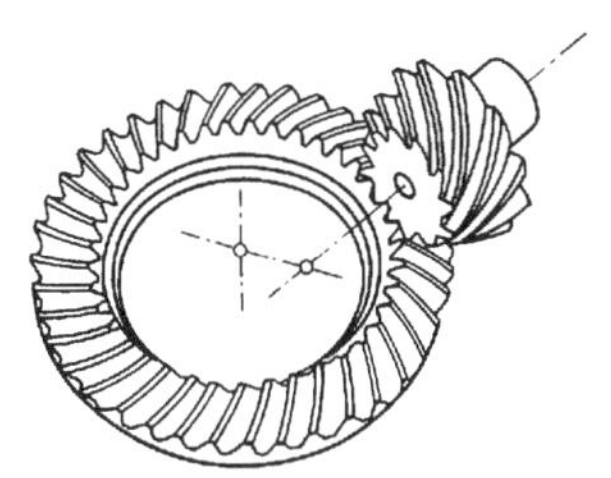

図 7.12　ハイポイドギヤ*1

7・3　歯形の条件(requirements of tooth profile)

図 7.13 は，歯車 1 および 2 が点 O_1 および O_2 を中心として回転している場合において，1 組の歯面のみについて描いたものである．

図中の接触点†Q における歯車 1 と歯車 2 の歯面の速度を v_1， v_2 とする．これらを図 7.14 のように歯面の共通接線 TT′ 方向の分速度 v_{1T}， v_{2T} と共通法線 NN′ 方向の分速度 v_{1N}， v_{2N} に分解すると，両歯面が接触を保ちながら連続的に運動するためには，**3･7** 節で述べたように，

$$v_{1N} = v_{2N} \tag{7.1}$$

の関係が必要である．

さらに，歯車 1，2 の角速度をそれぞれ ω_1， ω_2 とし， v_1 が共通法線となす角を α_1 とすれば，図 7.13 において

$$\overline{QA} = v_1 \cos\alpha_1 = \omega_1 \overline{O_1Q} \cos\alpha_1 = \omega_1 \overline{O_1C} \tag{7.2}$$

となる．同様にして，

$$\overline{QA} = \omega_2 \overline{O_2D} \tag{7.3}$$

である．したがって式(7.2)と式(7.3)を等しいとすると，以下の角速度比の関係式が得られる‡．

$$\frac{\omega_2}{\omega_1} = -\frac{\overline{O_1C}}{\overline{O_2D}} = -\frac{\overline{O_1P}}{\overline{O_2P}} \tag{7.4}$$

ここで点 P は回転中心 O_1，O_2 を結ぶ線と共通法線 NN′ との交点で，歯車 1 と歯車 2 の間の瞬間中心であり，これをピッチ点(pitch point)という．

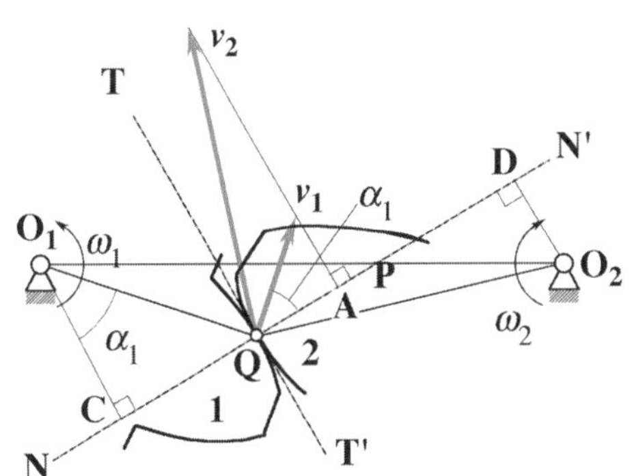

図 7.13　歯車の接触の条件

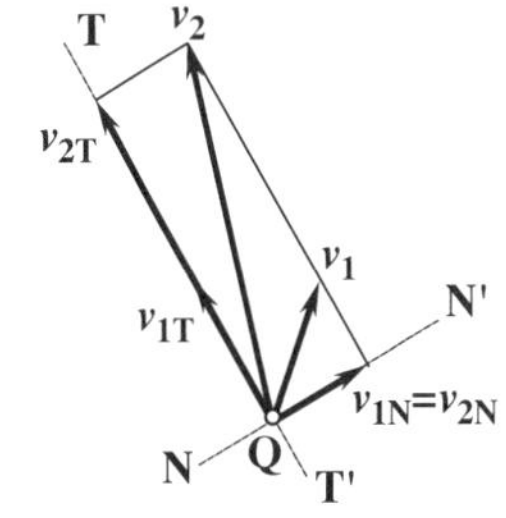

図 7.14　接触点 Q における歯面の速度

以上をまとめると，かみ合っている 1 対の歯車の角速度比は，接触点の共通法線が中心連結線を内分する線分の長さの逆比である．以上は外歯車のかみ合いの場合であるが，内歯車の場合では，ピッチ点 P が中心連結線を外分することは第 6 章の摩擦車の場合と同様であり，この場合 2 つの歯車は同方

角速度比が一定の歯車の条件：
歯と歯の接触点を通る歯面の共通法線が定点であるピッチ点を常に通ること

† 歯車用語（JIS B0102:1999）では，かみ合っている歯形の瞬間的な接触点を作用点(point of action)という．

‡ 図 7.2 のような外歯車同士のかみ合いの場合，実際の歯車の回転方向は互いに逆方向となるため，式(7.4)では負号が必要となる．図 7.5 のような外歯車と内歯車のかみ合いの場合，両者の回転方向は同方向となり式(7.4)の負号は不要である．

向に回転する．

等速で回転運動を伝達する歯車を実現するためには一定の角速度比を得る必要があり，ピッチ点Pは定点でなければならない．つまり，歯面がどこで接触しているときも，歯と歯の接触点を通る歯面の共通法線が定点であるピッチ点Pを必ず通ることが必要である．このような条件を満たす歯車の歯形の詳細は次節以降に述べる．

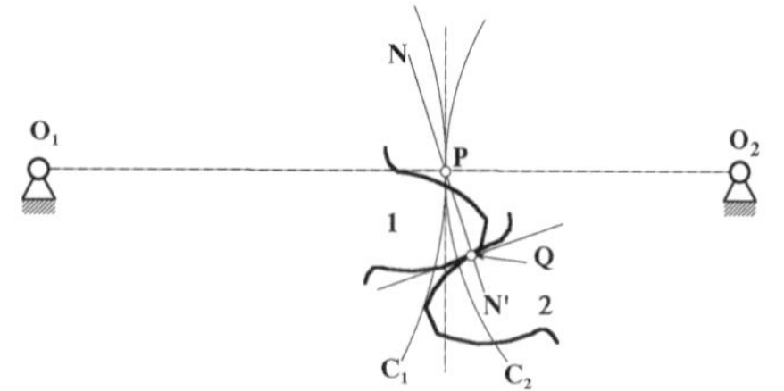

図 7.15　歯面の接触点の共通法線はピッチ点を通る

図 7.15 は歯面 1，2 が点 Q で接触をしている様子を表している．上で述べたように，接触点 Q を通る歯面の共通法線 NN′ が常にピッチ点 P を通っていれば，この歯車対は一定の角速度比で回転する．このときピッチ円(ピッチ面の軸直角断面，pitch circle)C_1 と C_2 はピッチ点 P を通り，O_1 と O_2 を中心とする円となり，あたかも摩擦車のように転がり接触をする．

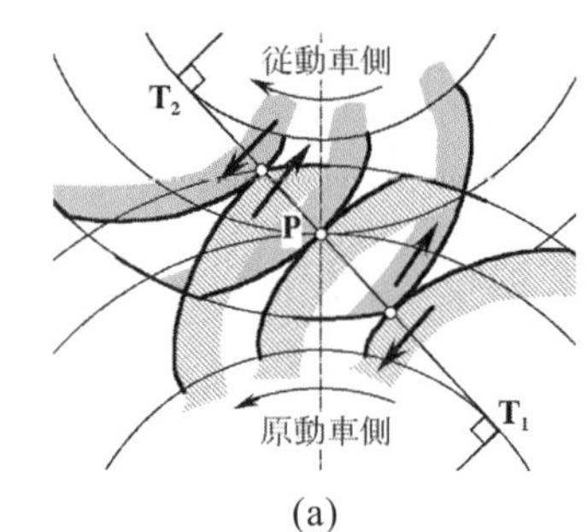

(a)

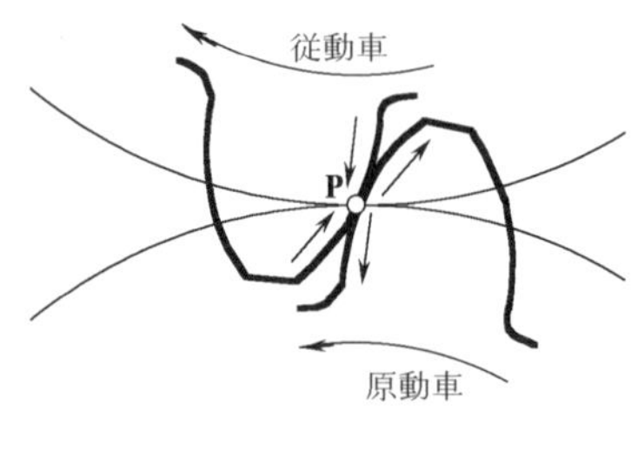

(b)

図 7.16　歯面の滑り方向

実際の歯車では，歯面同士が転がり接触をするのは接触点 Q がピッチ点 P と一致する瞬間だけである．したがって接触点 Q がピッチ点 P から遠ざかるにつれて，滑りが大きくなる．図 7.16 はインボリュート歯形(**7･5** 節参照)の歯面の滑りの方向を示しているが，原動車ではピッチ点から歯の先端部および歯の根元方向へ向かう．従動車側ではこれと逆となる．

以上，歯車がかみ合うための機構学的な条件について説明してきたが，実用的には製作しやすく強度が高い必要がある．具体的には，モジュール(module，**7・7** 節参照)が同じであって歯数の異なる大小の歯車も同一の工具で加工ができ，また大きな曲げ応力を受けることになる歯の根元部分が厚いことが望ましい．

現在，実際に広く使われている歯形はインボリュートとサイクロイドの 2 つである．次節ではまず，インボリュート歯形の基礎となるサイクロイド歯形について述べる．

7・4　サイクロイド歯形(cycloid tooth profile)

図 7.17 に示すように，直線あるいは円の上を 1 つの円が転がるとき，この転がり円(rolling circle)(創成円ともいう)の周上の 1 点の軌跡をサイクロイド(cycloid)という．基準となる直線および円を底直線および底円というがこれらは歯車のピッチ線およびピッチ円となる．図 7.17(a)のように底直線の上を転がる場合を普通サイクロイド(common cycloid)，図 7.17(b)のように底円(ピッチ円)の外側を同様に転がり円が転がった際の軌跡を外転サイクロイド(epicycloid)，そして図 7.17(c)のように内側に転がる際の軌跡を内転サイクロイド(hypocycloid)という．これらのサイクロイド曲線の特性として，図中の弧 AQ と弧 A′Q の長さは等しい．また，転がり円の瞬間中心はピッチ線あるいはピッチ円と転がり円との接点 Q であるから，転がり円上の点 A′ の速度方向は弦 A′Q に垂直な方向となる．したがってサイクロイド曲線は任意の点 A′ において弦 A′Q に垂直である．もちろん図の始点 A においてもピッチ線あるいはピッチ円に対して垂直である．

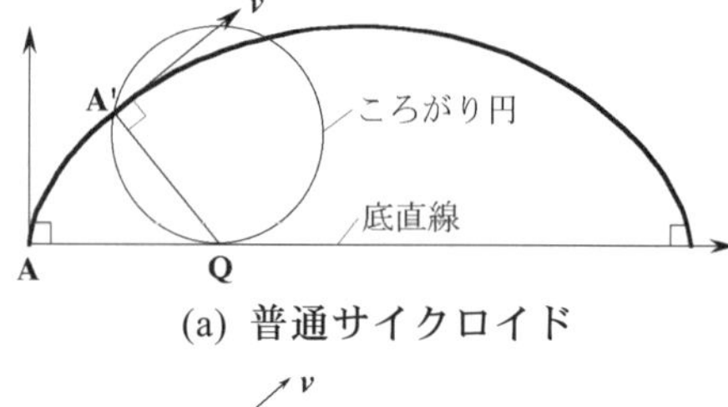

(a) 普通サイクロイド

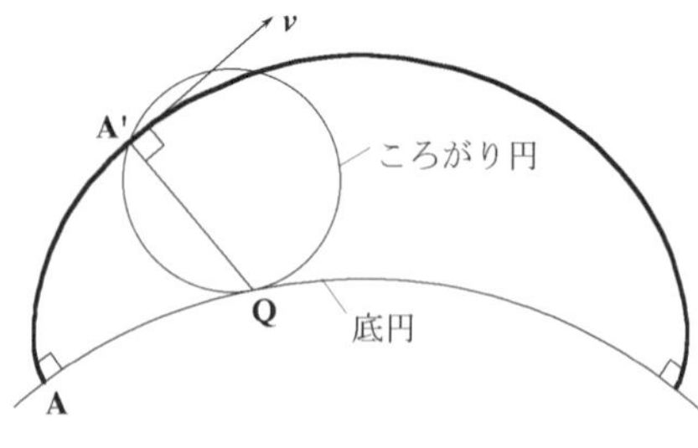

(b) 外転サイクロイド

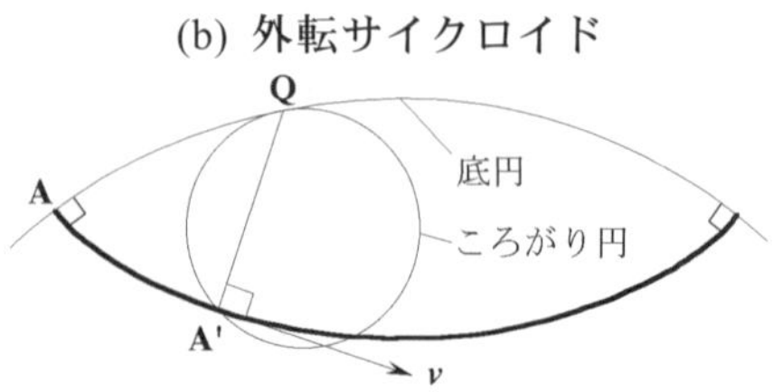

(c) 内転サイクロイド

図 7.17　サイクロイド曲線

図 7.18 のように，この 2 つの曲線をつなぎ合わせて歯形にした歯車をサイクロイド歯車(cycloid gear)という．ピッチ円より外側の歯末が外転サイクロイドの歯形，内側の歯元が内転サイクロイドの歯形である．

歯車の回転に伴うかみ合いの様子は図 7.18(a)，(b)，(c)の順に変化する．歯

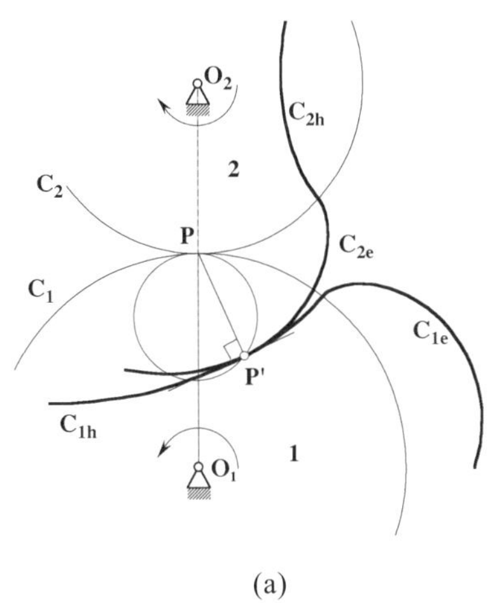

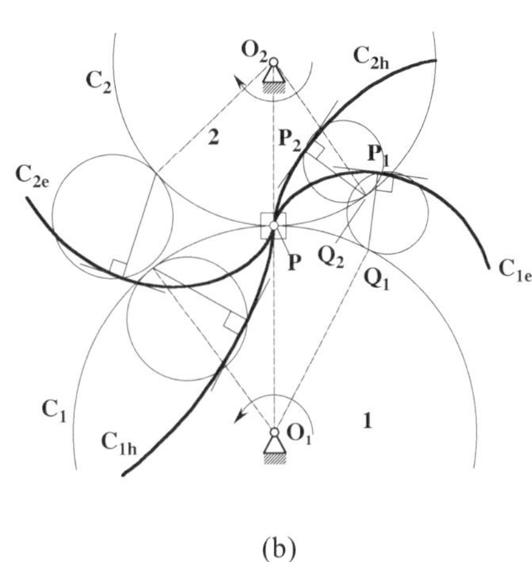

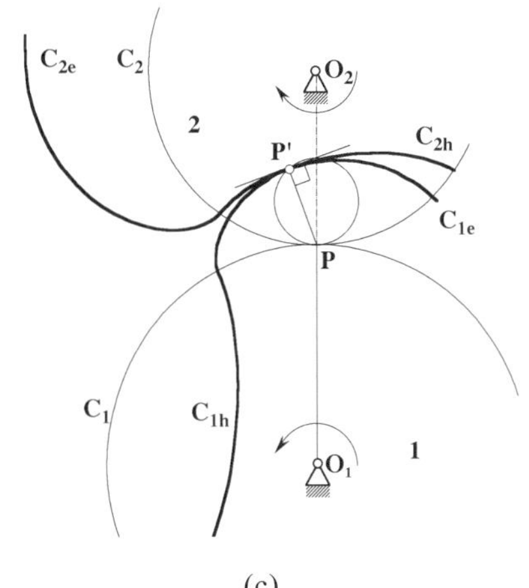

図 7.18　サイクロイド歯形のかみ合い

車に使用する歯形の条件は前述のように一定の角速度比が得られることであるが，ここで図(b)を使ってこのサイクロイド曲線が歯形として適する理由について説明する．まず，ピッチ円 C_1 の外側とピッチ円 C_2 の内側を同じ大きさの転がり円が転がる際の軌跡は，それぞれ外転サイクロイド C_{1e} および内転サイクロイド C_{2h} となる．図(b)はこの 2 つのサイクロイド曲線がピッチ点 P で接触している様子を表している．ピッチ点 P においてサイクロイド曲線はピッチ円に対して垂直であるから，接触点の共通法線はピッチ点 P を通り，先に述べた歯形の必要条件を満たしている．図中の点 Q_1 および Q_2 は弧 PQ_1 と弧 PQ_2 の長さが等しくなるように描いている．このときも弦 Q_1P_1 および弦 Q_2P_2 はサイクロイド曲線 C_{1e} および C_{2h} と垂直である．図(b)が回転して図(c)の状態になったとき，2 つの転がり円は重なって 1 つの円となり，2 つの弦も重なる．このとき接触点は $P'(=P_1=P_2)$ となる．接触点 P′ での歯面の共通法線は上記の弦となり，ピッチ点 P を通る．図(a)の状態においても同様に接触点での歯面の共通法線はピッチ点を通る．したがって，サイクロイド歯形は互いに接しながら一定角速度比の運動を伝達できることがわかる．

歯面間で力の伝わる方向は歯面法線 PP′ の方向であり，この方向と接触点 P′ の運動方向のなす角が圧力角 α となり，接触点における半径線と歯形への接線のなす角に等しい(図 7.19 参照)．また，サイクロイド歯形の圧力角は，かみ合いが始まるときと終わるときに最大となり，ピッチ点(図(b))では 0° となる(図 7.19 参照)．

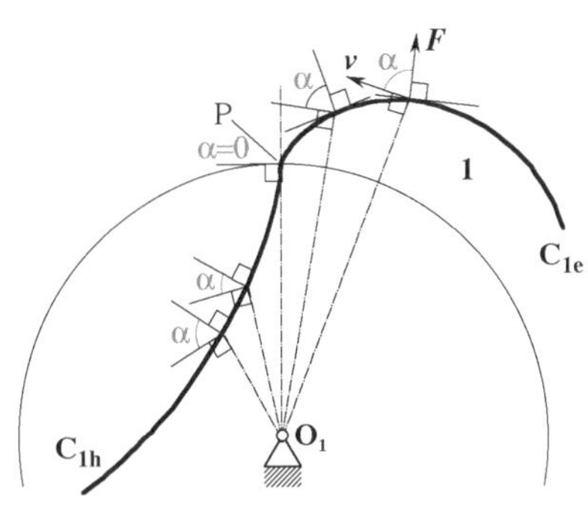

図 7.19 サイクロイド歯形の圧力角

以上より，サイクロイド曲線を用いた歯車の例を図 7.20 に示す．歯車が逆転する場合も想定して，歯は左右対称の形とする．2 つのサイクロイド歯車をかみ合わせる場合，一方の歯車内転円は他方の歯車の外転円となり，一方の歯車の外転円は他方の歯車の内転円となる．もちろん両方の転がり円を同じ大きさにしても差し支えないが，内転円の大きさは小さくした方が歯元が厚くなって都合がよい．

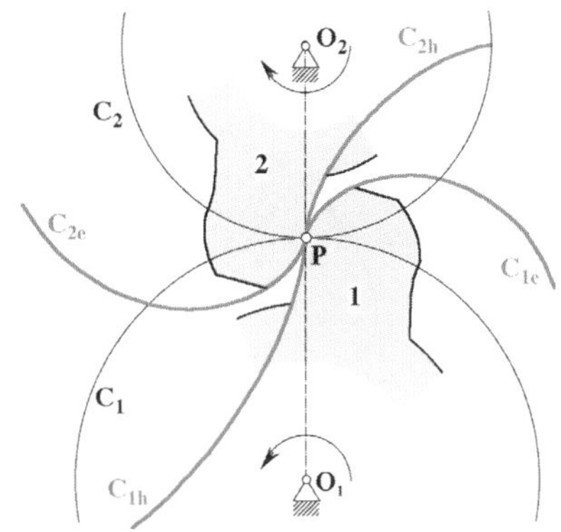

図 7.20　サイクロイド歯車

サイクロイド歯車は歯面の滑りが小さいため摩耗が少なく，静粛であって効率もよい．また，歯数の小さい歯車の製作が可能である．しかし，2 つの曲線から構成されているため，製作が困難である．また，2 つの歯車の中心距離(center distance)に誤差が生じた場合に正しいかみ合いとならない．さらに，サイクロイド歯形では，転がり円の大きさが等しくないとかみ合わせることができない[†]ため，やや交換性が劣る．

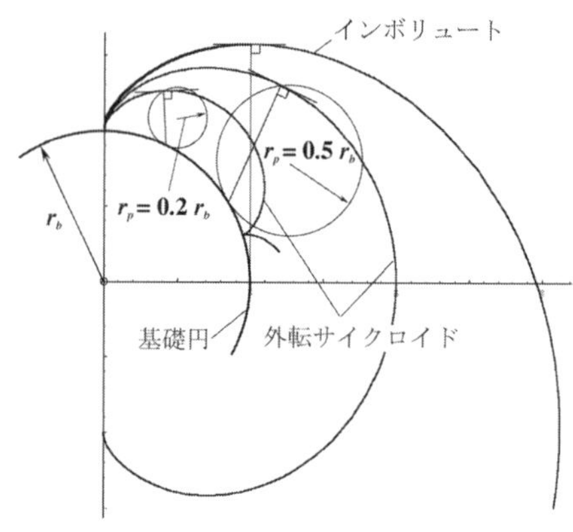

図 7.21 サイクロイドとインボリュート

7・5 インボリュート歯形(involute tooth profile)

7・5・1 インボリュート(involute)

前節の外転サイクロイドにおいて，底円をそのままにし，外側の転がり円の大きさを徐々に無限大まで大きくしていくと(図 7.21)，最終的には底円上を直線(創成線，generator)が滑らずに転動することになる．このときの転動する直線上の点の軌跡をインボリュート(involute)といい，底円を基礎円(base circle)という．このインボリュート曲線は，図 7.22 のように円筒に巻き付けた糸の先端にペンを結び，糸を弛ませないようにほどいていくことによって容易に描くことができる．基礎円から外側のこの曲線を用いた歯車をインボリュート歯車(involute gear)という．

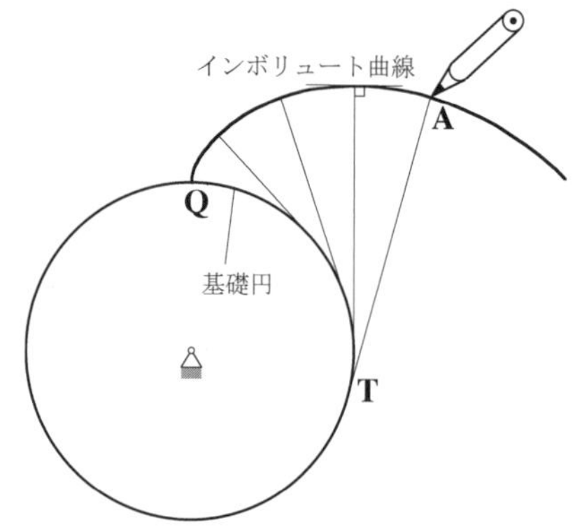

図 7.22 インボリュート曲線の描き方

また，基礎円上を転動する線分 AT の瞬間中心は T であるから，線分 AT はインボリュート曲線に対して常に垂直となる．したがって図 7.23 のように，この曲線からなる歯形を持つ歯車 1 と 2 をかみ合わせると，歯車 1 の基礎円と歯車 2 の基礎円に接する共通接線 T_1T_2 は，かみ合っている歯面に対して垂直となる．

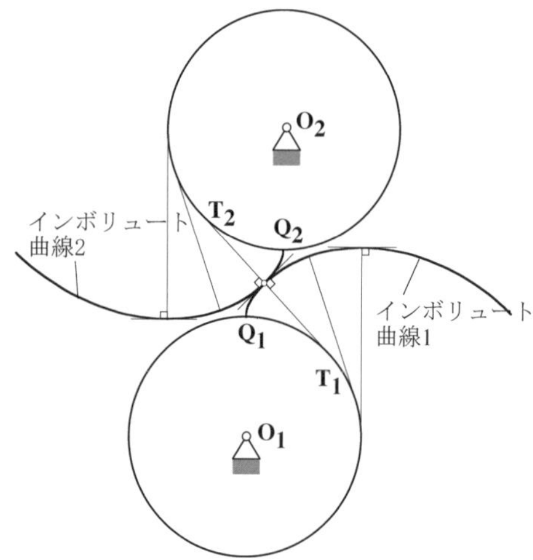

図 7.23 インボリュート歯形同士の接触

図 7.24 において，インボリュートの性質から，線分 AT と弧 QT の長さは等しい．すなわち，

$$\overline{\mathrm{AT}} = \widehat{\mathrm{QT}} \tag{7.5}$$

さらに，基礎円の半径を r_b とし，図中の角度 α_A， θ_A を用いると，

$$\overline{\mathrm{AT}} = r_b \tan\alpha_A \tag{7.6}$$

$$\widehat{\mathrm{QT}} = r_b(\theta_A + \alpha_A) \tag{7.7}$$

であるから，

$$r_b \tan\alpha_A = r_b(\theta_A + \alpha_A) \tag{7.8}$$

ゆえに，

$$\theta_A = \tan\alpha_A - \alpha_A \tag{7.9}$$

となる．

【例題 7・1】**

式(7.9)の θ_A は α_A の関数であり，インボリュート関数(involute function)と呼ばれ，$\theta_A = \tan\alpha_A - \alpha_A = \mathrm{inv}\alpha_A$ で表す．インボリュート曲線を直交座標表示 (x, y) の式で表し，描いてみよ．

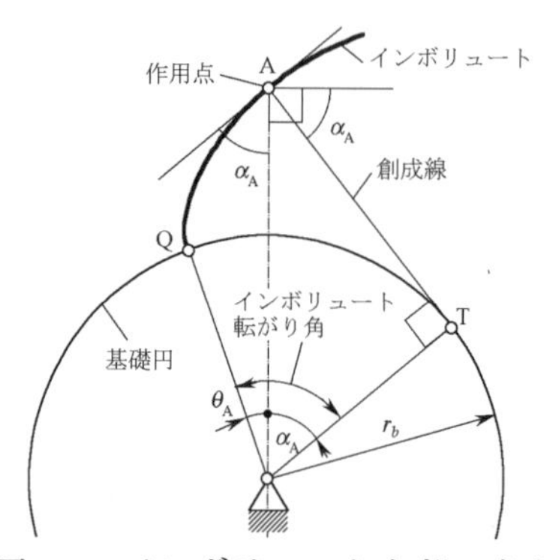

図 7.24 インボリュート各部の名称

【解答】

図 7.25 のように，基礎円中心 O_1 に座標の原点を取る．$\overline{\mathrm{O_1T}} = r_b$，$\overline{\mathrm{AT}} = r_b(\theta_A + \alpha_A)$ であるから，点 A の x, y 座標は，次式のように求められる．

$$x_A = r_b \sin(\theta_A + \alpha_A) - r_b(\theta_A + \alpha_A)\cos(\theta_A + \alpha_A) \tag{ex7.1}$$

$$y_A = r_b \cos(\theta_A + \alpha_A) + r_b(\theta_A + \alpha_A)\sin(\theta_A + \alpha_A) \tag{ex7.2}$$

****

[†] もちろん歯と歯の間隔すなわちピッチ(**7・6** 節および **7・7** 節参照)も等しい必要がある．

7・5・2　インボリュート歯形のかみ合い (involute tooth profiles in contact)

次にインボリュート曲線からなる歯形 I_1 および I_2 を1組用意し，インボリュート曲線上の点 P_1 にて接触させた様子を図 7.26(a)に示す．このような2つのかみ合う歯形のその瞬間接触点を作用点という．前述のように，I_1 と P_1T_1 および I_2 と P_1T_2 はそれぞれ垂直となるから，P_1T_1 および P_1T_2 は一直線となり，直線 T_1T_2 は基礎円 O_1, O_2 の共通内接線となる．この共通内接線 T_1T_2 を作用線というが，これが中心連結線 O_1O_2 と交わる点がピッチ点 P である．当然のことながら，ピッチ点は定点であり，**7・3** 節の角速度比一定の条件を満たしている．図のようにピッチ点 P を通り回転中心 O_1 および O_2 を中心とする円がピッチ円である．この場合，2 つのピッチ円が転がり接触伝動をしているかのように見える．

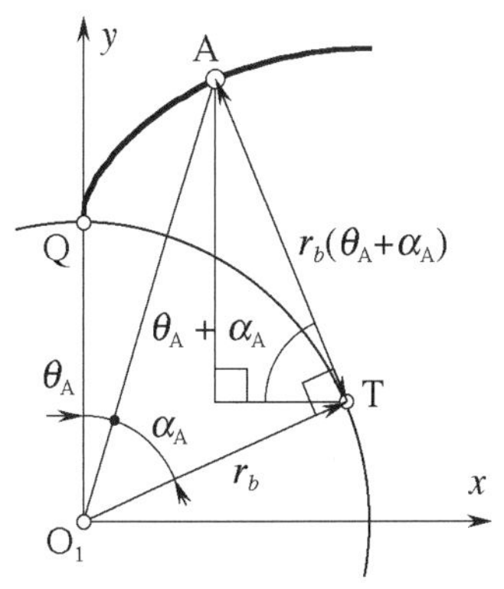

図 7.25　直交座標系における インボリュート曲線の座標

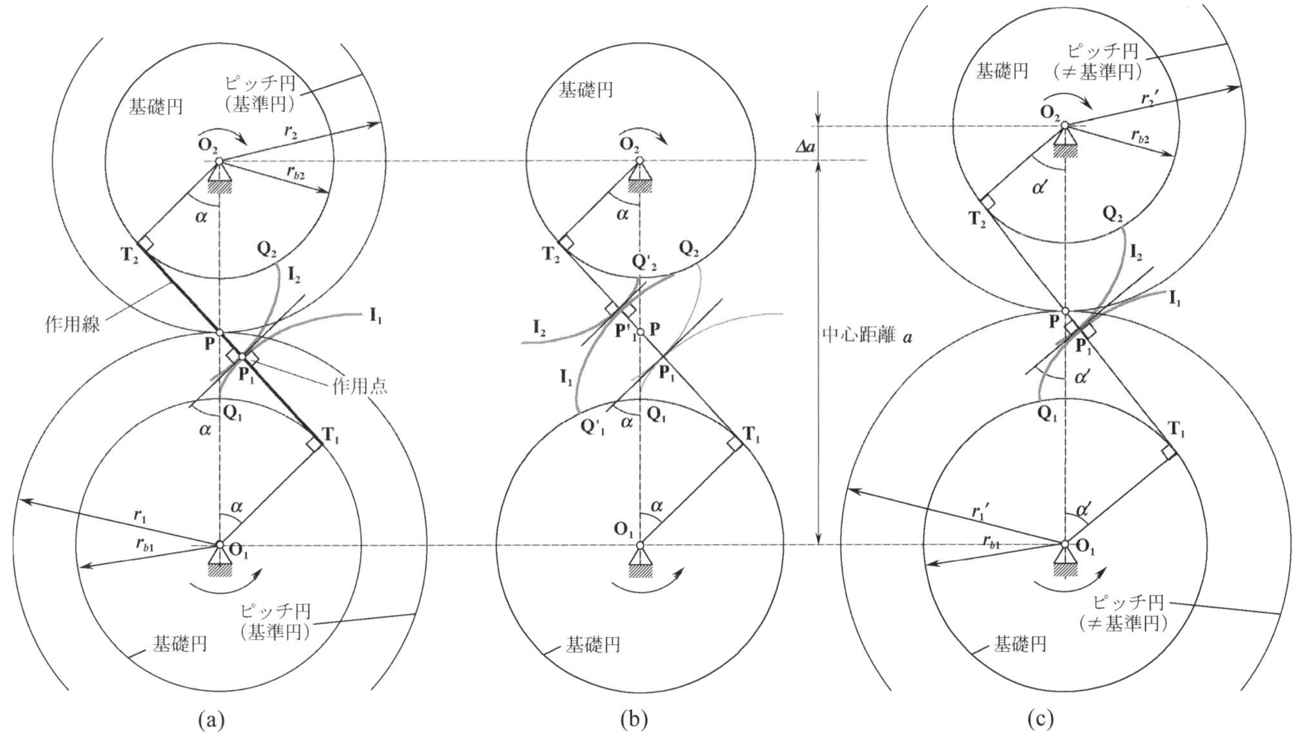

図 7.26　インボリュート歯形のかみ合い

インボリュート歯形における圧力角もサイクロイド歯形と同様に作用点における力 $\boldsymbol{F}$ の伝わる法線方向と運動方向 $\boldsymbol{v}$ のなす角に等しい(図 7.27 参照)．インボリュート歯形では，基礎円上の起点では圧力角は0°となり，図 7.27 の点 P_1 から P_2 のように歯先に近づくにつれて圧力角は α_1 から α_2 のように大きくなる．このような歯面上のある任意の接触点(作用点)における圧力角を「ある点の圧力角」といい，一般に歯車において「圧力角」は．歯形が基準円[†](reference circle，**7・6** 節）と交わる点の圧力角を指し，α_p で表し，基準圧力角ともいう．

ここで，図 7.26(a)の状態において角速度比を求めてみる．歯車 1 および 2

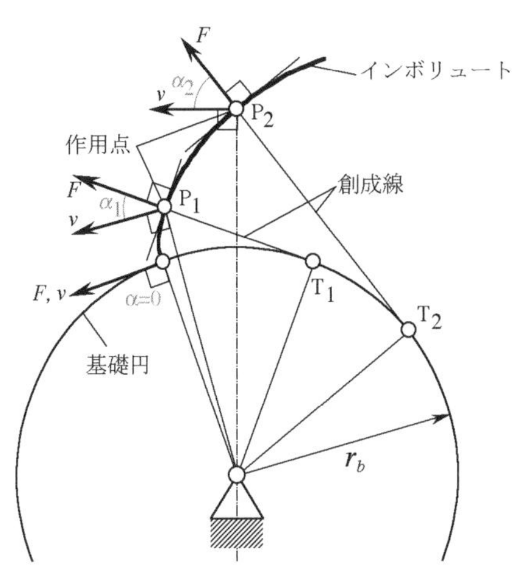

図 7.27　歯面上のある点の圧力角

† 7・6 節で説明するように，モジュール m と歯数 z によって大きさの決まる円を基準円という．

の角速度をω_1，ω_2，基礎円半径をr_{b1}，r_{b2}，ピッチ円半径をr_1，r_2とすれば[†]，式(7.4)より次式を得る．

$$\frac{\omega_2}{\omega_1}=-\frac{\overline{O_1P}}{\overline{O_2P}}=-\frac{r_1}{r_2}=-\frac{r_1\cos\alpha}{r_2\cos\alpha}=-\frac{r_{b1}}{r_{b2}} \tag{7.10}$$

次に図7.26(a)の状態からある時間経過した様子を図7.26(b)に示す．歯車はそれぞれの回転中心を中心として回転し，歯面の作用点P_1は移動してP_1'にて接触している．この作用点の移動した距離$\overline{P_1P_1'}$は

$$\overline{P_1P_1'}=\overline{P_1'T_1}-\overline{P_1T_1}=\widehat{Q_1'T_1}-\widehat{Q_1T_1}=\widehat{Q_1'Q_1} \tag{7.11}$$

である．歯車1の歯面が回転してQ_1からQ_1'へ移動したとき，作用点は作用線T_1T_2上をP_1からP_1'へと移動する．このとき，歯車2の歯面はQ_2からQ_2'へ移動する．以上のようなインボリュート歯車による接触伝動は，あたかも基礎円と同じ大きさのベルト車1および2に巻き付けられたベルトT_1T_2がT_1からT_2の方向へ移動している巻き掛け伝動のように考えることができる(図7.28参照)．

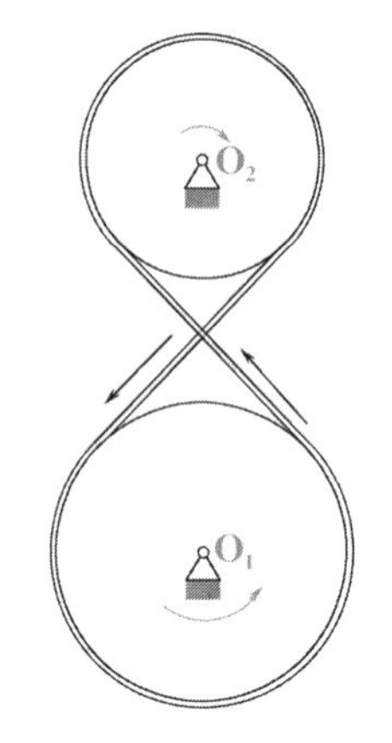

図7.28　巻き掛け伝動

図7.26(c)は，歯車1と2の基礎円半径r_{b1}，r_{b2}を変えずに，中心距離$\overline{O_1O_2}=a$を$a+\Delta a$に増加させた場合を示している．基礎円の大きさに変化がないので，歯形は(a)の場合と同じである．図より，ピッチ点における圧力角はαからα'へと大きくなり，さらにピッチ円半径もr_1'，r_2'へと大きくなっていることがわかる[†]．しかし歯面の接触点における共通法線はピッチ点Pを通り，一定角速度比の条件を満たし正しいかみ合いをしている．このときの角速度比は，

$$\frac{\omega_2}{\omega_1}=-\frac{\overline{O_1P}}{\overline{O_2P}}=-\frac{r_1'}{r_2'}=-\frac{r_1'\cos\alpha'}{r_2'\cos\alpha'}=-\frac{r_{b1}}{r_{b2}} \tag{7.12}$$

となって式(7.10)と同じであり，歯車対の中心距離が変化しても，角速度比は一定に保たれることになる．これはインボリュート歯車の持つ特長の1つでもある．

インボリュート歯形の特長：
- 1つの曲線からなるため単純であり，歯車の製作をする刃物などの工具類が少なくてすむ．
- 取り付け時などに中心間距離に多少の誤差があっても歯のかみ合いは正しく行われ，角速度比の変化がない．

インボリュート歯形は1つの曲線からなるため単純であり，歯車の製作をする刃物などの工具類が少なくてすむ．また，取り付け時などに中心距離に多少の誤差があっても歯のかみ合いは正しく行われ，角速度比の変化はない．以上のように，インボリュート歯形は非常に利点を多く持つため，広く用いられている．

7・5・3　インボリュート歯形の創成 (generation of involute tooth profile)

ここでは，歯車の一般的な工作法の1つである創成法(generating method)について説明する．

インボリュート曲線は基礎円上を転動する直線上の点の軌跡であったが，この基礎円の大きさを無限大に大きくすると，ピッチ円は最終的に1本の直

[†] 図7.26(a)および(b)のような標準平歯車(**7・6**節参照)同士が歯数とモジュールにより決まる中心距離でかみ合わされるとき，ピッチ円と基準円は同一の円となる．すなわち，基準円半径とピッチ円半径は等しい．

[†] このように中心間距離に変動がある場合や転位歯車(**7・10**節)などでは，圧力角はピッチ円上での圧力角すなわちかみ合い圧力角(working pressure angle)α'またはα_wで表す．同様にピッチ円と基準円も異なる大きさとなり，このときのピッチ円の大きさはかみ合いピッチ円直径d'またはかみ合いピッチ円半径r'で表す．

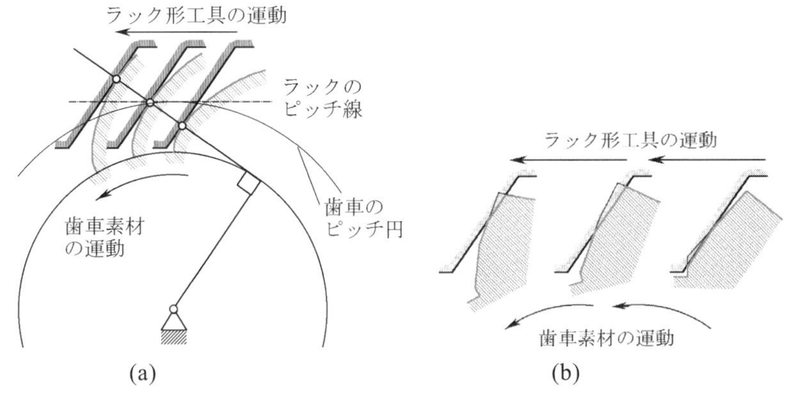

図 7.29　ラック形工具によるインボリュートの創成

線，すなわちピッチ線になり，インボリュート歯形は直線となる．これがラックである．ラックは歯車の大きさが極限になったものであるので，ラックのピッチ線はこれにかみ合う歯車のピッチ円と転がり接触をする．

以上のようなラックの形状を持つ工具(ラック形工具，rack type cutter)と歯車の素材(ギヤブランク)のそれぞれの仮想的ピッチ線(歯切りピッチ線という)とピッチ円を，図 7.29 のように転がり接触させるように相対的位置決めを行いながら，工具で素材を加工するための切削運動を行えば，歯車素材の輪郭は工具の包絡線となり，結果的にインボリュート曲線を持つ歯形が削り出される．このような方法は，目的とするインボリュート曲線を持たない工具によりインボリュート歯形を創り出すため，創成法と呼ばれる．創成法はラック形をしたラックカッタ(図 7.30(a))だけではなく，ねじのような形をしたホブ(図(b)，hob)という工具を用いたり，歯車形の工具(ピニオンカッタ，図(c)，pinion type cutter)を用いても可能である．

他の方法として歯溝の輪郭を持つ工具で加工する成形法があるが，同一のピッチ(pitch，**7・6** 節参照)を持つ歯車でも歯数が異なれば別の工具を用意しなくてはならず不経済である．これに対して創成法では同一のピッチの歯車ならば，どのような歯数の歯車であっても理論的に正確な歯形が加工できる．

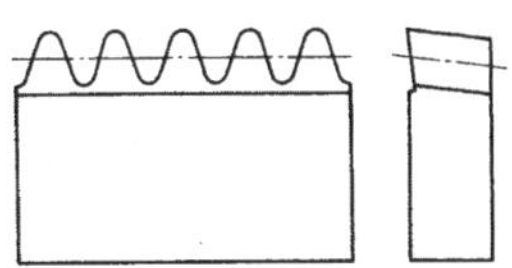

(a) ラックカッタ

(b) ホブ

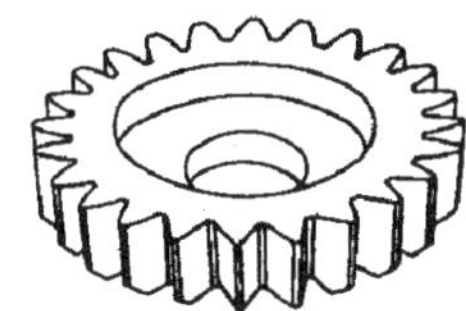

(c)ピニオンカッタ

図 7.30　歯切工具(gear cutters)
(JIS B0174:1991 歯切工具用語より引用)

7・6　基準ラック(basic rack)

インボリュート歯車の歯形の形状は基礎円の大きさにより変化する．基礎円の大きさに関わらずインボリュート歯車の歯形を標準的に表すために，図 7.31 および表 7.2 に示すような基準となる歯形を持つ標準基準ラック歯形(standard basic rack tooth profile)が規定されている(JIS B1701-1:1999)．このような歯形を持つラックは歯数 $z=\infty$，直径 $d=\infty$ の外歯車に相当するから，この基準ラックを用いれば，歯数に無関係に歯車の歯形の大きさや形状を定めることができるため都合がよい．このように規定される標準基準ラックの歯形は，歯の大きさがモジュール m によって表される．モジュール m は，歯車の歯の間隔であるピッチを決定する定数であり，JIS で標準値が定められている(表 7.3)．ピッチ p は

$$p=\pi m \tag{7.13}$$

であり，P-P 上の歯厚(tooth thickness) s_p が歯溝の幅(space width) e_p と等しく，

表 7.2 標準基準ラックの寸法
(m:モジュール)

項 目	記号	寸法
圧力角(pressure angle)	α_p	20°
歯末のたけ(addendum)	h_{ap}	$1.00m$
頂げき(bottom clearance)	c_p	$0.25m$
歯元のたけ(dedendum)	h_{fp}	$1.25m$
歯底すみ肉部曲率半径	ρ_{fp}	$0.38m$

表 7.3 モジュールの標準値 単位 mm
(JIS B 1701-2:1999 より引用)

優先順位Ⅰ	優先順位Ⅱ
0.1	0.15
0.2	0.25
0.3	0.35
0.4	0.45
0.5	0.55
0.6	0.7
0.8	0.75
1	0.9
1.25	1.125
1.5	1.375
2	1.75
2.5	2.25
3	2.75
4	3.5
5	4.5
6	5.5
8	(6.5)
10	7
12	9
16	11
20	14
25	18
32	22
40	28
50	36
	45

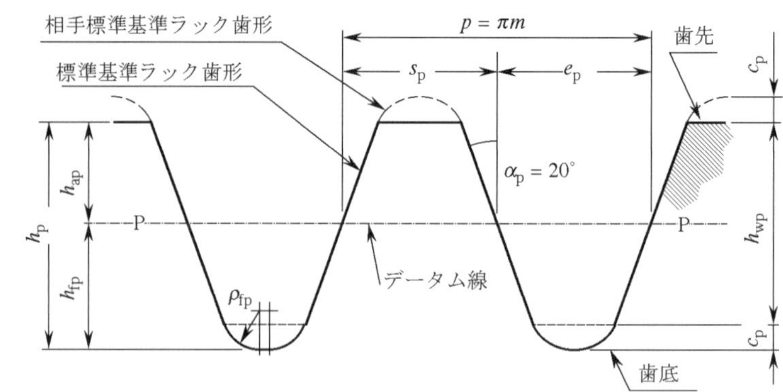

図 7.31 標準基準ラック歯形(JIS B1701-1:1999 より引用)

ピッチ p の半分となるように定められている直線をデータム線†という．すなわち，

$$s_p = e_p = \frac{p}{2} = \frac{\pi m}{2} \tag{7.14}$$

である．また，歯形は直線であり，データム線 P-P の法線に対して圧力角 α_p だけ傾いている．標準基準ラックでは $\alpha_p = 20°$ が規定されている．

以上の歯数 $z = \infty$，直径 $d = \infty$ の外歯車に相当する基準ラックの歯数を任意の数 z (ただし整数) とすると，ラックのデータム線は直径 d の円となる．このようにモジュール m と歯数 z によって大きさの決まる円が基準円である．基準円直径 d は，

$$d = zm \tag{7.15}$$

となる．

上述の標準基準ラック歯形と同じ輪郭である相手標準基準ラック歯形を持つラック形工具を用いて，前節の創成法に従い，ラックのデータム線と基準円が転がり接触をするように相対的位置決めをし，かつ切削運動を行わせて理想的に製作した歯車のことを標準歯車(standard gear)という†．この歯車ではピッチ円と基準円は同一の円となる．

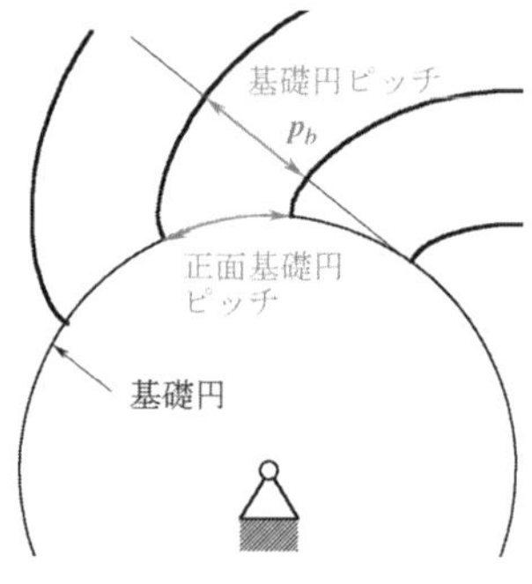

図 7.32 基礎円ピッチ

また，インボリュート歯車の作用点は図 7.26 に記したように，基礎円の共通接線(作用線)の上を移動していく．このことから，1 対の歯車がかみ合う条件として，図 7.32 に示す基礎円ピッチ(base pitch) p_b が等しいことが必要となる．この基礎円ピッチは，インボリュート曲線の起点間の基礎円の弧の長さである正面基礎円ピッチ(transverse base pitch)に等しく，

$$p_b = \pi m \cos\alpha_p \tag{7.16}$$

であるため，モジュール m と圧力角が等しくないと歯車は正しくかみ合わないことがわかる．式(7.15)および式(7.16)より，基礎円直径 d_b は，

$$d_b = d\cos\alpha_p \tag{7.17}$$

となる．

---

† ラック歯形の寸法を決める基準として図 7.31 のようにデータム線を定めている．基準ラックではデータム線に沿った歯厚と歯溝の幅は等しい．

† 非転位歯車(non-profile-shifted gear)という．JIS B0102:1999(歯車用語)では，このような転位していない歯車のことを x-0 歯車(x-zero gear)と呼んでいる．転位歯車(x-歯車，x-gear)については **7・10** 節参照．

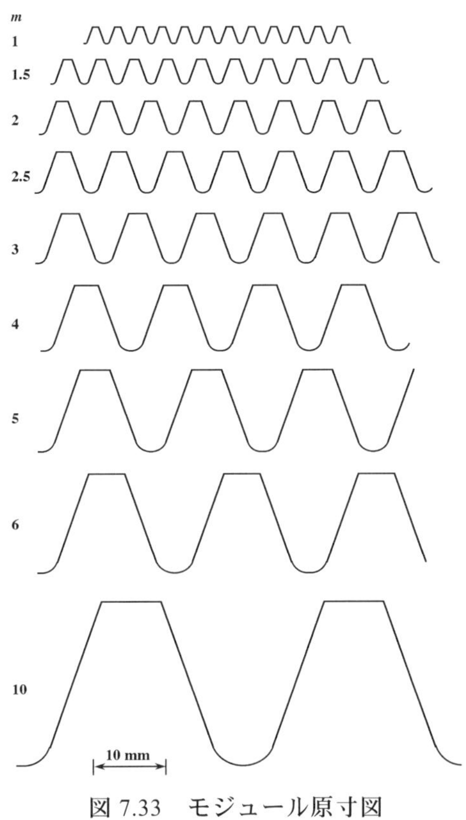

図 7.33　モジュール原寸図

7・7　モジュール(module)

一般に歯車の歯の大きさを表すのに，**7・6** 節の基準ラックと同様にモジュール m を用いる．2 つの歯車同士がかみ合うためには，前述のように互いのピッチが同じである必要がある．ここで歯車の基準円直径を d，歯数を z で表すと，ピッチ p は

$$p = \frac{\pi d}{z} \tag{7.18}$$

である．この式から，2 つの歯車のピッチ p_1 と p_2 を等しくするためには，

$$\frac{\pi d_1}{z_1} = \frac{\pi d_2}{z_2}$$

でなければならない．上式の両辺を π で除したものをモジュール[*] m とすれば，

$$m = \frac{d}{z} \tag{7.19}$$

で定義される．単位は mm である．歯が大きくなるに従い，モジュール m は大きくなる．ラック歯形の原寸図を図 7.33 に示す．なお，基準円直径がピッチ円直径と等しい標準歯車をかみ合わせた場合の中心間距離(図 7.26(a))は，次式のようにモジュール m と歯数 z より決まる．

$$a = \frac{1}{2}(d_1 + d_2) = \frac{m}{2}(z_1 + z_2) \tag{7.20}$$

[*] 章末　付録「歯車の用語」参照

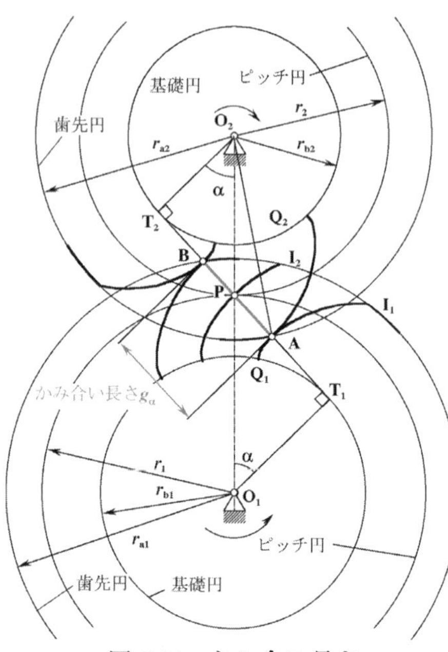

図 7.34 かみ合い長さ

7・8 かみ合い率(contact ratio)

図 7.34 は，2 つの歯が歯車 2 の歯先円(tip circle)上の点 A で接触を開始し，歯車 1 の歯先円上の点 B で接触を終了する様子を示している．かみ合っている歯車の両歯先間の作用線上の長さ $\overline{\mathrm{AB}}$ をかみ合い長さ(length of path of contact) g_α といい，歯車が歯数 1 枚分回転する間の同時にかみ合っている歯の数の平均値を正面かみ合い率(transverse contact ratio) ε_α という．この正面かみ合い率はかみ合い長さ g_α を基礎円ピッチ p_b で除したもので表す．すわわち，次式のとおりである．

$$\varepsilon_\alpha = \frac{g_\alpha}{p_\mathrm{b}} \tag{7.21}$$

かみ合い率 1 とは，歯車の回転中に常に 1 枚の歯車がかみ合っていることを示す．1 よりも小さい値の場合は，瞬間的には歯車の歯が相手のどの歯とも接触していないことを示しており，このような場合はかみ合いが不連続となるので実用上避けなければならない．また，かみ合い率 1.5 などの場合は，実際のかみ合いは 1 組あるいは 2 組の歯がかみ合っていることになるが，このような場合，歯の負荷が変動するため振動や騒音の原因となる．したがってかみ合い率は 2 以上が望ましいが，実際には 1.3 以上で用いられる．

【Example 7・2】***

In Fig. 7.34, determine the length of path of contact g_α.

【Solution】

The length of approach pass g_f or the distance between points A and P is

$$g_\mathrm{f} = \overline{\mathrm{AP}} = \overline{\mathrm{AT}_2} - \overline{\mathrm{PT}_2} = \sqrt{\overline{\mathrm{AO}_2}^2 - \overline{\mathrm{T}_2\mathrm{O}_2}^2} - \overline{\mathrm{PO}_2}\sin\alpha = \sqrt{r_{\mathrm{a}2}^2 - r_{\mathrm{b}2}^2} - r_2\sin\alpha \tag{ex7.3}$$

Since the addendum is h_a, the radius of tip circle r_a is $r + h_\mathrm{a}$. For standard gears, $h_\mathrm{a} = m$. Therefore, the tip circle radius r_a is $r + m$. Since the base circle radius r_b is $r\cos\alpha$, the length of approach pass is

$$g_\mathrm{f} = \sqrt{(r_2 + m)^2 - r_2^2\cos^2\alpha} - r_2\sin\alpha\,. \tag{ex7.4}$$

In the same manner, the length of recess pass g_a or the distance between points P and B is

$$g_\mathrm{a} = \sqrt{(r_1 + m)^2 - r_1^2\cos^2\alpha} - r_1\sin\alpha\,. \tag{ex7.5}$$

Consequently, the length of path of contact g_α is $g_\mathrm{f} + g_\mathrm{a}$.

****

7・9 干渉と最小歯数 (interference and minimum number of teeth)

標準歯車のモジュールを変えずに歯数を少なくすると，歯の大きさに対してピッチ円や基礎円の大きさが小さくなる．よって歯底円(root circle)は基礎円よりも小さくなる．図 7.35(a)は創成法による歯切りを行っている様子を示している．歯車素材(ギヤブランク)と作用線の交点 T から歯面の切削が始まり，ピッチ点 P を通って基礎円上の点 F で切削が終了すれば，歯車の歯面は歯先から歯元までインボリュート曲線が創成される．もし，ラック形工具の歯先の高さ(歯末のたけ:addendum) h_a が図 7.35(a)よりも大きく，図 7.35(b)

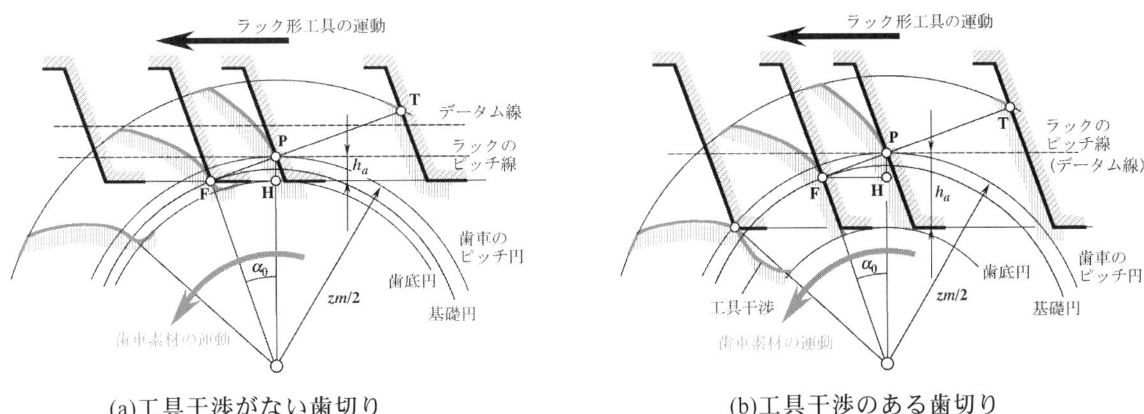

(a)工具干渉がない歯切り　(b)工具干渉のある歯切り

図 7.35　工具干渉

のような場合は，点 F でインボリュート曲線が完成された後もラック形工具の刃先による歯面の切削は引き続き行われ，刃先によりインボリュート歯形の歯元の部分が削り取られる．このような望ましくない歯面の除去を工具干渉(cutter interference)または切下げ(undercut)という[*]．

工具干渉が起こると，かみ合い率を悪くするばかりでなく，歯元がやせて歯の強度が低下する．以上の工具干渉を起こさないラック形工具の刃先の限界位置は図 7.35(a)に示すように，作用線と基礎円の接点 F となる．つまり工具干渉を起こさない条件は，$h_a \le \overline{\mathrm{PH}}$ である．工具圧力角を α_0，モジュールを m とすれば，

$$h_a \le \overline{\mathrm{PH}} = \overline{\mathrm{PF}} \sin\alpha_0 = \frac{mz}{2}\sin^2\alpha_0 \tag{7.22}$$

となる．標準歯車では $h_a = m$，$\alpha_0 = 20^\circ$ であるから，上式から

$$z \ge \frac{2h_a}{m\sin^2\alpha_0} = \frac{2}{\sin^2\alpha_0} \approx 17.1 \tag{7.23}$$

となる．以上のように幾何学上の最小歯数は約 17 となる[†]．

7・10　転位歯車(profile shifted gear)

標準歯車の創成においては，ピッチ円と基準ラックのデータム線とを転がり接触させた(**7･5･3** 項)．これに対して，図 7.36 のように，基準ラックのデータム線を移動させて歯切りを行った歯車を転位歯車(x-gear, profile shifted gear)という．この転位歯車でも，インボリュート曲線は不変であるので，歯のかみ合いは正常に行われる．このラック形工具の移動量すなわち歯車の転位量(rack shift)は歯車の基準円とラックのデータム線との最短距離であり，モジュール m を用いて xm で表される．この x を転位係数(rack shift coefficient)という．図のようにラック形工具のデータム線を基準円から外にずらす場合を正の転位($x>0$)，内側にずらすことを負の転位($x<0$)という．

正の転位を行うことにより，歯末のたけは長く，歯元のたけ(dedendum)は短くなる．また歯溝は狭く，歯の根元の厚さは大となるため，歯の強度を

---

[*]工具干渉は望ましくない除去であるが，これに対して歯切り後の機械加工を容易にするために意図的に歯元の部分を工具で除去する加工のことも切下げという．
[†]歯元の強度やかみ合い率が満足できるならば，実用上はさらに小さい歯数，たとえば 14 なども用いられている．

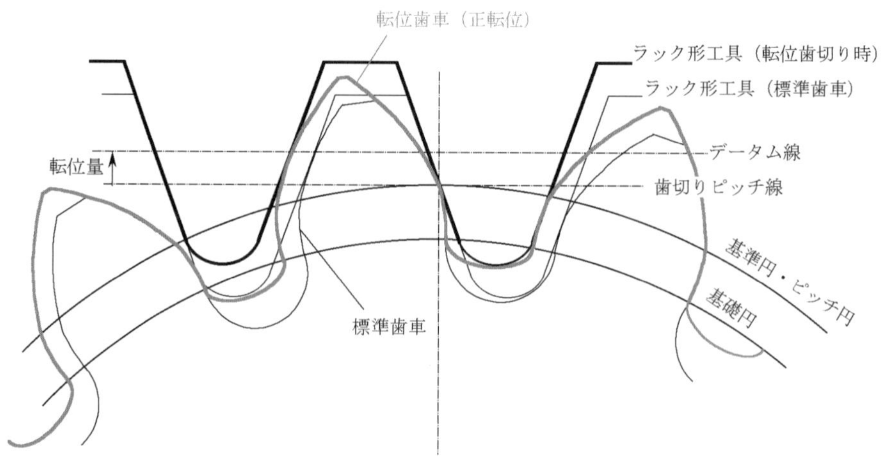

図 7.36　正転位平歯車の創成

増すことができる．さらに，歯先がその相手の歯面にもぐり込んでしまう歯先干渉(tip interference)や前出の工具干渉を発生しにくくしたり，少ない歯数の歯車を加工できるなどの長所を有する．また，かみ合い圧力角 α_w は一般にはラック形工具の圧力角(工具圧力角) α_0 とは異なる．ただし小歯数のときあまり転位量を大きくすると歯先が尖ってしまう．負の転位の場合は正転位の場合とは逆に干渉が大きくなり，歯元が細くなる．

また，標準歯車ではモジュール m と歯数 z により基準円直径 d が決定され，その結果歯車の中心距離が決まる．転位歯車は，図 7.26(c)のように中心距離を任意の値に設定したい場合にもよく用いられる．

転位歯車の基準円上の圧力角 α_p は工具圧力角 α_0 に等しい．また基礎円，基礎円ピッチ p_b，正面基礎円ピッチなども標準歯車のものと等しい．

図 7.36 のようにラック形工具により歯切りされる転位歯車の詳細について，図 7.37 を用いて求めてみよう．歯切りピッチ線上の点 Q はピッチ円上の点 Q′ と接触するので，弧 $\widehat{\mathrm{PQ'}} = \overline{\mathrm{PQ}}$ である．また $\overline{\mathrm{EP_1}} = xm\tan\alpha_0$，$\overline{\mathrm{P_1Q_1}} = p/2 = \pi m/2$ である．転位歯車のピッチ円上の歯溝の幅 w および歯厚 s は，

$$w = \widehat{\mathrm{PQ'}} = \overline{\mathrm{PQ}} = \overline{\mathrm{P_1Q_1}} - 2\overline{\mathrm{EP_1}} \tag{7.24}$$

$$= \frac{\pi m}{2} - 2xm\tan\alpha_0 = m\left(\frac{\pi}{2} - 2x\tan\alpha_0\right) \tag{7.25}$$

$$s = p - w = m\left(\frac{\pi}{2} + 2x\tan\alpha_0\right) \tag{7.26}$$

となる．基礎円上の歯溝の半角 η_f は，$\angle\mathrm{POA} = \mathrm{inv}\alpha_0$ を用いて(例題 **7·1** 参照)，

$$\eta_f = \frac{\angle\mathrm{AOB}}{2} = \frac{\angle\mathrm{POQ'} - 2\angle\mathrm{POA}}{2} = \frac{\widehat{\mathrm{PQ'}}}{2r} - \mathrm{inv}\alpha_0 \tag{7.27}$$

となる．ここで，式(7.25)および $r = zm/2$ を用いて，

$$\eta_f = \frac{\pi}{2z} - \frac{2x\tan\alpha_0}{z} - \mathrm{inv}\alpha_0 \tag{7.28}$$

を得る．歯先円上の点 C での圧力角を α_a とすると，

$$\alpha_a = \cos^{-1}\left(\frac{r_b}{r_a}\right) = \cos^{-1}\left(\frac{r\cos\alpha_0}{r_a}\right) \tag{7.29}$$

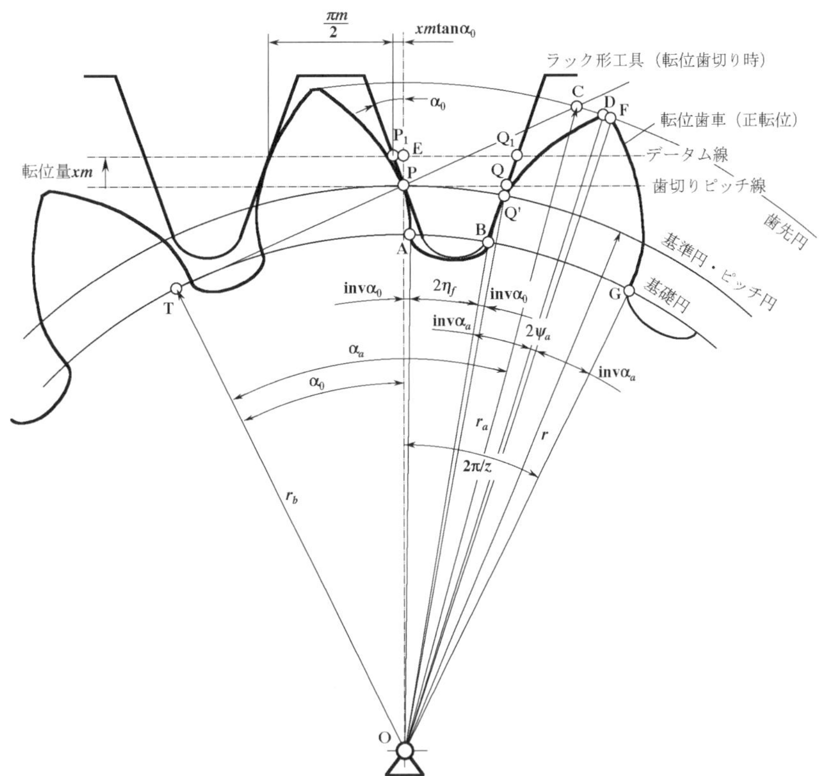

図 7.37　ラック形工具による転位歯車の歯切り

であり，図中の歯先から歯元までの中心角は $\angle\mathrm{BOD} = \angle\mathrm{FOG} = \mathrm{inv}\alpha_\mathrm{a}$ であるから，歯先円歯厚の半角 Ψ_a は，次式のように求められる．

$$
\begin{aligned}
\Psi_\mathrm{a} &= \frac{1}{2}\left(\frac{2\pi}{z} - 2\eta_\mathrm{f} - 2\mathrm{inv}\alpha_\mathrm{a}\right) \\
&= \frac{1}{2}\left(\frac{2\pi}{z} - \frac{\pi}{z} + \frac{4x\tan\alpha_0}{z} + 2\mathrm{inv}\alpha_0 - 2\mathrm{inv}\alpha_a\right) \\
&= \frac{\pi}{2z} + \frac{2x\tan\alpha_0}{z} + \mathrm{inv}\alpha_0 - \mathrm{inv}\alpha_a
\end{aligned}
\tag{7.30}
$$

歯数の小さな歯車において正転位が大きすぎると歯先が尖ってしまう．この歯先尖り限界は $\Psi_\mathrm{a} = 0$ であり，転位量 x の上限が決まる．

7・11　バックラッシと歯形修整 (backlash and modification of flank shape)＊

歯車の製作過程では，歯形誤差，ピッチ誤差などの歯車自身の誤差のほか，歯車を支える軸受（歯車箱）の軸間距離や平行度の誤差などが生ずる．また幾何学的に正しく製作された歯車をすきまなくかみ合わせた場合，駆動力による歯のたわみや運転中の温度上昇による膨張などによって円滑な回転伝達が行えるとは言い難い．特に歯先や歯元の部分で干渉が生じる．そこで以上のような誤差を吸収するために，あらかじめ歯と歯の間に適当なすきまを与えておく．このすきまをバックラッシ(backlash)という．バックラッシには測定する方向により円周方向バックラッシ j_t，法線方向バックラッシ j_n，中心距離方向バックラッシ j_r，回転角度バックラッシ j_θ，などがある(図 7.38)．図より各バックラッシの間に $j_\mathrm{n} = j_\mathrm{t}\cos\alpha$，$j_\mathrm{t} = 2j_\mathrm{r}\tan\alpha$ の関係があることがわ

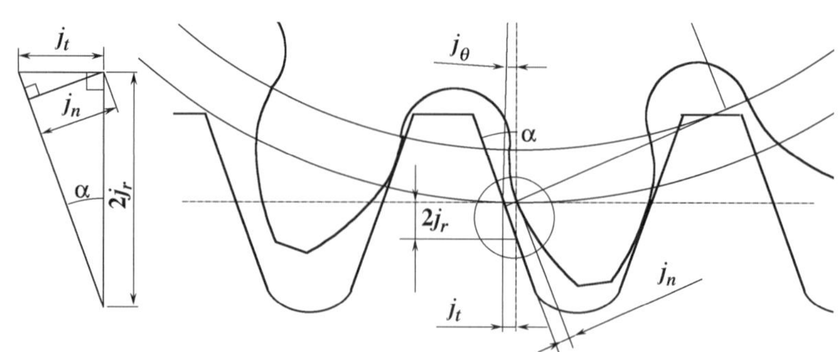

図 7.38　バックラッシの種類と方向

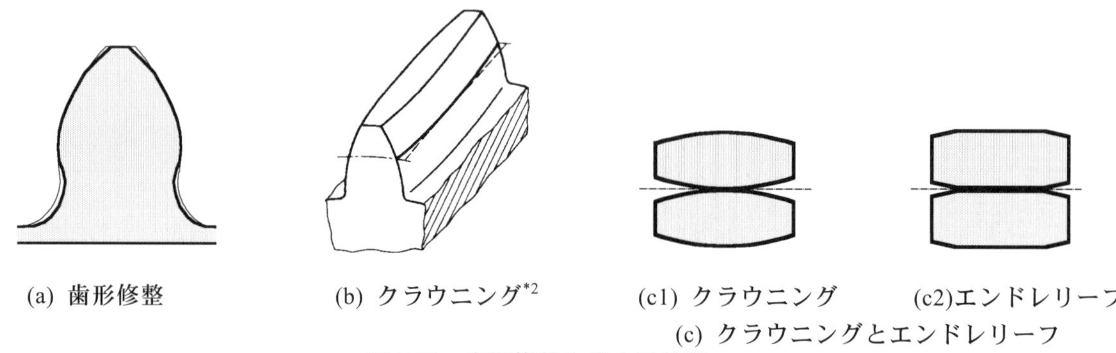

図 7.39　歯形修整と歯すじ修整

かる．歯車にバックラッシを与えるには，正規に作られた歯車の中心距離を $2j_r$ だけ増大させる方法と，歯車の歯厚をあらかじめ小さく製作する方法があるが，後者の方法が広く用いられている．

バックラッシと同様の理由により，歯車の歯先あるいは歯元部分において正しいインボリュート曲線から歯がやせるように意図的に修整することを歯形修整という．一般に，原動側歯車の歯元部分(歯元修整，root relief)と従動側歯車の歯先部分(歯先修整，tip relief)を修整，あるは両方の歯車の歯先部分を修整する(図 7.39(a))．歯形修整は負荷による歯のたわみやピッチ誤差による歯先の干渉を避けるためだけではなく，運動の伝達を滑らかにし，静粛な運転を可能とする．また油膜の形成や維持が容易となる．

歯すじに沿って歯の両端部に向かって歯厚を減ずるように加工することをクラウニング(crowning，図 7.39(b))という．クラウニングは歯面同士の当たりを歯幅†(face width)中央部で行い，歯幅両端部での片当たりを避ける作用がある．両端部のみ歯幅を減ずることをエンドレリーフ(end relief，図 7.39(c2))という．

7・12　はすば歯車(helical gear)＊

歯幅の小さな同じ歯形と歯数を持つ平歯車を数枚用意し，図 7.40(a)のように少しずつずらして重ね合わせたものを段歯車(stepped gear)という．このような歯車同士をかみ合わせると，歯のかみ合いは 1 枚の場合と比較して滑らかで静粛となる．つまり数枚のうちの歯車のどれか 2 枚程度が常にかみ合

† 基準円筒の直線母線に沿って測られた歯車の歯の部分の幅を歯幅という．

うので，歯にかかる荷重の変動が小さくなるためである．

以上のような段歯車の段数を無限に大きくし，一段の段の高さを無限に小さくすると，最終的に平歯車の歯が図 7.40(b)のように斜めになったものとなる．これが，はすば歯車(図 7.7)である．インボリュート平歯車の歯面は図 7.41(a)のような基礎円筒に巻き付けた長方形の紙面をほどいていく際の紙の縁 AB の描く軌跡となるが，はすば歯車の歯面は図 7.41(b)のように，台形状に傾いた紙の縁 AB の描く軌跡となる．このような面をインボリュートねじ面(involute helicoid)という．図中の斜めにした角度 β をねじれ角(helix angle)という．

はすば歯車では，同じ大きさの平歯車と比較して，歯直角方向の歯厚や歯すじ方向の歯幅が大となるため，歯自体の強度が高いという特長も持っている．ねじれ角 β は大きい方が強度が高い．ただし，はすば歯車では動力の伝達時に軸方向の力(スラスト荷重)が発生するため，スラスト荷重に耐える軸受が必要であり，摩擦損失も増加する．この欠点を解消したものが図 7.42 のやまば歯車(double helical gear)である．これはねじれ角が等しくねじれ方向が反対のはすば歯車を組み合わせたもので，軸方向の力を打ち消し合う．効率も向上する．

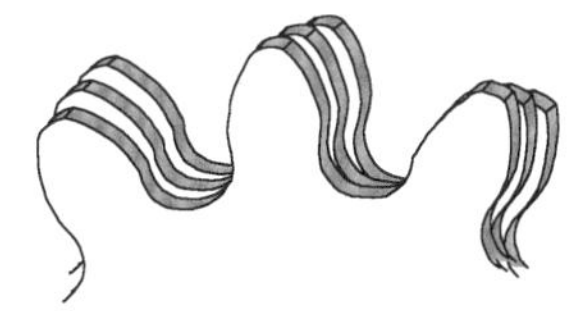

(a) 段歯車

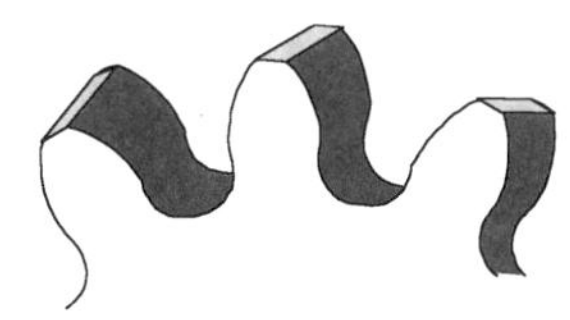

(b) はすば歯車

図 7.40　段歯車とはすば歯車

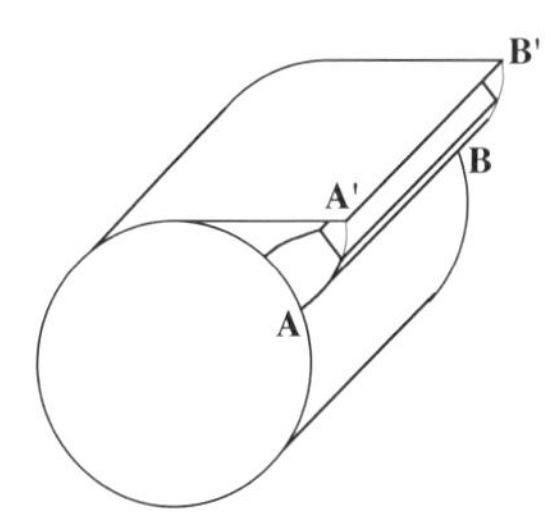

(a) 平歯車

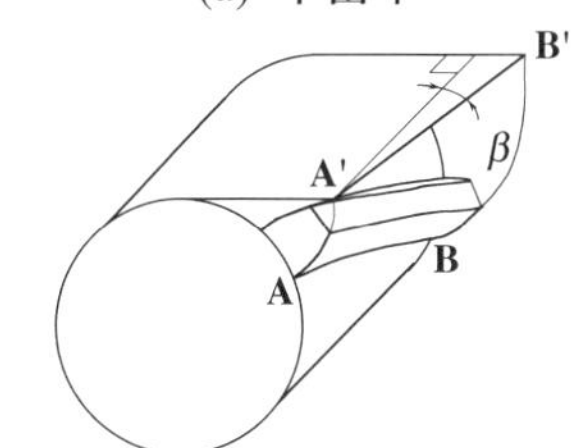

(b) はすば歯車

図 7.41　平歯車とはすば歯車の歯面

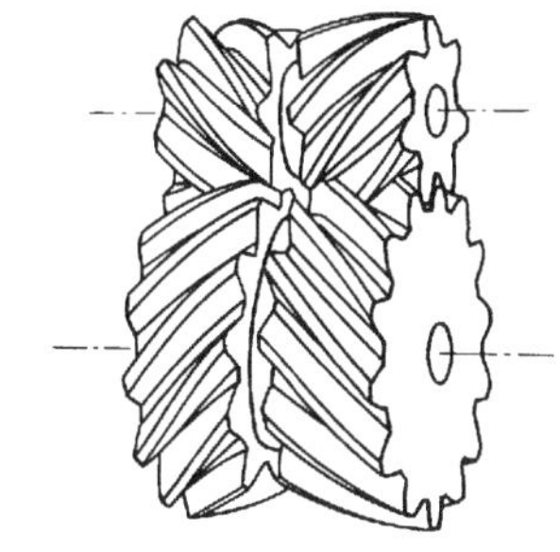

図 7.42　やまば歯車[*1]

7・13　歯車列(gear train, train of gears)

これまでは 2 つの歯車をかみ合わせた歯車対を扱ってきた．歯車対を組み合わせたものを歯車列(gear train / train of gears)という．また，原動軸(入力軸)から運動を伝達する方の歯車を駆動歯車(driver, driving gear)，運動が伝達されて従動軸(出力軸)に回転を伝える歯車を被動歯車(follower, driven gear)という．

7・13・1　中心固定の歯車列の角速度比(angular velocity ratio of gear train where all gears have fixed axes of rotation)

図 7.43(a)のような歯車対において歯車 1 および 2 の歯数を z_1，z_2，基準円直径を d_1，d_2，角速度を ω_1，ω_2 とすれば，前述のように角速度比は

$$\frac{\omega_2}{\omega_1}=-\frac{d_1}{d_2}=-\frac{z_1}{z_2} \tag{7.31}$$

である．一般に大歯車の歯数を小歯車の歯数で除した値を歯数比(gear ratio)という．

図 7.43(b)のように中間歯車(idler gear)2 をいれ，軸間距離が増大した際にも回転を伝えられるようにしたものを直列歯車列という．この場合，歯車 2 と 3 の角速度比は

$$\frac{\omega_3}{\omega_2}=-\frac{d_2}{d_3}=-\frac{z_2}{z_3} \tag{7.32}$$

であるから，歯車 1 と 3 の角速度比は

$$\frac{\omega_3}{\omega_1}=\frac{\omega_2}{\omega_1}\frac{\omega_3}{\omega_2}=\left(-\frac{z_1}{z_2}\right)\left(-\frac{z_2}{z_3}\right)=\frac{z_1}{z_3}=\frac{d_1}{d_3} \tag{7.33}$$

となり，中間歯車 2 の歯数に関係がない．入力軸と出力軸の間の距離が長い場合は，中間歯車の数を増加することにより回転を伝達できる．しかし出力

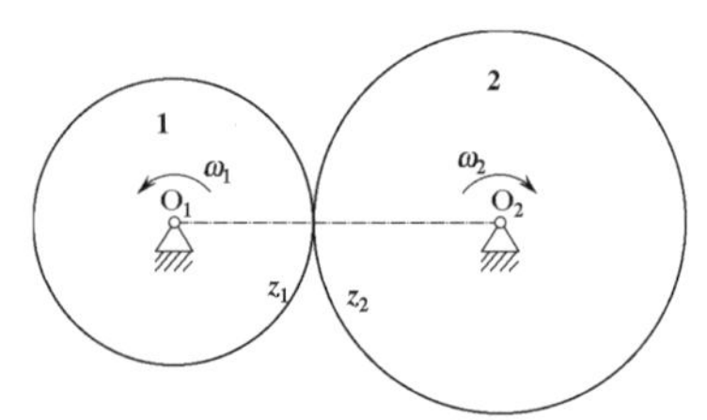

(a)1 段歯車対

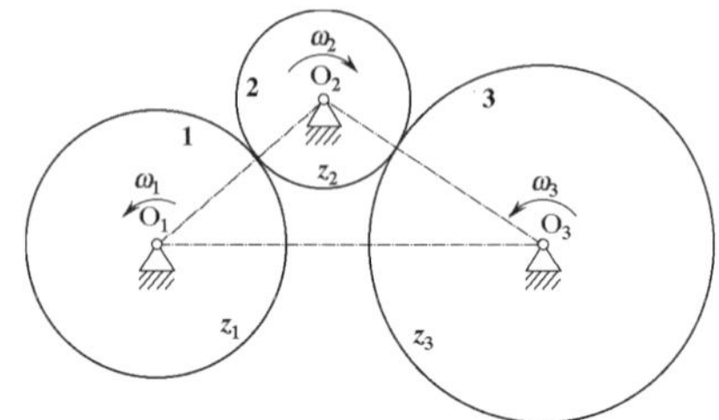

(b)直列歯車列

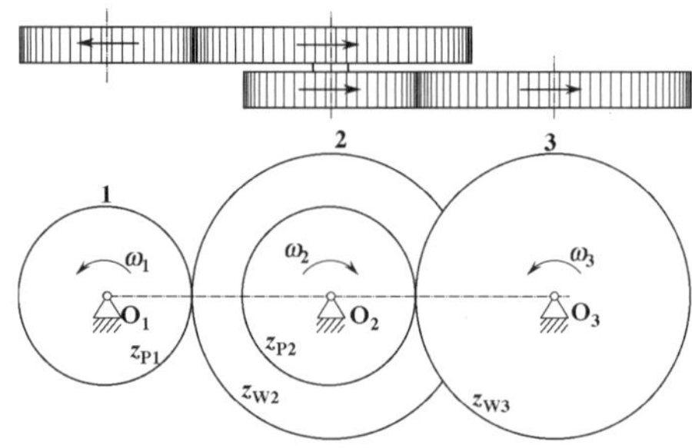

(c)2 段減速歯車列

図 7.43　歯車列の例

軸の回転方向は，中間歯車の数が奇数の場合は同方向，偶数の場合は逆方向となる．このように，直列歯車列は出力軸の回転方向を任意に変更したい場合にも用いられる．

図 7.43(c)のような歯車列において，2 番目の回転軸には歯数 z_{w2} の大歯車と歯数 z_{p2} の小歯車が同軸に取り付けられている．この場合，小歯車 1 を駆動歯車，大歯車 3 を被動歯車としたときの速比を求めてみよう．小歯車 1 と大歯車 2 の角速度比は

$$\frac{\omega_2}{\omega_1} = -\frac{z_{p1}}{z_{w2}} \tag{7.34}$$

小歯車 2 と大歯車 3 の角速度比は

$$\frac{\omega_3}{\omega_2} = -\frac{z_{p2}}{z_{w3}} \tag{7.35}$$

であるから，

$$\frac{\omega_3}{\omega_1} = \frac{\omega_2}{\omega_1}\frac{\omega_3}{\omega_2} = \left(-\frac{z_{p1}}{z_{w2}}\right)\left(-\frac{z_{p2}}{z_{w3}}\right) = \frac{z_{p1}z_{p2}}{z_{w2}z_{w3}} \tag{7.36}$$

となる．同様に 4 本目の回転軸，5 本目の回転軸というように，歯車列を増やしていき，k 個の回転軸を持つ歯車列の角速度比†は，

$$\frac{\omega_k}{\omega_1} = (-1)^{k-1}\frac{z_{p1}\cdot z_{p2}\cdot z_{p3}\cdots z_{pk\text{-}1}}{z_{w2}z_{w3}z_{w4}\cdots z_{wk}} \tag{7.37}$$

となる．つまり角速度比は，駆動側歯車の歯数の積を被動側歯車の歯数の積で除したものとなる．ただし図 7.43(b)と同様に，出力軸の回転方向は回転軸の数が奇数の場合は同方向，偶数の場合は逆方向となる．

以上の式において，原動側の角速度に対する従動側の角速度比 ω_k/ω_1 が 1 より小さい，つまり $\omega_k < \omega_1$ となる場合は減速歯車列(speed reducing gear train)となる．このときの角速度比（$\omega_1/\omega_k > 1$）を減速比(reduction gear ratio)という．逆に $\omega_k > \omega_1$ である場合は増速歯車列(speed increasing gear train)となり，このときの角速度比（$\omega_k/\omega_1 > 1$）を増速比(speed increasing gear ratio)という．

7・13・2　遊星歯車列(planetary gear train)

前項の歯車列は歯車の中心位置が固定されていたが，歯車列のいくつかの歯車が他の歯車の軸を中心として公転するようにしたものを遊星歯車列という．図 7.44 は遊星歯車列の一例である．かみ合っている歯車 1 と 2 のうち，歯車 1 は固定されている．腕 C は軸 O_1 を中心として回転できる．歯車 2 は腕 C に支えられ，軸 O_2 のまわりに自転しながら，同時に軸 O_1 のまわりを公転する．中心にある歯車 1 を太陽歯車(sun gear)，中心軸のまわりを公転する歯車 2 を遊星歯車(planet gear, planetary gear)という．また，腕 C を遊星枠またはキャリヤ(carrier)という．

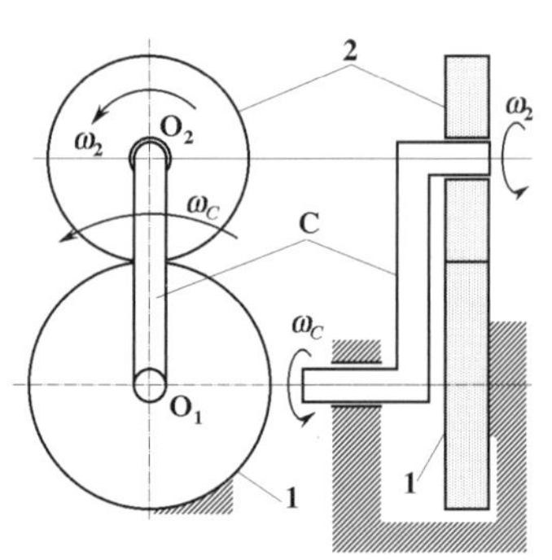

図 7.44　遊星歯車列の一例

さて，図 7.44 の例では，歯車 1 が固定されており，例えば入力としてキャリヤ C を O_1 のまわりに回転させれば，出力として歯車 2 の回転を得る．つ

---

† 歯車列の最初の駆動歯車の角速度 ω_1 を最後の被動歯車の角速度 ω_k で除した値 ω_1/ω_k を速度伝達比(transmission ratio)という．

まり 1 入力 1 出力の機構となる．

ここで，歯車 1 の固定を解き，O_1 のまわりに回転できるようにすると，図 7.45 のような遊星歯車列となる．この場合，例えば，入力として歯車 1 のみを回転させた場合，歯車 2 とキャリヤの運動は一意には決定されない．そこで，もう 1 つの入力としてキャリヤ C を O_1 のまわりに回転させれば，出力として歯車 2 の回転を得る．つまり 2 入力 1 出力の機構となる．このように歯車やキャリヤのうちの 2 つに回転を与えて，他の歯車またはキャリヤの運動がそれによって決定されるような場合，これを差動歯車列(differential gear train)という．

図 7.45　差動歯車列の例

差動歯車列の角速度比を求める，すなわち入力軸の角速度 ω_1 および ω_C から出力軸の角速度 ω_2 を求める方法はいくつかあるが，ここではまずキャリヤから見た各歯車の相対角速度から求める方法と，キャリヤと各歯車の回転を別々に考え，後で両者の和が与えられた条件に適合するように表を作る方法(作表法，tabular method，のりづけ法)の 2 つの方法について説明する．

まず，図 7.45 の差動歯車列におけるキャリヤから見た歯車 1 および 2 の相対角速度 ω_1' および ω_2' は，空間に対する各歯車の角速度 ω_1 および ω_2 からキャリヤの角速度 ω_C を引いたものになるから，$\omega_1' = \omega_1 - \omega_C$ および $\omega_2' = \omega_2 - \omega_C$ である．次に歯車 1 と歯車 2 の速比は，式(7.31)より

$$\frac{\omega_2'}{\omega_1'} = -\frac{d_1}{d_2} = -\frac{z_1}{z_2} = \frac{\omega_2 - \omega_C}{\omega_1 - \omega_C} \tag{7.38}$$

である．上式を変形して歯車 2 の角速度 ω_2 について求めれば，

$$\omega_2 = \left(1 + \frac{d_1}{d_2}\right)\omega_C - \frac{d_1}{d_2}\omega_1 \tag{7.39}$$

を得る†．

次に，同じ差動歯車列について作表法により求める方法について説明する．2 つの歯車が キャリヤとともに動く運動を考えるために，キャリヤに対して歯車 1 と 2 が固定されていると仮定してみよう．このとき全体(キャリヤおよび歯車 1 と 2)は O_1 を中心として回転することができる．キャリヤを角速度 ω_C で回転させれば，歯車 1 と 2 はキャリヤに固定されているので，同様にそれぞれ ω_C および ω_C で回転する．これが表 7.4 の 2 行目である．

表 7.4　差動歯車列(図 7.45)の角速度

角速度	キャリヤ C	歯車 1	歯車 2	説　明
空間に対する キャリヤの角速度	ω_C	ω_C	ω_C	全体を O_1 のまわりに ω_C で回転させる．
キャリヤに対する 歯車の角速度	0	$\omega_1 - \omega_C$	$(\omega_1 - \omega_C)\left(-\frac{d_1}{d_2}\right)$	歯車 1 を $(\omega_1 - \omega_C)$ で回転させる．
合　計	ω_C	ω_1	$\left(1 + \frac{d_1}{d_2}\right)\omega_C - \frac{d_1}{d_2}\omega_1$	キャリヤ C を ω_C で回転させる． 歯車 1 を ω_1 で回転させる．

次にキャリヤに対する各歯車の相対運動を考えるために，キャリヤを固定

† 以下，基準円直径の比 d_1/d_2 などを用いるが，歯数比 z_1/z_2 などを用いても計算結果は同じである．

するものとする．歯車 1 は O_1 を中心として回転，歯車 2 は O_2 を中心として回転する(O_2 の位置は固定)．歯車 1 を角速度 ω_1 で回転させたときの歯車 2 の角速度は前述の式(7.31)より $-\omega_1 d_1/d_2$ である．したがって，歯車 1 を角速度 $\omega_1-\omega_C$ で回転させた場合，歯車 2 の角速度は $(\omega_1-\omega_C)(-d_1/d_2)$ となる．以上が表の 3 行目である．最後に表の 4 行目は，上の 2 行目と 3 行目の合計，すわなち，2 つの歯車がキャリヤとともに動く運動とキャリヤに対する運動の両方の運動を合わせた結果となる．この 4 行目は，キャリヤが角速度 ω_C で，歯車 1 が角速度 ω_1 で回転したときの歯車 2 の角速度を表している．ここでは歯車 1 の角速度の合計(4 行目)が ω_1 となるよう，3 行目を $\omega_1-\omega_C$ とするのがポイントである．

では次に，前述の図 7.44 の歯車 1 が固定されている 1 入力 1 出力の場合について同様に歯車 2 の角速度を求めてみよう．図 7.45 のように歯車 1 が固定されていない場合，歯車 2 の角速度は式(7.39)である．図 7.44 の遊星歯車列の場合は，$\omega_1=0$ であるから，

$$\omega_2=\left(1+\frac{d_1}{d_2}\right)\omega_C \tag{7.40}$$

となる．

【Example 7・3】**

In the planetary gear train shown in Fig. 7.44, determine the angular velocity ratio ω_2/ω_C using the tabular method.

【Solution】

Table 7.5　Angular velocity in planetary gear train shown in Fig. 7.44

Angular velocity	Carrier C	Gear 1	Gear 2	Motion
Angular velocity of carrier relative to base	ω_C	ω_C	ω_C	Disconnect gear 1 from base, and rotate carrier C (and gears 1 and 2) at ω_C about center O_1.
Angular velocity of gear relative to carrier	0	$-\omega_C$	$-\omega_C\left(-\frac{d_1}{d_2}\right)$	Holding carrier C fixed, rotate gear 1 at negative angular velocity $-\omega_C$.
Total angular velocity	ω_C	0	$\omega_C\left(1+\frac{d_1}{d_2}\right)$	Holding gear 1 fixed, rotate carrier C at ω_C.

****

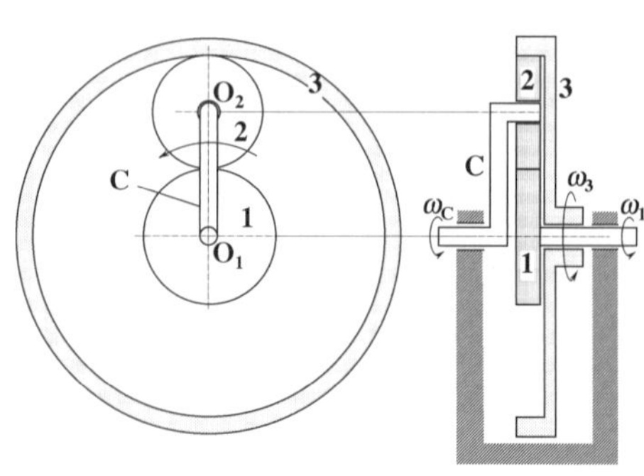

図 7.46　差動歯車列(その 2)

次は図 7.46 のように，図 7.45 の差動歯車列の外側に内歯車 3 をかみ合わせた差動歯車列について考えてみよう．この場合，キャリヤ C，歯車 1，2 および 3 のいずれか 2 つを入力とすれば，残りの 2 つが出力となる．まず，キャリヤ C に対する歯車 1 および 3 の相対角速度はそれぞれ，$\omega_1'=\omega_1-\omega_C$ および $\omega_3'=\omega_3-\omega_C$ である．また歯車 1 と歯車 3 の速比は，中間歯車に無関係であるから，

$$\frac{\omega_3'}{\omega_1'}=-\frac{d_1}{d_3}=\frac{\omega_3-\omega_C}{\omega_1-\omega_C} \tag{7.41}$$

である．上式を ω_3 について解けば，歯車 1 の角速度 ω_1 およびキャリヤの角速度 ω_C から歯車 3 の角速度 ω_3 を求める次の式を得る．

$$\omega_3 = \left(1+\frac{d_1}{d_3}\right)\omega_C - \frac{d_1}{d_3}\omega_1 \tag{7.42}$$

歯車 2 の角速度 ω_2 を求める式は，前述の図 7.45 の場合と同一(式(7.39))となる．

【例題 7・4】**

図 7.46 の差動歯車列において，キャリヤおよび歯車 1 の角速度が与えられた場合について，歯車 2 と歯車 3 の角速度を作表法で求めてみよう．

【解答】

表 7.6　図 7.46 の差動歯車列の角速度

角速度	キャリヤ C	歯車 1	歯車 2	歯車 3	説　明
空間に対するキャリヤの角速度	ω_C	ω_C	ω_C	ω_C	全体を O_1 のまわりに ω_C で回転させる．
キャリヤに対する歯車の角速度	0	$\omega_1-\omega_C$	$(\omega_1-\omega_C)\left(-\frac{d_1}{d_2}\right)$	$(\omega_1-\omega_C)\left(-\frac{d_1}{d_2}\right)\left(\frac{d_2}{d_3}\right)$	歯車 1 を $\omega_1-\omega_C$ で回転させる．
合　計	ω_C	ω_1	$\left(1+\frac{d_1}{d_2}\right)\omega_C-\frac{d_1}{d_2}\omega_1$	$\left(1+\frac{d_1}{d_3}\right)\omega_C-\frac{d_1}{d_3}\omega_1$	キャリヤ C を ω_C で，歯車 1 を ω_1 で回転させる．

****

上の表 7.6 は入力をキャリヤの角速度 ω_C および歯車 1 の角速度 ω_1 とし，出力として歯車 2 および 3 の角速度 ω_2 および ω_3 を求めている．

同じ図 7.46 の差動歯車列でも，入力をキャリヤ C および歯車 3 とし，出力を歯車 1 および 2 とすることもできる．この場合は，式(7.42)を歯車 1 の角速度 ω_1 について解けばよい．すなわち，次式が得られる．

$$\omega_1 = \left(1+\frac{d_3}{d_1}\right)\omega_C - \frac{d_3}{d_1}\omega_3 \tag{7.43}$$

同様にキャリヤ C に対する歯車 2 および 3 の相対角速度はそれぞれ，$\omega_2' = \omega_2 - \omega_C$ および $\omega_3' = \omega_3 - \omega_C$ であり，歯車 2 および 3 の角速度比は，

$$\frac{\omega_3'}{\omega_2'} = \frac{d_2}{d_3} = \frac{\omega_3-\omega_C}{\omega_2-\omega_C} \tag{7.44}$$

である(歯車 2 と 3 は同方向に回転する)．上式を歯車 2 の角速度 ω_2 について解けば，歯車 2 の角速度は，

$$\omega_2 = \left(1-\frac{d_3}{d_2}\right)\omega_C + \frac{d_3}{d_2}\omega_3 \tag{7.45}$$

により得られる．

図 7.47 はかさ歯車(図 7.8 参照)を用いた遊星歯車装置である．自動車の駆動部分に用いられ，操舵時の左右車輪の回転差を打ち消すために用いられている．例えば図 7.48(a)のように，舵を右に切った場合，内側となる右側の車輪は遅く，逆に外側の左側の車輪は速く回転する必要がある．図 7.48 (b)のように，右と左の車輪を車軸で直接連結し同じ回転数で回転させようとすれば，車輪のタイヤと路面の間にスリップが生じないかぎり車は曲がることができ

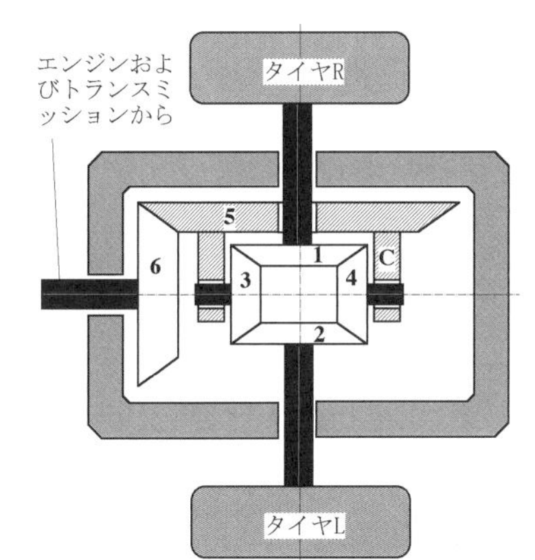

図 7.47　自動車駆動軸用差動歯車装置

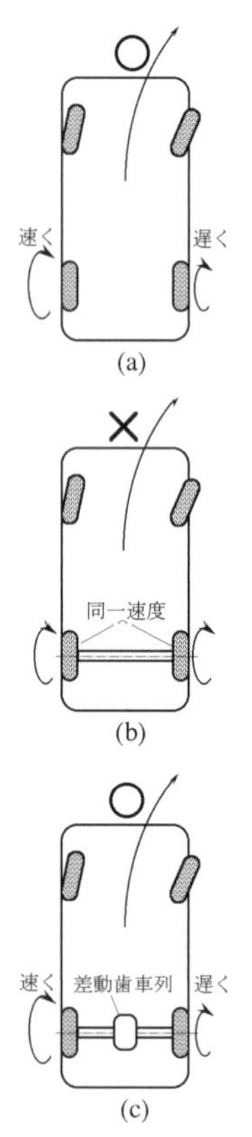

図 7.48　外側と内側の車輪が同じ速度では曲がれない

ない．結果，スリップによる摩擦抵抗が大となって駆動装置やエンジンの負荷が大きくなる．

自動車の左右の駆動輪はかさ歯車 1 および 2 の軸端に固定されている．エンジン・トランスミッションからの回転はハイポイドギヤ(図 7.12)5 および 6 を介してキャリヤ C に伝えられる．キャリヤ C は遊星歯車であるかさ歯車 3 と 4 を車軸まわりに回転させる．まず，キャリヤ C に対する歯車 1 および 2 の相対角速度 ω_1' および ω_2' は，空間に対する各歯車の角速度 ω_1 および ω_2 からキャリヤの角速度 ω_C を引いたものになるから，$\omega_1' = \omega_1 - \omega_C$ および $\omega_2' = \omega_2 - \omega_C$ である．したがって歯車 1 と歯車 2 の角速度比は，

$$\frac{\omega_1'}{\omega_2'} = -\frac{d_2}{d_1} = \frac{\omega_1 - \omega_C}{\omega_2 - \omega_C} = -1 \tag{7.46}$$

であり，これを変形すると，キャリヤ C が角速度 ω_C で回転しているときの歯車 1 と歯車 2 の角速度の間には

$$\omega_1 + \omega_2 = 2\omega_C \tag{7.47}$$

の関係があることがわかる．したがって，両輪が同じ速度で回転している $(\omega_1 = \omega_2)$ とき，$\omega_1 = \omega_2 = \omega_C$ であり，歯車 3 および 4 の角速度は $\omega_3 = \omega_4 = 0$ である．すなわち，車が真直ぐな道を走っているとき，両輪はキャリヤと等しい速度で回転する．このとき歯車 3 および 4 はその軸のまわりに回転しない(自転しない)．運転中片方の車輪が停止して，$\omega_1 = 0$ となると，$\omega_2 = 2\omega_C$ となり，もう片方の車輪はキャリヤの 2 倍の角速度で回転し，車体は急カーブする．また，片方の車輪が側溝などに脱輪して空転しているとき，同様にこの車輪はキャリヤの 2 倍の角速度で回転するため，もう片方の車輪は回転しなくなり，車は前に進めなくなる．

作表法では，次のようになる．

表 7.7　図 7.47 の差動歯車列の角速度

角速度	キャリヤ C	歯車 1	歯車 2	説　明
空間に対するキャリヤの角速度	ω_C	ω_C	ω_C	全体を O_1 のまわりに ω_C で回転させる．
キャリヤに対する歯車の角速度	0	$\omega_1 - \omega_C$	$-(\omega_1 - \omega_C)$	歯車 1 を回転させる．
合　計	ω_C	ω_1	$2\omega_C - \omega_1$	キャリヤ C を ω_C で，歯車 1 を ω_1 で回転させる．

7・13・3　大減速比歯車列 (gear train with large reduction ratio)＊

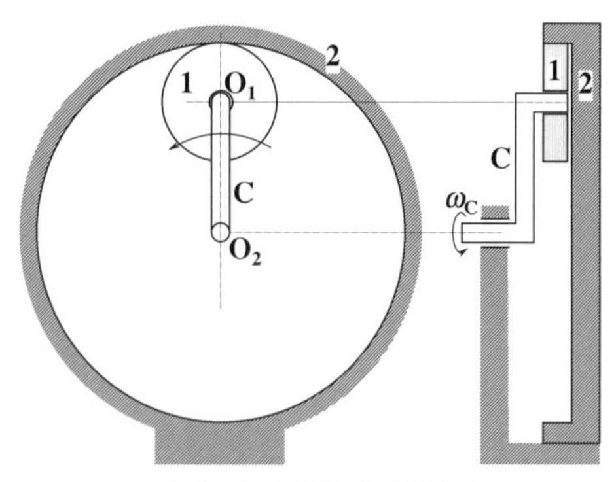

図 7.49　遊星歯車機構

図 7.49 は固定された内歯車 2 の内側に外歯車 1 をかみ合わせた遊星歯車機構である．キャリヤ C の回転を入力とすると，出力は歯車 1 となる．キャリヤ C に対する歯車 1 および歯車 2 の相対角速度は，それぞれ $\omega_1' = \omega_1 - \omega_C$ および $\omega_2' = -\omega_C$ であるので，角速度比は

$$\frac{\omega_2'}{\omega_1'} = \frac{d_1}{d_2} = \frac{-\omega_C}{\omega_1 - \omega_C} \tag{7.48}$$

となり，これから歯車 1 の角速度 ω_1 は

$$\omega_1 = \left(1 - \frac{d_2}{d_1}\right)\omega_C = -\frac{d_2 - d_1}{d_1}\omega_C = -\frac{z_2 - z_1}{z_1}\omega_C \tag{7.49}$$

が得られる．一般に $d_1 < d_2$ つまり $z_1 < z_2$ であるのでキャリヤ C と歯車 1 は反対方向に回転する．また上式において，歯車 1 と歯車 2 の基準円直径差 $d_2 - d_1$ または歯数差 $z_2 - z_1$ を小さくすると，角速度比 ω_1 / ω_C は著しく小さくなり大減速比を得ることができる．

以上のような減速装置の一例として図 7.50 の内接式遊星歯車減速機(cycloidal reduction gear)がある．歯車 1 の中心 O_1 は，偏心軸 C の回転によって歯車 2 の中心 O_2 のまわりを回転する．これに伴い，歯車 1 と 2 のかみ合い点も O_2 のまわりを回転する．この歯車 1 の回転を軸 4 に取り出すために，歯車 1 側のピンは軸 4 に取り付けられた円板 3 の穴とかみ合っている．

図 7.51 は波動歯車減速機構(wave motion gearing mechanism, strain wave gearing mechanism)と呼ばれる大減速機構である．内歯車 2 は固定され，外歯車 1 は弾性体であり，内歯車にわずかに歯数が少なく，その内部にあるだ円形のカム軸によりだ円形にたわめられている．外歯車 1 と内歯車 2 はだ円の長軸付近 2 カ所でかみ合っている．カム軸が回転すると，これらの歯のかみ合い位置がだ円の長軸の回転に伴って移動する(図では左まわり)．カム軸が 1/2 回転すると最初の状態に戻り，1 回転すると外歯車 1 は歯数差に相当する角度だけ右まわりに回転するので大減速比が得られる．

7・13・4　変速歯車装置 (speed change gears/speed change transmission)＊

いくつかの歯車の組み合わせを変更して，入力軸と出力軸の角速度比を何通りかに変更できるようにした機構を変速歯車装置(speed change gear train / speed change transmission)という．

図 7.52 は入力軸 1 がスプライン軸となっており，大きさの異なる歯車 A_1，B_1，C_1 および D_1 が同時に左右動できる．まず図の位置では歯車 A_1 と A_2 がかみ合っており，出力軸 2 の入力軸 1 に対する角速度比は z_{A1} / z_{A2} となる．次にレバーにより入力軸 1 上の歯車を左に移動させると，歯車 B_1 と B_2 がかみ合う．同様に歯車 C_1 と C_2，さらに歯車 D_1 と D_2 をかみ合わせることにより，4 通りの角速度比が得られる．

図 7.53 はノルトンの変速歯車装置(Norton's gear box)と呼ばれるもので，旋盤の変速に用いられている．

図 7.54 は 4 輪駆動車に用いられている変速歯車装置である．この歯車装置

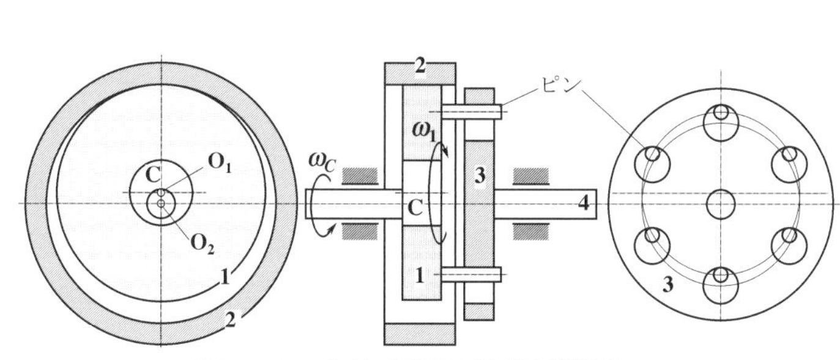

図 7.50　内接式遊星歯車減速機

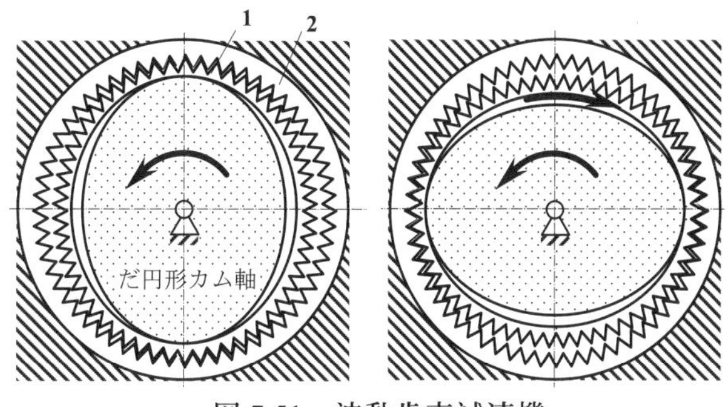

図 7.51　波動歯車減速機

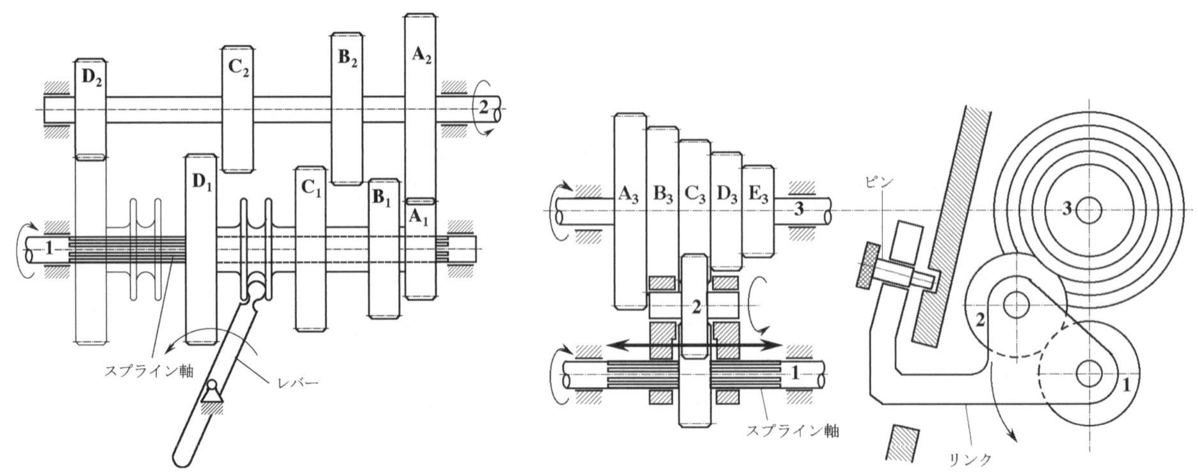

図 7.52 滑り歯車による変速歯車装置

図 7.53 ノルトンの変速歯車装置

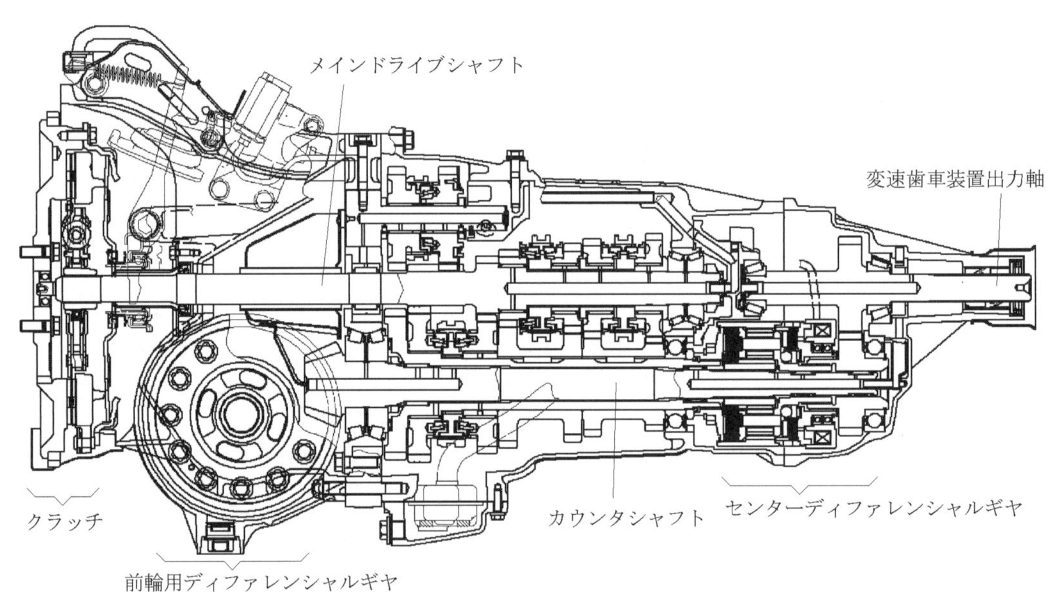

図 7.54 自動車に用いられている変速歯車装置(富士重工業(株)提供)

は前進 6 種類，後退 1 種類の角速度比を手動で切り替え，エンジンの回転を減速あるいは増速して前輪と後輪の両方に伝える．エンジンからの回転は，図左端のクラッチを介して中央部のメインドライブシャフトに伝達され，減速されてカウンタシャフトに伝えられる．カウンタシャフトの回転は，図左下部の前輪用ディファレンシャルギヤを介して前輪を駆動する．また図右下のセンターディファレンシャルギヤさらに後輪用ディファレンシャルギヤを介して後輪に伝えられる．

7・14 非円形歯車(noncircular gears)＊

一般的に歯車はピッチ曲線が真円であり等速運動を行うが，角速度比を変化させる必要のある場合は，図 7.55 のような円形の歯車の回転中心を偏心させた偏心歯車(eccentric gear)や，図 7.56～7.58 のように，だ円形状をしただ

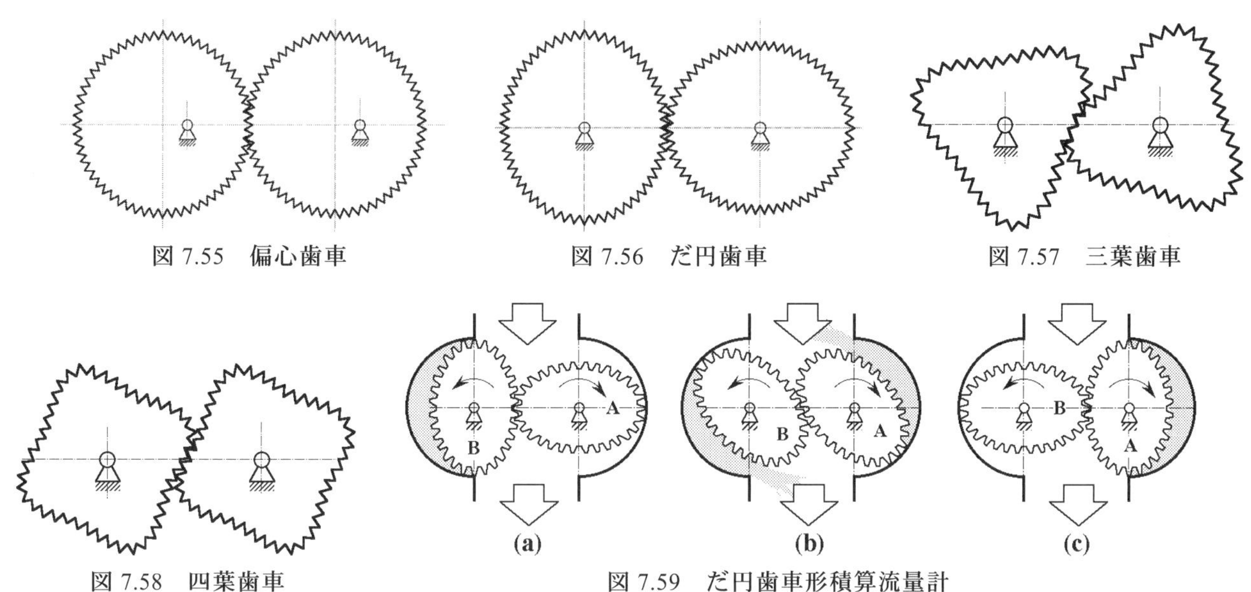

図 7.55　偏心歯車

図 7.56　だ円歯車

図 7.57　三葉歯車

図 7.58　四葉歯車

図 7.59　だ円歯車形積算流量計

円歯車†(elliptical gear)，任意の形状を持つ歯車などを用いる場合がある．このような円形ではない歯車を非円形歯車(noncircular gear)という．

図 7.56 のだ円歯車は，水道メータなどの流量計測装置に用いられている．図 7.59 に原理図を示す．この流量計に上の入り口から流体が流入することにより，互いにかみ合っただ円歯車対が流体の圧力により連続回転する．よって回転数から積算流量を求めることができる．この流量計は，原理的に流体の性質の影響を受けにくい，外部エネルギーが不要，各種粘度に対応可，体積を実測しているため高精度などの特長を持つ．

【例題 7・5】**

図 7.59 のだ円歯車形流量計が流体の流れのみで回転する理由を説明せよ．

【解答】

図(a)において上方から流体を流入させると，だ円歯車 A および B の歯面に圧力が掛かるが，だ円歯車 A の上面には均等な圧力が働くため回転力は生じない．しかし歯車 B においては，出口側より入口側の圧力の方が高いため，矢印の方向に回転力を生じる．さらにこれらのだ円歯車はかみ合っているため，歯車 B は歯車 A を駆動しながら回転することになる(図(b))．次に図(c)の位置では，歯車 A に回転力が生じ，歯車 B を駆動しながら回転する．流体が連続的に供給されれば，以上の回転は連続的に行われ，歯車が 1 回転すると歯車とケースとの間の三日月形の部分の容積の 4 倍の流体が上から下へと流れることになる．

****

付録　　歯車の用語(glossary of gear)(JIS B0102:1999)

ここで図 7.60 に示す歯車を用いて歯車各部の名称を説明する．

(a)ピッチ面(pitch surface)：前述のように歯を付ける前の円筒摩擦車の接触

† 図 7.55 を一葉歯車，図 7.56 を二葉歯車と呼ぶこともある．

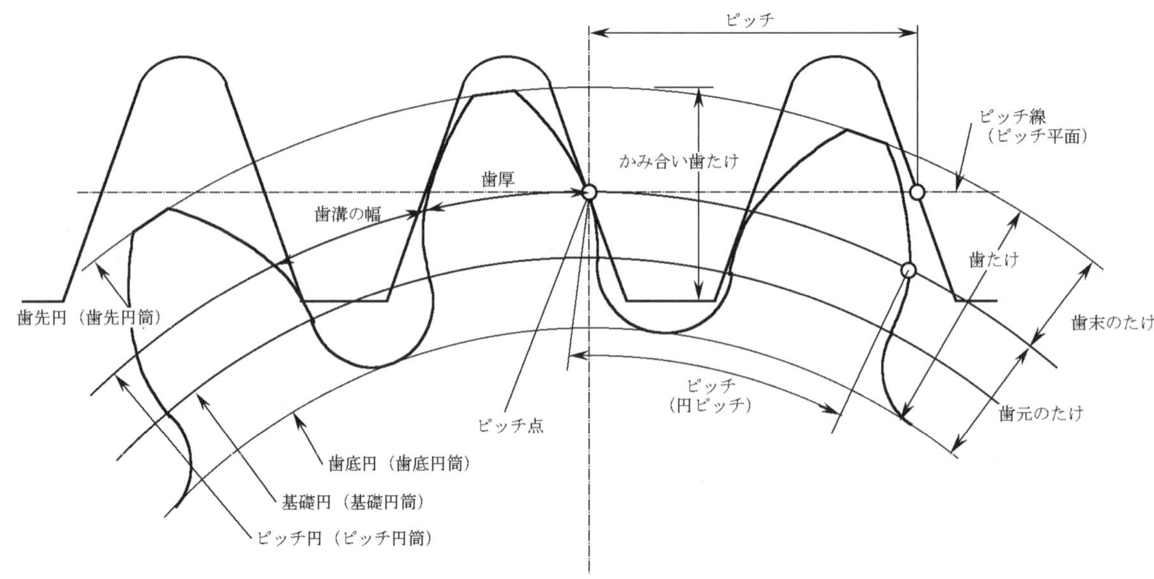

図 7.60 インボリュート平歯車の各部の名称

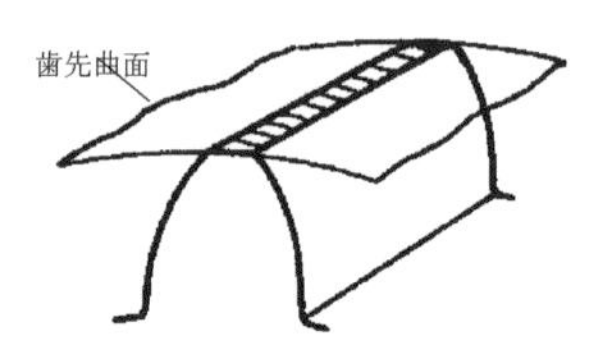

図 7.61 歯先曲面[*2]

図 7.62 歯底面[*2]

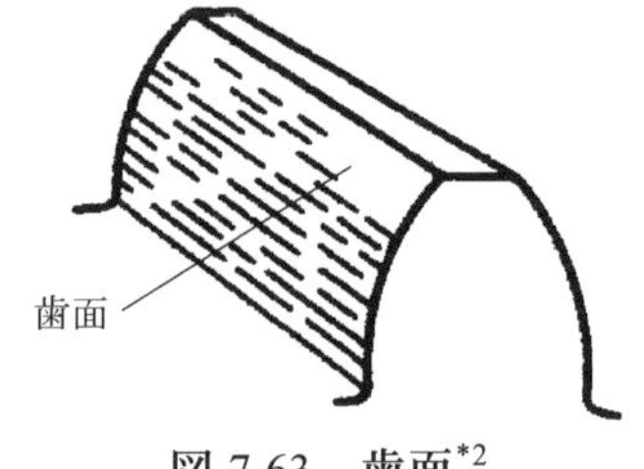

図 7.63 歯面[*2]

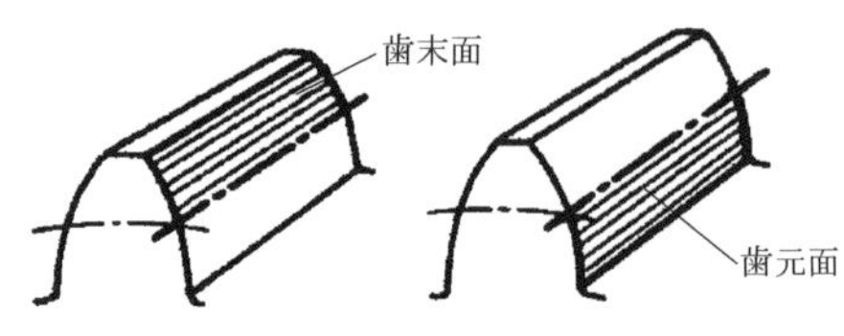

図 7.64 歯末面と歯元面[*2]

面に相当する仮想的な面．平行軸および交差軸歯車対のピッチ面は互いに滑ることなく転がり合う．円筒歯車のピッチ面をピッチ円筒(pitch cylinder)，ラックのピッチ面をピッチ平面(pitch plane)，かさ歯車のピッチ面をピッチ円すい(pitch cone)という．歯車の軸に垂直な平面で切ったピッチ円筒の断面をピッチ円(pitch circle)という．2 つの歯車のピッチ円の接触点をピッチ点(pitch point)という．

(b)歯先円(tip circle)：歯の先端を通り，ピッチ円と同心の円．円筒歯車の歯先曲面(tip surface)に接する円筒を歯先円筒(tip cylinder)という．

(c)歯底円(root circle)：歯の根元を通り，ピッチ円と同心の円．歯底面(bottom land)に接する円筒を歯底円筒(root cylinder)という．

(d)歯面(tooth flank)：歯車がかみ合う際に実際に接触する面．歯面のうち，基準面より外側の歯面を歯末面(addendum flank)，内側の面を歯元面(dedendum flank)という．

(e)歯たけ(tooth depth)：歯の全体の高さ．基準円と歯先円の半径差である歯末のたけ(addendum)と，基準円と歯底円の半径差である歯元のたけ(dedendum)の和である．すなわち歯たけは歯先円と歯底円の半径方向距離である．さらに，互いにかみ合う 2 つの歯車の歯先円間の中心線上の距離をかみ合い歯たけ(working depth)という．

(f)ピッチ(pitch)：基準円上の 1 つの歯の点から，すぐ隣りの歯の対応する点までの距離を基準円に沿った長さで表したもの．1 つの歯の両側の歯形の間にある基準円の弧の長さである歯厚(tooth thickness)と，歯溝の両側の歯形の間にある基準円の弧の長さである歯溝の幅(space width)の和である．また，円の円周角を歯車の歯数で除した値を角ピッチ(angular pitch)という．

$$\gamma = \frac{360^\circ}{z} = \frac{2\pi}{z}\,\mathrm{rad} \tag{7.50}$$

(g)歯すじ(tooth trace)：歯面と基準面との交線を歯すじという．また，歯車の軸方向の厚みのことを歯幅(face width)という．

(h)モジュール(module)：基準面でのピッチを円周率 π で除してミリメートル

単位で表示した値である．

＝＝＝＝＝　練習問題　＝＝＝＝＝＝＝＝＝＝＝＝＝＝＝＝＝＝

【7・1】モジュール $m=5\text{mm}$，歯数 $z_1=30$ の標準歯車の基準円直径，基礎円直径，外径，ピッチを求めよ．

【7・2】A pinion with 24 teeth drives a spur gear with 41 teeth. The reference diameter of the pinion is 144 mm, and that of the gear is 246 mm. Calculate the outside diameters of these gears and the center distance.

【7・3】**【7・1】**の歯車が歯数 $z_2=57$ の標準歯車とかみ合う時の中心距離を計算せよ．バックラッシは無視するものとする

【7・4】**【7・3】**の歯車対の中心距離が図 7.26(c)のように 3mm 大きくなった場合のかみ合い圧力角はどのように変化するか．

【7・5】歯数 $z_1=40$ と $z_2=53$ の標準歯車のかみ合い率を求めよ．

【7・6】図 7.46 の差動歯車列の場合について，入力をキャリヤ C および歯車 3 として歯車 1 および 2 の角速度を作表法で求めよ．

【7・7】The planetary gear train shown in Fig.7.65 is used for propeller reduction drives. Determine the angular velocity ratio between the propeller and the engine and the direction of rotation of the propeller if the engine turns in the direction indicated in the figure.

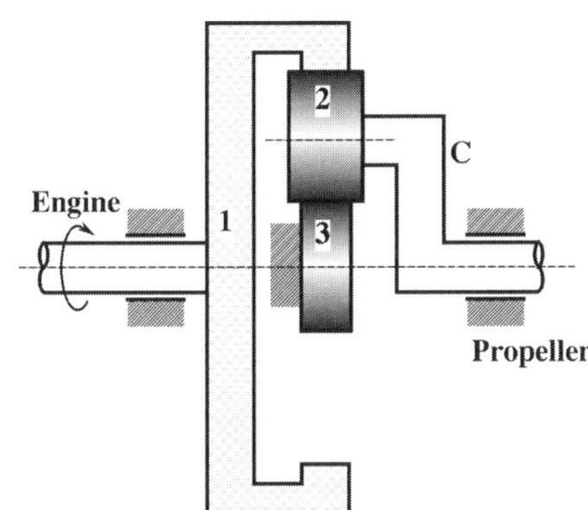

Fig.7.65　A planetary gear train used for propeller reduction drives

【解答】

1. 基準円直径 150mm, 基礎円直径 140.954mm, 外径 160mm, ピッチ 15.708mm.

2. The outside diameters of the pinion and the gear are 156 mm and 258 mm. The center distance is 195 mm.

3. 中心距離は，式(7.20)より，
$a=(d_1+d_2)/2=m(z_1+z_2)/2=217.5\text{mm}$.

4. 次式

$$\alpha_w'=\cos^{-1}\left\{\frac{(z_1+z_2)m\cos\alpha}{2(a+\Delta a)}\right\}$$

に数値を代入して，$\alpha_w'=22.0422^\circ=22^\circ 2'32''$ を得る．

5. 次式

$$\varepsilon_\alpha = \frac{g_f + g_a}{p_b} = \frac{\sqrt{\left(\frac{z_2}{2}+1\right)^2 - \frac{z_2^2}{4}\cos^2\alpha} + \sqrt{\left(\frac{z_1}{2}+1\right)^2 - \frac{z_1^2}{4}\cos^2\alpha} - \frac{z_2+z_1}{2}\sin\alpha}{\pi\cos\alpha}$$

に数値を代入して，$\varepsilon_\alpha = 1.739$ を得る．

6.表 7.8 のとおり．

表 7.8　図 7.46 の遊星歯車列の角速度

角速度	キャリヤ C	歯車 1	歯車 2	歯車 3	説　明
空間に対するキャリヤの角速度	ω_C	ω_C	ω_C	ω_C	全体を O_1 のまわりに ω_C で回転させる．
キャリヤに対する歯車の角速度	0	$(\omega_3-\omega_C)\left(\frac{d_3}{d_2}\right)\left(-\frac{d_2}{d_1}\right)$	$(\omega_3-\omega_C)\left(\frac{d_3}{d_2}\right)$	$\omega_3-\omega_C$	歯車 3 を $\omega_3-\omega_C$ で回転させる．
合　計	ω_C	$\left(1+\frac{d_3}{d_1}\right)\omega_C-\frac{d_3}{d_1}\omega_3$	$\left(1-\frac{d_3}{d_2}\right)\omega_C+\frac{d_3}{d_2}\omega_3$	ω_3	キャリヤ C を ω_C で回転させ，歯車 3 を ω_3 で回転させる．

7.

$$\frac{\omega_C}{\omega_1} = \frac{d_1}{d_1+d_3}.$$

The propeller rotates in the same direction as the engine.

第 8 章
平面機構の力学解析
Force Analysis of Planar Mechanism

8・1 はじめに (introduction)

これまでの章では,平面機構を対象として,その運動について述べてきた.実際の機械は,単に運動を行うだけのものもあるが,大抵の場合には外界から作用する負荷に抗して仕事を行う.したがって,機械を設計する際には,機構の運動について十分な検討を行った後,その運動を実現する際に機構の各節や対偶に作用する力・モーメントを求め,十分な強度を持った節の断面形状を明らかにしなければならない.また,運動学的な視点のみならず機構の各節に作用する力やアクチュエータの負荷の観点から機構の総合を行うことが必要な場合も多々ある.機構に作用する負荷としては,外界から出力節に作用する負荷,各節の自重とともに質量・慣性モーメントおよび運動時の加速度に起因する慣性力がある.機構の運動が高速な(加速度が大きい)場合や各節の質量が出力節に作用する負荷に比べて大きい場合には慣性力を考慮して各節に作用する力を求める必要がある.

強度, 剛性を考慮した機械設計の流れ
(1) 機構図の作成
(2) 対偶作用力と負荷のパラメータ表示
(3) 変位解析
(4) 力解析
(5) 要素設計

図 8.1 は建設機械の油圧ショベルの写真である.車体側の 2 つのシリンダ(ブームシリンダとアームシリンダ)によりバケットの位置決めを行い,バケットの上部にあるシリンダ(バケットシリンダ)によりバケットの姿勢を変化させる.この部分は平面運動を行い,これを図で表せば図 8.2 のようであり,これを鉛直軸まわりに旋回させて空間的な運動を行う.掘削時にはバケットに非常に大きな負荷が作用し,3 つのシリンダはこれに抗して目的とする作業を遂行するだけの力を発揮しなければならない.バケットと車体の間にあるリンクとリンク間の関節部(ピン)はこの力を支持するために十分な強度と剛性が必要である.シリンダの容量,各リンクの断面形状,ピンの軸径は概ね次のような手順で決定される.

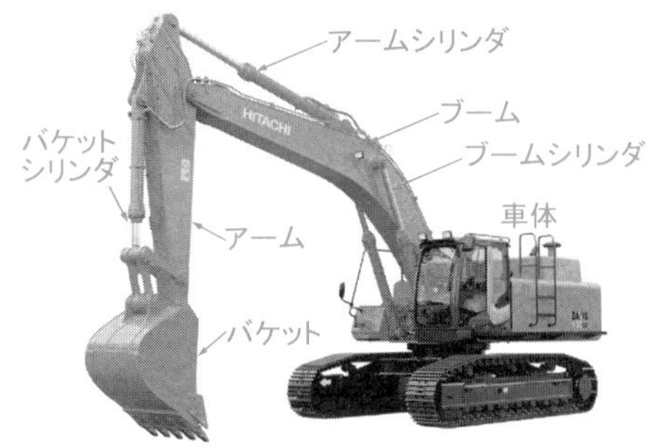

図 8.1 油圧ショベル
(日立建機㈱提供)

(1) 機構図の作成(図 8.3)
構成部材をすべて節と対偶で表し,それらに番号を付ける.

(2) 対偶作用力(joint force)と負荷のパラメータ表示(図 8.3)
対偶に作用する力・モーメントを対偶作用力と呼ぶ.各対偶作用力を $F_{A,X}$ などのパラメータで表し,重力,慣性力を含めた外力負荷を作用位置・方向とともにパラメータで表し,これを機構図上に表示する.なお,ここでは簡単のため,ブーム,アームおよびバケットにのみ質量があるものとし,これら以外のシリンダやリンクの質量はブームなどの質量に加えている.

(3) 変位解析
入力としてのシリンダ長を与え,あるいは出力としてのバケットの位置と姿勢を与えて機構の変位解析を行い,すべての節の位置・姿勢を求め

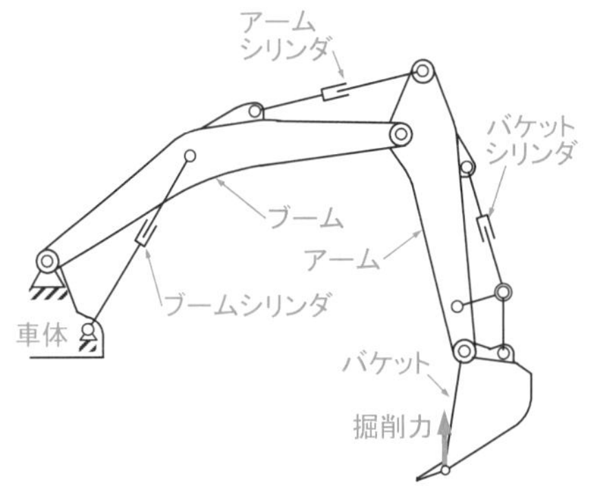

図 8.2 油圧ショベルの基本構造

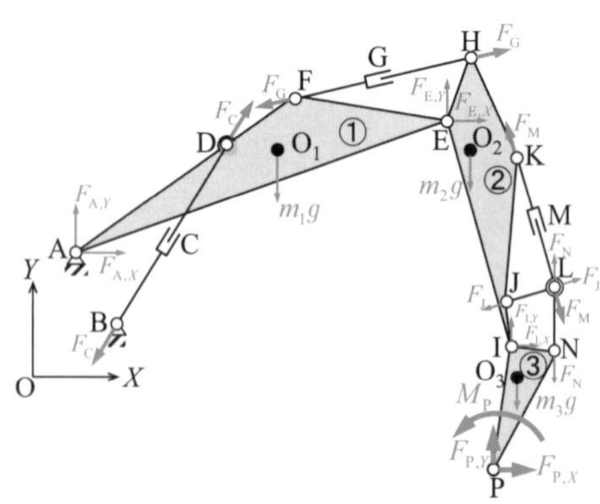

図 8.3　油圧ショベルの機構図における対偶作用力と負荷の表示

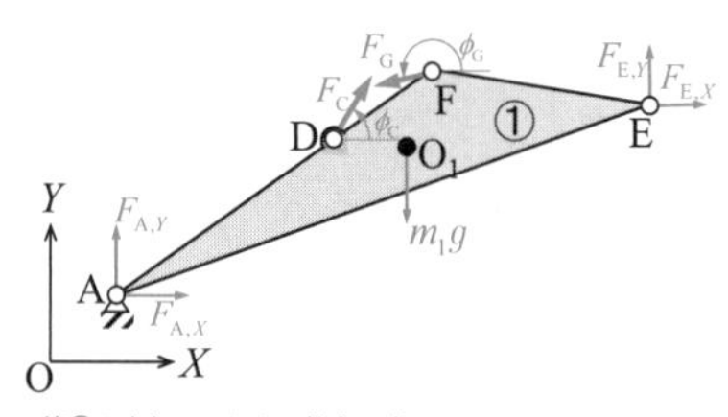

節①の力とモーメントの釣合い式

$$F_{A,X} + F_C \cos\phi_C + F_G \cos\phi_G + F_{E,X} = 0$$

$$F_{A,Y} + F_C \sin\phi_C + F_G \sin\phi_G + F_{E,Y} - m_1 g = 0$$

$$F_C\{(X_D - X_A)\sin\phi_C - (Y_D - Y_A)\cos\phi_C\} + F_G\{(X_F - X_A)\sin\phi_G - (Y_F - Y_A)\cos\phi_G\}$$
$$+F_{E,Y}(X_E - X_A) - F_{E,X}(Y_E - Y_A) - m_1 g(X_{O1} - X_A) = 0$$

図 8.4　1つの節に関する力とモーメントの釣り合い式

る．この解析は設計上必要と思われる位置・姿勢について行っておく．

(4)　力解析

(3)の結果をもとにして，各節に関する力とモーメントの釣り合い式を導出し，シリンダ推力やバケットに作用する負荷などを与えて各対偶作用力を求める(図 8.4)．このとき，式の数と未知数の数が同一となるように条件を与える必要がある．

(5)　要素設計

(4)の結果をもとにして，各節・ピン・シリンダについて，はりの応力計算式や有限要素法などを駆使して，必要な強度，剛性，推力が得られるように各部の諸元を決定する．

上記のプロセスは建設機械特有のものではなく，一般の機械も同様のプロセスで設計が行われる．本章では，上記の(2)と(4)の内容を対象とする．

出力節に作用する負荷，各節に作用する重力と慣性力を考慮して機構各部に作用する力を求めることを動力学解析(dynamic force analysis)，慣性力の影響を無視して機構各部に作用する力を求めることを静力学解析(static force analysis)と呼ぶ．本章では，後者を中心に取り上げる．なお，動力学解析はダランベールの原理(d'Alembert's principle) を用いれば静力学解析をベースにして行うことができる．

多くの読者はこれまでに，工業力学などの科目によって「剛体」を対象として基礎的な力学を学んできたものと思われる．本章で扱う「機構の力学」は対象が「1 つの剛体」ではなく「剛体系」である．本章では，平面機構の力学解析を行うために，まず，「剛体の力学」について簡単に復習をした後，剛体系の力学解析を行うための基礎的な考え方について，視覚的および数式的に解説する．そして，具体的に機構を取り上げて，それらの静力学解析例を示すこととする．さらに，力学的視点から機構の特異点について述べた後，ダランベールの原理について簡単に触れておく．

8・2　静力学解析の基礎(fundamentals of static force analysis)

8・2・1　力，偶力およびモーメント(force, couple and moment)

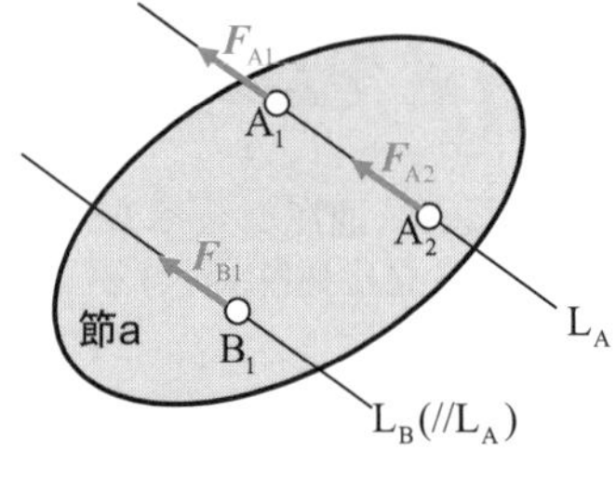

図 8.5　節 a に作用する力

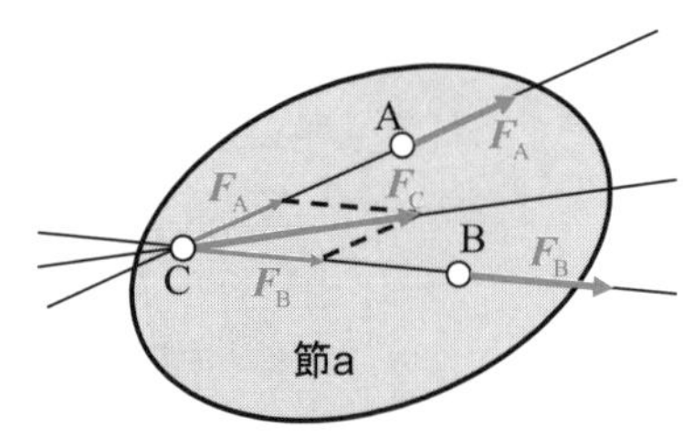

図 8.6　節 a に作用する 2 つの力の合力

力とは節に運動を起こさせる作用である．力は特定の作用線(line of action)を有するベクトルであり，作用点はその直線上のいずれの点でも構わない．ベクトルの大きさが力の大きさを表す．すなわち，節に作用する力とは，その力を定義する直線とその直線に沿った長さおよび向きにより表すことができる．図 8.5 に 1 つの節 a に作用する力を表す．図中の直線 L_A 上の 2 点 A_1 および A_2 に作用する力 $\boldsymbol{F}_{A1}$ および $\boldsymbol{F}_{A2}$ はその大きさと向きが同じであれば，節にとって同じ効果であり，同じ力である．点 A_1 および A_2 をそれぞれ力 $\boldsymbol{F}_{A1}$ および $\boldsymbol{F}_{A2}$ の作用点と呼ぶ．しかし， $\boldsymbol{F}_{A1}$ と同じ大きさで直線 L_A に平行な直線 L_B 上の点 B_1 に作用する力 $\boldsymbol{F}_{B1}$ は節 a にとって $\boldsymbol{F}_{A1}$ と等価ではない． XY 平面内の力 $\boldsymbol{F}$ はその X 方向成分 F_X および Y 方向成分 F_Y により，次のように表す．

$$\boldsymbol{F} = \begin{bmatrix} F_X \\ F_Y \end{bmatrix} = [F_X \ \ F_Y]^T \tag{8.1}$$

ここで，T は行列の転置を表す．

図 8.6 に示すように，節 a にその作用線が交点を持つ 2 つの力 $\boldsymbol{F}_A$ および $\boldsymbol{F}_B$

が作用する場合，これらは図中に示す 1 つの力 $\boldsymbol{F}_{\mathrm{C}}$ に置き換えることができる．この力 $\boldsymbol{F}_{\mathrm{C}}$ を力 $\boldsymbol{F}_{\mathrm{A}}$ および $\boldsymbol{F}_{\mathrm{B}}$ の合力(resultant force)と呼び，次式で求める．

$$\boldsymbol{F}_{\mathrm{C}} = \boldsymbol{F}_{\mathrm{A}} + \boldsymbol{F}_{\mathrm{B}} \tag{8.2}$$

図 8.7 のように大きさが等しい 2 つの力 $\boldsymbol{F}_{\mathrm{A}}$ および $\boldsymbol{F}_{\mathrm{B}}$ が互いに離れた平行な直線上にありかつ向きが逆である場合，式(8.2)よりその合力は 0 である．しかし，これらの 2 つの力は次式で求められるモーメント M を節 a に与える．

$$M = r_X F_Y - r_Y F_X \tag{8.3}$$

ここで，モーメント M はスカラで表しているが，これは紙面に垂直なベクトルであり，手前方向が正である．なお，このように合力が 0 でモーメントを生成する 2 つの力を偶力(couple)と呼ぶ．式(8.3)において，

$$\boldsymbol{F}_{\mathrm{A}} = [F_X \quad F_Y]^{\mathrm{T}},\quad \boldsymbol{r} = [r_X \quad r_Y]^{\mathrm{T}} \tag{8.4}$$

であり，ベクトル $\boldsymbol{r}$ は直線 $\mathrm{L_B}$ の点を始点とし $\mathrm{L_A}$ の点を終点とすれば，始点および終点は任意に選ぶことができ，また，偶力はその作用点を選ばない．

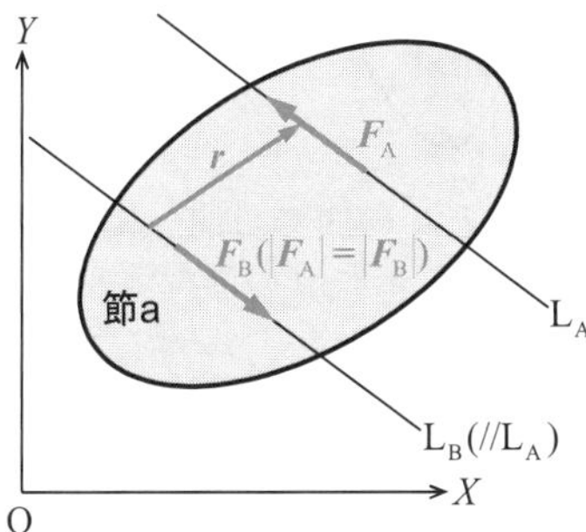

図 8.7　節 a に作用する偶力

図 8.8 に示すように，節 a に 1 つの力 $\boldsymbol{F}$ が作用する場合を考える．このとき，この力によって節 a には点 A まわりに次式で表されるモーメントが作用する．

$$M_{\mathrm{A}} = r_{\mathrm{A}X} F_Y - r_{\mathrm{A}Y} F_X \tag{8.5}$$

なお，

$$\boldsymbol{r}_{\mathrm{A}} = [r_{\mathrm{A}X} \quad r_{\mathrm{A}Y}]^{\mathrm{T}} \tag{8.6}$$

である．ここで，力 $\boldsymbol{F}$ の作用線 L 上に点 A から下ろした垂線を表すベクトルを $\boldsymbol{r}_{\mathrm{An}}$ とし，その大きさを r_{An}，力 $\boldsymbol{F}$ の大きさを F とすれば，点 A まわりのモーメント M_{A} の大きさは次式となる．

$$|M_{\mathrm{A}}| = r_{\mathrm{An}} F \tag{8.7}$$

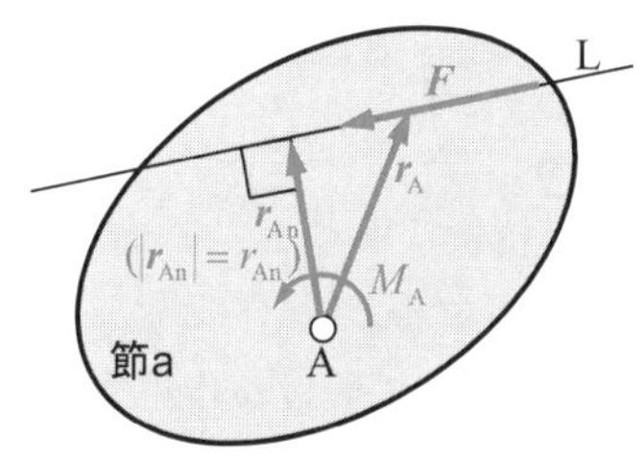

図 8.8　節 a に作用する力による点 A まわりのモーメント

図 8.9(a)に示すように節 a に 1 つの力 $\boldsymbol{F}$ とモーメント M が作用する場合，これらは1つの力に置き換えることができる．その力は同図(b)に示すように，図(a)の力の作用線 L と平行な距離 r だけ離れた直線 $\mathrm{L_E}$ を作用線とする同じ大きさ・方向の力 $\boldsymbol{F}$ である．距離 r は次式で求められる．

$$r = |M| / |\boldsymbol{F}| \tag{8.8}$$

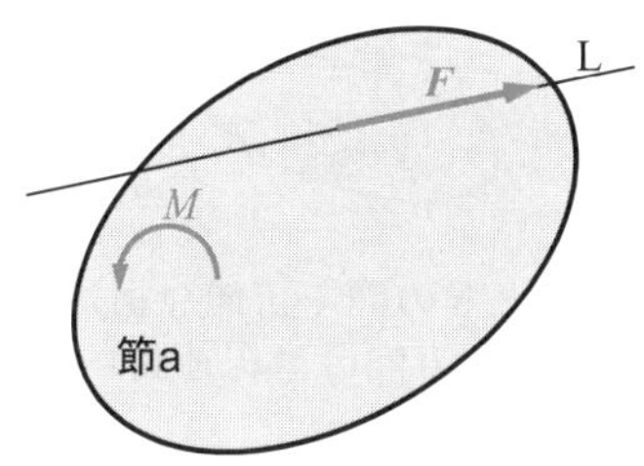

(a)　力 $\boldsymbol{F}$ とモーメント M

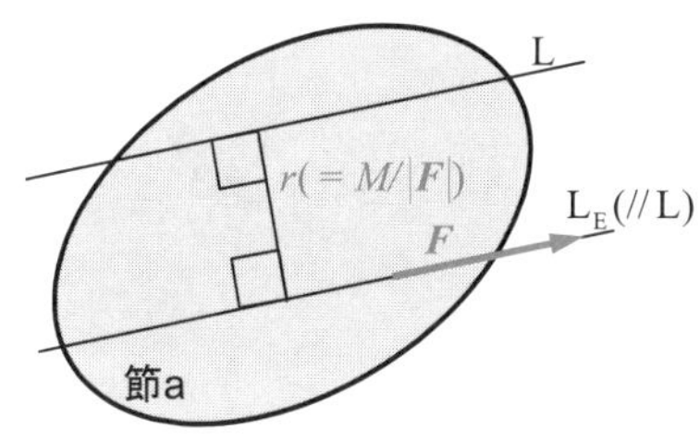

(b)　(a)と等価な力 $\boldsymbol{F}$

図 8.9　力・モーメントと等価な力

8・2・2　1つの節に関する静的な釣り合い (static equilibrium on a link)

1 つの節に複数の力 $\boldsymbol{F}_i (i = 1, 2, \cdots, N_F)$ とモーメント $M_j (j = 1, 2, \cdots, N_M)$ が作用して次式を満たす時，その節は力の釣り合い状態にあるという．

$$\sum_{i}^{N_F} \boldsymbol{F}_i = \boldsymbol{0} \tag{8.9}$$

$$\sum_{j}^{N_M} M_j = 0 \tag{8.10}$$

これらの式を力およびモーメントの静的釣り合い式(static equilibrium)と呼ぶ．ここで，M_j は節内で任意に取った 1 つの点に関するモーメントであり，偶力によるモーメントとともに力のモーメント(moment of force)も含む．機構に力が作用した状態で静止するためには，機構内の各動節について，上記の力およびモーメントの釣り合い式が成立しなければならない．

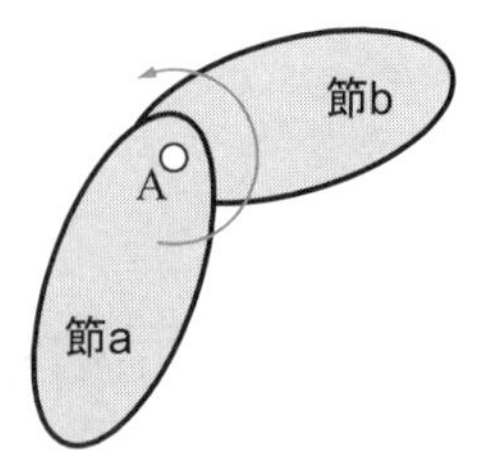

(a)　節 a と b の間で可能な相対運動（点 A まわりの回転運動）

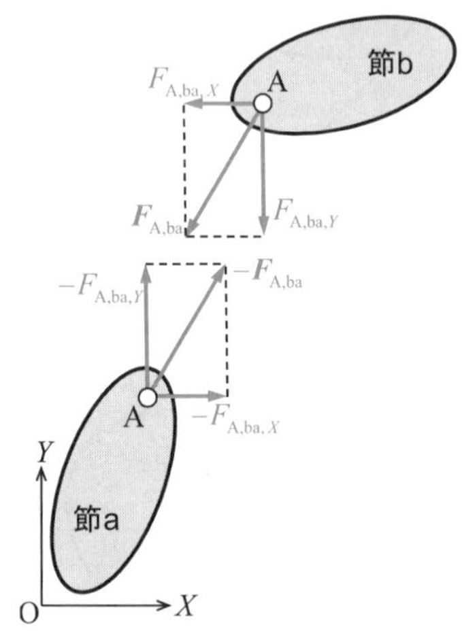

(b)点 A における作用力

図 8.10　回転対偶における作用力

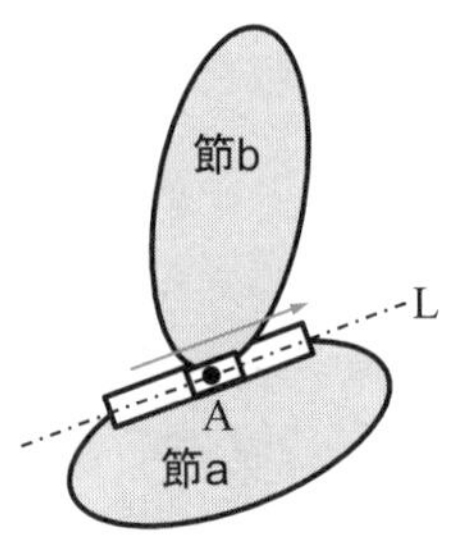

(a)　節 a と b の間で可能な相対運動（軸 L 方向の直線運動）

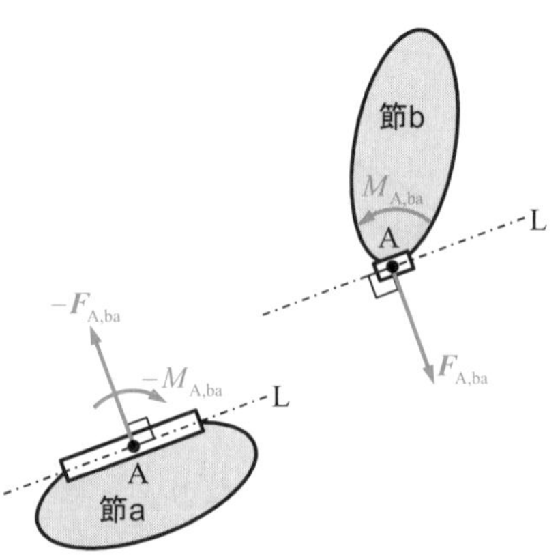

(b)点 A における作用力

図 8.11　直進対偶における作用力

8・2・3　対偶作用力(joint force)

機構は複数の節が対偶で連結されて構成される．機構内のある節に外界から力やモーメントが作用した場合，機構内の各対偶には機構の形状および外力の作用する位置に応じて力およびモーメントが生じる．これが対偶作用力である．このとき，用いられている対偶が能動対偶である場合を除き，すなわち受動対偶の場合にはそれぞれの対偶の種類によって対偶作用力の成分が決まる．機構の力解析においては，各対偶作用力を明示しておくことが重要である．なお，対偶作用力は内力であり，作用・反作用の法則に基づいて考えれば，2 つの節を a および b と表した場合，節 a から節 b への対偶作用力は，節 b から節 a への対偶作用力と大きさが同じで向きが逆である．対偶作用力を設定する場合には，どちらの節からどちらの節への作用力なのか，明確に定義しておくことを忘れてはならない．また，能動対偶においては，すべての力・モーメント成分(平面では，平面内の力 2 成分と平面に垂直な軸まわりのモーメント 1 成分)が作用するが，対偶によって加えられる拘束力(constraint force)は対偶作用力であり，それ以外の能動的に加えられる力は駆動力と呼ぶ．平面機構において用いられるいくつかの対偶における作用力を図 8.10～図 8.12 に示す．

図 8.10(a)は 2 つの節 a および b が回転対偶によって連結されている場合を示している．同図(a)に示すように，回転対偶 A により，節 b は a に対して点 A まわりの回転運動以外は拘束される．したがって，同図(b)のように 2 つの節の結合を仮想的になくして内力である対偶作用力を明示すれば，その対偶作用力は点 A まわりのモーメントが生じない成分に限定されることがわかる．すなわち，点 A を通る任意の力が回転対偶 A における作用力であり，モーメントは作用しない．同図(b)には点 A において節 a から b に作用する力を添え字を用いて $\boldsymbol{F}_{\mathrm{A,ba}}$ のように表しており，さらに X および Y 軸方向の成分を添え字にて表現している．なお，図に示した力は一例であり，その大きさ・方向は負荷条件および他の節との関係で求められる．すなわち，回転対偶の場合，回転対偶の回転中心を通る任意の力が対偶作用力であるから，対偶作用力は例えば図 8.10(b)に示したように，X および Y 軸方向の成分 $F_{\mathrm{A,ba},X}$ および $F_{\mathrm{A,ba},Y}$ のように 2 つのパラメータで表される．

図 8.11 は 2 つの節 a および b が直進対偶によって連結されている場合を示している．同図(a)に示すように，直進対偶により，節 b は a に対して対偶軸 L 方向の直線運動以外は拘束される．ここで，直進対偶 A における対偶作用力を対偶軸 L 上の点 A における力とこの点を通る紙面に垂直な軸まわりのモーメントにより表すこととする．このとき，対偶作用力は対偶軸 L に沿った成分を含まない力とモーメントとなることがわかる．これを対偶部で節 a と b の結合を切り離した状態で同図(b)に示す．すなわち，直進対偶における対偶作用力は対偶軸 L に垂直な方向の力と紙面垂直軸まわりのモーメントである．なお，力とモーメントが同時に作用することになるので，力の作用点を明示しておく必要がある．この場合には点 A を通り直線 L に垂直な直線上の任意の点である．すなわち，直進対偶の場合，対偶作用力の力成分は直進対偶の対偶軸に垂直な方向に限定されるから，その力の大きさとモーメントの大きさの 2 つのパラメータで表される．

図 8.12 は 2 つの節 a および b が点接触を行う高次対偶により連結されている場合を示している．ここで接触点における摩擦は考慮していない．同図(a)に示すように，高次対偶により節 b は a に対して接触点 A における共通法線 NN' に垂直な方向の直線運動および点 A まわりの回転運動以外は拘束されている．逆に，接触点においては接触点における両対偶素の共通法線 NN' 方向の力がこのような高次対偶における対偶作用力である．すなわち，摩擦のない高次対偶においては，対偶作用力はそれぞれの対偶素の共通法線方向の力の大きさの 1 つのパラメータで表すことができる．

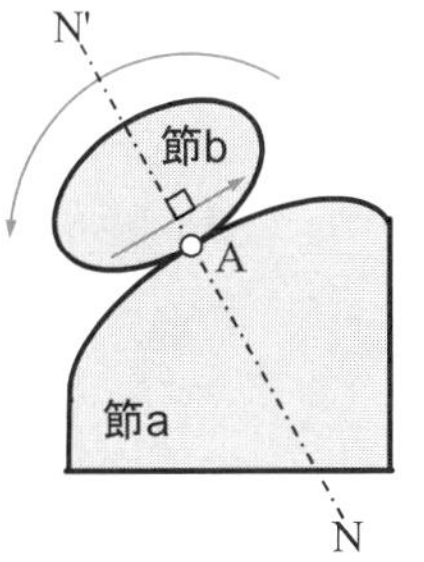

(a)　節 a と b の間で可能な相対運動

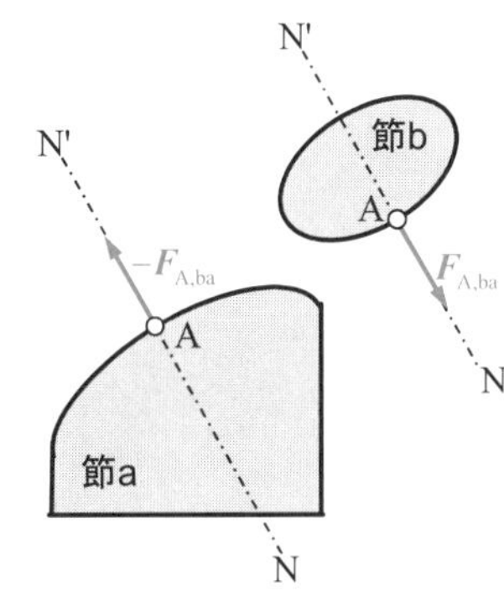

(b)点 A における作用力

図 8.12　高次対偶における作用力

8・3　静力学解析の解析的手法 (analytical method for static force analysis)

機構の設計において，機構が出力節あるいはその他の節に作用する負荷の力・モーメントに抗して所要の運動を行うために加えるべき入力節の駆動力や同時に作用する対偶作用力が計算される．計算されたこれらの力は，節の形状寸法決定や駆動源のアクチュエータ，減速機，軸受などの機械要素(machine element)選定の基礎資料として使われる．本節では，機構の運動と出力節などに作用する負荷の力・モーメントが与えられた場合について，駆動力および対偶作用力を解析的に求める手法について述べる．

上記の計算のために，**8・1** 節で述べたように，次の(1)～(3)の一連の作業を行う．

(1)　駆動力，対偶作用力を未知数として設定する．

(2)　各節について，力とモーメントの釣り合い式を立てる．

(3)　機構としての力・モーメントに関する連立一次方程式を立て，解く．

ここでは，図 8.13 に示す平面 4 節リンク機構(原動節：b)において，中間節 c の点 P に外力として力 $\boldsymbol{F}=[F_X\ \ F_Y]^{\mathrm{T}}$ が作用するとき，これに釣り合う駆動トルク τ と回転対偶 A, B, C および D における対偶作用力 $\boldsymbol{F}_{\mathrm{A}}=[F_{\mathrm{A},X}\ \ F_{\mathrm{A},Y}]^{\mathrm{T}}$, $\boldsymbol{F}_{\mathrm{B}}=[F_{\mathrm{B},X}\ \ F_{\mathrm{B},Y}]^{\mathrm{T}}$, $\boldsymbol{F}_{\mathrm{C}}=[F_{\mathrm{C},X}\ \ F_{\mathrm{C},Y}]^{\mathrm{T}}$ および $\boldsymbol{F}_{\mathrm{D}}=[F_{\mathrm{D},X}\ \ F_{\mathrm{D},Y}]^{\mathrm{T}}$ を求める場合について説明する．

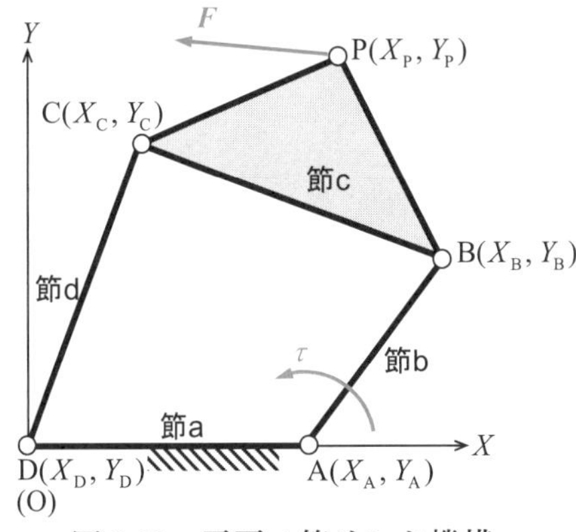

図 8.13　平面 4 節リンク機構

(1) 駆動力，対偶作用力を未知数として設定する．

図 8.13 において，各対偶 A, B, C および D において節の間の結合を切り離し，各対偶で 1 つの節から他方の節に作用する力を対偶作用力として設定し，また点 A まわりの駆動トルクも静止節 a から原動節 b に作用するモーメント τ として設定し，これらを未知数とする．回転対偶 B，C および D はすべて受動対偶であるからこれらの対偶における作用力は X および Y 軸方向の 2 成分の力である．ここでは，$\boldsymbol{F}_{\mathrm{A}}$ は節 a から節 b に，$\boldsymbol{F}_{\mathrm{B}}$ は節 b から節 c に，$\boldsymbol{F}_{\mathrm{C}}$ は節 c から節 d に，$\boldsymbol{F}_{\mathrm{D}}$ は節 d から節 a に作用する向きを正とする．

各対偶において作用・反作用の法則を適用し，すでに負荷として与えられている外力とともに未知数として設定した対偶作用力を用いて，すべての節に作用する力とモーメントを図 8.14 に示すように明らかにする．図 8.14 のように，機構を構成するすべての動節について，対偶作用力を含めて作用するすべての力とモーメントを表示した図をフリーボディダイヤグラム(free body diagram)という．

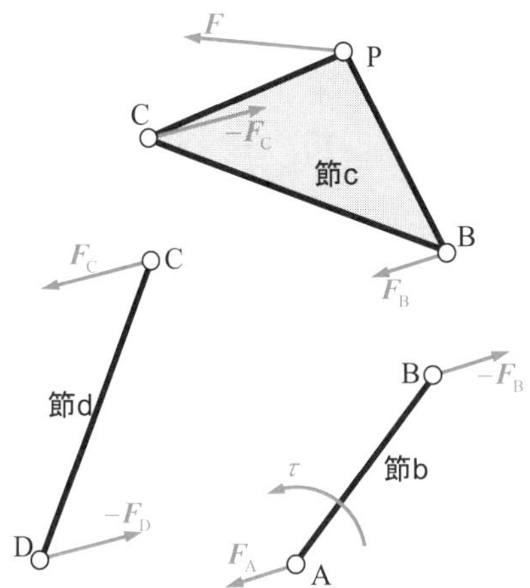

図 8.14　平面 4 節リンク機構の各節に作用する力・モーメント

(2) 各節について，力とモーメントの釣り合い式を立てる．

図 8.14 より，節 b～d に関する力とモーメントの釣り合い式は次のように表される．

節 b：

$$\left.\begin{aligned} &\boldsymbol{F}_{\mathrm{A}} - \boldsymbol{F}_{\mathrm{B}} = \boldsymbol{0} \\ &\tau + (Y_{\mathrm{B}} - Y_{\mathrm{A}})F_{\mathrm{B},X} - (X_{\mathrm{B}} - X_{\mathrm{A}})F_{\mathrm{B},Y} = 0 \end{aligned}\right\} \tag{8.11}$$

節 c：

$$\left.\begin{aligned} &\boldsymbol{F}_{\mathrm{B}} - \boldsymbol{F}_{\mathrm{C}} + \boldsymbol{F} = \boldsymbol{0} \\ &(Y_{\mathrm{C}} - Y_{\mathrm{B}})F_{\mathrm{C},X} - (X_{\mathrm{C}} - X_{\mathrm{B}})F_{\mathrm{C},Y} + (X_{\mathrm{P}} - X_{\mathrm{B}})F_{Y} - (Y_{\mathrm{P}} - Y_{\mathrm{B}})F_{X} = 0 \end{aligned}\right\} \tag{8.12}$$

節 d：

$$\left.\begin{aligned} &\boldsymbol{F}_{\mathrm{C}} - \boldsymbol{F}_{\mathrm{D}} = \boldsymbol{0} \\ &(X_{\mathrm{C}} - X_{\mathrm{D}})F_{\mathrm{C},Y} - (Y_{\mathrm{C}} - Y_{\mathrm{D}})F_{\mathrm{C},X} = 0 \end{aligned}\right\} \tag{8.13}$$

(3) 機構としての力・モーメントに関する連立一次方程式を立て，解く．

(2)で書いた式(8.11)～(8.13)をまとめて行列とベクトルで表示すれば，次の連立一次方程式を得る．

$$A\boldsymbol{f} = \boldsymbol{b} \tag{8.14}$$

$$A = \begin{bmatrix} 1 & 0 & -1 & 0 & 0 & 0 & 0 & 0 & 0 \\ 0 & 1 & 0 & -1 & 0 & 0 & 0 & 0 & 0 \\ 0 & 0 & Y_{\mathrm{B}} - Y_{\mathrm{A}} & -(X_{\mathrm{B}} - X_{\mathrm{A}}) & 0 & 0 & 0 & 0 & 1 \\ 0 & 0 & 1 & 0 & -1 & 0 & 0 & 0 & 0 \\ 0 & 0 & 0 & 1 & 0 & -1 & 0 & 0 & 0 \\ 0 & 0 & 0 & 0 & Y_{\mathrm{C}} - Y_{\mathrm{B}} & -(X_{\mathrm{C}} - X_{\mathrm{B}}) & 0 & 0 & 0 \\ 0 & 0 & 0 & 0 & 1 & 0 & -1 & 0 & 0 \\ 0 & 0 & 0 & 0 & 0 & 1 & 0 & -1 & 0 \\ 0 & 0 & 0 & 0 & -(Y_{\mathrm{C}} - Y_{\mathrm{D}}) & X_{\mathrm{C}} - X_{\mathrm{D}} & 0 & 0 & 0 \end{bmatrix} \tag{8.15}$$

$$\boldsymbol{f} = \begin{bmatrix} F_{\mathrm{A},X} & F_{\mathrm{A},Y} & F_{\mathrm{B},X} & F_{\mathrm{B},Y} & F_{\mathrm{C},X} & F_{\mathrm{C},Y} & F_{\mathrm{D},X} & F_{\mathrm{D},Y} & \tau \end{bmatrix}^{\mathrm{T}} \tag{8.16}$$

$$\boldsymbol{b} = \begin{bmatrix} 0 \\ 0 \\ 0 \\ -F_X \\ -F_Y \\ (Y_{\mathrm{P}} - Y_{\mathrm{B}})F_X - (X_{\mathrm{P}} - X_{\mathrm{B}})F_Y \\ 0 \\ 0 \\ 0 \end{bmatrix} \tag{8.17}$$

なお，未知数の数および方程式の数はともに 9 であるので，式(8.14)は連立一次方程式として成立している．これを解けば，与えられた条件(変位と外力負荷)に対する駆動トルクと対偶作用力を求めることができる．ただし，上式は 9 元連立一次方程式であるから手計算ではなくコンピュータを用いて計算することを前提としている．

8・4　静力学解析の図式解法 (graphical method for static force analysis)

前節において，機構の静力学解析を解析的に行う手法を述べた．しかし，実際には，1 つの節に作用する力が少なかったり，あるいは作用力の方向が限定されているために，特定の節に関する力の釣り合い状態を図で表現することにより，前節で示したような大規模な連立方程式を解くことなく，簡単な計算によって機構内のすべての対偶作用力を求めることができることも多い．このような図式解法が有用なのは，次の 2 つの条件のうちいずれかを満足する節が機構内に存在する場合である．

(1)1 つの節に，2 つの力が作用し，モーメントは作用しない．

(2)1 つの節に，3 つの力が作用し，モーメントは作用しない．

以下で，これらの場合について考えてみる．

(1)1 つの節に，2 つの力が作用し，モーメントは作用しない場合

図 8.15(a)のように，節 a に任意の 2 つの力 $\boldsymbol{F}_\mathrm{A}$ および $\boldsymbol{F}_\mathrm{B}$ が作用し，これらの力以外は作用しない場合を考える．このような 2 つの力が作用した場合に，式(8.9)および(8.10)の力・モーメントの釣り合い式が成立する条件を考える．まず，式(8.9)の力の釣り合い式が成立するためには，

$$\boldsymbol{F}_\mathrm{B} = -\boldsymbol{F}_\mathrm{A} \tag{8.18}$$

でなければならないことは容易に理解できる．次に，式(8.10)のモーメントの釣り合い式をここでは点 A まわりについて考える．この時，点 B に作用する力 $\boldsymbol{F}_\mathrm{B}$ が点 A まわりに発生するモーメントが 0 でなけれならないが，このためには，点 B に作用する力 $\boldsymbol{F}_\mathrm{B}$ の作用線 L 上に点 A から下ろした垂線の足を H とするとき，

$$\overline{\mathrm{AH}} = 0 \tag{8.19}$$

でなければならない．

以上より，1 つの節に 2 つの力のみが作用する場合，それらの力の作用線は一直線であり，互いに向きが反対であることがわかる．このような状態を図 8.15(b)に示す．

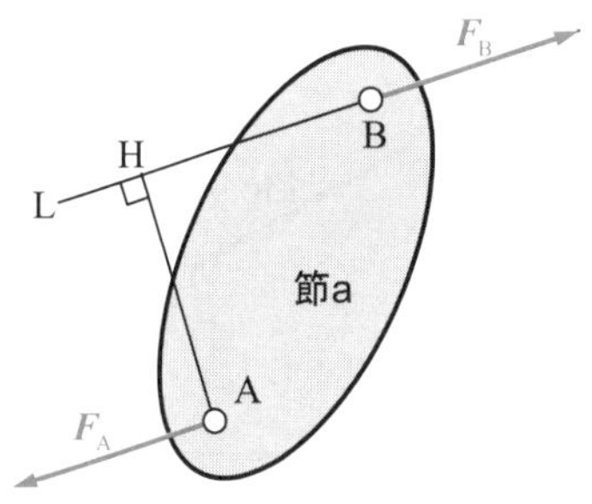

(a)節 a に作用する 2 つの力

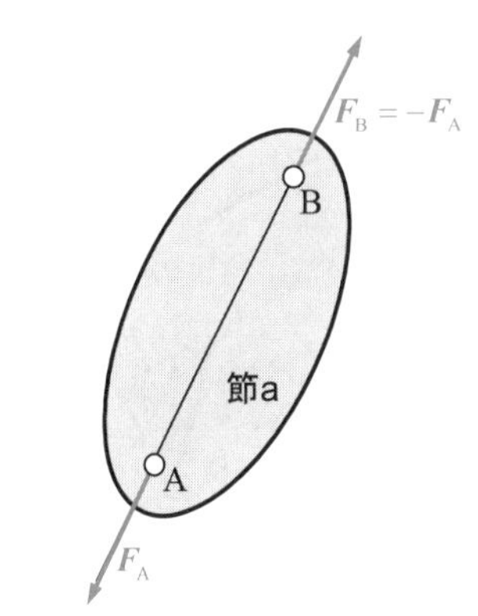

(b)力およびモーメントの釣り合いがとれる 2 つの力

図 8.15　1 つの節に 2 つの力のみが作用する場合

(2)1 つの節に，3 つの力が作用し，モーメントは作用しない場合

図 8.16(a)に示すように 3 つの力 $\boldsymbol{F}_\mathrm{A}$，$\boldsymbol{F}_\mathrm{B}$ および $\boldsymbol{F}_\mathrm{C}$ が作用する場合について，まず式(8.10)のモーメントの釣り合い式を考える．2 つの力 $\boldsymbol{F}_\mathrm{A}$ および $\boldsymbol{F}_\mathrm{B}$ の作用線 $\mathrm{L_A}$ および $\mathrm{L_B}$ の交点を図のように $\mathrm{P_{AB}}$ とする．2 つの力 $\boldsymbol{F}_\mathrm{A}$ および $\boldsymbol{F}_\mathrm{B}$ による点 $\mathrm{P_{AB}}$ まわりのモーメントは 0 であるから，3 つの力 $\boldsymbol{F}_\mathrm{A}$， $\boldsymbol{F}_\mathrm{B}$ および $\boldsymbol{F}_\mathrm{C}$ が式(8.10)を満足するためには，力 $\boldsymbol{F}_\mathrm{C}$ による点 $\mathrm{P_{AB}}$ まわりのモーメントも 0 とならなければならない．しかし，図に示した状態では，力 $\boldsymbol{F}_\mathrm{C}$ の作用線 $\mathrm{L_C}$ と点 $\mathrm{P_{AB}}$ は r_C の距離がある．力 $\boldsymbol{F}_\mathrm{C}$ による点 $\mathrm{P_{AB}}$ まわりのモーメントが 0 となるためにはこの距離 r_C が 0 とならなければならない．すなわち，力 $\boldsymbol{F}_\mathrm{C}$ の作用線 L_C は点 $\mathrm{P_{AB}}$ を通らなければならない．すなわち，図 8.16(b)のような状態でなければならない．

次に，式(8.9)の力の釣り合いを考える．この段階では，3 つの力の方向が決まっているから，大きさだけを議論すればよい．したがって，3 つの力ベクトルは平行移動して考えても差し支えない．3 つのベクトルの和が 0 となるためには，図 8.16(c)のように平行移動した 3 つの力が三角形を構成しなければならない．このとき，この三角形のそれぞれの辺の長さがそれぞれの力の大きさを表している．このような図式解法による静力学解析は，機構の力学解析に基づく設計の初期の段階で有用である．

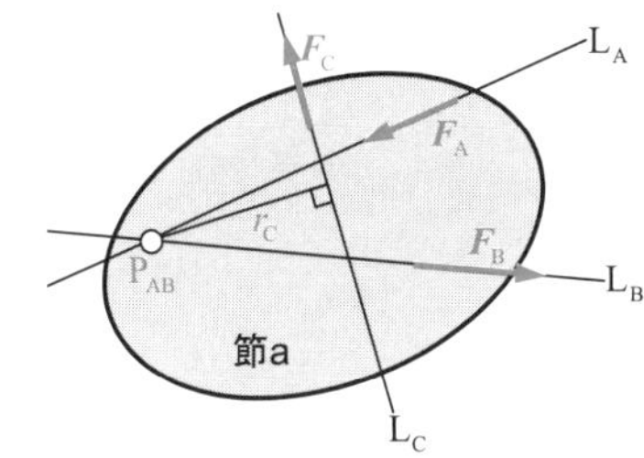

(a)1 つの節に作用する任意の 3 つの力

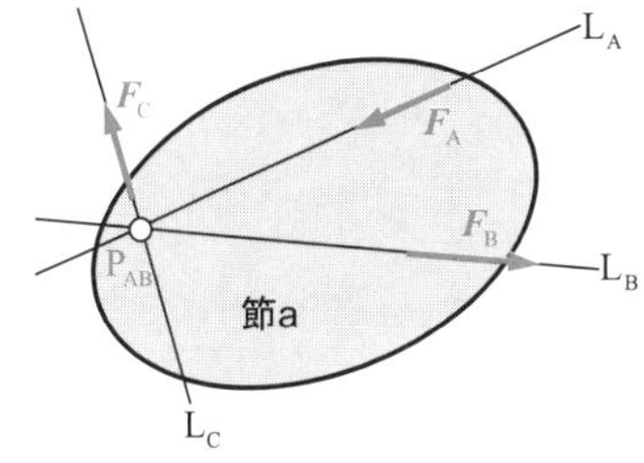

(b)点 $\mathrm{P_{AB}}$ まわりのモーメントが 0 となる 3 つの力

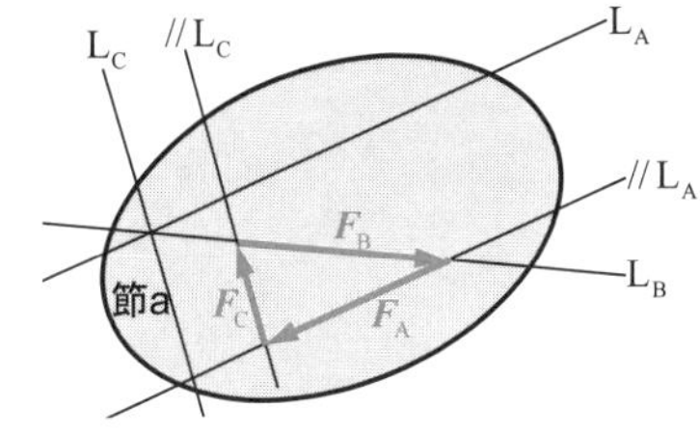

(c)力のベクトル三角形

図 8.16　1 つの節に作用する釣り合う 3 つの力

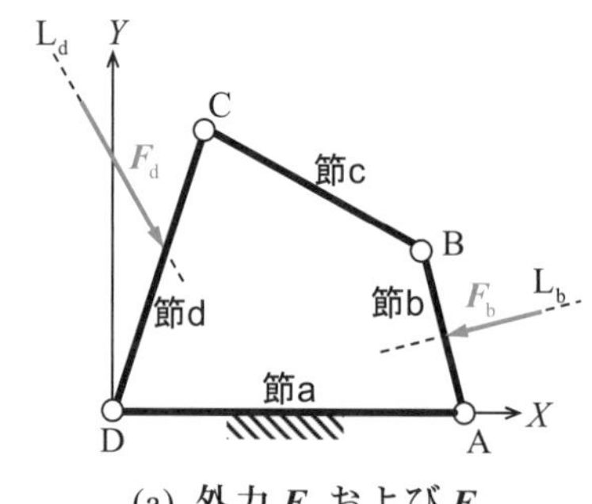

(a) 外力 $\boldsymbol{F}_b$ および $\boldsymbol{F}_d$

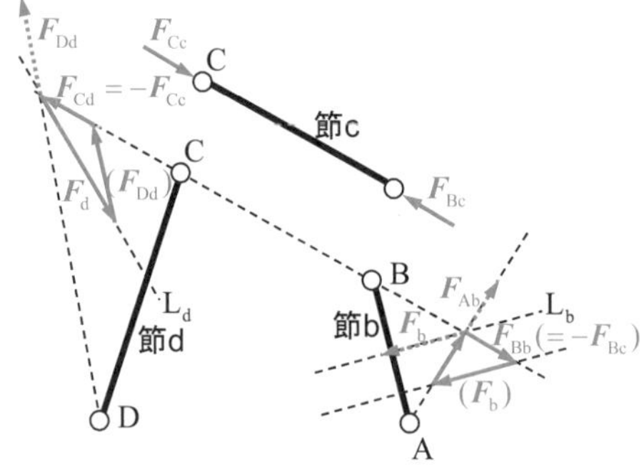

(b) 各節に作用する力

図 8.17 4節リンク機構に作用する力（例題 **8・1**）

【例題 8・1】***

図 8.17 に示すように，水平面内に置かれた 4 節リンク機構 ABCD の節 d に力 $\boldsymbol{F}_d$(作用線：L_d)が外力として作用する場合に，これに釣り合うために節 b に力 $\boldsymbol{F}_b$ を直線 L_b に沿って作用させることを考える．回転対偶はすべて摩擦のない受動対偶である．力 $\boldsymbol{F}_b$ を求める手順を述べよ．

【解答】

まず，各節に作用する力を考える．ここでは作用する節と対偶を添え字として表す．

節 b：点 A および B に作用する力 $\boldsymbol{F}_{Ab}$ および $\boldsymbol{F}_{Bb}$ と外力 $\boldsymbol{F}_b$

節 c：点 B および C に作用する力 $\boldsymbol{F}_{Bc}$ および $\boldsymbol{F}_{Cc}$

節 d：点 C および D に作用する力 $\boldsymbol{F}_{Cd}$ および $\boldsymbol{F}_{Dd}$ と外力 $\boldsymbol{F}_d$

作用・反作用の法則により，

$$\boldsymbol{F}_{Bb} = -\boldsymbol{F}_{Bc}, \quad \boldsymbol{F}_{Cd} = -\boldsymbol{F}_{Cc} \tag{ex8.1}$$

が成り立つ．一方，外力 $\boldsymbol{F}_b$ は作用線 L_b が既知であるから未知量はその大きさである．以上により，既知の外力 $\boldsymbol{F}_d$ に対する未知量は $\boldsymbol{F}_{Ab}, \boldsymbol{F}_{Bc}, \boldsymbol{F}_{Cc}, \boldsymbol{F}_{Dd}$ および $|\boldsymbol{F}_b|$ の 9 個である．これに対して，各節について力およびモーメントの釣り合い式を立てれば 9 個の連立方程式が式(8.14)の形で得られる．このように解析的な手法が適用できる．

以下では，図式的な解法の手順について述べる．

まず，節 c に着目すると，この節には 2 つの力しか作用していないことがわかる．すなわち，

$$\boldsymbol{F}_{Bc} = -\boldsymbol{F}_{Cc} \tag{ex8.2}$$

である．ここで $\boldsymbol{F}_{Bc}$ および $\boldsymbol{F}_{Cc}$ の作用線は節 c の対偶 B と C を結ぶ直線である．次に，節 d に着目すると，3 つの力が作用している．これらが釣り合うためには，図 8.17(b)に示すように，$\boldsymbol{F}_{Cd}(=-\boldsymbol{F}_{Cc})$ の作用線と外力 $\boldsymbol{F}_d$ の作用線 L_d の交点と点 D を結ぶ直線が $\boldsymbol{F}_{Dd}$ の作用線でなければならない．$\boldsymbol{F}_d$ が既知であるから $\boldsymbol{F}_{Cd}$ と $\boldsymbol{F}_{Dd}$ の大きさはこれらの力が三角形を構成するように求めればよい．さらに，節 b に着目すると，これまでの計算により $\boldsymbol{F}_{Bb}$ が既知となり，また $\boldsymbol{F}_b$ の作用線は既知であるから，3 つの力 $\boldsymbol{F}_{Bb}, \boldsymbol{F}_b, \boldsymbol{F}_{Ab}$ が釣り合うためには $\boldsymbol{F}_{Bb}$ の作用線と L_b の交点と点 A を結ぶ直線が $\boldsymbol{F}_{Ab}$ の作用線とならなければならないことがわかる．節 d の場合と同様にして，$\boldsymbol{F}_{Bb}, \boldsymbol{F}_b, \boldsymbol{F}_{Ab}$ が三角形を構成するように解けば，$\boldsymbol{F}_b$ と $\boldsymbol{F}_{Ab}$ の大きさが求められる．

****

【Example 8・2】***

Consider a two-link serial mechanism with two active revolute joints as shown in Fig. 8.18. An external force $\boldsymbol{F}$ is exerted at the tip point P. Find the input torques τ_A and τ_B that must be applied to the active joints A and B to support the external force.

【Solution】

The following equilibrium of moment around point A holds:

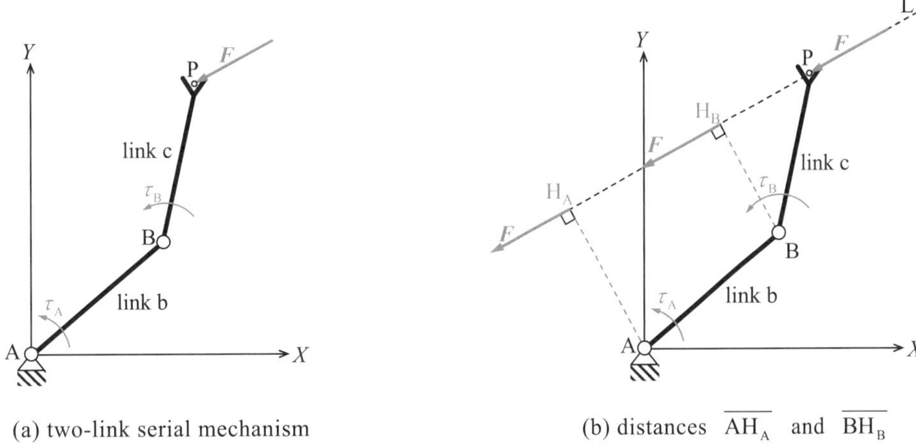

(a) two-link serial mechanism　　(b) distances $\overline{AH_A}$ and $\overline{BH_B}$

Fig. 8.18 Two-link serial mechanism

$$\tau_A = (Y_P - Y_A)F_X - (X_P - X_A)F_Y = Y_P F_X - X_P F_Y \,. \qquad \text{(ex8.3)}$$

Cutting the connection at B between links b and c, the following equation holds for c:

$$\tau_B = (Y_P - Y_B)F_X - (X_P - X_B)F_Y \,. \qquad \text{(ex8.4)}$$

From Eqs. (ex8.3) and (ex8.4), the following equation is derived:

$$\begin{bmatrix} \tau_A \\ \tau_B \end{bmatrix} = \begin{bmatrix} Y_P & -X_P \\ Y_P - Y_B & -(X_P - X_B) \end{bmatrix} \begin{bmatrix} F_X \\ F_Y \end{bmatrix} = -\begin{bmatrix} -Y_P & -(Y_P - Y_B) \\ X_P & X_P - X_B \end{bmatrix}^T \begin{bmatrix} F_X \\ F_Y \end{bmatrix} . \qquad \text{(ex8.5)}$$

Here, the matrix on the right side is the transposed Jacobian matrix defined in Eq. (4.47) to describe the relationship between input and output velocities. As shown in this equation, input torques can be obtained from Eq.(ex8.5) using the Jacobian matrix.

Now consider the distances of the line of action L of the external force $\boldsymbol{F}$ from points A and B. The magnitude of the input torques can be also calculated from the following equations.

$$|\tau_A| = \overline{AH_A}|\boldsymbol{F}| \quad \text{and} \quad |\tau_B| = \overline{BH_B}|\boldsymbol{F}| \qquad \text{(ex8.6)}$$

****

【Example 8・3】***

Figure 8.19 shows a disk cam mechanism with a point contact. The cam rotates around O, and the follower moves along a line constrained by a prismatic pair. An external force $\boldsymbol{F}$ is applied to the follower. The angle between the direction of motion of the follower and the common normal N−N′ at the contact point C of the cam and the follower is denoted as ψ. Find the magnitude of the driving torque τ of the cam.

【Solution】

As shown in Fig. 8.19(b), the force acting at C is denoted as $\boldsymbol{F}_C$, the direction of which is N−N′. The following relationship between $\boldsymbol{F}$ and $\boldsymbol{F}_C$ should hold:

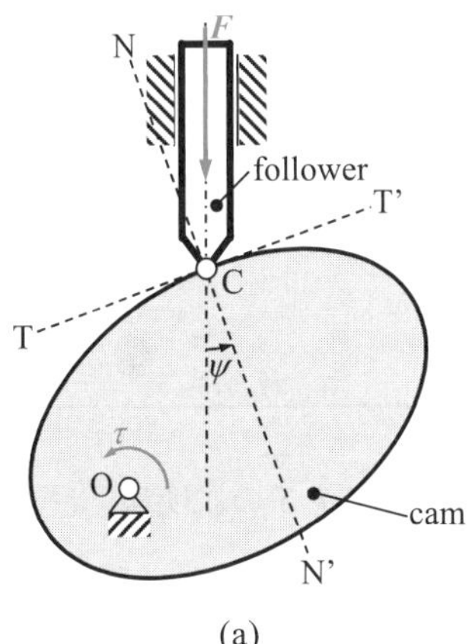

(a)

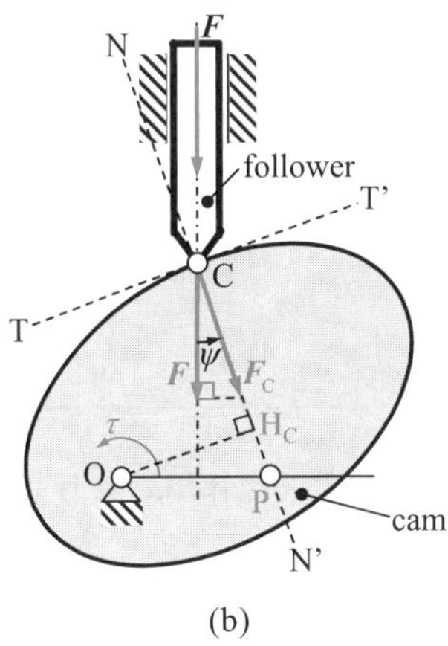

(b)

Fig. 8.19　Planar cam mechanism

$$\boldsymbol{F}_{\mathrm{C}} = \frac{\boldsymbol{F}}{\cos\psi}\,. \tag{ex8.7}$$

Based on the equilibrium of moment around O, τ is derived as the following equation, where P is the intersection point of $\mathrm{N-N'}$ and the line that is perpendicular to the direction of motion of the follower and passes through O.

$$|\tau| = \overline{\mathrm{OH}_{\mathrm{C}}}\,|\boldsymbol{F}_{\mathrm{C}}| = \overline{\mathrm{OP}}\cos\psi\,|\boldsymbol{F}_{\mathrm{C}}| = \overline{\mathrm{OP}}\,|\boldsymbol{F}| \tag{ex8.8}$$

From Eq. (ex8.7), the closer ψ is to 90°, the larger the magnitude of the force at C becomes. In particular, the cam cannot drive the follower against any external force when $\psi = 90^{\circ}$. Angle ψ is the pressure angle presented in subsection **5･3･3**. A mechanism configuration at $\psi = 90^{\circ}$ is a singular point of the cam mechanism.

From Eq. (ex8.8), the following equation is obtained:

$$|\boldsymbol{F}|/|\tau| = 1/\overline{\mathrm{OP}}\,. \tag{ex8.9}$$

The relationship between input torque and output force in this equation is reciprocal to the following relationship between the input angular velocity ω of the cam and the velocity v of the follower:

$$v/\omega = \overline{\mathrm{OP}}\,. \tag{ex8.10}$$

****

【例題 8・4】**

図 8.20(a)に示すように，3 本のひも 1～3 が 1 点 P で結合している．ひも 1 および 2 の長さは点 P の位置に対応させて変化するが，ひも 3 の長さは一定である．図の X 軸方向は水平方向であり，Y 軸方向は鉛直方向であって Y 軸正方向は鉛直上向きを表す．点 P が $Y = Y_{\mathrm{P}}$ 上をゆっくりと等速度で移動し，ひも 3 には質量 m の物体が吊り下げられ常に鉛直下向きとなるように運動するものとする．それぞれのひもは引っ張り力に対して抵抗を示すが，圧縮力には抵抗がないと考える．重力加速度を g とする．次の問いに答えよ．

(1) ひもは十分な強度があるとして，図(a)に示すように，AP および BP が鉛直上向きとなす角をそれぞれ ϕ および θ とするとき，図のような状態で静止しているときにひも 1 および 2 にかかる力を求めよ．

(2) ひもは十分な強度があるとして，図のような状態で静止できる点 P の X 座標の範囲を求めよ．

(a) 系の説明図

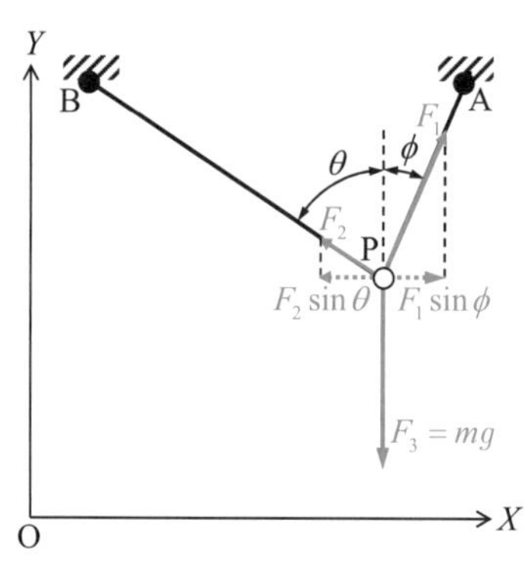

(b) 点 P に作用する力

図 8.20 3 本のひもの系

【解答】

(1) 図 8.20(b)に示すようにひも 1 および 2 の張力を F_1 および F_2 と表せば，点 P に作用する力の釣り合いより次式を得る．

$$\left.\begin{aligned} F_1\sin\phi &= F_2\sin\theta \\ F_1\cos\phi + F_2\cos\theta &= mg \end{aligned}\right\} \tag{ex8.11}$$

これを解いて，各ひもの張力は次式のように求められる．

$$\left.\begin{aligned} F_1 &= \frac{\sin\theta}{\sin(\phi+\theta)}mg \\ F_2 &= \frac{\sin\phi}{\sin(\phi+\theta)}mg \end{aligned}\right\} \quad \text{(ex8.12)}$$

(2)　$F_1 \geq 0, F_2 \geq 0$ でなければならないので，これを満たす点 P の X 座標 X_P の範囲は，点 A および B の X 座標を X_A および X_B として次式のように求められる．

$$X_B \leq X_P \leq X_A \quad \text{(ex8.13)}$$

****

8・5　仮想仕事の原理(principle of virtual work)

入力速度(能動対偶速度)をベクトルで $\boldsymbol{\omega}$, 入力トルク(駆動力)をベクトルで $\boldsymbol{\tau}$，出力速度をベクトルで $\boldsymbol{V}$，負荷の力をベクトルで $\boldsymbol{F}$ と表す．ここで $\boldsymbol{F}$ は出力速度を定義する点に作用する力ベクトルとモーメントベクトルを合わせたものである．このとき，第 4 章におけるヤコビ行列の定義により，ヤコビ行列を J で表せば次式が成り立つ．

$$\boldsymbol{V} = J\boldsymbol{\omega} \quad (8.20)$$

ここで，機構内のすべての変位について仮想的に設定した微小変位に対する仕事の総和が 0 であるとき，機構は力の釣り合い状態にある．これを仮想仕事の原理(principle of virtual work)と呼ぶ．仮想仕事の原理を適用する際の微小変位は速度に置き換えることができる．そこで，損失がない場合，入力部に供給される動力と出力部に供給される動力の総和は 0 となる．ここで，力と速度の内積が動力であるから，次式を得る．

$$\boldsymbol{\omega}^{\mathrm{T}}\boldsymbol{\tau} + \boldsymbol{V}^{\mathrm{T}}\boldsymbol{F} = 0 \quad (8.21)$$

式(8.20)および(8.21)より，次式が得られる．

$$\boldsymbol{\omega}^{\mathrm{T}}\boldsymbol{\tau} + \boldsymbol{\omega}^{\mathrm{T}}J^{\mathrm{T}}\boldsymbol{F} = 0 \quad (8.22)$$

すなわち，

$$\boldsymbol{\omega}^{\mathrm{T}}(\boldsymbol{\tau} + J^{\mathrm{T}}\boldsymbol{F}) = 0 \quad (8.23)$$

したがって，任意の入力速度に対して上式が成立するためには次式が成り立つ必要がある．

$$\boldsymbol{\tau} = -J^{\mathrm{T}}\boldsymbol{F} \quad (8.24)$$

この式を用いることにより，入出力速度の関係式が既知であれば，力に関する入出力関係式が得られることがわかる．式(8.20)と(8.24)の関係を速度と力の双対性(duality)と呼ぶ．式(8.24)は 2 リンクシリアル機構に関する例題 **8•2** で示した式(ex8.5)と同様である．

以上の関係式は，入力および出力をベクトルで表して多入力・多出力の系すなわち多自由度機構を想定したものであったが，1 自由度機構の場合についても同様である．例えば図 8.13 に示した 4 節リンク機構において，節 b を入力節，節 d を出力節とし，節 b と d の角速度をそれぞれ ω_{in} および ω_1，駆動トルクを τ_{in}，負荷トルクを τ_1 とすれば，式(8.22)と同様に次式を得る．

$$\omega_{\mathrm{in}}\tau_{\mathrm{in}} + \omega_1\tau_1 = 0 \quad (8.25)$$

したがって，

$$\tau_{\mathrm{in}}/\tau_1 = -\omega_1/\omega_{\mathrm{in}} \quad (8.26)$$

であり，トルクの入出力比は速度比の逆数であることがわかる．これは，カム機構に関する例題 **8･3** で導いた式と同様である．

【例題 8・5】**

4 節リンク機構において，中間節と静止節の相対運動の瞬間中心を通る外力が中間節に作用し，モーメントは中間節に作用しないとき，駆動トルクはどのようになるか，説明せよ．

【解答】

瞬間中心は並進速度(translational velocity)を持たないから，この点を通る力は仕事をしない．仮想仕事の原理を適用すれば，原動節がある速度で回転している場合においても駆動トルクによる仕事(動力)が 0 とならなければならない．すなわち，瞬間中心を通る外力に対する駆動トルクは 0 である．

****

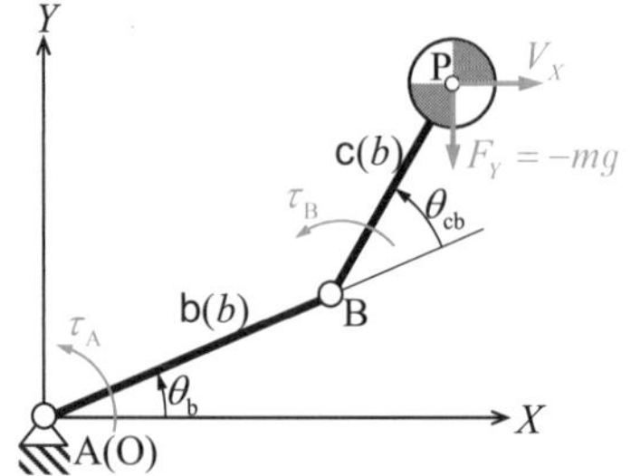

図 8.21　2 リンクシリアル機構

【例題 8・6】**

2 リンクシリアル機構が鉛直面内で運動する場合について考える．図 8.21 に示すように先端 P に負荷質量 m を取り付け，準静的に水平方向に等速直線運動を行わせる．リンク自体の質量は無視しうるものとすれば，各能動対偶における駆動トルクおよび入力動力はどのように変化するか．

【解答】

水平方向を X 軸，鉛直方向を Y 軸にとって考えると，式(ex8.5)より 2 リンクシリアル機構の駆動トルクは次式のように求められる．

$$\begin{bmatrix}\tau_A\\ \tau_B\end{bmatrix}=\begin{bmatrix}Y_P & -X_P\\ Y_P-Y_B & -(X_P-X_B)\end{bmatrix}\begin{bmatrix}0\\ F_Y\end{bmatrix}=\begin{bmatrix}X_P\\ X_P-X_B\end{bmatrix}mg \tag{ex8.14}$$

すなわち，駆動トルクは点 P の X 座標とともに変化する．一方，式(4.48),(4.49)より，能動対偶の速度は次式のように求められる．

$$\begin{bmatrix}\omega_A\\ \omega_B\end{bmatrix}=\frac{1}{bc\sin\theta_{cb}}\begin{bmatrix}X_P-X_B & Y_P-Y_B\\ -X_P & -Y_P\end{bmatrix}\begin{bmatrix}V_X\\ 0\end{bmatrix}=\frac{1}{bc\sin\theta_{cb}}\begin{bmatrix}X_P-X_B\\ -X_P\end{bmatrix}V_X \tag{ex8.15}$$

したがって，各能動対偶の入力動力は次式のように求められる．

$$\left.\begin{aligned}P_A&=\tau_A\omega_A=\frac{X_P(X_P-X_B)}{bc\sin\theta_{cb}}mgV_X\\ P_B&=\tau_B\omega_B=-\frac{X_P(X_P-X_B)}{bc\sin\theta_{cb}}mgV_X\end{aligned}\right\} \tag{ex8.16}$$

すなわち，入力動力の総和 P_{in} は

$$P_{in}=P_A+P_B=0 \tag{ex8.17}$$

となる．したがって，両能動対偶の入力動力は点 P の X 座標とともに変化するが，両能動対偶の動力は絶対値が等しく符号が逆であり，その総和が 0 である．なお，出力動力 P_{out} は

$$P_{out}=-(F_X V_X+F_Y V_Y)=0 \tag{ex8.18}$$

である．

****

図 8.22 に示すように，2 リンクシリアル機構を歩行ロボットの脚機構として用いることを考える．ここでは，ロボットの本体の質量 m に比して脚の質量は無視し得るほどに小さく，本体が上下動なく等速度 V で移動するものとする．このとき，各脚の先端 C_1，C_2 には鉛直上向きの力 $F_{Y1}, F_{Y2} (F_{Y1}+F_{Y2}=mg)$ が作用する．例題 **8・6** の場合をもとに考えれば，このロボットは外界に仕事をしないにもかかわらず A_1, A_2, B_1, B_2 に搭載されたモータではエネルギーを消費することになる．歩行ロボットではその自立化のためにエネルギー消費を極力抑える必要があるので，効率の良い機構が望まれる．

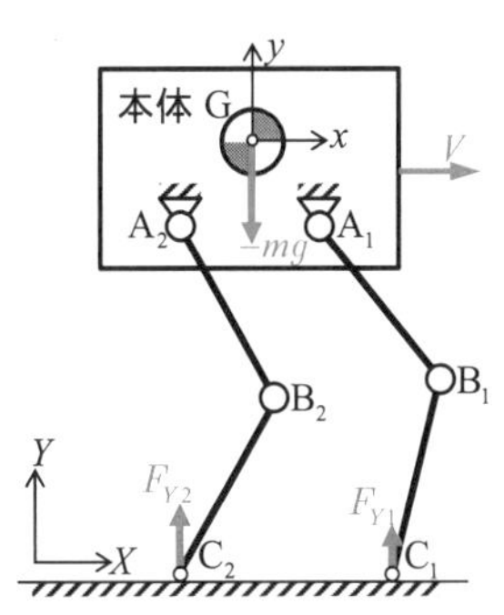

図 8.22 2 リンクシリアル機構を脚機構に用いた歩行ロボット

そこで，図 8.23 に示すパンタグラフ機構(pantograph mechanism)を歩行ロボットの脚に使うことを考えてみる．この機構は，節数 7，1 自由度の対偶数 8 の 2 自由度機構(対偶点 E は二重対偶)である．この機構の条件は，

$$\Delta ABE \backsim \Delta EDF \backsim \Delta ACF \tag{8.27}$$

である．さらに，入力変位を 2 つの直進対偶 A および E の変位とし，これらの直進対偶の軸はそれぞれ本体に固定された座標軸 x および y に平行であるとする．ここで本体に対する脚先端 F の運動を考える．本体座標系 $o-xy$ 上の点 F の位置を (x_F, y_F) とするとき，点 F の速度と直進対偶 A および E の速度の関係は次式のように，出力点 F がどのような位置にあっても一定である．

$$\left.\begin{aligned} \dot{x}_F &= -k_1 \dot{x}_A \\ \dot{y}_F &= (1+k_1)\dot{y}_E \end{aligned}\right\} \tag{8.28}$$

ここで，

$$k_1 = \frac{\overline{BC}}{\overline{AB}} \tag{8.29}$$

である．

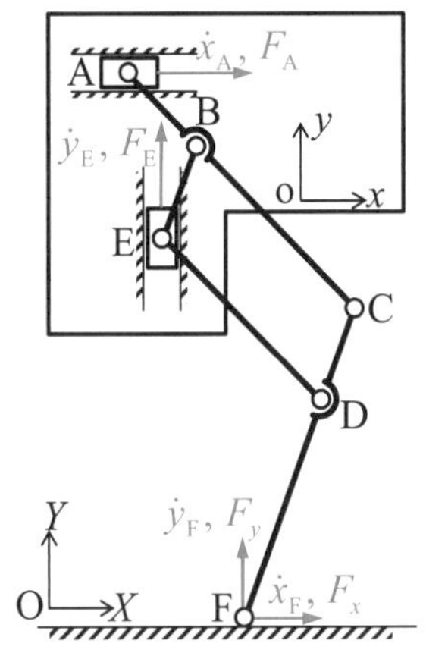

図 8.23 パンタグラフ機構

式(8.28)よりこの機構のヤコビ行列は

$$J = \begin{bmatrix} -k_1 & 0 \\ 0 & 1+k_1 \end{bmatrix} \tag{8.30}$$

となる．このとき，脚先端 F に作用する外力 $[F_x \ F_y]^T$ に対する駆動力は

$$\begin{bmatrix} F_A \\ F_E \end{bmatrix} = -J^T \begin{bmatrix} F_x \\ F_y \end{bmatrix} = -\begin{bmatrix} -k_1 & 0 \\ 0 & 1+k_1 \end{bmatrix}\begin{bmatrix} F_x \\ F_y \end{bmatrix} = \begin{bmatrix} k_1 F_x \\ -(1+k_1)F_y \end{bmatrix} \tag{8.31}$$

となる．したがって，脚先端には本体の自重を支えるために鉛直方向成分 F_Y のみが作用するとした場合について，歩行ロボットが本体姿勢を水平に保ち(x 軸が X 軸と平行)水平方向に等速度 V で歩行するとき，それぞれの能動対偶に供給すべき動力は

$$\left.\begin{aligned} P_A &= F_A \cdot \dot{x}_A = 0 \cdot \left(-\frac{V}{k_1}\right) = 0 \\ P_E &= F_E \cdot \dot{y}_E = -(1+k_1)F_Y \cdot 0 = 0 \end{aligned}\right\} \tag{8.32}$$

となる．すなわち，2 リンクシリアル機構の場合と同様に入力動力の総和 P_{in} は出力動力に等しく 0 であるが，それぞれの能動対偶の入力動力も 0 である．これにより，歩行ロボットのエネルギー効率の向上を図ることができる．

8・6 平面機構の特異点 (singular point of planar mechanism)*

第 4 章において，主に運動学的観点からリンク機構の特異点について述べ

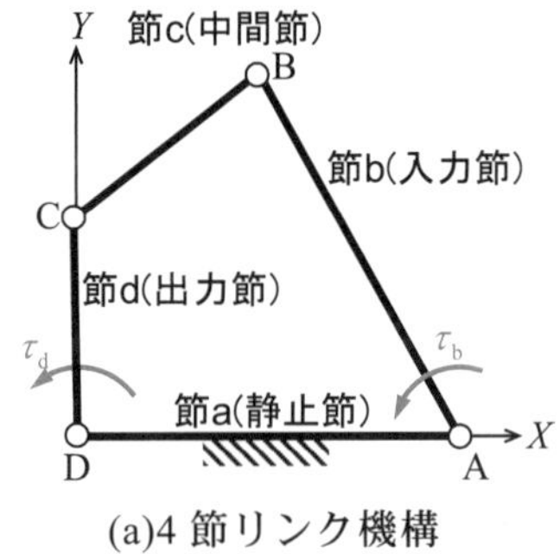

(a)4 節リンク機構

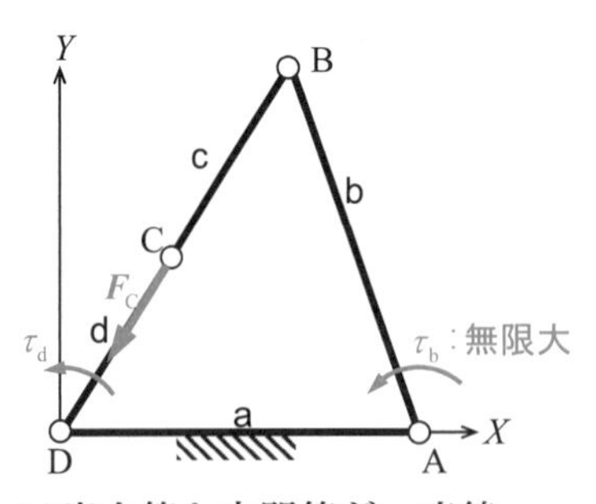

(b)出力節と中間節が一直線

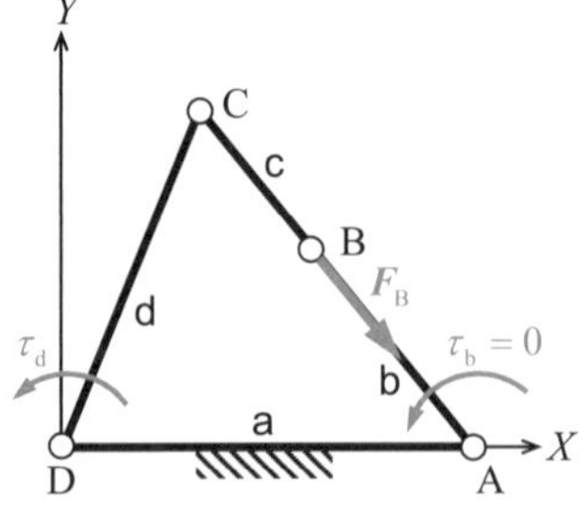

(c)入力節と中間節が一直線

図 8.24　4 節リンク機構の特異点

た．ここでは力学的観点から特異点について述べておく．機構の力に関する入出力関係が，次のような状態にあるとき，その機構の形状を特異点と呼ぶ．

(1) 負荷に抗して機構の形状を維持するために作用させるべき駆動力が無限大である．

(2) 負荷に抗して機構の形状を維持するために作用させるべき駆動力が 0 である．

なお，1 自由度機構の場合には運動方向と同じ方向の力成分を負荷として考えるものとする．また多自由度機構の場合には，運動に関与する力成分をすべて考えるものとし，いずれかの方向の負荷について上記の条件が満足される場合，この機構の形状を特異点と呼ぶ．(1)の特異点は，2 リンクシリアル機構のような開ループ機構においては存在せず，閉ループ機構においてのみ存在する．一方，(2)の特異点は，開ループ機構および閉ループ機構のいずれにも存在する．

【例題 8・7】***

4 節リンク機構および 2 リンクシリアル機構の特異点を示し，説明を加えよ．なお，4 節リンク機構については，静止節上の 2 つの回転対偶のいずれかを入力，他方を出力とする場合について考えよ．

【解答】

まず，図 8.24(a)に示す 4 節リンク機構について考える．この機構において，出力節 d に作用する負荷トルク τ_d に抗して中間節には $\overline{BC}$ 方向の力が作用する．図 8.24(b)のように回転対偶 B,C,D が一直線上に並んだときには，この力 F_C によって出力節 d の点 D まわりにモーメントを生じさせることができないので，負荷トルク τ_d に抗することができない．入力トルク τ_b の観点から言えば，負荷トルク τ_d に抗するための入力トルクは無限大となる．したがって，この機構形状は(1)の特異点である．一方，中間節 c に作用する $\overline{BC}$ 方向の力は出力節 d に作用する負荷トルク τ_d に抗するだけの大きさが必要であるが，図 8.24(c)のように回転対偶 A,B,C が一直線上に並んだときには，この力は入力節 b に点 A まわりのモーメントを生じないため，入力トルク $\tau_b = 0$ となる．したがって，この機構形状は(2)の特異点である．

次に，図 8.25(a)の 2 リンクシリアル機構について考える．この機構が(b)のように回転対偶 A,B と出力点 P が一直線上に並んだ状態にあるとき，点 P

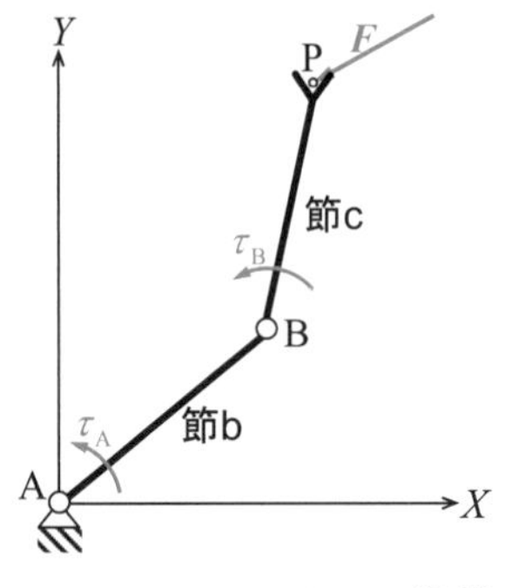

(a)2 リンクシリアル機構

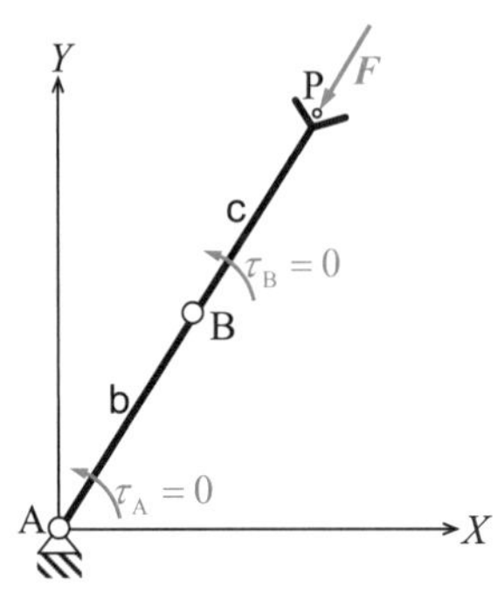

(b)節 b と c が一直線

図 8.25　2 リンクシリアル機構の特異点

に AB 方向の力が作用するとする．このときこの力は各能動対偶にモーメントを生じないので，この外力に対する駆動トルクは 0 となる．したがって，この機構形状は(2)の特異点である．

以上で求めた特異点は第 4 章における速度に基づく特異点解析法により求められるものと一致する．

****

8・7　動力学解析への展開 (approach to dynamic force analysis)*

これまでは，機構が静止あるいは非常にゆっくりとした速度で運動する場合を取り上げて，その力学解析，すなわち静力学解析について述べてきた．しかし，実際の装置においては，機構内の節が加速度運動を行い，これによって生じる負荷が無視できない場合も多い．このような場合における機構の動力学解析を行うためには，これまで述べてきた静力学解析の手法をベースとして，ダランベールの原理を適用するのが簡便である．ダランベールの原理を簡単に説明すれば，

「質量 m の質点に外力 F が作用して加速度 a が生じている状態は，外力 F とともに $-ma$ のみかけの力が作用して力の釣り合い状態($F+(-ma)=0$)にあるとみなすことができる」

となる．この原理は剛体の並進と回転運動(力とモーメント)についても適用することができる．以下では，ダランベールの原理を用いた機構の動力学解析の方法について，具体例を用いて簡単に述べることにする．

図 8.26 に示すスライダ・クランク機構において，節 a を静止節，節 b を入力節，節 c を中間節，節 d を出力節とする．また，本機構は水平面内で運動するものとする．節 b, c, d の重心をそれぞれ $\mathrm{G_b}$，$\mathrm{G_c}$，$\mathrm{G_d}$ とする．$\mathrm{G_b}$，$\mathrm{G_c}$，$\mathrm{G_d}$ の座標を $\mathrm{G_b}(X_{\mathrm{G,b}},Y_{\mathrm{G,b}})$，$\mathrm{G_c}(X_{\mathrm{G,c}},Y_{\mathrm{G,c}})$，$\mathrm{G_d}(X_{\mathrm{G,d}},Y_{\mathrm{G,d}})$，節 b, c, d の姿勢角を ϕ_b (これは入力節の角変位と同じ)，ϕ_c，ϕ_d とする．入力運動 $(\phi_\mathrm{b},\dot{\phi}_\mathrm{b},\ddot{\phi}_\mathrm{b})$ に対する節 b,c,d の重心の加速度を $\ddot{\boldsymbol{G}}_\mathrm{b}(\ddot{X}_{\mathrm{G,b}},\ddot{Y}_{\mathrm{G,b}})$，$\ddot{\boldsymbol{G}}_\mathrm{c}(\ddot{X}_{\mathrm{G,c}},\ddot{Y}_{\mathrm{G,c}})$，$\ddot{\boldsymbol{G}}_\mathrm{d}(\ddot{X}_{\mathrm{G,d}},\ddot{Y}_{\mathrm{G,d}})$，節 c の角加速度を $\ddot{\phi}_\mathrm{c}$ と表す．各節の質量および重心まわりの慣性モーメントをそれぞれ m および I で表す．このとき，ダランベールの原理より，各節に関する力およびモーメントの釣り合い式は以下のようになる．なお，対偶作用力は図 8.26(b)のように定義する．

節 b：

$$\left.\begin{aligned}&\boldsymbol{F}_\mathrm{A}+(-\boldsymbol{F}_\mathrm{B})+(-m_\mathrm{b}\ddot{\boldsymbol{G}}_\mathrm{b})=\boldsymbol{0}\\&\tau+(X_\mathrm{B}-X_\mathrm{A})(-F_{\mathrm{B},Y})-(Y_\mathrm{B}-Y_\mathrm{A})(-F_{\mathrm{B},X})\\&\quad+(-I_\mathrm{b}\ddot{\phi}_\mathrm{b})+(X_{\mathrm{G,b}}-X_\mathrm{A})(-m_\mathrm{b}\ddot{Y}_{\mathrm{G,b}})-(Y_{\mathrm{G,b}}-Y_\mathrm{A})(-m_\mathrm{b}\ddot{X}_{\mathrm{G,b}})=0\end{aligned}\right\}\tag{8.33}$$

節 c：

$$\left.\begin{aligned}&\boldsymbol{F}_\mathrm{B}+(-\boldsymbol{F}_\mathrm{C})+(-m_\mathrm{c}\ddot{\boldsymbol{G}}_\mathrm{c})=\boldsymbol{0}\\&(X_\mathrm{C}-X_\mathrm{B})(-F_{\mathrm{C},Y})-(Y_\mathrm{C}-Y_\mathrm{B})(-F_{\mathrm{C},X})\\&\quad+(-I_\mathrm{c}\ddot{\phi}_\mathrm{c})+(X_{\mathrm{G,c}}-X_\mathrm{B})(-m_\mathrm{c}\ddot{Y}_{\mathrm{G,c}})-(Y_{\mathrm{G,c}}-Y_\mathrm{B})(-m_\mathrm{c}\ddot{X}_{\mathrm{G,c}})=0\end{aligned}\right\}\tag{8.34}$$

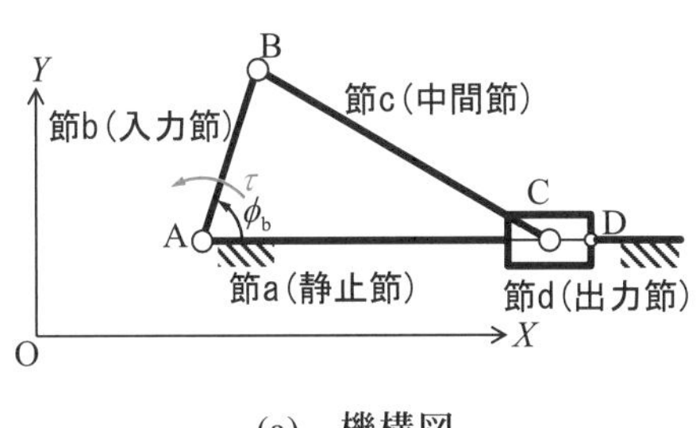

(a)　機構図

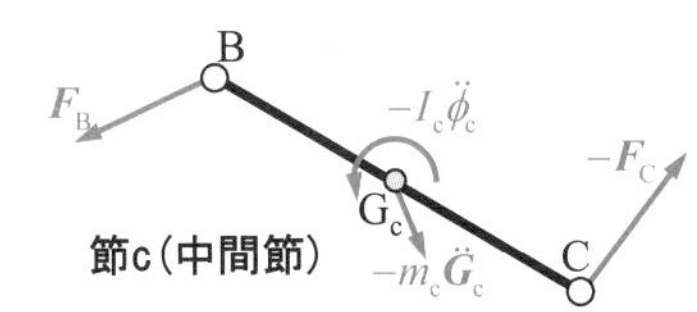

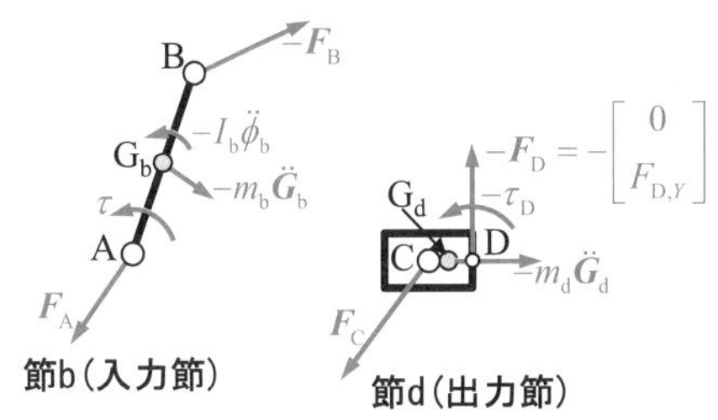

(b)　対偶作用力の定義

図 8.26　スライダ・クランク機構

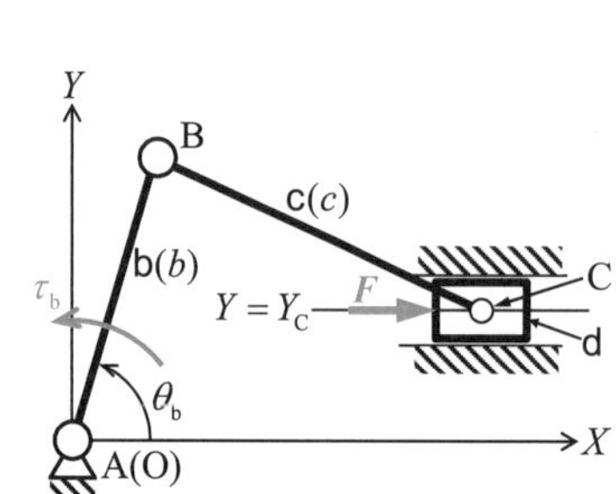

Fig. 8.27　Slider-crank mechanism

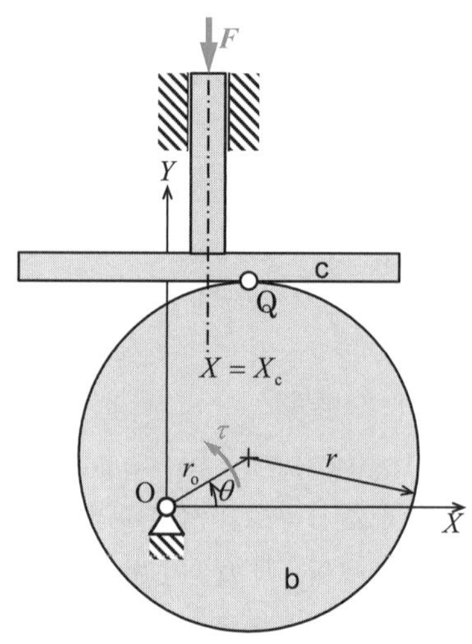

図 8.28　平端直進従節偏心円板カム機構

節 d：

$$\left.\begin{aligned} &\boldsymbol{F}_{\mathrm{C}} + (-\boldsymbol{F}_{\mathrm{D}}) + (-m_{\mathrm{d}}\ddot{\boldsymbol{G}}_{\mathrm{d}}) = \boldsymbol{0} \\ &-\tau_{\mathrm{D}} + (X_{\mathrm{C}} - X_{\mathrm{D}})F_{\mathrm{C},Y} - (Y_{\mathrm{C}} - Y_{\mathrm{D}})F_{\mathrm{C},X} = 0 \end{aligned}\right\} \tag{8.35}$$

これらの式を整理すれば，次のような連立一次方程式を得ることができる．

$$A\boldsymbol{f} = \boldsymbol{b} \tag{8.36}$$

上式において，行列 A は位置のみにより，ベクトル $\boldsymbol{b}$ は各節に作用する慣性力により定まる．したがって，変位，速度および加速度解析ができていれば，これらの諸量は既知である．一方，未知数は $\boldsymbol{f} = [F_{\mathrm{A},X}\ F_{\mathrm{A},Y}\ F_{\mathrm{B},X}\ F_{\mathrm{B},Y}\ F_{\mathrm{C},X}\ F_{\mathrm{C},Y}\ F_{\mathrm{D},Y}\ \tau_{\mathrm{D}}\ \tau]^{\mathrm{T}}$ である．式(8.33)～(8.36)において未知数の数=9，式の数=9 であるから，式(8.36)は 9 元連立一次方程式であり，これを解けば，スライダ・クランク機構の動力学解析を行うことができる．

===== 練習問題 ==================

【8・1】Figure 8.27 shows a slider-crank mechanism in which the crank b is the input link and the slider d is the output link. An input torque τ_{b} around the revolute joint A(O) is given to statically balance the mechanism against an external force $\boldsymbol{F} = [F_X\ F_Y]^{\mathrm{T}}$ applied to the slider. The counterclockwise direction is positive for τ_{b}. Calculate τ_{b} when $b = 1\,\mathrm{m}$, $c = \sqrt{3}\,\mathrm{m}$, $Y_{\mathrm{C}} = 0$, $\theta_{\mathrm{b}} = \pi/3\,\mathrm{rad}$ and $\boldsymbol{F} = [-100\ 0]^{\mathrm{T}}\,\mathrm{N}$.

【8・2】図 8.28 に示すように，回転中心が O，半径が r，偏心量が r_{o} の円板カム b と Y 軸に平行に直線運動を行う平端直進従節 c が点 Q において接触している．節 c には $\boldsymbol{F} = [0\ -10]^{\mathrm{T}}\,\mathrm{N}$ の一定の負荷が作用しており，これに抗してカムに点 O まわりのトルク τ を加えて機構を静止させる．$X_{\mathrm{C}} = 0$，$r = 100\mathrm{mm}$，$r_{\mathrm{o}} = 50\mathrm{mm}$ のとき，トルク τ を θ の関数として表し，τ の絶対値の最大値および最小値についてそれらをとる θ の値とともに示せ．

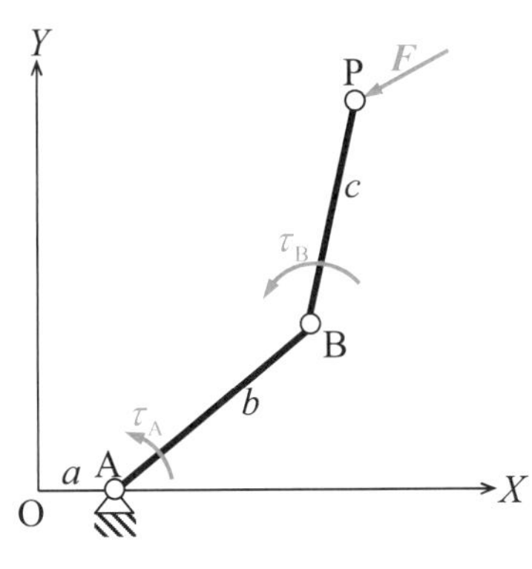

(a) 2 リンクシリアル機構　(b) 5 節機構

図 8.29　2 自由度機構

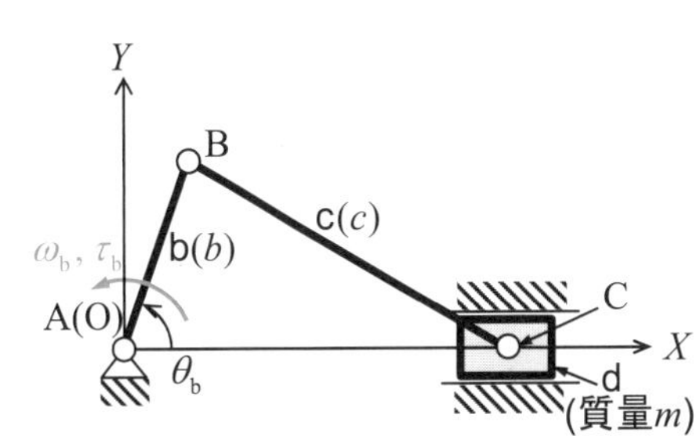

図 8.30　スライダ・クランク機構

【8・3】図 8.29 に示す 2 つの 2 自由度機構の機構定数が $a=a_1=a_2=1\mathrm{m}$, $b=b_1=b_2=1\mathrm{m}$, $c=c_1=c_2=\sqrt{3}\,\mathrm{m}$ であり，出力点 P が $\mathrm{P}(X_\mathrm{P},Y_\mathrm{P})=(0,\sqrt{3})\,\mathrm{m}$ にあるとき，点 P に作用する外力 $\boldsymbol{F}$ に抗して機構が静止するための駆動トルクを次の場合について求めよ．なお，これらの機構について，出力点の位置に対する逆変位解析解はそれぞれ 2 通りおよび 4 通りあるが，図 8.29 に示した場合について求めればよい．

(1) $\boldsymbol{F}=[0\ \ -10]^\mathrm{T}\,\mathrm{N}$

(2) $\boldsymbol{F}=[10\ \ 0]^\mathrm{T}\,\mathrm{N}$

【8・4】図 8.30 に示すスライダ・クランク機構において，$b=100\,\mathrm{mm}$, $c=200\,\mathrm{mm}$ とする．スライダ d の質量は $m=1\mathrm{kg}$ とし，これ以外の節の質量は無視しうるものとする．原動節 b が $\omega_\mathrm{b}=20\,\mathrm{rad/s}$ の角速度で等速回転しているとき，$\theta_\mathrm{b}=\pi/2$ において原動節 b の点 O まわりに加えるべきトルク τ_b を求めよ．

【8・5】図 8.3 に示した油圧ショベルの機構について，シリンダ(直進対偶 C, G, M)の変位と推力が実機で測定できた場合に，各対偶(実機ではピン)に作用する力とバケットに作用する負荷を知りたい．そのための計算式を示せ．数式で求める場合には，式(8.14)～(8.17)のような形式で示せば良い．

【解答】

1.

$$\tau_\mathrm{b}=-\left\{X_\mathrm{B}\cdot\frac{100\sqrt{3}}{3}-Y_\mathrm{B}(-100)\right\}=-\frac{200\sqrt{3}}{3}\ \mathrm{N{\bullet}m}\,.$$

2. $\tau=0.5\cos\theta\,[\mathrm{N{\bullet}m}]$，$\theta=0$ および $\theta=\pi$ のとき，最大値 0.5N•m，$\theta=\pi/2$ および $\theta=3\pi/2$ のとき，最小値 0．

3. 逆変位解析解は次の通りである．

(a) $\theta_\mathrm{b}=\angle\mathrm{BA}X=60^\circ, \theta_\mathrm{b}+\theta_\mathrm{cb}=\angle\mathrm{PB}X=150^\circ$,

(b) $\theta_\mathrm{b1}=\angle\mathrm{B_1A_1}X=60^\circ, \theta_\mathrm{b2}=\angle\mathrm{B_2A_2}X=120^\circ$

機構(a)の場合は式(8.24)に基づき，機構(b)の場合は点 P における力の釣り合いにより節 PB_1 および PB_2 に作用する力を求めることにより各駆動トルクを求めることができる．その結果は次の通りである．

(1) (a) $\tau_A = -10\,\mathrm{N{\cdot}m}$, $\tau_B = -15\,\mathrm{N{\cdot}m}$，(b) $\tau_1 = 10\,\mathrm{N{\cdot}m}$, $\tau_2 = -10\,\mathrm{N{\cdot}m}$

(2) (a) $\tau_A = 10\sqrt{3}\,\mathrm{N{\cdot}m}$, $\tau_B = 5\sqrt{3}\,\mathrm{N{\cdot}m}$，(b) $\tau_1 = 10\sqrt{3}/3\,\mathrm{N{\cdot}m}$, $\tau_2 = 10\sqrt{3}/3\,\mathrm{N{\cdot}m}$

4. スライダ d の加速度は式(ex4.17)より $\ddot{X}_C = 40\sqrt{3}/3\,\mathrm{m/s^2}$ であり，この加速度を生じさせるためにリンク c に作用させるべき力は 80/3 N であり，駆動トルクは $\tau_b = -4\sqrt{3}/3\,\mathrm{N\cdot m}$ となる．

5. 図 8.31 に節①～③および点 L に作用する力を明示する．この図に基づき，次の 11 元連立一次方程式を得る．

$$Af = b$$

$$A = \begin{bmatrix} 1 & 0 & 1 & 0 & 0 & 0 & 0 & 0 & 0 & 0 & 0 \\ 0 & 1 & 0 & 1 & 0 & 0 & 0 & 0 & 0 & 0 & 0 \\ 0 & 0 & Y_E - Y_A & -(X_E - X_A) & 0 & 0 & 0 & 0 & 0 & 0 & 0 \\ 0 & 0 & -1 & 0 & 1 & 0 & \cos\phi_J & 0 & 0 & 0 & 0 \\ 0 & 0 & 0 & -1 & 0 & 1 & \sin\phi_J & 0 & 0 & 0 & 0 \\ 0 & 0 & 0 & 0 & Y_I - Y_E & -(X_I - X_E) & a_{6,7} & 0 & 0 & 0 & 0 \\ 0 & 0 & 0 & 0 & -1 & 0 & 0 & \cos\phi_N & 1 & 0 & 0 \\ 0 & 0 & 0 & 0 & 0 & -1 & 0 & \sin\phi_N & 0 & 1 & 0 \\ 0 & 0 & 0 & 0 & Y_I - Y_P & -(X_I - X_P) & 0 & a_{9,8} & 0 & 0 & 1 \\ 0 & 0 & 0 & 0 & 0 & 0 & -\cos\phi_J & -\cos\phi_N & 0 & 0 & 0 \\ 0 & 0 & 0 & 0 & 0 & 0 & -\sin\phi_J & -\sin\phi_N & 0 & 0 & 0 \end{bmatrix}$$

$$a_{6,7} = (Y_J - Y_E)\cos\phi_J - (X_J - X_E)\sin\phi_J$$
$$a_{9,8} = (X_N - X_P)\sin\phi_N - (Y_N - Y_P)\cos\phi_N$$

$$f = \begin{bmatrix} F_{A,X} & F_{A,Y} & F_{E,X} & F_{E,Y} & F_{I,X} & F_{I,Y} & F_J & F_N & F_{P,X} & F_{P,Y} & M_P \end{bmatrix}^T$$

$$b = \begin{bmatrix} -F_C\cos\phi_C - F_G\cos\phi_G \\ -F_C\sin\phi_C - F_G\sin\phi_G + m_1 g \\ b_3 \\ -F_G\cos\phi'_G - F_M\cos\phi_M \\ -F_G\sin\phi'_G - F_M\sin\phi_M + m_2 g \\ b_6 \\ 0 \\ m_3 g \\ m_3 g(X_{O3} - X_P) \\ -F_M\cos\phi'_M \\ -F_M\sin\phi'_M \end{bmatrix}$$

$$b_3 = F_C\left\{(X_D - X_A)\sin\phi_C - (Y_D - Y_A)\cos\phi_C\right\}$$
$$+ F_G\left\{(X_F - X_A)\sin\phi_G - (Y_F - Y_A)\cos\phi_G\right\} - m_1 g(X_{O1} - X_A)$$

$$b_6 = F_G\left\{(X_H - X_E)\sin\phi'_G - (Y_H - Y_E)\cos\phi'_G\right\}$$
$$+ F_M\left\{(X_K - X_E)\sin\phi_M - (Y_K - Y_E)\cos\phi_M\right\} - m_2 g(X_{O2} - X_E)$$

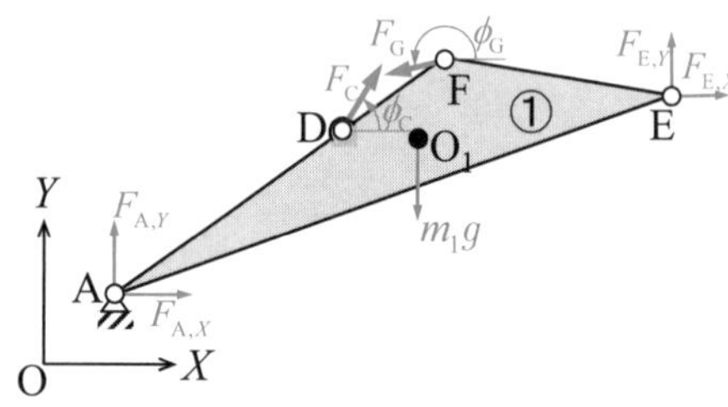

(a) 節①に作用する力

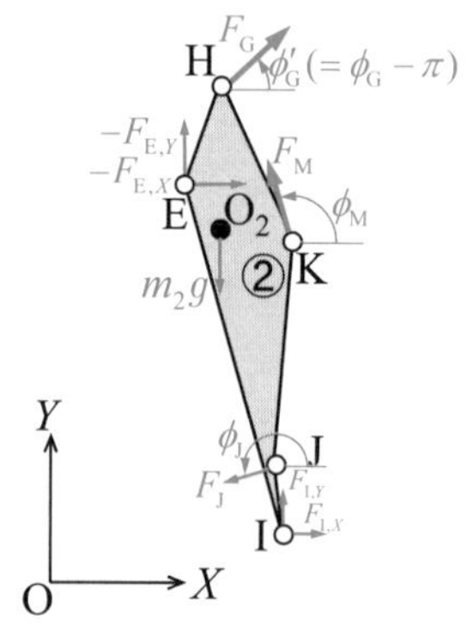

(b) 節②に作用する力

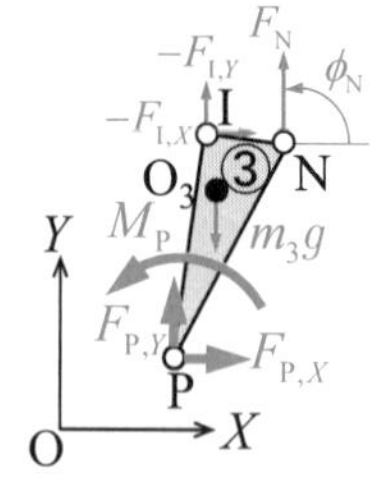

(c) 節③に作用する力

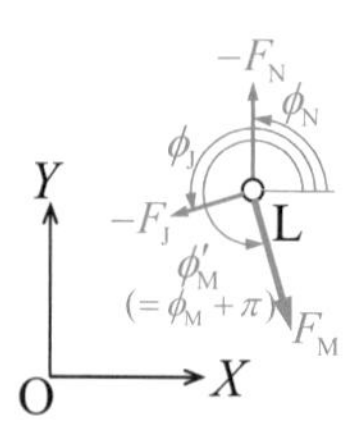

(d) 点 L に作用する力

図 8.31　各節および点に作用する力

第 9 章
空間機構の解析
Analysis of Spatial Mechanism

9・1 はじめに(introduction)

平面機構はいろいろな分野で広く用いられているが，産業用ロボットの登場に伴って空間機構も多く用いられるようになり，現在ではいろいろな分野で空間機構を見ることができる．このような空間機構の解析には平面運動とは異なった取り扱いが必要となる．平面運動では，回転の軸は常に 1 つの方向に平行であり，その運動は可換である．すなわち，角度 θ_1 の回転の後に θ_2 の回転を行っても，回転軸が平行であるなら，先に θ_2 の回転，続いて θ_1 の回転を行うことと同じである．これに対し，空間の運動では回転の順を変えると，その結果は異なるのが普通であり，この演算は非可換である．このため，回転の可換性を基に作られた平面運動の解析手法を空間運動の解析に展開することは不可能である．これに対し，剛体の空間運動に対し 19 世紀中頃から，グラスマン(Grassmann)やハミルトン(Hamilton)による非可換な計算手法の考案から，リー代数(Lie algebra)，スクリュー理論(screw theory)の空間運動の統一的な取り扱いへと数学理論が発展してきた．

機構の解析においても，20 世紀後半に産業用ロボットが出現するのに伴い，空間機構の統一的な取り扱いのための理論的検討が各方面でなされ，リー代数やスクリュー理論を基に空間運動の解析手法が確立された．この手法は空間運動，平面運動などの運動全般を 1 つの手法で扱える体系であり，その手法の汎用性が運動シミュレータなどの計算機プログラムの開発に大きく貢献している．

本章ではこのような空間機構の統一的な取り扱いを可能とするリー代数とスクリュー座標(screw coordinates)の手法についての基本的な取り扱いを紹介する．この手法の詳細を述べるには多くの記述を必要とし，これは本章の目的とすることではない．読者の今後の空間機構の解析への展開のきっかけとなるべく，基本的な概念に則った運動，力学の解析手法の流れを紹介し，理論的処理の方法の理解を主目的とし，基本原理と，簡単な機構を例とした実機への適用手法について紹介する．

9・2 空間運動の表現(representation of spatial motion)

9・2・1 剛体の座標系(coordinate system on a rigid body)

図 9.1 に示すように剛体上に固定した 1 つの座標系 G を考え，この座標系上の点として剛体上の点が表されていると考える．このとき剛体上に定められた座標系の運動がわかれば，剛体上のすべての点の運動がわかる．このように，剛体の運動はその座標系の運動で表すことができる．

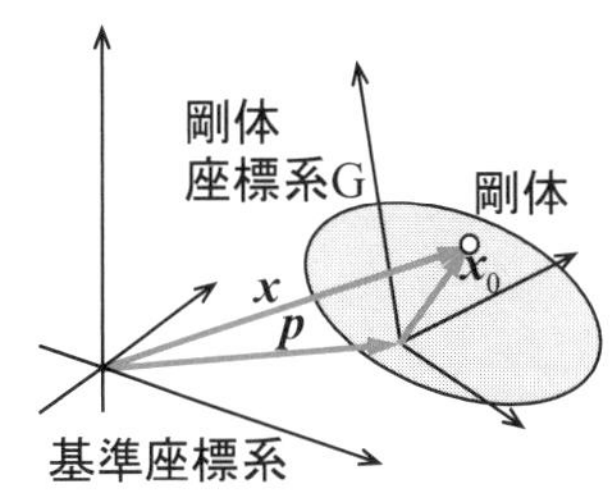

図 9.1　剛体の運動の表現

剛体の運動を記述するための基準座標系(reference frame)を定め，剛体上には剛体座標系Gをとる．剛体の運動は基準座標系に対する剛体座標系Gの位置・姿勢として記述する．

いま図9.1に示すように，座標系G上で剛体上の1つの点がベクトル$\boldsymbol{x}_0$で表されているとする．この点の位置を基準座標系で見た位置ベクトル$\boldsymbol{x}$は

$$\boldsymbol{x} = \boldsymbol{p} + R\boldsymbol{x}_0 \tag{9.1}$$

である．ここに$\boldsymbol{p}$は基準座標系におけるGの原点の位置を表す三次元ベクトル，RはGの3つの軸に平行な単位ベクトルからなる3×3直交行列(orthogonal matrix)である．Rの行列式は$|R| = 1$を満たす．式(9.1)を線形写像の形で記述すると

$$\begin{bmatrix} 1 \\ \boldsymbol{x} \end{bmatrix} = G \begin{bmatrix} 1 \\ \boldsymbol{x}_0 \end{bmatrix}, \quad \text{ただし：} G = \begin{bmatrix} 1 & \boldsymbol{0} \\ \boldsymbol{p} & R \end{bmatrix} \tag{9.2}$$

となる．ここに$[1\ \boldsymbol{x}^{\mathrm{T}}]^{\mathrm{T}}$を点の同次座標(homogeneous coordinates)という．また$\boldsymbol{0}$は3次元の零行ベクトルである．原則として本章ではベクトルは列ベクトルとして扱うが，運動を表す4×4行列の中で$\boldsymbol{0}^{\mathrm{T}}$のみが行ベクトルであることを示す転置の記号^{T}を省略する．この行列Gを剛体の運動という．

運動Gは座標変換行列(transformation matrix)であり，これは剛体上に定められた座標系が基準座標系に対してどの位置・姿勢にあるかを示している．剛体が運動するとGが変化し，したがって運動Gは時間tの関数である．運動とは座標変換行列のような単独の行列として意味を持つものではなく，座標変換行列が時間の連続関数で表されるものである．すなわち剛体の運動は以下のように定義できる．

式(9.2)で与える行列Gを剛体の運動と定義する．$\boldsymbol{p}$は基準座標系における運動している剛体座標系の原点の位置，行列Rはその姿勢を表す直交行列である．行列Gは時間tの連続関数である．

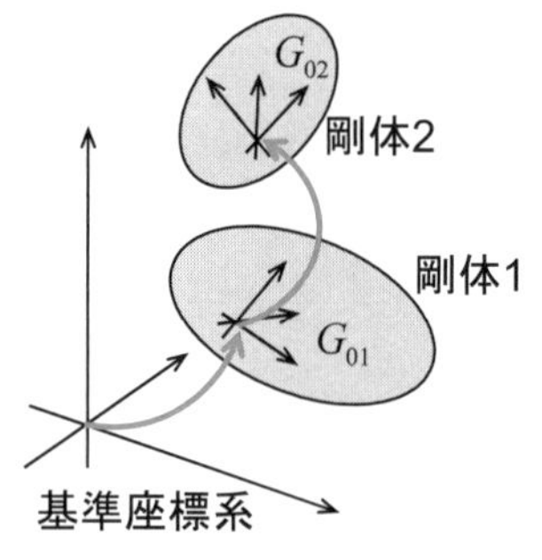

図9.2 剛体の相対運動

> 解説1
> ベクトル$[1\ \boldsymbol{x}^{\mathrm{T}}]^{\mathrm{T}}$を点の同次座標という．同次の意味は，スカラ倍しても同じものに対応するということで，この場合は同じ点を表すことをいう．すなわち$[\alpha\ \alpha \boldsymbol{x}^{\mathrm{T}}]^{\mathrm{T}}$も同じ点を表す．

> 解説2
> 行列Gはユークリッド空間内の剛体の運動を表すものであり，この行列の集合をユークリッド運動群という．

ところで，2つの剛体が基準座標系内で運動しているとしよう．図9.2のように，剛体1の基準座標系内での位置・姿勢を表す座標系をG_{01}，剛体2のそれをG_{02}とする．座標系G_{02}が座標系G_{01}に対しG_{12}の相対運動をしているとする．G_{01}は剛体1の基準座標系に対する相対運動であると考えることができる．このとき剛体2の基準座標系に対する運動G_{02}は$G_{01}G_{12}$と表され，G_{02}上で表された点$\boldsymbol{x}_0$を基準座標系から見たとき$\boldsymbol{x}$であるとすると，それらの関係は

$$\begin{bmatrix} 1 \\ \boldsymbol{x} \end{bmatrix} = G_{01}G_{12} \begin{bmatrix} 1 \\ \boldsymbol{x}_0 \end{bmatrix}, \quad \text{ただし：} G_{ij} = \begin{bmatrix} 1 & \boldsymbol{0} \\ \boldsymbol{p}_j & R_{ij} \end{bmatrix} \tag{9.3}$$

で与えられる．

9・2・2 速度と加速度(velocity and acceleration)

剛体の速度，加速度を以下のように定義する．

剛体の運動を表す行列Gに対し，その速度行列を

$$V = \frac{dG}{dt} G^{-1} \tag{9.4}$$

と定義する．また剛体の加速度行列Aを以下のようにVの時間微分とする．

$$A = \frac{dV}{dt} \tag{9.5}$$

行列V，Aの意味は，これらの値が定まると，剛体上の任意の点の速度，加速度が計算でき，したがって，剛体の運動を扱うためのすべての情報を有している量であるという意味であり，これらの行列の要素が直接的に剛体上の点の速度，加速度を表しているわけではない．剛体上の点の速度は

$$\frac{d}{dt}\begin{bmatrix}1\\ \boldsymbol{x}\end{bmatrix}=\frac{dG}{dt}\begin{bmatrix}1\\ \boldsymbol{x}_0\end{bmatrix}=\frac{dG}{dt}G^{-1}\begin{bmatrix}1\\ \boldsymbol{x}\end{bmatrix}=V\begin{bmatrix}1\\ \boldsymbol{x}\end{bmatrix} \tag{9.6}$$

と，剛体上の点を基準座標系で表した位置ベクトルに剛体の速度行列Vをかければ求まることになる．

さらに剛体上の点の加速度は

$$\frac{d^2}{dt^2}\begin{bmatrix}1\\ \boldsymbol{x}\end{bmatrix}=A\begin{bmatrix}1\\ \boldsymbol{x}\end{bmatrix}+V\frac{d}{dt}\begin{bmatrix}1\\ \boldsymbol{x}\end{bmatrix}=(A+VV)\begin{bmatrix}1\\ \boldsymbol{x}\end{bmatrix} \tag{9.7}$$

で与えられる．VVの項が向心加速度(centripetal acceleration)を表す．

9・2・3　相対速度，相対加速度 (relative velocity and relative acceleration)

図 9.3 に示すように，基準座標系に対し剛体 1 の座標系 G_1 が G_{01}，剛体 2 の座標系 G_2 が G_1 に対し G_{12} の運動をしているとすると，剛体 2 上の点で，座標系 G_2 上でのベクトル $\boldsymbol{x}_0$ の位置は，基準座標系上では

$$\begin{bmatrix}1\\ \boldsymbol{x}\end{bmatrix}=G_{01}G_{12}\begin{bmatrix}1\\ \boldsymbol{x}_0\end{bmatrix} \tag{9.8}$$

となる．剛体 2 の運動の速度行列V_{02}は

$$V_{02}=\left\{\frac{d}{dt}(G_{01}G_{12})\right\}(G_{01}G_{12})^{-1}=\frac{dG_{01}}{dt}G_{01}^{\ -1}+G_{01}\frac{dG_{12}}{dt}G_{12}^{\ -1}G_{01}^{\ -1} \tag{9.9}$$

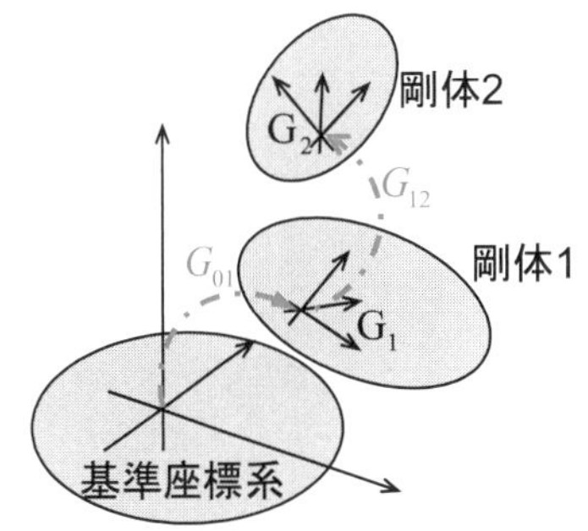

図 9.3　相対運動の表現

となる．ここでV_{02}は基準座標系に対する G_2 の速度を表す．式(9.9)の右辺第 2 項は，運動G_{01}が時間関数でなく一定値をとるとしたとき，すなわち G_1 が基準座標系に対して運動しないとしたときの速度行列である．

G_2 の G_1 に対する相対速度を与える速度行列を

$$V_{12}=G_{01}\left(\frac{d}{dt}G_{12}\right)G_{12}^{\ -1}G_{01}^{\ -1} \tag{9.10}$$

と定義する．これは G_2 の G_1 に対する運動を基準座標系上で表したものである．

一方$(dG_{12}/dt)G_{12}^{\ -1}$は G_1 から見た G_2 の速度行列を G_1 の上で表したものであり，これをV_2とする．V_2を基準座標系に移すには$G_{01}V_2G_{01}^{\ -1}$とすればよい．これが G_1 から見た G_2 の速度行列を基準座標系の上で表したものである．この演算は線形代数における行列の座標変換の公式である．

式(9.9)において，第 1 項の$(dG_{01}/dt)G_{01}^{\ -1}$は運動$G_{01}$の基準座標系に対する速度行列で，これは運動$G_{01}$の基準座標系に対する相対速度行列$V_{01}$である．したがって，運動の積$G_{01}G_{12}$の速度行列$V_{02}$は基準座標系上で表した相対速度行列の和であり，

$$V_{02}=V_{01}+V_{12}$$

で与えられる．

運動の積が$G_{01}G_{12}\cdots G_{(n-1)n}$の場合も

> **解説 3**
> 剛体の瞬間運動は剛体の回転速度(rotational velocity)と剛体上の 1 つの点の速度で表現できる．速度を表現するための点は任意の点を選択できるが，常に基準座標系原点で表すことにより，相対速度が単なる加算で計算できる．

$$G_{0(n-1)} = G_{01}G_{12} \cdots G_{(n-2)(n-1)} \tag{9.11}$$

とすると，$G_{01}G_{12}\cdots G_{(n-1)n}$ は $G_{0(n-1)}G_{(n-1)n}$ のように2つの運動の積として表されるから，上と同様に

$$V_{0n} = V_{0(n-1)} + V_{(n-1)n} \tag{9.12}$$

となる，$V_{0(n-1)}$，$V_{0(n-2)}$，・・・と同様に求めていけば，結局

$$V_{0n} = V_{01} + V_{12} + \cdots + V_{(n-1)n} \tag{9.13}$$

の関係を得る．

加速度行列は速度行列 V の時間微分と定義されているから，これに基づいて運動 $G_{01}G_{12}$ における運動 G_{01} と G_{12} の相対加速度を以下のように定義する．

相対加速度行列を相対速度行列の時間微分，すなわち G_{01} を一定としたときの相対速度行列 V_{12} の時間微分として，

$$A_{12} = \left.\frac{dV_{12}}{dt}\right|_{G_{01}=\text{const}} = G_{01}\frac{dV_2}{dt}G_{01}^{-1} \tag{9.14}$$

で定義する．

同様に

$$A_{01} = \frac{dV_{01}}{dt} \tag{9.15}$$

は剛体1の基準座標系に対する相対加速度である．

式(9.5)の定義から次の関係が得られる．

$$A_{02} = \frac{dV_{01}}{dt} + \frac{dV_{12}}{dt} \tag{9.16}$$

式(9.10)から

$$G_{01}V_2 = V_{12}G_{01} \tag{9.17}$$

の関係が得られるから，これを微分して次の関係を得る．

$$\frac{dG_{01}}{dt}V_2 + G_{01}\frac{dV_2}{dt} = \frac{dV_{12}}{dt}G_{01} + V_{12}\frac{dG_{01}}{dt} \tag{9.18}$$

G_{01} の相対速度 V_{01} の関係式

$$\frac{dG_{01}}{dt} = V_{01}G_{01} \tag{9.19}$$

と，式(9.14)の関係を用い，式(9.18)を変形して

$$\begin{aligned}\frac{dV_{12}}{dt} &= \left(\frac{dG_{01}}{dt}V_2 + G_{01}\frac{dV_2}{dt} - V_{12}\frac{dG_{01}}{dt}\right)G_{01}^{-1} \\ &= G_{01}\frac{dV_2}{dt}G_{01}^{-1} + V_{01}G_{01}V_2G_{01}^{-1} - V_{12}V_{01} \\ &= A_{12} + V_{01}V_{12} - V_{12}V_{01}\end{aligned} \tag{9.20}$$

を得る．dV_{01}/dt は A_{01} に等しいから，式(9.20)の関係を用いると，式(9.16)は以下となる．

$$A_{02} = A_{01} + A_{12} + V_{01}V_{12} - V_{12}V_{01} \tag{9.21}$$

$V_{01}V_{12} - V_{12}V_{01}$ を $[V_{01}\ \ V_{12}]$ と表す．$[V_{01}\ \ V_{12}]$ は V_{01} と V_{12} の交換子積(Lie bracket)と呼ばれる．$[V_{01}\ \ V_{12}] = -[V_{12}\ \ V_{01}]$ の交代則を持つ．

式(9.14)と(9.20)の関係から，

$$\frac{dV_{12}}{dt} = \left.\frac{dV_{12}}{dt}\right|_{G_{01}=\text{const}} + [V_{01}\ \ V_{12}] \tag{9.22}$$

解説4
交代則とは二項演算の順序を逆にすると正負が変わるものをいう．方向性をもった物理量は常に交代則に係わる．運動はその代表的なものである．他に交代則に係わるものに，線積分，面積積分，体積積分がある．

であることがわかる．速度行列 V_{12} の微分は，$V_{01}=0$ としたときの V_{12} の微分に，V_{01} の運動による V_{12} の変化分である交換子積 $[V_{01}\ \ V_{12}]$ を加えたものである．交換子積の項をリー微分(Lie derivative)項ともいう．

9・3　剛体の運動(motion of a rigid body)

9・3・1　回転運動(rotational motion)

三次元ユークリッド空間内での回転運動は 3×3 の直交行列 R で与えられる．このときの速度行列を W で表すと，$R^{-1}=R^{\mathrm{T}}$ であるから，

$$W=\frac{dR}{dt}R^{-1}=\frac{dR}{dt}R^{\mathrm{T}} \tag{9.23}$$

を得る．ところで RR^{T} は単位行列であり，これを時間で微分すると

$$\frac{dR}{dt}R^{\mathrm{T}}+R\frac{dR^{\mathrm{T}}}{dt}=0 \tag{9.24}$$

を得る．この関係を用いると，行列 W の転置行列は

$$W^{\mathrm{T}}=\left(\frac{dR}{dt}R^{\mathrm{T}}\right)^{\mathrm{T}}=R\frac{dR^{\mathrm{T}}}{dt}=-\frac{dR}{dt}R^{\mathrm{T}}=-W \tag{9.25}$$

となり，W は反対称行列(skew symmetric matrix)であることがわかる．

3×3 反対称行列とベクトルの積は，W が反対称になるように，以下のように成分を定めると

$$W\boldsymbol{x}=\begin{bmatrix}0 & -\omega_z & \omega_y\\ \omega_z & 0 & -\omega_x\\ -\omega_y & \omega_x & 0\end{bmatrix}\begin{bmatrix}x\\ y\\ z\end{bmatrix}=\begin{bmatrix}\omega_x\\ \omega_y\\ \omega_z\end{bmatrix}\times\begin{bmatrix}x\\ y\\ z\end{bmatrix} \tag{9.26}$$

と表すことができ，その結果は三次元ベクトルの外積と同じである．そこで W を $[\omega\times]$ と表し $W\boldsymbol{x}=[\omega\times]\boldsymbol{x}=\boldsymbol{\omega}\times\boldsymbol{x}$ の演算の意味とする．式(9.26)の関係から，$\boldsymbol{\omega}$ を回転速度ベクトルという．$\boldsymbol{x}$ が $\boldsymbol{\omega}$ に平行のとき $\boldsymbol{\omega}\times\boldsymbol{x}=\boldsymbol{0}$，すなわち点 $\boldsymbol{x}$ の速度は 0 であるから，$\boldsymbol{\omega}$ に平行な単位ベクトルを，回転しない点の集合ということから，回転軸(axis of rotation)という．回転速度は回転軸の方向余弦ベクトルと角速度の積で表される．

ついで 3×3 直交行列で表される回転運動の交換子積を求める．回転運動の 2 つの速度行列を C，D の 3×3 反対称行列 $C=[\boldsymbol{c}\times]$，$D=[\boldsymbol{d}\times]$ であるとすると，交換子積は以下のように表すことができる．

$$[C\ D]=CD-DC=[(\boldsymbol{c}\times\boldsymbol{d})\times] \tag{9.27}$$

すなわち反対称行列 C と D の交換子積は，C，D に等価なベクトル $\boldsymbol{c}$ と $\boldsymbol{d}$ の外積に等価となる反対称行列である．

この関係は

$$\begin{aligned}[C\ D]\boldsymbol{a}&=([\boldsymbol{c}\times][\boldsymbol{d}\times]-[\boldsymbol{d}\times][\boldsymbol{c}\times])\boldsymbol{a}=\boldsymbol{c}\times(\boldsymbol{d}\times\boldsymbol{a})-\boldsymbol{d}\times(\boldsymbol{c}\times\boldsymbol{a})\\ &=-(\boldsymbol{d}\times\boldsymbol{a})\times\boldsymbol{c}-(\boldsymbol{a}\times\boldsymbol{c})\times\boldsymbol{d}=(\boldsymbol{c}\times\boldsymbol{d})\times\boldsymbol{a}\end{aligned} \tag{9.28}$$

から得られる．この式の変形にはヤコビの恒等式の関係を用いた．

【例題 9・1】**

［回転軸の方向］

3×3 直交行列が

解説 5
直交行列，対称行列，反対称行列は深く力学に関与している．直交行列はユークリッド座標系の表現に欠かせないものである．

解説 6
3×3 反対称行列の集合は加算，スカラ積に対して線形空間である．これに加え，反対称性の乗算が定義される．このような反対称性の乗算が定義された線形空間をリー代数あるいはリー環という．

解説 7
ヤコビの恒等式：
三次元ユークリッド空間のベクトルに対し
$\boldsymbol{a}\times(\boldsymbol{b}\times\boldsymbol{c})+\boldsymbol{b}\times(\boldsymbol{c}\times\boldsymbol{a})+\boldsymbol{c}\times(\boldsymbol{a}\times\boldsymbol{b})=\boldsymbol{0}$
が成立する．

$$R = \begin{bmatrix} \cos\theta & -\sin\theta & 0 \\ \sin\theta & \cos\theta & 0 \\ 0 & 0 & 1 \end{bmatrix} \tag{ex9.1}$$

で与えられるとき

$$\frac{dR}{d\theta}R^{\mathrm{T}} = \dot{\theta}\begin{bmatrix} -\sin\theta & -\cos\theta & 0 \\ \cos\theta & -\sin\theta & 0 \\ 0 & 0 & 0 \end{bmatrix}\begin{bmatrix} \cos\theta & \sin\theta & 0 \\ -\sin\theta & \cos\theta & 0 \\ 0 & 0 & 1 \end{bmatrix} = \dot{\theta}\begin{bmatrix} 0 & -1 & 0 \\ 1 & 0 & 0 \\ 0 & 0 & 0 \end{bmatrix} \tag{ex9.2}$$

となり，$\dot{\theta}$のみの関数で，θの関数ではなくなる．この行列をベクトルで表現したものは三次元空間における回転軸の方向を表している．この例では，式(9.26)に対応させると，回転軸はz軸である．

****

9・3・2　空間運動(spatial motion)

$$G = \begin{bmatrix} 1 & \mathbf{0} \\ \boldsymbol{p} & R \end{bmatrix} \tag{9.29}$$

の行列は三次元空間内の剛体の運動を表す行列であり，この行列の作る集合をユークリッド運動群という．相対運動を表す行列Gの微分はその要素の微分であるから，

$$\frac{dG}{dt} = \begin{bmatrix} 0 & \mathbf{0} \\ \dot{\boldsymbol{p}} & \dot{R} \end{bmatrix} \tag{9.30}$$

である．ただし$\dot{\boldsymbol{p}}$，$\dot{R}$はそれぞれ$\boldsymbol{p}$，Rの1階時間微分を示す．Rは直交行列であるから，

$$G^{-1} = \begin{bmatrix} 1 & \mathbf{0} \\ -R^{\mathrm{T}}\boldsymbol{p} & R^{\mathrm{T}} \end{bmatrix} \tag{9.31}$$

となり，したがって速度行列をVとすると，

$$V = \frac{dG}{dt}G^{-1} = \begin{bmatrix} 0 & \mathbf{0} \\ \dot{\boldsymbol{p}} & \dot{R} \end{bmatrix}\begin{bmatrix} 1 & \mathbf{0} \\ -R^{\mathrm{T}}\boldsymbol{p} & R^{\mathrm{T}} \end{bmatrix} = \begin{bmatrix} 0 & \mathbf{0} \\ \dot{\boldsymbol{p}} - \dot{R}R^{\mathrm{T}}\boldsymbol{p} & \dot{R}R^{\mathrm{T}} \end{bmatrix} \tag{9.32}$$

となる．

3×3直交行列Rに対し，$\dot{R}R^{\mathrm{T}}$は回転速度を表す反対称行列Wであり，それを$[\omega\times]$で表す．このとき式(9.32)は

$$V = \begin{bmatrix} 0 & \mathbf{0} \\ \dot{\boldsymbol{p}} - \omega\times\boldsymbol{p} & [\omega\times] \end{bmatrix} \tag{9.33}$$

となる．$\dot{\boldsymbol{p}}$は剛体の座標系の原点の並進速度であるから，$\dot{\boldsymbol{p}} - \omega\times\boldsymbol{p}$は基準座標系原点上にある剛体の点の並進速度である．これを

$$v_0 = \dot{\boldsymbol{p}} - \omega\times\boldsymbol{p} \tag{9.34}$$

と置く．すなわち速度行列は剛体の回転速度ωと，剛体上の，その瞬間に基準座標系の原点上にある点の速度v_0からなる．

$$V = \begin{bmatrix} 0 & \mathbf{0} \\ v_0 & [\omega\times] \end{bmatrix} \tag{9.35}$$

また加速度行列AはVを時間で微分して

$$A = \begin{bmatrix} 0 & \mathbf{0} \\ \ddot{\boldsymbol{p}} - \omega\times\dot{\boldsymbol{p}} - \dot{\omega}\times\boldsymbol{p} & [\dot{\omega}\times] \end{bmatrix} \tag{9.36}$$

となるから，

$$(A+VV)\begin{bmatrix}1\\ \boldsymbol{x}\end{bmatrix}=\begin{bmatrix}\boldsymbol{0}\\ \ddot{\boldsymbol{p}}-\dot{\omega}\times(\boldsymbol{p}-\boldsymbol{x})-\omega\times\{\omega\times(\boldsymbol{p}-\boldsymbol{x})\}\end{bmatrix} \tag{9.37}$$

である．これが点 $\boldsymbol{x}$ の加速度を与える．

点の同次座標の速度行列は 2 つのベクトル ω と $v_0(=\dot{\boldsymbol{p}}-\omega\times\boldsymbol{p})$ からなっている．

解説 8
剛体の速度を常に表現上の点（ここでは基準座標系原点）を固定し，その上で表現することにより，速度の加算が常にベクトルの加算となる．加速度の加算は交換子積が加わるが，これが表現上の点を同一にしているから簡潔な形となる．

【例題 9・2】***

［速度行列の交換子積］

2 つの速度行列を

$$A=\begin{bmatrix}0 & \boldsymbol{0}\\ \boldsymbol{a}_0 & [\boldsymbol{a}\times]\end{bmatrix} \tag{ex9.3}$$

$$B=\begin{bmatrix}0 & \boldsymbol{0}\\ \boldsymbol{b}_0 & [\boldsymbol{b}\times]\end{bmatrix} \tag{ex9.4}$$

の形で表すと，その交換子積 $[A\ B]$ は，

$$[A\ B]=AB-BA=\begin{bmatrix}0 & \boldsymbol{0}\\ \boldsymbol{a}\times\boldsymbol{b}_0+\boldsymbol{a}_0\times\boldsymbol{b} & [(\boldsymbol{a}\times\boldsymbol{b})\times]\end{bmatrix} \tag{ex9.5}$$

である．

****

9・3・3　速度行列，加速度行列のベクトル表現 (vector representation of velocity and acceleration matrices)

三次元空間内での回転運動の速度行列は 3×3 反対称行列であり，この反対称行列すべての集合は三次元線形空間である．反対称行列はこの三次元線形空間の元として，線形空間の基底に対するベクトルとして表現できる．すなわち反対称行列 $[\omega\times]$ は単に ω と表記できる．また反対称行列の交換子積は式(9.28)に示すようにベクトルの外積演算となる．また反対称行列の微分で与えられる加速度行列も反対称行列であるから，加速度行列も同じ種類のベクトルで表すことができる．

回転している剛体の，回転軸から $\boldsymbol{x}$ にある点の速度は次の式で与えられる．

$$[\omega\times]\boldsymbol{x}=\omega\times\boldsymbol{x} \tag{9.38}$$

$\dot{\omega}=\boldsymbol{a}$ とすると，$\boldsymbol{x}$ にある点の加速度は

$$([\boldsymbol{a}\times]+[\omega\times][\omega\times])\boldsymbol{x}=\boldsymbol{a}\times\boldsymbol{x}+\omega\times(\omega\times\boldsymbol{x}) \tag{9.39}$$

となる．右辺第 2 項が向心加速度である．このように回転運動は三次元ベクトル ω，$\boldsymbol{a}$ で表現できる．

三次元空間内の空間運動をベクトルで表現する．速度行列は

$$V=\begin{bmatrix}0 & \boldsymbol{0}\\ \dot{\boldsymbol{p}}-\omega\times\boldsymbol{x} & [\omega\times]\end{bmatrix}=\begin{bmatrix}0 & \boldsymbol{0}\\ v_0 & [\omega\times]\end{bmatrix} \tag{9.40}$$

である．したがって，この速度行列のすべての集合は六次元線形空間となり，回転速度のときと同様にベクトル表現を行い，それを V とすると

$$\boldsymbol{V}=\begin{bmatrix}\omega\\ v_0\end{bmatrix} \tag{9.41}$$

と表すことができる．また 2 つの空間運動の速度行列の交換子積は式(ex9.5)のように表され，これを回転運動のときと同様に，ベクトルの外積と定義す

ると，空間運動の速度ベクトルの外積公式は，式(ex9.5)の関係から，

$$\begin{bmatrix} \boldsymbol{a} \\ \boldsymbol{a}_0 \end{bmatrix} \times \begin{bmatrix} \boldsymbol{b} \\ \boldsymbol{b}_0 \end{bmatrix} = \begin{bmatrix} \boldsymbol{a} \times \boldsymbol{b} \\ \boldsymbol{a} \times \boldsymbol{b}_0 + \boldsymbol{a}_0 \times \boldsymbol{b} \end{bmatrix} \tag{9.42}$$

となる．加速度行列も同様に六次元ベクトルで表される．

基準座標系で表された速度行列

$$V = \begin{bmatrix} 0 & \mathbf{0} \\ \boldsymbol{v}_0 & [\boldsymbol{\omega}\times] \end{bmatrix} \tag{9.43}$$

の座標系

$$Y = \begin{bmatrix} 1 & \mathbf{0} \\ \boldsymbol{p} & R \end{bmatrix} \tag{9.44}$$

への座標変換は

$$Y^{-1}VY = \begin{bmatrix} 1 & \mathbf{0} \\ -R^{\mathrm{T}}\boldsymbol{p} & R^{\mathrm{T}} \end{bmatrix} \begin{bmatrix} 0 & \mathbf{0} \\ \boldsymbol{v}_0 & [\boldsymbol{\omega}\times] \end{bmatrix} \begin{bmatrix} 1 & \mathbf{0} \\ \boldsymbol{p} & R \end{bmatrix} = \begin{bmatrix} 1 & \mathbf{0} \\ -R^{\mathrm{T}}(\boldsymbol{v}_0 - \boldsymbol{p}\times\boldsymbol{\omega}) & R^{\mathrm{T}}[\boldsymbol{\omega}\times]R \end{bmatrix} \tag{9.45}$$

である．この座標変換を速度ベクトルの座標変換行列 Z^{-1} で表すと，

$$Z^{-1} = \begin{bmatrix} R^{\mathrm{T}} & \mathbf{0} \\ -R^{\mathrm{T}}[\boldsymbol{p}\times] & R^{\mathrm{T}} \end{bmatrix} \tag{9.46}$$

となる．すなわち

$$Z^{-1}\begin{bmatrix} \boldsymbol{\omega} \\ \boldsymbol{v}_0 \end{bmatrix} = \begin{bmatrix} R^{\mathrm{T}}\boldsymbol{\omega} \\ R^{\mathrm{T}}(\boldsymbol{v}_0 - \boldsymbol{p}\times\boldsymbol{\omega}) \end{bmatrix} \tag{9.47}$$

である．行列 Z^{-1} は 6×6 行列である．

以上のように座標系 Y の速度ベクトルを基準座標系に変換する行列は，式(9.47)の逆行列から，

$$Z = \begin{bmatrix} R & \mathbf{0} \\ [\boldsymbol{p}\times]R & R \end{bmatrix} \tag{9.48}$$

となる．ここで，$[\boldsymbol{p}\times]R$ を，$\boldsymbol{p}$ と行列 R の列ベクトルとの外積を列ベクトルとする行列という意味で $\boldsymbol{p}\times R$ と書くこともできる．

解説 9

式(9.48)の Z から

$$\frac{dZ}{dt}Z^{-1}$$

を計算すると，G のときと同様に 2 つのベクトル ω と v_0 からなる行列が得られる．

9・4　瞬間運動の対偶によるモデル化 (modeling of instantaneous motion by means of kinematic pair)

剛体間の相対速度をベクトル $\boldsymbol{V}$ で表したとき，そのベクトルをスクリュー座標と呼ぶ．このベクトルは回転速度と並進速度の次元の異なる 2 つのベクトルからなる六次元ベクトルである．これは 1 つのパラメータで表される剛体の運動を表現するためのもので，瞬間的には

$$\boldsymbol{V} = \dot{\theta}\boldsymbol{M} \tag{9.49}$$

と書くことができる．この $\boldsymbol{M}$ が瞬間運動の軸であり，対偶の数学的表現である．$\dot{\theta}$ がそのときの速さである．瞬間運動の軸は機械の運動を扱う機構学における対偶に対応する．空間における瞬間運動は一般的にはねじ運動であり，その特殊な場合として，回転運動(ピッチ:pitch が 0 のねじ運動)と並進運動(ピッチ無限大のねじ運動)がある．このような剛体の瞬間運動の軸を与えるから，この六次元ベクトル $\boldsymbol{M}$ をスクリュー座標という．機構において拘束下の剛体間の相対運動を可能とする要素の運動学的モデルが対偶である．対偶の表す瞬間運動は，その自由度が f のとき，f 個のスクリュー座標の線形結

解説 10

ねじのピッチは，工学では 1 回転あたりの進み量で与える．しかし数学的な式の中で扱う場合，単位の統一性から，単位回転角，すなわち 1rad の回転に対する進み量で表す必要がある．

合で表される．

いま 2 つの剛体 i と j が，剛体 i の座標系の z 軸まわりのピッチ h (回転角 1rad あたりの進み量とする)のねじ対偶による運動を行っているとすると，その相対運動を表す行列 T_{ij} は，

$$T_{ij} = \begin{bmatrix} 1 & 0 & 0 & 0 \\ 0 & \cos\theta & -\sin\theta & 0 \\ 0 & \sin\theta & \cos\theta & 0 \\ h\theta & 0 & 0 & 1 \end{bmatrix} \tag{9.50}$$

である．このとき θ が時間の関数なら，

$$\frac{dT_{ij}}{dt} T_{ij}^{-1} = \dot{\theta} \begin{bmatrix} 0 & 0 & 0 & 0 \\ 0 & 0 & -1 & 0 \\ 0 & 1 & 0 & 0 \\ h & 0 & 0 & 0 \end{bmatrix} \tag{9.51}$$

となる．右辺の行列部は速度の関数ではない．このように，自分の運動に対し，その速度は速さのパラメータと，時間の関数でない行列に分離できるとき，右辺の行列を対偶とみることができる．この行列をベクトル $\boldsymbol{M}$ で表現したものがスクリュー座標 $\boldsymbol{M}$ である．

$$\boldsymbol{M} = \begin{bmatrix} \boldsymbol{k} \\ h\boldsymbol{k} \end{bmatrix} \tag{9.52}$$

の形になる．ここに $\boldsymbol{k}$ は z 軸に平行な単位ベクトルである．$\boldsymbol{M}$ は z 軸まわりの回転運動とその軸に沿った並進運動を表す．したがってこれはねじ対偶の運動を表している．この運動による剛体の速度 $\boldsymbol{V}$ は

$$\boldsymbol{V} = \dot{\theta}\boldsymbol{M} \tag{9.53}$$

となり，$\boldsymbol{M}$ はねじ運動の単位成分と考えることができる．回転軸が z 軸ではなく，点 $\boldsymbol{r}$ を通り，方向余弦 $\boldsymbol{d}$ を持つ軸まわりのピッチ h のねじ運動のとき，

$$\boldsymbol{M} = \begin{bmatrix} \boldsymbol{d} \\ \boldsymbol{r} \times \boldsymbol{d} + h\boldsymbol{d} \end{bmatrix} \tag{9.54}$$

となる．上部のベクトルは回転軸の方向余弦ベクトル，下部のベクトルは運動している剛体の，その瞬間に基準座標系原点上にある点の並進速度を表している．h が 0 のとき，$\boldsymbol{M}$ は回転運動を表す．並進運動の場合はねじのピッチが無限大になったとみて，式(9.54)をピッチ h で割ることにより

$$\boldsymbol{M} = \begin{bmatrix} \boldsymbol{0} \\ \boldsymbol{d} \end{bmatrix} \tag{9.55}$$

で表す．このように $\boldsymbol{M}$ は 1 自由度の対偶に対応する．

> 解説 11
> 剛体の三次元空間内での瞬間運動はスクリュー運動である．平面運動の場合，回転軸に沿っての並進運動はないから，瞬間運動は回転である．

9・5　解析例(examples of analysis)＊

【例題 9・3】＊＊

［瞬間らせん運動］

剛体の速度ベクトルが

$$\boldsymbol{V} = \begin{bmatrix} \boldsymbol{\omega} \\ \boldsymbol{v}_0 \end{bmatrix} \tag{ex9.6}$$

で与えられたとする．$\boldsymbol{V}$ が回転運動のときは $\boldsymbol{\omega}\cdot\boldsymbol{v}_0 = 0$ が成立する．そこで，

$\boldsymbol{\omega}\cdot\boldsymbol{v}_0 \neq 0$ で，回転運動のみで表すことができない場合

$$\boldsymbol{v}_{\mathrm{rot}} = \boldsymbol{v}_0 - \frac{\boldsymbol{v}_0\cdot\boldsymbol{\omega}}{\boldsymbol{\omega}\cdot\boldsymbol{\omega}}\boldsymbol{\omega} \tag{ex9.7}$$

$$\boldsymbol{v}_{\mathrm{trans}} = \frac{\boldsymbol{v}_0\cdot\boldsymbol{\omega}}{\boldsymbol{\omega}\cdot\boldsymbol{\omega}}\boldsymbol{\omega} \tag{ex9.8}$$

とすると，$\boldsymbol{\omega}$ と $\boldsymbol{v}_{\mathrm{rot}}$ は直交する．このとき，

$$\boldsymbol{r} = \frac{\boldsymbol{\omega}\times\boldsymbol{v}_{\mathrm{rot}}}{\boldsymbol{\omega}\cdot\boldsymbol{\omega}} \tag{ex9.9}$$

のベクトル $\boldsymbol{r}$ は $\boldsymbol{\omega}$ に直交する．したがって，速度ベクトル $[\boldsymbol{\omega}^{\mathrm{T}}\ \ \boldsymbol{v}_{\mathrm{rot}}{}^{\mathrm{T}}]^{\mathrm{T}}$ は点 $\boldsymbol{r}$ を通り，方向が $\boldsymbol{\omega}$ の直線を軸とする回転運動である．一方速度ベクトル $[\boldsymbol{0}^{\mathrm{T}}\ \ \boldsymbol{v}_{\mathrm{trans}}{}^{\mathrm{T}}]^{\mathrm{T}}$ は上記回転軸に沿っての並進運動である．剛体の任意の速度 $\boldsymbol{V}$ は，$\boldsymbol{v}_0$ を式(ex9.7)，(ex9.8)に従って分解することにより，1 つの軸まわりの回転速度とその軸に沿っての並進速度の和と表すことができる．この運動をらせん運動という(図 9.4)．以上の解析は，剛体は瞬間的に 1 つの軸まわりのらせん運動を行っていることを示している．この運動を剛体の瞬間らせん運動(instantaneous screw motion)という．

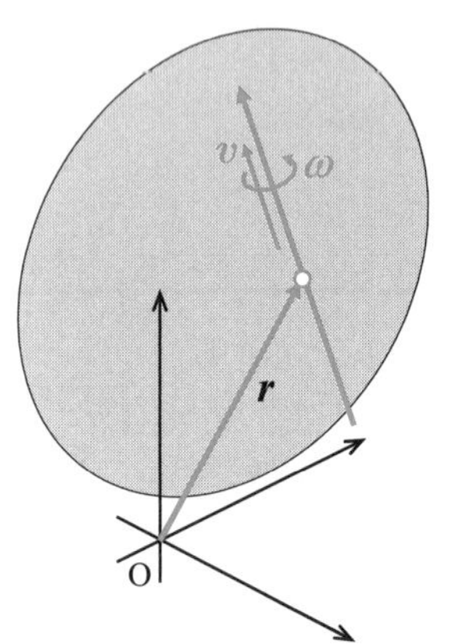
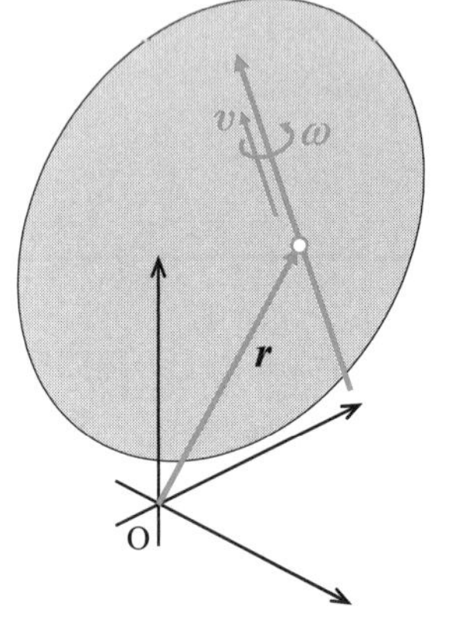

図 9.4　瞬間らせん運動(スクリュー運動)

らせん運動はねじ運動とも呼ばれ，速度ベクトルはねじ運動の軸とピッチを表していると考えることができる．ピッチとは並進速度 $\boldsymbol{v}_{\mathrm{trans}}$ と回転速度 $\boldsymbol{\omega}$ の比である．このように六次元ベクトル $\boldsymbol{V}$ はねじ運動に対応する．これがスクリュー座標という理由である．

****

【例題 9・4】**

[剛体上の点の速度]

剛体の速度が $[\boldsymbol{\omega}^{\mathrm{T}}\ \ \boldsymbol{v}_0{}^{\mathrm{T}}]^{\mathrm{T}}$ で与えられているとき，剛体上の点 $\boldsymbol{x}$ の速度を求めてみる．この速度を行列表現して，点 $\boldsymbol{x}$ の速度を求めると

$$\begin{bmatrix} 0 & \boldsymbol{0} \\ \boldsymbol{v}_0 & [\boldsymbol{\omega}\times] \end{bmatrix}\begin{bmatrix} 1 \\ \boldsymbol{x} \end{bmatrix} = \begin{bmatrix} \boldsymbol{0} \\ \boldsymbol{v}_0 + \boldsymbol{\omega}\times\boldsymbol{x} \end{bmatrix} \tag{ex9.10}$$

となるから，求める速度は $\boldsymbol{v}_0 + \boldsymbol{\omega}\times\boldsymbol{x}$ である(図 9.5)．

****

図 9.5　点の速度

【例題 9・5】**

[等速回転運動を行っている剛体上の点の加速度]

剛体が原点を通る固定軸まわりの等速の回転運動を行っているとき，点 $\boldsymbol{x}$ の加速度を求める．回転速度を $\boldsymbol{\omega}$ とする．このとき

$$\boldsymbol{V} = \begin{bmatrix} 0 & \boldsymbol{0} \\ \boldsymbol{0} & [\boldsymbol{\omega}\times] \end{bmatrix},\quad \boldsymbol{A} = \begin{bmatrix} 0 & \boldsymbol{0} \\ \boldsymbol{0} & [\boldsymbol{0}\times] \end{bmatrix} \tag{ex9.11}$$

であるから，点 $\boldsymbol{x}$ の加速度は

$$(\boldsymbol{A}+\boldsymbol{V}\boldsymbol{V})\begin{bmatrix} 1 \\ \boldsymbol{x} \end{bmatrix} = \begin{bmatrix} 0 & \boldsymbol{0} \\ \boldsymbol{0} & [\boldsymbol{\omega}\times] \end{bmatrix}\begin{bmatrix} 0 & \boldsymbol{0} \\ \boldsymbol{0} & [\boldsymbol{\omega}\times] \end{bmatrix}\begin{bmatrix} 1 \\ \boldsymbol{x} \end{bmatrix} = \begin{bmatrix} \boldsymbol{0} \\ \boldsymbol{\omega}\times(\boldsymbol{\omega}\times\boldsymbol{x}) \end{bmatrix} \tag{ex9.12}$$

となる．この加速度は向心加速度である．

****

【例題 9・6】***
[剛体の加速度と点の加速度の関係]

$$\boldsymbol{V}=\begin{bmatrix}0 & \mathbf{0}\\ \boldsymbol{v}_0 & [\boldsymbol{\omega}\times]\end{bmatrix},\quad \boldsymbol{A}=\begin{bmatrix}0 & \mathbf{0}\\ \boldsymbol{a}_0 & [\boldsymbol{a}\times]\end{bmatrix} \tag{ex9.13}$$

であるとすると，剛体上の原点にある点の加速度は

$$(\boldsymbol{A}+\boldsymbol{V}\boldsymbol{V})\begin{bmatrix}1\\ \mathbf{0}\end{bmatrix}=\begin{bmatrix}\mathbf{0}\\ \boldsymbol{a}_0+\boldsymbol{\omega}\times\boldsymbol{v}_0\end{bmatrix} \tag{ex9.14}$$

であり，$\boldsymbol{a}_0$ は剛体上の原点にある点の加速度ではない．$\boldsymbol{a}_0$ は単に $\boldsymbol{\omega}$ の時間微分であり，この点の加速度はそれに並進速度 $\boldsymbol{v}_0$ の回転速度 $\boldsymbol{\omega}$ による変化分が加わる．

また点 $\boldsymbol{r}$ の加速度は

$$(\boldsymbol{A}+\boldsymbol{V}\boldsymbol{V})\begin{bmatrix}1\\ \boldsymbol{r}\end{bmatrix}=\begin{bmatrix}\mathbf{0}\\ \boldsymbol{a}_0+\boldsymbol{a}\times\boldsymbol{r}+\boldsymbol{\omega}\times\boldsymbol{v}_0+\boldsymbol{\omega}\times(\boldsymbol{\omega}\times\boldsymbol{r})\end{bmatrix} \tag{ex9.15}$$

である．
****

【例題 9・7】***
[平面運動の瞬間運動]

剛体の平面運動の瞬間らせん運動のピッチを求める．平面運動の場合，回転軸を xy 平面に垂直な単位ベクトル $\boldsymbol{k}$ で表し，らせん運動の軸が平面内の $\boldsymbol{p}$ を通るとすると，

$$v_0=\dot{\theta}\boldsymbol{k}\times\boldsymbol{p},\quad \omega=\dot{\theta}\boldsymbol{k} \tag{ex9.16}$$

である．$\boldsymbol{p}$ は $\boldsymbol{k}$ の成分をもたないから，常に $v_0\bullet\omega=0$ が成立する．したがって，平面運動では $v_{\mathrm{rot}}=v_0$ であり，そのピッチは 0 で，瞬間運動は回転運動である．
****

【例題 9・8】***
[平面回転運動の速度と加速度]

剛体が $\boldsymbol{k}$ の方向余弦を持つ固定軸まわりの回転運動を行っているときの加速度行列と，そのときの回転軸に垂直な平面内の点 $\boldsymbol{x}$ の加速度を求めてみよう．

これは平面運動の回転運動で，このときの速度行列 V が

$$V=\dot{\theta}\begin{bmatrix}0 & \mathbf{0}\\ \boldsymbol{p}\times\boldsymbol{k} & [\boldsymbol{k}\times]\end{bmatrix} \tag{ex9.17}$$

で与えられると，その加速度行列は

$$A=\ddot{\theta}\begin{bmatrix}0 & \mathbf{0}\\ \boldsymbol{p}\times\boldsymbol{k} & [\boldsymbol{k}\times]\end{bmatrix} \tag{ex9.18}$$

である．また，

$$A+VV=\ddot{\theta}\begin{bmatrix}0 & \mathbf{0}\\ \boldsymbol{p}\times\boldsymbol{k} & [\boldsymbol{k}\times]\end{bmatrix}+\dot{\theta}^2\begin{bmatrix}0 & \mathbf{0}\\ \boldsymbol{p}\times\boldsymbol{k} & [\boldsymbol{k}\times]\end{bmatrix}\begin{bmatrix}0 & \mathbf{0}\\ \boldsymbol{p}\times\boldsymbol{k} & [\boldsymbol{k}\times]\end{bmatrix} \tag{ex9.19}$$

となる．この運動での剛体上の $\boldsymbol{x}$ の位置にある点の速度は $\boldsymbol{p}$，$\boldsymbol{x}$ は $\boldsymbol{k}$ に直交することに注意すると，

$$(A+VV)\begin{bmatrix}1\\ \boldsymbol{x}\end{bmatrix}=\begin{bmatrix}0\\ \ddot{\theta}(\boldsymbol{p}-\boldsymbol{x})\times\boldsymbol{k}+\dot{\theta}^2(\boldsymbol{p}-\boldsymbol{x})\end{bmatrix} \tag{ex9.20}$$

である.

****

【例題 9・9】***

[並進運動]

剛体が並進運動のみを行っているときの速度行列を求めよう.

回転を行わないとき，行列 R の時間微分は零行列であるから，その速度行列は

$$V=\begin{bmatrix}0 & \boldsymbol{0}\\ \dot{\boldsymbol{p}} & [\boldsymbol{0}\times]\end{bmatrix} \tag{ex9.21}$$

である．このとき剛体上のすべての点は同じ速度をもっている.

並進運動は

$$V=\begin{bmatrix}0 & \boldsymbol{0}\\ \dot{\boldsymbol{p}} & [\boldsymbol{0}\times]\end{bmatrix}\begin{bmatrix}1\\ \boldsymbol{x}\end{bmatrix}=\begin{bmatrix}0\\ \dot{\boldsymbol{p}}\end{bmatrix} \tag{ex9.22}$$

であり，剛体の速度は $\dot{\boldsymbol{p}}$ のみで定まり，質点の運動として扱うことができる.

****

【例題 9・10】**

[コリオリの加速度]

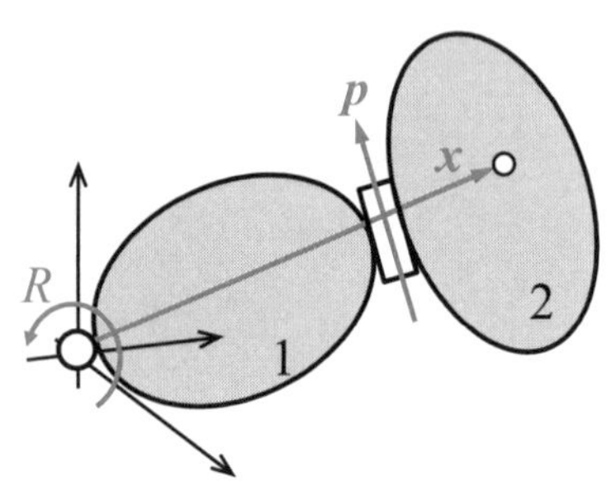

図 9.6 コリオリの加速度

図 9.6 に示すように，基準座標系に対し，剛体 1 が基準座標系の原点まわりに回転運動を行い，剛体 2 が剛体 1 に対して並進の相対運動を行っている空間運動を考える．このとき，剛体 2 の座標系で表された点 $\boldsymbol{x}_0$ が基準座標系で $\boldsymbol{x}$ であるとすると,

$$\begin{bmatrix}1 & \boldsymbol{0}\\ \boldsymbol{0} & R\end{bmatrix}\begin{bmatrix}1 & \boldsymbol{0}\\ \boldsymbol{p} & E\end{bmatrix}\begin{bmatrix}1\\ \boldsymbol{x}_0\end{bmatrix}=\begin{bmatrix}1\\ R(\boldsymbol{p}+\boldsymbol{x}_0)\end{bmatrix} \tag{ex9.23}$$

の関係が成立する．ここに R は剛体 1 の回転，$\boldsymbol{p}$ は剛体 1 に対する剛体 2 の並進運動を表すベクトルである．また，E は 3 次の単位行列である．したがって剛体 2 の速度は,

$$V=\left(\frac{d}{dt}\begin{bmatrix}1 & \boldsymbol{0}\\ R\boldsymbol{p} & R\end{bmatrix}\right)\begin{bmatrix}1 & \boldsymbol{0}\\ R\boldsymbol{p} & R\end{bmatrix}^{-1}=\begin{bmatrix}1 & \boldsymbol{0}\\ R\dot{\boldsymbol{p}} & \dot{R}R^{\mathrm{T}}\end{bmatrix}=\begin{bmatrix}1 & \boldsymbol{0}\\ R\dot{\boldsymbol{p}} & [\omega\times]\end{bmatrix} \tag{ex9.24}$$

となる．ここで $\dot{R}R^{\mathrm{T}}$ を $[\omega\times]$ とした．これから

$$\begin{bmatrix}0\\ \dot{\boldsymbol{x}}\end{bmatrix}=V\begin{bmatrix}1\\ \boldsymbol{x}\end{bmatrix}=\begin{bmatrix}\boldsymbol{0}\\ R\dot{\boldsymbol{p}}+\omega\times\boldsymbol{x}\end{bmatrix} \tag{ex9.25}$$

$$\begin{bmatrix}0\\ \ddot{\boldsymbol{x}}\end{bmatrix}=(A+VV)\begin{bmatrix}1\\ \boldsymbol{x}\end{bmatrix}=\begin{bmatrix}\boldsymbol{0}\\ R\ddot{\boldsymbol{p}}+\dot{R}\dot{\boldsymbol{p}}+\boldsymbol{a}\times\boldsymbol{x}+\omega\times(R\dot{\boldsymbol{p}})+\omega\times(\omega\times\boldsymbol{x})\end{bmatrix} \tag{ex9.26}$$

である．ところで,

$$\dot{R}\dot{\boldsymbol{p}}=\dot{R}R^{\mathrm{T}}R\dot{\boldsymbol{p}}=\omega\times(R\dot{\boldsymbol{p}}) \tag{ex9.27}$$

であるから．加速度は

$$\ddot{\boldsymbol{x}}=R\ddot{\boldsymbol{p}}+\boldsymbol{a}\times\boldsymbol{x}+2\omega\times(R\dot{\boldsymbol{p}})+\omega\times(\omega\times\boldsymbol{x}) \tag{ex9.28}$$

となる．ここで，右辺第 3 項がコリオリの加速度，最後の項が向心加速度である.

＊＊＊

【例題 9・11】＊＊
［ベアリングローラの回転］

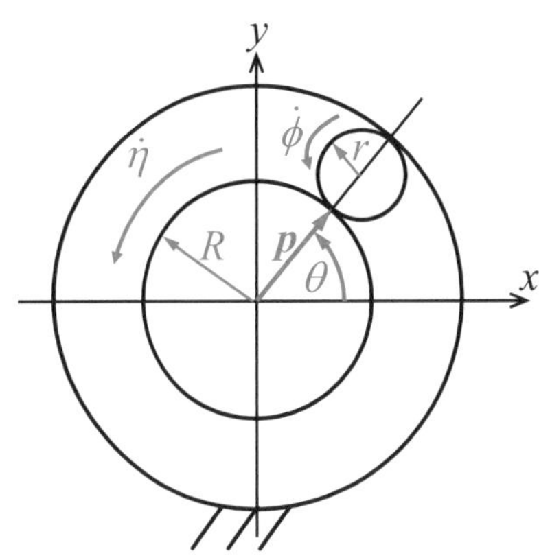

図 9.7　ベアリングの回転

図 9.7 に示すベアリングで，内輪の外径が $2R$，ローラの径が $2r$ のベアリングの内輪が角速度 $\dot{\eta}$ で回転しているとする．内輪の中心を原点として，基準直交座標系を定め，ローラの 1 つと内輪との接触点を $\boldsymbol{p}$，ローラの中心と内輪の中心を結ぶ線分の回転角を θ，この線分の回転とローラの回転との相対角を ψ とする．ローラの基準座標系に対する回転角を ϕ とする．このように定めると，線分が基準座標系原点を中心として回転速度 $\dot{\theta}$ の回転運動を行い，さらにローラが線分の先端を中心として相対角速度 $\dot{\psi}$ の回転を行っているとモデル化できる．

回転の運動を表すため，内輪を原点として図に示すように座標系を定め，x，y，z の各軸に平行な単位ベクトルをそれぞれ $\boldsymbol{i}$，$\boldsymbol{j}$，$\boldsymbol{k}$ とする．また原点からローラの中心を通る直線に沿って，ローラ方向に単位ベクトル $\boldsymbol{d}$ を定める．

このとき

$$\dot{\phi} = \dot{\theta} + \dot{\psi} \tag{ex9.29}$$

の関係を満たす．線分の速度および，ローラの線分に対する相対速度をそれぞれ $\boldsymbol{V}_{01}, \boldsymbol{V}_{02}$ とすると，

$$\boldsymbol{V}_{01} = \dot{\theta}\begin{bmatrix} \boldsymbol{k} \\ \boldsymbol{0} \end{bmatrix},\quad \boldsymbol{V}_{02} = \dot{\psi}\begin{bmatrix} \boldsymbol{k} \\ (R+r)\boldsymbol{d}\times\boldsymbol{k} \end{bmatrix} \tag{ex9.30}$$

となり，ローラの基準座標系に対する速度 $\boldsymbol{V}_{02}$ は

$$\boldsymbol{V}_{02} = \boldsymbol{V}_{01} + \boldsymbol{V}_{12} = \begin{bmatrix} \dot{\phi}\boldsymbol{k} \\ \dot{\psi}(R+r)\boldsymbol{d}\times\boldsymbol{k} \end{bmatrix} \tag{ex9.31}$$

で与えられる．ここに $\boldsymbol{d}$ は以下で与えられる．

$$\boldsymbol{d} = [\cos\theta \ \ \sin\theta \ \ 0]^{\mathrm{T}} \tag{ex9.32}$$

内輪とローラの接点における内輪上の点の速度 v_2 は

$$\begin{bmatrix} 0 \\ \boldsymbol{v}_2 \end{bmatrix} = \dot{\eta}\begin{bmatrix} 0 & 0 \\ \boldsymbol{0} & [\boldsymbol{k}\times] \end{bmatrix}\begin{bmatrix} 1 \\ R\boldsymbol{d} \end{bmatrix} = R\dot{\eta}\begin{bmatrix} 0 \\ \boldsymbol{k}\times\boldsymbol{d} \end{bmatrix} \tag{ex9.33}$$

となる．ローラ上の点の速度は，滑らずに転がっていると，同じく v_2 であり，式(ex9.31)の関係を用いると，

$$\begin{bmatrix} 0 \\ \boldsymbol{v}_2 \end{bmatrix} = \begin{bmatrix} 0 & 0 \\ \dot{\psi}(R+r)\boldsymbol{d}\times\boldsymbol{k} & \dot{\phi}\boldsymbol{k} \end{bmatrix}\begin{bmatrix} 1 \\ R\boldsymbol{d} \end{bmatrix} = \begin{bmatrix} 0 \\ (R\dot{\theta} - r\dot{\psi})\boldsymbol{k}\times\boldsymbol{d} \end{bmatrix} \tag{ex9.34}$$

となり，これから次の関係が得られる．

$$R\dot{\eta} = R\dot{\theta} - r\dot{\psi} \tag{ex9.35}$$

さらにローラと外輪との接触点のローラ上の点の速度 v_1 は，式(ex9.31)の関係から，

$$\begin{bmatrix} 0 \\ \boldsymbol{v}_1 \end{bmatrix} = \begin{bmatrix} 0 & 0 \\ \dot{\psi}(R+r)\boldsymbol{d}\times\boldsymbol{k} & \dot{\phi}\boldsymbol{k} \end{bmatrix}\begin{bmatrix} 1 \\ (R+2r)\boldsymbol{d} \end{bmatrix} = \begin{bmatrix} 0 \\ \left\{\dot{\theta}(R+2r) + \dot{\psi}r\right\}\boldsymbol{k}\times\boldsymbol{d} \end{bmatrix} \tag{ex9.36}$$

となる．ローラが滑らずに転がっていると，v_1 は外輪の同じ位置の点の速度と等しくなければならないから，

$$\dot{\theta}(R+2r)+\dot{\psi}r=0 \tag{ex9.37}$$

の関係を満たさねばならない．したがって，式(ex9.29)，(ex9.35)，(ex9.37)から

$$\dot{\psi}=-\frac{R+2r}{r}\dot{\theta} \tag{ex9.38}$$

$$\dot{\eta}=\frac{2(R+r)}{R}\dot{\theta} \tag{ex9.39}$$

$$\dot{\phi}=-\frac{R+r}{r}\dot{\theta} \tag{ex9.40}$$

の関係を得る．

以上の関係式は，2 つのローラが接触点で回転の相対運動をしているとしても解くことができる．これらの回転運動の対偶の軸を，内輪の回転を 1，それとローラの接触点を 2，ローラと外輪の接触点を 3 とする．これらの接触点は y 軸上にあるものとする．原点を 1 として，y 軸方向に 2，3 と接触点に番号を付けると，滑りがないとすると，接触点での回転を表す対偶は，

$$\boldsymbol{M}_1=\begin{bmatrix}\boldsymbol{k}\\ \boldsymbol{0}\end{bmatrix},\ \boldsymbol{M}_2=\begin{bmatrix}\boldsymbol{k}\\ r_1\boldsymbol{j}\times\boldsymbol{k}\end{bmatrix},\ \boldsymbol{M}_3=\begin{bmatrix}\boldsymbol{k}\\ r_2\boldsymbol{j}\times\boldsymbol{k}\end{bmatrix} \tag{ex9.41}$$

である．ここに r_1，r_2 は各接触点の y 座標の値である．外輪は固定で，その速度は 0 であるから，ローラの速度および各接触点での回転速度をそれぞれ $\dot{\mu}_i\,(i=1,2,3)$ とすると

$$\dot{\mu}_1\boldsymbol{M}_1+\dot{\mu}_2\boldsymbol{M}_2+\dot{\mu}_3\boldsymbol{M}_3=\boldsymbol{0} \tag{ex9.42}$$

の関係を満たす．$\boldsymbol{M}$ は二次元線形空間を張るから，この式は $\dot{\mu}_i$ をパラメータとする 2 元同次線形方程式となり，1 つの値を与えると他の 2 つの値が定まる．

****

9・6 剛体に作用する力の表現と釣り合い(representation of forces exerted on a body and their equilibrium)＊

9・6・1 力とモーメントの釣り合い (equilibrium of forces and moments)

図 9.8 のように，剛体に作用する力は，その方向と大きさだけでなく，作用点の位置によっても剛体の運動に対する影響が異なる．しかし，同じ直線上にある，向きと大きさの等しい力は，直線上のどこにあっても剛体の運動に対し等しい影響を及ぼす．したがって，剛体に作用する力は，作用点を通り，力の方向と同じ方向の直線上の向きをもった線分として表される．直線上にある力の 1 つの方向を正の大きさとしたとき，その逆方向を負の大きさと考える．このように考えることにより，直線上の向きと大きさの同じ力はすべて同じものとみることができる．この直線を力の作用線という．

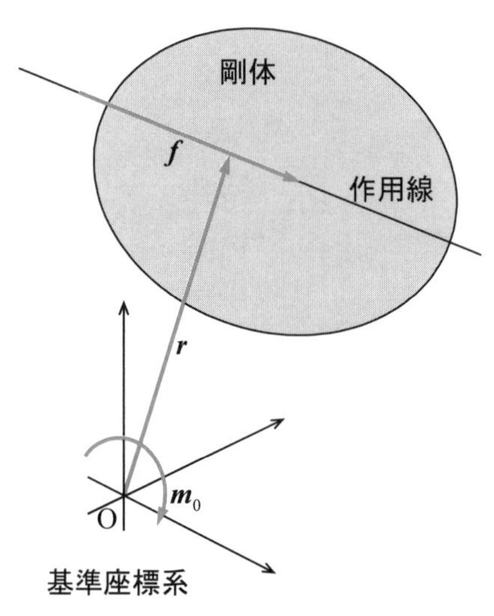

図 9.8 剛体に作用する力

上記でわかるように，剛体に作用する力はその大きさと方向を表す三次元ベクトル $\boldsymbol{f}$ だけでは表されない．そこで，基準点 O を定め，その基準点での力のモーメントを，基準点から直線上の任意の点までのベクトル $\boldsymbol{r}$ を用いて，

$$\boldsymbol{m}_0=\boldsymbol{r}\times\boldsymbol{f} \tag{9.56}$$

と定義する．この式からわかるように，力のモーメント $\boldsymbol{m}_0$ と力 $\boldsymbol{f}$ は常に垂

直である．m_0 と f が垂直であるとき，この力の作用線は，基準点から

$$r = f \times m_0 / (f \cdot f) \qquad (9.57)$$

の点を通り，方向 f の直線を作用線とする力である．f と m_0 から力の作用線が計算できる．したがって，力の作用線上の長さ $|f|$ の線分と f，m_0 の組は対応する．このように力の大きさと方向を表す f と，任意に定めた基準点での力のモーメント m_0 により剛体に作用する力を表すことができる．

図 9.9 に示すように，剛体に方向と大きさを持つ 2 つの力 f_1，f_2 が作用し，それぞれ，r_1，r_2 の作用点に作用しているとする．このときこの 2 つの力の合力 f_{sum} は

$$f_{sum} = f_1 + f_2 \qquad (9.58)$$

であり，基準点での力のモーメントの和 m_{0sum} も，同じくそれぞれの力のモーメントの和となり，

$$m_{0sum} = r_1 \times f_1 + r_2 \times f_2 \qquad (9.59)$$

となる．これら 2 つの力が

$$f_{sum} = m_{0sum} = \mathbf{0} \qquad (9.60)$$

の条件を満たしているとき，これらの力は釣り合っているといい，これらの合力は剛体の運動に影響を及ぼさない．

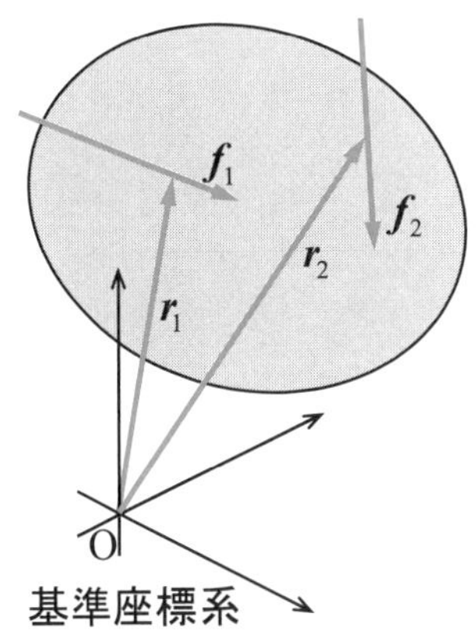

図 9.9　2 つの力

基準点を p 移動させると，その新しい基準点での力のモーメントの和 m_{psum} は，2 つの力が釣り合っているなら，

$$m_{psum} = (r_1 - p) \times f_1 + (r_2 - p) \times f_2 = -p \times (f_1 + f_2) = \mathbf{0} \qquad (9.61)$$

となり，基準点をどこにとっても，その点での力のモーメントの和は 0 である．すなわち，力の釣り合い式を立てるときは，基準点はどこにとってもよい．しかし，釣り合い式に用いる力のモーメントはすべて同じ基準点上で表されていなければならない．ところで r_1，r_2 を，図 9.10 に示す 2 つの力の作用線とそれらの共通垂線との交点であるとすると

$$f_{sum} \cdot m_{0sum} = f_1 \cdot (r_2 \times f_2) + f_2 \cdot (r_1 \times f_1) = (r_1 - r_2) \cdot (f_1 \times f_2) \qquad (9.62)$$

となり，これが 0 となるのは $r_1 - r_2 = \mathbf{0}$ となる点があるか，$f_1 \times f_2 = \mathbf{0}$ のときであり，このとき 2 つの力の作用線が交わるか平行である．すなわち 2 つの作用線が同一平面内にあるときのみである．力とその力のモーメントは常に垂直であるから，f_{sum} と m_{0sum} で表される 2 つの力の合力は一般に 1 つの力として表すことができないことを示している．2 つの力の合力が力となるには，それらの作用線が同一平面内になければならない．$f \cdot m_0 \neq \mathbf{0}$ のとき，力 ($f \cdot m_0 = \mathbf{0}$) のとき，および偶力のとき ($f = \mathbf{0}$) も含め，f，m_0 の組をレンチ (wrench) といい，力と区別する．

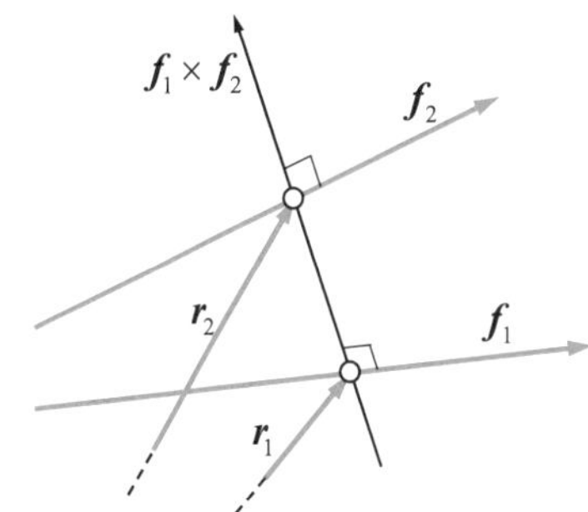

図 9.10　力の合力

レンチやその合力を物理量として表し，その釣り合いを考えるとき，それらは同じ基準点上で表されていれば，単に線形和の演算の結果を見ればよい．相対速度の計算においても，速度行列の並進速度成分を基準座標系の原点上で定義すると，相対速度の和は単なるベクトルの線形結合で表すことができた．剛体の運動量は速度の線形写像であり，同じ基準点上での線形写像として表すことができる．また剛体の動的解析を，ダランベールの原理を用いて行う場合，運動量の時間微分で慣性力を表し，レンチとの釣り合いを考える必要があるため，運動量の基準点と力の基準点を一致させておかなければならない．このように，剛体の運動に関与するベクトルは，すべて基準点上で

定義されるものであるから，解析全体を通して，すべてのベクトルの表現のための基準点を一致させ，固定しておくことが剛体の運動学，力学の定式化では重要である.

9・6・2　仕事率(power)

剛体に作用するレンチを，力の大きさと方向を示すベクトル $\boldsymbol{f}$ と，基準座標系原点のモーメント $\boldsymbol{m}_0$ で $\boldsymbol{F}=[\boldsymbol{f}^{\mathrm{T}}\ \ \boldsymbol{m}_0^{\mathrm{T}}]^{\mathrm{T}}$ と表す.

$\boldsymbol{F}$ が作用している状態で速度 $\boldsymbol{V}=[\boldsymbol{\omega}^{\mathrm{T}}\ \ \boldsymbol{v}_0^{\mathrm{T}}]^{\mathrm{T}}$ で運動しているとき，両者が同じ点O上で定義されているなら，

$$p=\boldsymbol{f}\cdot\boldsymbol{v}_0+\boldsymbol{m}_0\cdot\boldsymbol{\omega} \tag{9.63}$$

で与えられるスカラ量を剛体の運動のなす仕事率(power)という．この演算を力と速度の双線形形式といい，

$$p=\boldsymbol{F}\circ\boldsymbol{V} \tag{9.64}$$

の形で表す．ところで，ベクトルのスカラ積を $\boldsymbol{a}^{\mathrm{T}}\boldsymbol{b}$ の形で表現できる場合，$\boldsymbol{b}$ は $\boldsymbol{a}$ に対する双対基底(dual basis)上のベクトル表現という．レンチ $\boldsymbol{F}$ の $\boldsymbol{V}$ に対する双対基底表現 $\boldsymbol{\Phi}$ は

$$\boldsymbol{\Phi}=\begin{bmatrix}\boldsymbol{m}_0\\ \boldsymbol{f}\end{bmatrix} \tag{9.65}$$

である．仕事率の計算にはレンチを双対基底上で表現する方が便利である.

（注：一般に運動方程式を表すときは $\boldsymbol{F}$ の表現を用いる．$\boldsymbol{F}$ の表現を用いると，座標変換の公式は $\boldsymbol{V}$ と同じである．双対基底の数学的定義はベクトル解析を参照されたい.）

9・7　シリアルロボット機構(serial robot mechanism)

ロボット機構は一般に多自由度機構で，所定の作業空間を自由に運動できる自由度を持つ．早くから用いられていたものは，遠隔操作でハンドリングを行うマニピュレータや工場内での作業の自動化を目的とした産業用ロボットである．最近は人間の形をし，自由に歩行を行うロボットも広く研究されているが，機構の解析として基本となるのは産業用ロボットのような腕機構の解析であり，人間形ロボットの解析も腕の解析から発展してきたものである．ここでは腕機構を例としてシリアルロボットの解析のための基本的手法を示す.

9・7・1　リンク間の座標変換行列 (coordinate transformation matrix between adjacent links)

ロボットの解析の基本となるのはシリアル機構の解析である．シリアル機構はリンクが対偶により直列に結合され，閉ループや枝をもたない機構である．機構の運動は一連の行列の積で与えられる．シリアル機構は通常1自由度対偶の直列結合でモデル化され，これに基づいて解析されるので，ここでは機構は回転対偶あるいは直進対偶の1自由度対偶によってリンクを直列に結合したもの(シリアル連鎖)を考える.

隣接するリンク間の相対運動を表すため，リンクに座標系を定める．シリアル連鎖の両端は1つの対偶素を持つリンクであるが，まず図9.11に示す2つの対偶素を持つ2つのリンクを考える．図9.11において，リンク $i-1$ は対偶素 $i-1$ と i をもち，リンク $j-1(=i)$ は対偶素 i と $j(=i+1)$ を持つ．このとき，それぞれの対偶素に対して軸を定めることができる．直進対偶のときは軸の方向だけが意味をもち，位置はどこに定めても良いが，適宜位置が定められているものとする．

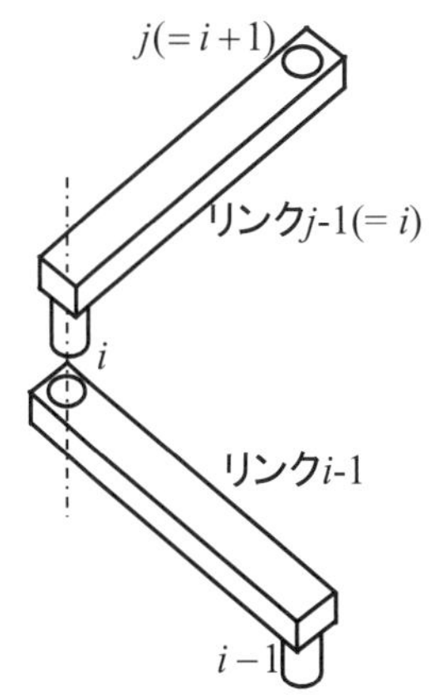

図9.11　2つのリンク

1つのリンク上の2つの対偶素間の位置関係は対偶素の軸を基準に定めることができる．図9.12に示すように，対偶素 i の軸と対偶素 j の軸の共通垂線を定める．対偶素 i の軸を z_i 軸，対偶素 j の軸を z_j 軸とする．そして共通垂線を，z_i 軸から z_j 軸に方向を定め，これを x_j 軸とする．y_j 軸を右手系になるように定めると，座標系 j が定まる．これをリンク $j-1$ に固定された座標系とする．同様にリンク $i-1$ も，その前のリンクの関係から座標系が定まる．リンク $i-1$ が静止リンクであるときは，そのリンク上に適宜基準座標系を定め，順次リンクの座標系を定めるものとする．先端のリンクには，次のリンクがないため，対偶素 j が存在しないことになる．このときは適宜参照座標系を定め，その z 軸との間でパラメータを定める．

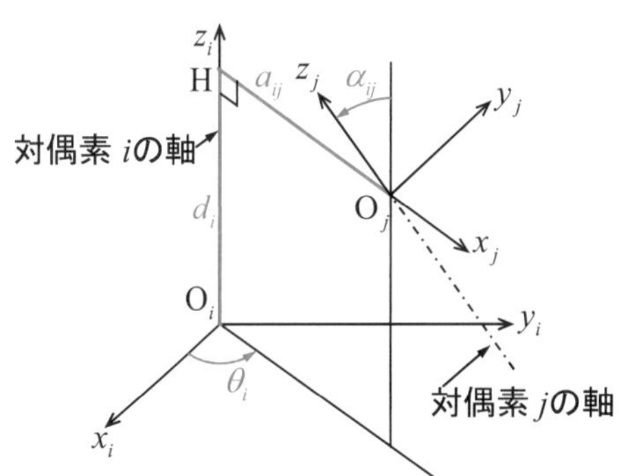

図9.12　対偶の座標系

以上のように座標系 $O_i-x_iy_iz_i$ および $O_j-x_jy_jz_j$ を定めると，2つの座標系間の位置関係は図9.12に示す4つのパラメータ d, a, θ, α で表される．座標系 i の原点 O_i から，共通垂線との交点Hまでの距離を d_i，この交点から座標系 j の原点までの距離を a_{ij} とする．これらはそれぞれ，z_i 軸，x_j 軸方向を正とする．また x_i 軸と x_j 軸のなす角を θ_i，z_i 軸と z_j 軸のなす角を α_{ij} とする．これらの角度はそれぞれ z_i 軸，x_j 軸まわりの角度として，右手座標系の法則で方向を定める．このように定めた4つのパラメータを，提案者 Denavit, Hartenberg の名前にちなんで DH パラメータ(DH parameters)という．座標系 j はリンクに固定された座標系であるから，これをリンク座標系(link coordinate system)という．座標系 i はこのリンクの運動を表す行列を与える座標系であり，実際にはこのリンクの対偶素 i の対となる，もう1つの対偶素 i を有するリンクに関するリンク座標系である．

対偶 i が回転対偶のときは θ_i，直進対偶のときは d_i が対偶 i の変位を表すパラメータである．その他のパラメータは機構定数である．リンクの番号を，対偶 i によって直接動かされるリンクをリンク i とする．

2つの座標系の関係は 4×4 行列で表される．座標系 i と j 間の関係を行列 T_{ij} で表す．z_i 軸まわりの角 θ_i の回転と，x_j 軸まわりの角 α_{ij} の回転を表す直交行列 R_i は，

$$R_i = \begin{bmatrix} \cos\theta_i & -\sin\theta_i & 0 \\ \sin\theta_i & \cos\theta_i & 0 \\ 0 & 0 & 1 \end{bmatrix} \begin{bmatrix} 1 & 0 & 0 \\ 0 & \cos\alpha_{ij} & -\sin\alpha_{ij} \\ 0 & \sin\alpha_{ij} & \cos\alpha_{ij} \end{bmatrix} \tag{9.66}$$

であり，座標系 j の原点 O_j の位置を座標系 i における位置 $\boldsymbol{p}_i$ で表すと

$$\boldsymbol{p}_i = \begin{bmatrix} a_{ij}\cos\theta_i \\ a_{ij}\sin\theta_i \\ d_i \end{bmatrix} \tag{9.67}$$

である．したがって，2 つのリンク $i-1$ と $j-1$ の関係を表す行列 T_{ij} は

$$T_{ij} = \begin{bmatrix} 1 & 0 & 0 & 0 \\ a_{ij}\cos\theta_i & \cos\theta_i & -\sin\theta_i\cos\alpha_{ij} & \sin\theta_i\sin\alpha_{ij} \\ a_{ij}\sin\theta_i & \sin\theta_i & \cos\theta_i\cos\alpha_{ij} & -\cos\theta_i\sin\alpha_{ij} \\ d_i & 0 & \sin\alpha_{ij} & \cos\alpha_{ij} \end{bmatrix} \tag{9.68}$$

で与えられる．

ここで対偶が回転対偶なら θ_i が時間の関数で残りのパラメータは定数値を持つ．直進対偶なら d_i が時間の関数で残りのパラメータは定数値を持つ．このように行列 T_{ij} はリンク $j-1$ のリンク $i-1$ に対する相対運動を表す行列である．

【例題 9・12】***

[3 自由度シリアル機構の解析]

図 9.13 に示すように，3 つの回転対偶が直列に結合したシリアルロボット機構を考える．対偶 O_1，O_2，O_3 はすべて能動対偶で O_2 と O_3 の回転軸は平行，O_1 の回転軸は O_2 と O_3 の回転軸と垂直であるとする．この機構の解析例を示す．リンクは静止リンクから順に 0, 1, 2, 3 とする．

この機構の DH パラメータは表 9.1 のとおりとなる．これらのパラメータをもとに，リンク 1 から 2 への座標変換行列 T_{12} を作ると，

$$T_{12} = \begin{bmatrix} 1 & 0 & 0 & 0 \\ a_{12}\cos\theta_1 & \cos\theta_1 & 0 & \sin\theta_1 \\ a_{12}\sin\theta_1 & \sin\theta_1 & 0 & -\cos\theta_1 \\ d_1 & 0 & 1 & 0 \end{bmatrix} \tag{ex9.43}$$

となる．この行列 T_{12} の第 1 列より点 O_2 の位置は

$$\boldsymbol{p} = \begin{bmatrix} 1 \\ a_{12}\cos\theta_1 \\ a_{12}\sin\theta_i \\ d_1 \end{bmatrix} \tag{ex9.44}$$

で与えられる．

****

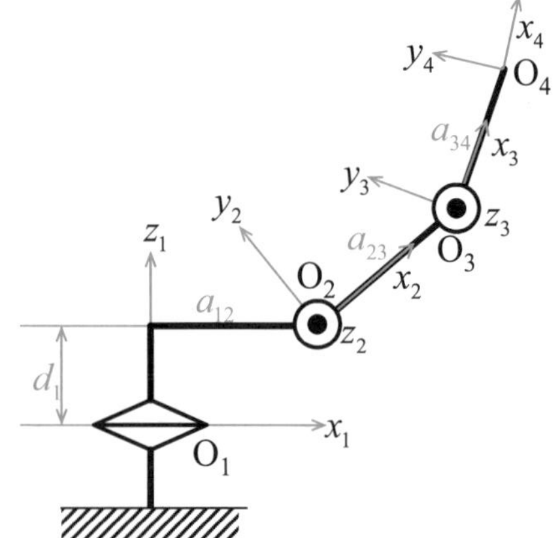

図 9.13　3 自由度シリアル機構

表 9.1　DH パラメータ

i	d_i	a_{ij}	θ_i	α_{ij}
1	d_1	a_{12}	θ_1	$\pi/2$
2	0	a_{23}	θ_2	0
3	0	a_{34}	θ_3	0

9・7・2　変位解析(displacement analysis)

図 9.14 に示す 7 つのリンクが回転対偶あるいは直進対偶により直列に連結されたシリアル機構を考える．静止リンクを 0 とし，順次先端に向かって 1, 2,・・・,6 と番号を付ける．対偶についても静止リンク側から 1, 2, ・・・, 6 と番号を付ける．基準座標系は静止リンク上に z 軸が対偶 1 と同軸になるように固定する．このときリンク 6 の位置・姿勢(ポーズ)を表す行列 T_{06} は

$$T_{06} = T_{01}T_{12}T_{23}T_{34}T_{45}T_{56} \tag{9.69}$$

で与えられる．リンク 6 の座標系でそのリンク上の点を表した同次座標を $[1\ \boldsymbol{x}_0^{\mathrm{T}}]^{\mathrm{T}}$，その点を基準座標系で表した同次座標を $[1\ \boldsymbol{x}^{\mathrm{T}}]^{\mathrm{T}}$ とすると

$$\begin{bmatrix} 1 \\ \boldsymbol{x} \end{bmatrix} = T_{06}\begin{bmatrix} 1 \\ \boldsymbol{x}_0 \end{bmatrix} \tag{9.70}$$

の関係を得る．またリンク 6 の姿勢は行列 T_{06} の回転行列部で与えられる．

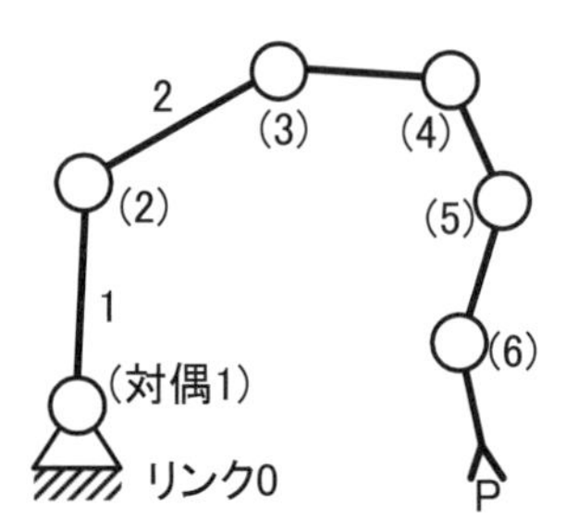

図 9.14　6 自由度シリアル機構

対偶の変位が与えられたとき，リンク座標系を与える各行列T_{ij}の値が定まり，これによりリンク6のポーズが定まる．またリンク6上の点の基準座標系における位置は式(9.69)を基に計算できる．この計算を順変位解析という．

【例題 9・13】**

[シリアルロボットの解析]

例として図9.15に示す多関節ロボット(articulated robot)の解析を行う．この機構は6つの回転対偶が図のように直列に連結された6自由度空間シリアル機構である．この機構のDHパラメータは表9.2のとおりである．

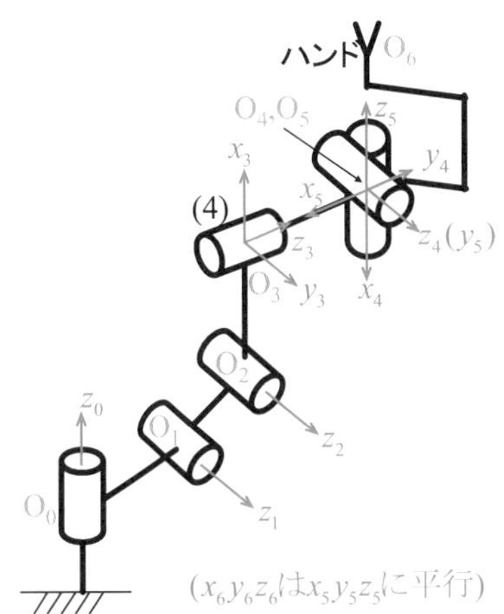

図 9.15　6自由度空間シリアル機構

表 9.2　DH パラメータ

i	d_i	a_{ij}	θ_i	α_{ij}
1	0	a_{12}	θ_1	$\pi/2$
2	0	a_{23}	θ_2	0
3	0	a_{34}	θ_3	$\pi/2$
4	d_4	0	θ_4	$\pi/2$
5	0	0	θ_5	$\pi/2$
6	d_6	0	θ_6	0

以下では$\sin\theta_i$，$\cos\theta_i$を$\mathrm{s}_i, \mathrm{c}_i$，$\sin(\theta_i+\theta_j)$，$\cos(\theta_i+\theta_j)$を$\mathrm{s}_{i+j}$，$c_{i+j}$のように表す．

この機構の座標変換行列T_{01}～T_{56}は以下で与えられる．

$$T_{01}=\begin{bmatrix}1&0&0&0\\a_{12}\mathrm{c}_1&\mathrm{c}_1&0&\mathrm{s}_1\\a_{12}\mathrm{s}_1&\mathrm{s}_1&0&-\mathrm{c}_1\\0&0&1&0\end{bmatrix},\quad T_{12}=\begin{bmatrix}1&0&0&0\\a_{23}\mathrm{c}_2&\mathrm{c}_2&-\mathrm{s}_2&0\\a_{23}\mathrm{s}_2&\mathrm{s}_2&\mathrm{c}_2&0\\0&0&0&1\end{bmatrix},$$

$$T_{23}=\begin{bmatrix}1&0&0&0\\a_{34}\mathrm{c}_3&\mathrm{c}_3&0&\mathrm{s}_3\\a_{34}\mathrm{s}_3&\mathrm{s}_3&0&-\mathrm{c}_3\\0&0&1&0\end{bmatrix},\quad T_{34}=\begin{bmatrix}1&0&0&0\\0&\mathrm{c}_4&0&\mathrm{s}_4\\0&\mathrm{s}_4&0&-\mathrm{c}_4\\d_4&0&1&0\end{bmatrix},$$

$$T_{45}=\begin{bmatrix}1&0&0&0\\0&\mathrm{c}_5&0&\mathrm{s}_5\\0&\mathrm{s}_5&0&-\mathrm{c}_5\\0&0&1&0\end{bmatrix},\quad T_{56}=\begin{bmatrix}1&0&0&0\\0&\mathrm{c}_6&-\mathrm{s}_6&0\\0&\mathrm{s}_6&\mathrm{c}_6&0\\d_6&0&0&1\end{bmatrix}\qquad\text{(ex9.45)}$$

リンク4の座標系T_{04}を

$$T_{04}=\begin{bmatrix}1&\mathbf{0}\\\boldsymbol{p}_{04}&R_{04}\end{bmatrix}\qquad\text{(ex9.46)}$$

とすると，

$$\boldsymbol{p}_{04}=\begin{bmatrix}\mathrm{c}_1(a_{12}+a_{23}\mathrm{c}_2+a_{34}\mathrm{c}_{2+3}+d_4\mathrm{s}_{2+3})\\\mathrm{s}_1(a_{12}+a_{23}\mathrm{c}_2+a_{34}\mathrm{c}_{2+3}+d_4\mathrm{s}_{2+3})\\a_{23}\mathrm{s}_2+a_{34}\mathrm{s}_{2+3}-d_4\mathrm{c}_{2+3}\end{bmatrix}\qquad\text{(ex9.47)}$$

$$R_{04}=\begin{bmatrix}\mathrm{c}_1\mathrm{c}_{2+3}\mathrm{c}_4+\mathrm{s}_1\mathrm{s}_4&\mathrm{c}_1\mathrm{s}_{2+3}&\mathrm{c}_1\mathrm{c}_{2+3}\mathrm{s}_4-\mathrm{s}_1\mathrm{c}_4\\\mathrm{s}_1\mathrm{c}_{2+3}\mathrm{c}_4-\mathrm{c}_1\mathrm{s}_4&\mathrm{s}_1\mathrm{s}_{2+3}&\mathrm{s}_1\mathrm{c}_{2+3}\mathrm{s}_4+\mathrm{c}_1\mathrm{c}_4\\\mathrm{s}_{2+3}\mathrm{c}_4&-\mathrm{c}_{2+3}&\mathrm{s}_{2+3}\mathrm{s}_4\end{bmatrix}\qquad\text{(ex9.48)}$$

となる．

****

9・7・3　逆変位解析(inverse displacement analysis)

シリアルロボット機構のリンク6のポーズを与え，それに対応する対偶の変位を決定する計算を機構の逆変位解析という．リンクのポーズが与えられたとき，リンク6がそのポーズで静止リンクに固定されたと考えれば，これは連鎖で1つのループを作った単ループ機構(single-loop mechanism)と同じ構造となり，リンク6を単ループ機構の入力リンクと考え，その位置が与えられ，残りのリンクの位置を計算する問題と同じである．すなわち，シリアル機構の逆変位解析は単ループ機構の変位解析の問題として解くことができる．

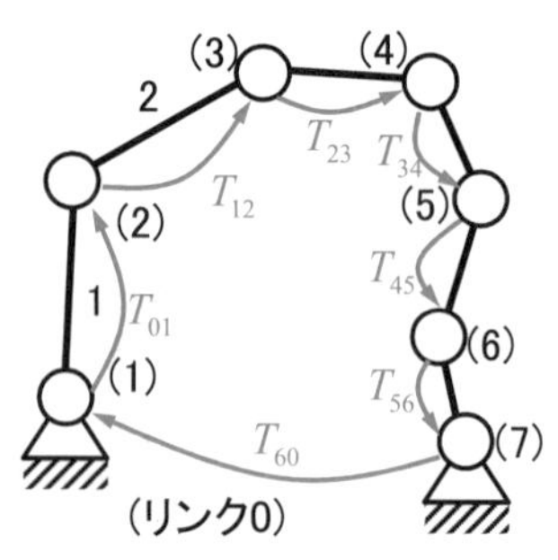

図 9.16　閉ループ機構

機構の自由度が 1 の単ループ機構を図 9.16 に示す．1 自由度対偶で構成されているとすると，空間単ループ機構は 7 つの対偶で構成される．この機構は前項で述べたように，6 自由度のシリアル機構の先端のリンク 6 が 1 自由度対偶 7 で静止リンクに結合され，その対偶の変位が与えられたものと同じである．単ループ機構において，静止リンク上の一方の対偶から出発し，連鎖に沿い，他方の静止リンク上の対偶を経由し，静止リンク上の出発した対偶に戻る経路を考える．このときリンク座標系をたどることにより，

$$T_{01}T_{12}T_{23}T_{34}T_{45}T_{56}T_{60} = E_4 \tag{9.71}$$

の関係を得る．ここに E_4 は 4 次の単位行列である．このようにループを有する機構では，ループを一巡して元のリンクに戻ると最初の値となるという関係式が得られる．この式が閉回路方程式である．

上式を

$$T_{01}T_{12}T_{23}T_{34}T_{45}T_{56} = T_{60}^{-1} \tag{9.72}$$

とし，右辺を先端リンクの位置，姿勢とみて，対偶 1 から 6 の値を定めるのがシリアル機構の逆変位解析である．

式(9.72)は 6 つの対偶の変位を未知数とする連立方程式である．座標変換行列は，その第 1 行目は固定値であるから，12 個のパラメータを有し，式(9.72)より 12 個の式が得られる．これらの式は未知数である回転対偶や直進対偶の対偶変位に関する三角関数の方程式となっている．未知数は 6 つであるから，この式は冗長である．これらの式から適切な式を抜き出し，また従属な式を用いて，三角関数で与えられる角度の値を 1 つに絞るなどの処理を行い，変位解析を行う．

【例題 9・14】***

［6 自由度シリアル機構の逆変位解析］

図 9.15 において，静止リンク側から対偶に 1,2, ・・・,6 と番号を付ける．この機構では 4,5,6 の軸が一点で交わり，等価的な球対偶を構成している．この機構のハンドのポーズを T_{h} で表すと，$T_{\mathrm{h}} = T_{60}$ の関係から

$$T_{01}T_{12}T_{23}T_{34}T_{45}T_{56} = T_{\mathrm{h}} \tag{ex9.49}$$

の関係を得る．この機構の運動は例題 **9・13** に示されるとおりであり，対偶 4, 5, 6 の交点の位置ベクトル $\boldsymbol{p}_{04}$ は例題 **9・13** の結果のとおり与えられる．

一方

$$T_{\mathrm{h}} = \begin{bmatrix} 1 & 0 & 0 & 0 \\ \boldsymbol{q} & \boldsymbol{e}_x & \boldsymbol{e}_y & \boldsymbol{e}_z \end{bmatrix} \tag{ex9.50}$$

$$T_{\mathrm{h}}T_{46}^{-1} = T_{04} = \begin{bmatrix} 1 & \mathbf{0} \\ \boldsymbol{p}_{04} & R_{04} \end{bmatrix} \tag{ex9.51}$$

と表したとき，$T_{\mathrm{h}}T_{46}^{-1} = T_{\mathrm{h}}T_{56}^{-1}T_{45}^{-1}$ であるから，式(ex9.45)から $T_{56}^{-1}T_{45}^{-1}$ を計算し，

$$T_{\mathrm{h}}T_{46}{}^{-1}=\begin{bmatrix}1 & 0 & 0 & 0\\ \boldsymbol{q} & \boldsymbol{e}_x & \boldsymbol{e}_y & \boldsymbol{e}_z\end{bmatrix}\begin{bmatrix}1 & 0 & 0 & 0\\ 0 & \mathrm{c}_5\mathrm{c}_6 & \mathrm{s}_5\mathrm{c}_6 & \mathrm{s}_6\\ 0 & -\mathrm{c}_5\mathrm{s}_6 & -\mathrm{s}_5\mathrm{s}_6 & \mathrm{c}_6\\ -d_6 & \mathrm{s}_5 & -\mathrm{c}_5 & 0\end{bmatrix} \quad \text{(ex9.52)}$$

を得る．これより，

$$\boldsymbol{p}_{04}=\boldsymbol{q}-d_6\boldsymbol{e}_z \quad \text{(ex9.53)}$$

となる． $\boldsymbol{q}-d_6\boldsymbol{e}_z$ は $\theta_i(i=1,2,\cdots,6)$ の関数ではなく， T_{h} の値から定まる． $\boldsymbol{q}-d_6\boldsymbol{e}_z=[q_x,q_y,q_z]^{\mathrm{T}}$ とすると，式(ex9.53)の x， y 成分の関係は

$$\mathrm{c}_1(a_{12}+a_{23}\mathrm{c}_2+a_{34}\mathrm{c}_{2+3}+d_4\mathrm{s}_{2+3})=q_x \quad \text{(ex9.54)}$$

$$\mathrm{s}_1(a_{12}+a_{23}\mathrm{c}_2+a_{34}\mathrm{c}_{2+3}+d_4\mathrm{s}_{2+3})=q_y \quad \text{(ex9.55)}$$

となり，これらから，

$$q_y\mathrm{c}_1=q_x\mathrm{s}_1 \quad \text{(ex9.56)}$$

の関係が得られ， θ_1 として 2 つの値が定まる．

式(ex9.54)および(ex9.55)にそれぞれ c_1， s_1 をかけ，和をとり，整理すると，

$$a_{23}\mathrm{c}_2+a_{34}\mathrm{c}_{2+3}+d_4\mathrm{s}_{2+3}=q_x\mathrm{c}_1+q_y\mathrm{s}_1-a_{12} \quad \text{(ex9.57)}$$

を得る．式(ex9.57)の右辺の値は既知であるから，これを k と置くと

$$a_{23}\mathrm{c}_2=k-(a_{34}\mathrm{c}_{2+3}+d_4\mathrm{s}_{2+3}) \quad \text{(ex9.58)}$$

が得られ，また式(ex9.53)の z 座標の値から，

$$a_{23}\mathrm{s}_2=q_z-a_{34}\mathrm{s}_{2+3}+d_4\mathrm{c}_{2+3} \quad \text{(ex9.59)}$$

の関係が得られるから，式(ex9.58)と(ex9.59)を自乗して加えると．

$$a_{23}^2=k^2+q_z^2+a_{34}^2+d_4^2+2(q_zd_4-ka_{34})\mathrm{c}_{2+3}-2(kd_4+q_za_{34})\mathrm{s}_{2+3} \quad \text{(ex9.60)}$$

が得られる．式(ex9.60)から， $\theta_2+\theta_3$ に 2 つの値が定まる．この $\theta_2+\theta_3$ の値を式(ex9.58)と(ex9.59)に代入することにより， θ_2 に 1 つの値が定まる．

以上のようにして， θ_1， θ_2， θ_3 の 4 組の解が求まる．

一方 $(T_{01}T_{12}T_{23})^{-1}$ の回転行列部を R_{30} とすると，

$$R_{30}=\begin{bmatrix}\mathrm{c}_1\mathrm{c}_{2+3} & \mathrm{s}_1\mathrm{c}_{2+3} & \mathrm{s}_{2+3}\\ \mathrm{s}_1 & -\mathrm{c}_1 & 0\\ \mathrm{c}_1\mathrm{s}_{2+3} & \mathrm{s}_1\mathrm{s}_{2+3} & -\mathrm{c}_{2+3}\end{bmatrix} \quad \text{(ex9.61)}$$

を得る．これに対し $T_{34}T_{45}T_{56}$ の回転行列部 R_{36} は

$$R_{36}=\begin{bmatrix}\mathrm{c}_4\mathrm{c}_5\mathrm{c}_6+\mathrm{s}_4\mathrm{s}_6 & -\mathrm{c}_4\mathrm{c}_5\mathrm{s}_6+\mathrm{s}_4\mathrm{c}_6 & \mathrm{c}_4\mathrm{s}_5\\ \mathrm{s}_4\mathrm{c}_5\mathrm{c}_6-\mathrm{c}_4\mathrm{s}_6 & -\mathrm{s}_4\mathrm{c}_5\mathrm{s}_6-\mathrm{c}_4\mathrm{c}_6 & \mathrm{s}_4\mathrm{s}_5\\ \mathrm{s}_5\mathrm{c}_6 & -\mathrm{s}_5\mathrm{s}_6 & -\mathrm{c}_5\end{bmatrix} \quad \text{(ex9.62)}$$

となる．式(ex9.50)の回転行列部に着目すれば

$$R_{01}R_{12}R_{23}R_{34}R_{45}R_{56}=R_{03}R_{36}=[\boldsymbol{e}_x\ \ \boldsymbol{e}_y\ \ \boldsymbol{e}_z] \quad \text{(ex9.63)}$$

$$R_{36}=R_{30}[\boldsymbol{e}_x\ \ \boldsymbol{e}_y\ \ \boldsymbol{e}_z] \quad \text{(ex9.64)}$$

を得る． θ_1， θ_2， θ_3 の値が求まると，右辺の行列の値が定まる．したがって式(ex9.62)の行列の 3 行 3 列目の値が式(ex9.64)の関係から得られ， θ_5 に 2 つの値が求まる．この結果式(ex9.64)の関係の 1 行 3 列および 2 行 3 列の値から θ_4，3 行 1 列および 3 行 2 列の値から θ_6 の値がそれぞれ 1 つ定まる．

以上のようにして， θ_1， $\theta_2+\theta_3$， θ_5 にそれぞれ個別に 2 つの値が定まり，その結果として， $\theta_i(i=1,2,\cdots,6)$ の値が 2^3 (=8)組求まる．すなわち 8 種類の変位解析解が得られる．

この機構は

・　手首部が球面機構であること

・　腕部が2つの平行な回転対偶で，これと手首部の1つの回転成分で平面機構を作ること

・　対偶1による旋回部がこれら平面機構と球面機構が行わない運動成分の生成を行うこと

の理由から，変位解析解は

・　対偶1の変位が球面機構と平面機構が作る運動以外の運動成分で定まり．これがθ_1の三角関数の関係として定まり，2つ求まる．

・　対偶2と3の変位，球面機構の運動成分(姿勢成分)を除いた成分により平面三角形の関係から求まり，平面三角形の3辺の長さを与えたときの角度の計算問題となり，まず1つの解が三角関数の1つの方程式から2つ定まり，残りは1つに定まる．これは1つの三角形に対し，その1つの辺に対称な三角形が存在することによる．

・　最後に球面三角形の関係から変位解が定まるが，これは平面三角形と同様に，最初に求める解が2つとなり，後の解がそれぞれ1つとなる．

の過程となり，8組の解となる．

このような特殊な条件が成立しないとき，最初の変位解を求めるには，関係式から，5つの角度のパラメータを消去する必要があり，その結果は16次の代数方程式になることが証明されている．これは代数的に解が求まらないことがガロアの定理で証明されており，反復演算により数値解を求めるしかない．

****

以上の解法において，1つの角度に対する三角関数の方程式が得られたとき，半正接公式(half-tangent formula)

$$\tan\frac{\theta}{2}=x \tag{9.73}$$

$$\sin\theta=\frac{2x}{1+x^2} \tag{9.74}$$

$$\cos\theta=\frac{1-x^2}{1+x^2} \tag{9.75}$$

の関係を用いて，これを代数方程式に置き換えることができる．正弦と余弦の値が両方定まるときは一次方程式，片方だけが定まるときは二次方程式となる．この手法を用いると，上記解析では，二次方程式を3回，一次方程式を3回解くことにより，8組の解が定まることになる．

9・7・4　速度・加速度解析(velocity and acceleration analyses)

図9.17に示すように，回転対偶の軸の方向余弦ベクトルを$\boldsymbol{d}$，軸上の任意に選んだ点の位置ベクトルを$\boldsymbol{r}$とすると，その軸は

$$\boldsymbol{M}=\begin{bmatrix}\boldsymbol{d}\\ \boldsymbol{r}\times\boldsymbol{d}\end{bmatrix} \tag{9.76}$$

である．対偶が直進対偶のときは

$$M = \begin{bmatrix} \mathbf{0} \\ \boldsymbol{d} \end{bmatrix} \tag{9.77}$$

である．

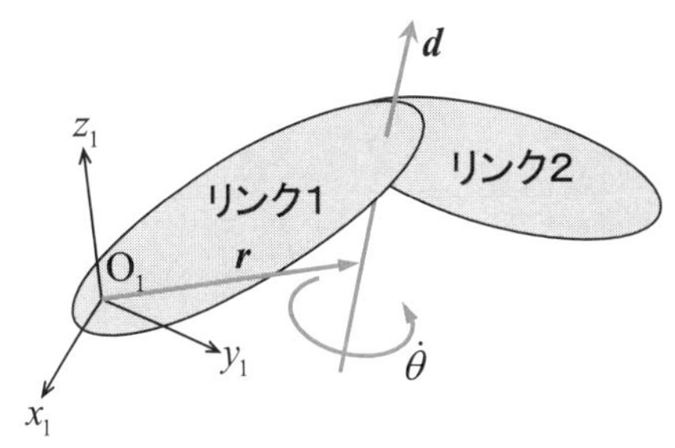

図 9.17　回転軸

図 9.18 に示すような n 個の 1 自由度対偶からなるシリアル機構(図には，リンク数 7，対偶数 6 の場合を示す)の先端のリンクの速度ベクトル $\boldsymbol{V}_{0n}$ は対偶による相対速度の和であるから，対偶速度を $\dot{q}_i$ として

$$\boldsymbol{V}_{0n} = \dot{q}_1\boldsymbol{M}_1 + \dot{q}_2\boldsymbol{M}_2 + \cdots + \dot{q}_n\boldsymbol{M}_n \tag{9.78}$$

と表される．上式をリンク列に対しての漸化式で表すと

$$\boldsymbol{V}_{0i} = \boldsymbol{V}_{0(i-1)} + \dot{q}_i\boldsymbol{M}_i \tag{9.79}$$

となる．この漸化式に従い，対偶の速度を与えてリンクの速度を計算することを順速度解析という．

またシリアル機構の速度の漸化式(9.79)を時間で微分すると

$$\boldsymbol{A}_{0i} = \boldsymbol{A}_{0(i-1)} + \ddot{q}_i\boldsymbol{M}_i + \dot{q}_i\frac{d\boldsymbol{M}_i}{dt} = \boldsymbol{A}_{0(i-1)} + \ddot{q}_i\boldsymbol{M}_i + \boldsymbol{V}_{0(i-1)} \times \dot{q}_i\boldsymbol{M}_i \tag{9.80}$$

が得られる．これがシリアル機構の加速度の漸化式である．

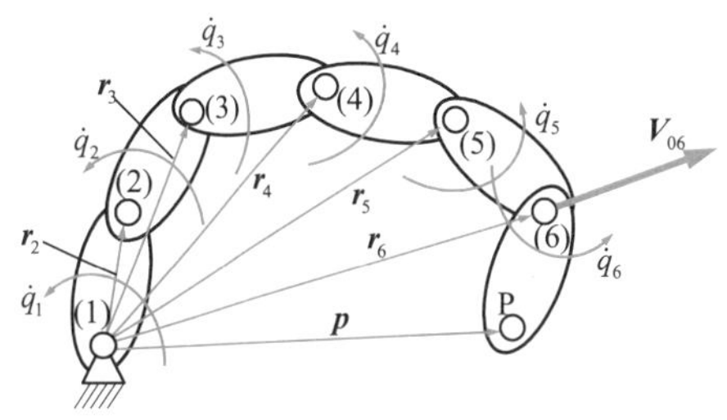

図 9.18　シリアル機構

変位解析で対偶の軸の位置と方向がわかれば $\boldsymbol{M}_i$ の値は定まる．したがって，対偶の速度，加速度が与えられたときの先端リンクの速度，加速度は式(9.78)，および(9.80)にその値を代入すれば求まる．

$n = 6$ のとき，式(9.78)は

$$\boldsymbol{V}_{06} = [\boldsymbol{M}_1\ \boldsymbol{M}_2 \cdots \boldsymbol{M}_6]\dot{\boldsymbol{q}} = J\dot{\boldsymbol{q}} \tag{9.81}$$

と書くことができる．ここに J をシリアル機構のヤコビ行列という．また

$$\boldsymbol{q} = [q_1\ q_2 \cdots q_6]^{\mathrm{T}} \tag{9.82}$$

である．

一方，加速度は式(9.80)から

$$\boldsymbol{A}_{06} = J\ddot{\boldsymbol{q}} + \sum_{i=1}^{6}\boldsymbol{V}_{0(i-1)} \times \dot{q}_i\boldsymbol{M}_i \tag{9.83}$$

の関係が得られ，これから，対偶の加速度が与えられたときの先端リンクの加速度が定まる．一方，先端リンクの速度 $\boldsymbol{V}_{06}$，加速度 $\boldsymbol{A}_{06}$ が与えられたときの，対偶の速度，加速度はそれぞれ

$$\dot{\boldsymbol{q}} = J^{-1}\boldsymbol{V}_{06},\ \ \ddot{\boldsymbol{q}} = J^{-1}(\boldsymbol{A}_{06} - \sum\boldsymbol{V}_{0(i-1)} \times \dot{q}_i\boldsymbol{M}_i) \tag{9.84}$$

で与えられる．ここでヤコビ行列 J が正則でないとき，機構は特異点にあるといい，ヤコビ行列を用いて，先端リンクの速度，加速度から対偶の速度，加速度を計算することはできない．

【例題 9・15】***

[3 自由度平面機構の速度解析]

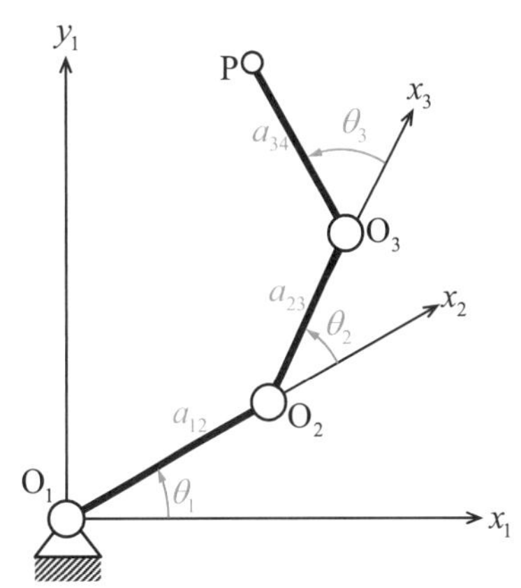

図 9.19　3 自由度平面シリアル機構

図 9.19 に示すような 3 つの回転対偶からなる 3 自由度平面シリアル機構について，その対偶の軸を求める．対偶の軸は

$$\boldsymbol{M}_1 = [0\ 0\ 1\ 0\ 0\ 0]^{\mathrm{T}} \tag{ex9.65}$$

$$\boldsymbol{M}_2 = [0\ 0\ 1\ a_{12}\mathrm{s}_1\ -a_{12}\mathrm{c}_1\ 0]^{\mathrm{T}} \tag{ex9.66}$$

$$\boldsymbol{M}_3 = [0\ 0\ 1\ a_{12}\mathrm{s}_1 + a_{23}\mathrm{s}_{1+2}\ -(a_{12}\mathrm{c}_1 + a_{23}\mathrm{c}_{1+2})\ 0]^{\mathrm{T}} \tag{ex9.67}$$

となり，先端のリンクの速度 $\boldsymbol{V}_{03}$ は

$$
\boldsymbol{V}_{03}=\dot{\theta}_1\boldsymbol{M}_1+\dot{\theta}_2\boldsymbol{M}_2+\dot{\theta}_3\boldsymbol{M}_3=\begin{bmatrix}0&0&0\\0&0&0\\1&1&1\\0&a_{12}\mathrm{s}_1&a_{12}\mathrm{s}_1+a_{23}\mathrm{s}_{1+2}\\0&-a_{12}\mathrm{c}_1&-(a_{12}\mathrm{c}_1+a_{23}\mathrm{c}_{1+2})\\0&0&0\end{bmatrix}\begin{bmatrix}\dot{\theta}_1\\\dot{\theta}_2\\\dot{\theta}_3\end{bmatrix}
$$

$$
=\begin{bmatrix}0\\0\\\dot{\theta}_1+\dot{\theta}_2+\dot{\theta}_3\\a_{12}\mathrm{s}_1\dot{\theta}_2+(a_{12}\mathrm{s}_1+a_{23}\mathrm{s}_{1+2})\dot{\theta}_3\\-a_{12}\mathrm{c}_1\dot{\theta}_2-(a_{12}\mathrm{c}_1+a_{23}\mathrm{c}_{1+2})\dot{\theta}_3\\0\end{bmatrix} \tag{ex9.68}
$$

となる．このようにヤコビ行列を定めると，シリアル機構の速度解析は容易に行うことができる．このシリアル機構の速度解析の手法は，変位解析の時と同様に単ループ機構にそのまま適用することができる．

****

単ループ機構での速度の閉回路方程式は，1 つのリンクから始め，ループを一巡して元のリンクに戻ると，速度が元の速度に等しくなるという方程式であり，n 個の 1 自由度対偶からなる単ループ機構では

$$
\dot{q}_1\boldsymbol{M}_1+\dot{q}_2\boldsymbol{M}_2+\cdots+\dot{q}_n\boldsymbol{M}_n=\boldsymbol{0} \tag{9.85}
$$

となる．単ループ機構において，受動対偶の数は 6 であり，これらの受動対偶の軸により

$$
J=[\boldsymbol{M}_1\quad \boldsymbol{M}_2\quad \cdots\boldsymbol{M}_6] \tag{9.86}
$$

の行列を作ることができる．これをループのヤコビ行列という．閉回路方程式はこのヤコビ行列を用いて

$$
J\dot{\boldsymbol{q}}_{\mathrm{p}}+K\dot{\boldsymbol{q}}_{\mathrm{a}}=\boldsymbol{0} \tag{9.87}
$$

の形で表される．ここに下付き添え字 p，a はそれぞれ受動対偶，能動対偶を表す．K は能動対偶の軸を列ベクトルとする行列である．受動対偶の軸は一般には一次独立であり，また J は正方行列である．これにより J の逆行列が定まるから，能動対偶の速度 $\dot{\boldsymbol{q}}_{\mathrm{a}}$ を与えると，受動対偶の速度は

$$
\dot{\boldsymbol{q}}_{\mathrm{p}}=-J^{-1}K\dot{\boldsymbol{q}}_{\mathrm{a}} \tag{9.88}
$$

で与えられる．このようにして，単ループ機構の速度解析を行うことができる．

加速度の閉回路方程式は

$$
J\ddot{\boldsymbol{q}}_{\mathrm{p}}+K\ddot{\boldsymbol{q}}_{\mathrm{a}}+\boldsymbol{Q}_1=\boldsymbol{0} \tag{9.89}
$$

となる．ここに $\boldsymbol{Q}_1$ は閉回路の速度外積和であり，

$$
\boldsymbol{Q}_1=\sum_{i=2}^{n-1}\left(\sum_{j=1}^{i-1}\dot{q}_j\boldsymbol{M}_j\right)\times\dot{q}_i\boldsymbol{M}_i \tag{9.90}
$$

で与えられる．ここに最初の加算が $n-1$ までであるのは，速度の閉回路方程式により，

$$
(\dot{q}_1\boldsymbol{M}_1+\dot{q}_2\boldsymbol{M}_2+\cdots+\dot{q}_{n-1}\boldsymbol{M}_{n-1})\times\dot{q}_n\boldsymbol{M}_n=\boldsymbol{0} \tag{9.91}
$$

が成立するからである．以上の結果から，受動対偶の加速度は

$$\ddot{\boldsymbol{q}}_{\mathrm{p}} = -J^{-1}(K\ddot{\boldsymbol{q}}_{\mathrm{a}} + \boldsymbol{Q}_1) \tag{9.92}$$

で与えられる．このようにして，単ループ機構の順加速度解析を行うことができる．

9・8 力の解析(force analysis, dynamic analysis)＊

空間機構が所要の作業を遂行するためには，それに伴う力に抗しなければならない．そのためには，作業遂行のために必要な重力，慣性力，接触力(contact force), 拘束力などとともに入力リンクの駆動力，リンク間に作用する相互力(対偶作用力)を解析して明らかにしなければならない．これに基づいてハードウェアの設計と運動制御を行う．

この解析を行うにあたって重要なポイントは，第 8 章でも述べたが，

(1) 各リンクに作用する力の和は 0 である．

(2) 受動対偶を介してリンク間に作用する力は用いる対偶に応じて制限される．そして，受動対偶での仕事率は 0 である．

の 2 点である．

第 1 のポイントは力の釣り合い条件である．第 2 のポイントは，各対偶作用力は対偶によって拘束される成分だけをもち，また，各リンクの対偶素の組み合わせによってさらにその方向が制限される，という内容である．

リンクに作用する力 $\boldsymbol{\Phi}$ は運動空間の双対基底の数ベクトルとして，

$$\boldsymbol{\Phi} = \begin{bmatrix} \boldsymbol{m}_0 \\ \boldsymbol{f} \end{bmatrix} \tag{9.93}$$

と，モーメント $\boldsymbol{m}_0$，力 $\boldsymbol{f}$ の順で与えられているものとする．力解析を行うに先立って変位，速度，加速度の解析を行っていなければならない．

9・8・1 リンクに作用するレンチ(wrench acting on a link)

機構のリンクに作用する力には，重力，慣性力，対偶を介して作用するリンク間の相互力(対偶作用力)がある．

リンクの重心を原点とした，リンクに固定した直交座標系 $\mathrm{T_c}$ を定め，これが基準座標系に対し

$$T_{\mathrm{c}} = \begin{bmatrix} 1 & \boldsymbol{0} \\ \boldsymbol{p} & R \end{bmatrix} \tag{9.94}$$

にあり，またそのときのリンクの速度 $\boldsymbol{V}$ が

$$\boldsymbol{V} = \begin{bmatrix} \boldsymbol{\omega} \\ \boldsymbol{v}_0 \end{bmatrix} \tag{9.95}$$

で与えられているとする．

リンクに作用する重力，慣性力の合力を双対基底表現で $\boldsymbol{T}$ とする．また対偶を介して一方のリンクから他方のリンクに力が作用し，またその反作用が逆の方向に作用している．この力を $\boldsymbol{H}$ とすると，この値は未知であるが，対偶が受動対偶のとき，この力と受動対偶の運動との間の仕事は 0 である．すなわち，受動対偶の軸を $\boldsymbol{M}$ で表し， $\boldsymbol{H}$ が双対基底の数ベクトルで表されているとき，次の関係が存在する．

$$\boldsymbol{M}^{\mathrm{T}}\boldsymbol{H} = \boldsymbol{0} \tag{9.96}$$

機構内の対偶はすべて 1 自由度であるとし，対偶の数を p，リンクの数を

n，機構の自由度を F とする．対偶作用力は各対偶に 6 成分あり，これを未知数と考える．このとき，

・未知数の数：$6p$

・リンクの力の釣り合い条件式の数：$6(n-1)$

・受動対偶での仕事率=0 の条件式の数：$p-F$

であり，未知数の数と条件式の数の差は

$$6p-\{6(n-1)+p-F\}=F-6(n-1)+5p \tag{9.97}$$

となる．ここで機構の自由度の式

$$F=6(n-1)-5p \tag{9.98}$$

より，式(9.97)は 0 となり，対偶作用力以外の各リンクに作用する力を与えれば，対偶作用力をすべて求めることができることがわかる．

ところで，受動対偶における仕事率が 0 である条件式の数 $p-F$ は，L をループ数として，式(2.5)より

$$p-F=Ld \tag{9.99}$$

で表される．ループごとに 1 つの対偶での対偶作用力を未知数とおけば，残りの対偶作用力はこの未知数の 1 次式としてリンクでの力の釣り合い式から定まる．そして受動対偶での仕事率の条件から未知数が定まる．これが機構の力解析の基本的概念である．なお，シリアル機構ではこのような未知数を設定する必要はない．

9・8・2　シリアル機構の解析(analysis of serial mechanism)

すべての対偶が能動対偶であるシリアル機構に外力が作用し，それに釣り合うために必要な入力トルク，対偶作用力を求める場合には，機構全体を 1 つの物体とみなして各対偶部に作用する力を求めれば良い．

【例題 9・16】***

[3 自由度機構の力解析]

図 9.20 のようなシリアル機構の先端に力 $\boldsymbol{f}$ が作用している場合に対偶に加えなければならないトルク τ_2 (z_2 軸まわりのモーメント)を求める．

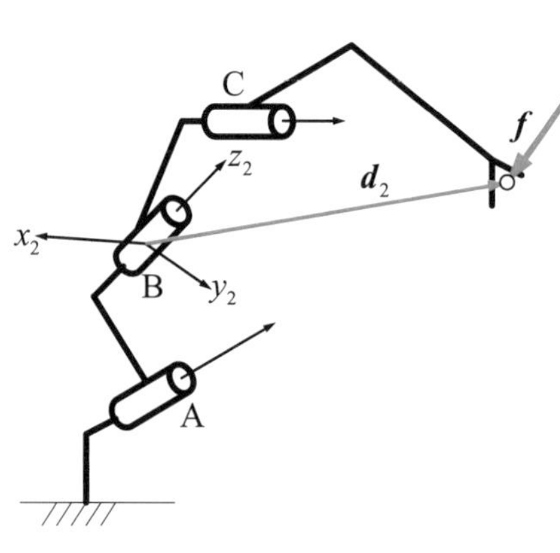

図 9.20　シリアル機構に作用する力

基準座標系を原点が B の $x_2y_2z_2$ 座標系にとる．まず，力 $\boldsymbol{f}$ が作用している場合に，基準座標系で表したレンチ $\boldsymbol{\Phi}$ は，力の作用線上の 1 つの点が $\boldsymbol{d}_2$ で与えられると，

$$\boldsymbol{\Phi}=\begin{bmatrix}\boldsymbol{m}_2\\ \boldsymbol{f}_2\end{bmatrix}=\begin{bmatrix}\boldsymbol{d}_2\times\boldsymbol{f}\\ \boldsymbol{f}\end{bmatrix} \tag{ex9.69}$$

である．z_2 軸を $[\boldsymbol{k}_2^{\mathrm{T}}\ \ \boldsymbol{0}^{\mathrm{T}}]^{\mathrm{T}}$ とすると，力 $\boldsymbol{f}$ に対して，対偶に加えなければならないトルク τ_2 は

$$\tau_2=-[\boldsymbol{k}_2^{\mathrm{T}}\ \ 0^{\mathrm{T}}]\boldsymbol{\Phi}=-\boldsymbol{k}_2\bullet(\boldsymbol{d}_2\times\boldsymbol{f}) \tag{ex9.70}$$

である．

****

6 つの 1 自由度対偶からなるシリアル機構のリンク $i(i=1,2,\cdots,6)$ に重力，慣性力などのレンチ $\boldsymbol{\Phi}$ が作用しているとする．このとき，対偶 $j(j=1,2,\cdots,6)$ に

かかるレンチ $\boldsymbol{H}_j$ はそれより先端側にある力の合力となり，

$$\boldsymbol{H}_j = \sum_{i=j}^{6} \boldsymbol{\Phi}_i \tag{9.100}$$

となる．対偶 j に作用する力によって，その対偶に生じるトルク τ_j は

$$\tau_j = \boldsymbol{M}_j^{\mathrm{T}} \boldsymbol{H}_j = \boldsymbol{M}_j^{\mathrm{T}} \sum_{i=j}^{6} \boldsymbol{\Phi}_i \tag{9.101}$$

となる．

シリアル機構のヤコビ行列を

$$J = [\boldsymbol{M}_1 \;\; \boldsymbol{M}_2 \cdots \boldsymbol{M}_6] \tag{9.102}$$

とし

$$[\boldsymbol{h}_1 \;\; \boldsymbol{h}_2 \cdots \boldsymbol{h}_6] = (J^{-1})^{\mathrm{T}} \tag{9.103}$$

とすると，$[\boldsymbol{h}_1 \;\; \boldsymbol{h}_2 \cdots \boldsymbol{h}_6]$ がヤコビ行列の列ベクトルからなる基底の双対基底であり，

$$\boldsymbol{h}_i^{\mathrm{T}} \boldsymbol{M}_j = \delta_{ij} \tag{9.104}$$

の関係を満たす．ここに δ_{ij} はクロネッカのデルタである．

リンクに作用するレンチ $\boldsymbol{\Phi}$ について，

$$\boldsymbol{\phi} = [\boldsymbol{h}_1 \;\; \boldsymbol{h}_2 \cdots \boldsymbol{h}_6]^{-1} \boldsymbol{\Phi} = J^{\mathrm{T}} \boldsymbol{\Phi} \tag{9.105}$$

を定めると，$\boldsymbol{\phi}$ はヤコビ行列 J に対応した新たな双対基底で $\boldsymbol{\Phi}$ を表した数ベクトルとなる．

対偶 j に作用するレンチ $\boldsymbol{\eta}_j$ は，その対偶の先にあるリンクに作用する力の合力であるから，これを双対基底の数ベクトルで表すと，

$$\boldsymbol{\eta}_j = \sum_{i=j}^{6} \boldsymbol{\phi}_i \tag{9.106}$$

で与えられる．ここで

$$\boldsymbol{\eta}_j = [\eta_1 \;\; \eta_2 \cdots \eta_6] \tag{9.107}$$

とする．対偶 j に作用するトルク τ_j は,それより先端側のリンクに作用している力の合力から定まり，η_j はヤコビ行列の列ベクトルからなる基底に対する双対基底であるから，

$$\tau_j = \boldsymbol{M}_j^{\mathrm{T}} \boldsymbol{\eta}_j = \eta_j \tag{9.108}$$

となる．このようなヤコビ行列の列ベクトルからなる基底に対する双対基底を用いる手法は閉ループを持つ機構の力解析に適している．

$d = 6$ の空間機構の単ループ機構では，ループの中の 6 つの対偶は受動対偶である．単ループ機構の力解析での重要な条件は，受動対偶を介して結合されている 2 つのリンクに作用している力と受動対偶の運動のなす仕事率が 0 であることである．

【例題 9・17】***

［単ループ機構の力解析］

図 9.21 に示すように，1 自由度対偶からなる単ループ機構を考える．ここで図に示すように，この機構の静止リンク上の 1 つの対偶でループを切断し，その切断点の対偶に仮想のリンクを付けたシリアル機構を考える．この仮想のリンクには外部から $\boldsymbol{H}_{\mathrm{cut}}$ なる力が作用しているとする．このように単ループ機構をシリアル機構にモデル化すると，単ループ機構の力解析はシリアル

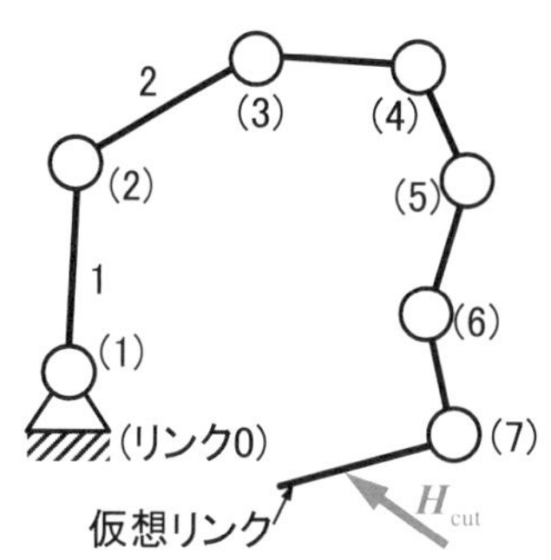

図 9.21　6 自由度機構に作用する力

機構の力解析に上記条件を付加することにより行うことができる．

図 9.21 のように，静止リンク側から対偶の番号を 1,2, ・・・, n とする．このうちの 6 つの対偶を受動対偶であるとする．受動対偶の軸をこの機構の運動空間の基底ベクトルとし，これらのベクトルを列ベクトルとする行列を J とする．J はループのヤコビ行列である．なおこのモデルにおいて，$\boldsymbol{H}_{\mathrm{cut}}$ の値は未知である．

$\boldsymbol{H}_{\mathrm{cut}}$ を除く力によって受動対偶に作用するトルクを μ_{p} とする．$\boldsymbol{H}_{\mathrm{cut}}$ により，受動対偶に生じるトルク η は

$$\eta = J^{\mathrm{T}}\boldsymbol{H}_{\mathrm{cut}} \tag{ex9.71}$$

である．受動対偶でのトルクの和は

$$\mu + \eta = \mathbf{0} \tag{ex9.72}$$

を満たすから，

$$\boldsymbol{H}_{\mathrm{cut}} = -(J^{-1})^{\mathrm{T}}\mu \tag{ex9.73}$$

を得る．1 つの能動対偶に生じるトルク τ_{a} も，$\boldsymbol{H}_{\mathrm{cut}}$ を除くリンクに作用する力によるトルク μ_{a} と $\boldsymbol{H}_{\mathrm{cut}}$ によるトルクの和であるから，

$$\tau_{\mathrm{a}} = \mu_{\mathrm{a}} + \boldsymbol{M}_{\mathrm{a}}{}^{\mathrm{T}}\boldsymbol{H}_{\mathrm{cut}} = \mu_{\mathrm{a}} - \boldsymbol{M}_{\mathrm{a}}{}^{\mathrm{T}}(J^{-1})^{\mathrm{T}}\mu = \mu_{\mathrm{a}} - (J^{-1}\boldsymbol{M}_{\mathrm{a}})^{\mathrm{T}}\mu \tag{ex9.74}$$

として求められる．

****

＝＝＝＝＝ 練習問題 ＝＝＝＝＝＝＝＝＝＝＝＝＝＝＝＝＝＝

以下の問いで $\boldsymbol{i}, \boldsymbol{j}, \boldsymbol{k}$ はそれぞれ直交座標系の軸 x, y, z に平行な単位ベクトルであるとする．

【9・1】Let R be a 3×3 orthogonal matrix. Show that one of its eigenvalues is 1.

【9・2】剛体が基準座標系の点 $\boldsymbol{r}=[1\ 0\ -1]^{\mathrm{T}}$ を通り，方向余弦ベクトル $\boldsymbol{d}=[0\ 1/\sqrt{2}\ -1/\sqrt{2}]^{\mathrm{T}}$ を持つ軸まわりに，1 rad/s の角速度で回転しているとき，基準座標系で点 $[1\ 2\ -1]^{\mathrm{T}}$ にある剛体上の点 $\boldsymbol{p}$ の速度を求めよ．

【9・3】平面運動をしている剛体がある．ある時刻で三次元基準座標系に対する剛体上の 2 つの点 $\boldsymbol{a}$，$\boldsymbol{b}$ の速度をそれぞれ v_{a}，v_{b} とする．このときの剛体の瞬間回転軸を求めよ．ただし $\boldsymbol{a}$，$\boldsymbol{b}$ は運動平面とは無関係にとった剛体上の点とする．

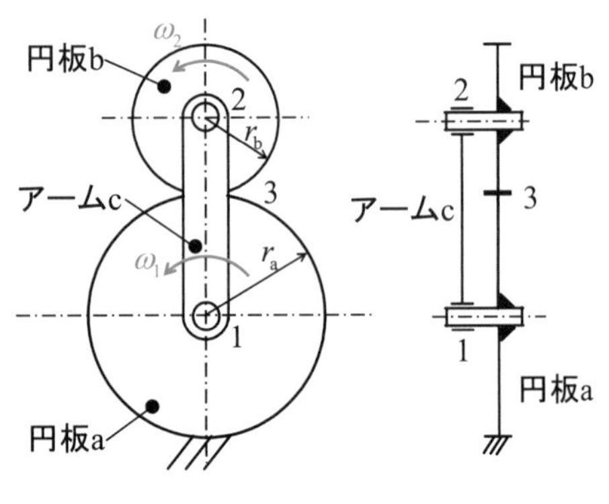

図 9.22 アームと円板が結合した系

【9・4】図 9.22 に示すように，半径 $r_{\mathrm{a}}, r_{\mathrm{b}}$ の 2 つの円板 a，b が互いに接触するようにアーム c で結合されている．アーム c は円板 a と b の中心で回転自在に 2 つの円板に結合され，2 つの円板は互いに滑らずに相対運動を行う．円板 a が固定され，アーム c が円板 a の中心軸まわりに角速度 ω_1 で運動している．このとき円板 b のアーム c 対する相対角速度 ω_2 を求めよ．

【9・5】The locations of three revolute joints of a 3-dof serial robot are given by the next equations.

$$M_1 = \begin{bmatrix} k \\ i+2j \end{bmatrix},\ M_2 = \begin{bmatrix} i \\ 3j-2k \end{bmatrix},\ \text{and}\ M_3 = \begin{bmatrix} j \\ k+3i \end{bmatrix},$$

where the joints are numbered from the stationary link to the hand and unit of length is [m]. All the joints are active, and they are driven with velocities 3 rad/s (joints 1 and 3) and -1 rad/s (joint 2).

(1) When the reference point p of the hand is located at $4i+2j$, determine its velocity v.

(2) Let joint accelerations of the robot be 1 rad/s^2 (joints 1 and 2), -1 rad/s^2 (joint 3). Determine the acceleration of p.

【9・6】Figure 9.23 shows a planar four-bar linkage composed of four revolute joints. Joint 1 is active. Let two forces be applied on this mechanism as shown in the figure. Calculate the torque of the active joint caused by these forces.

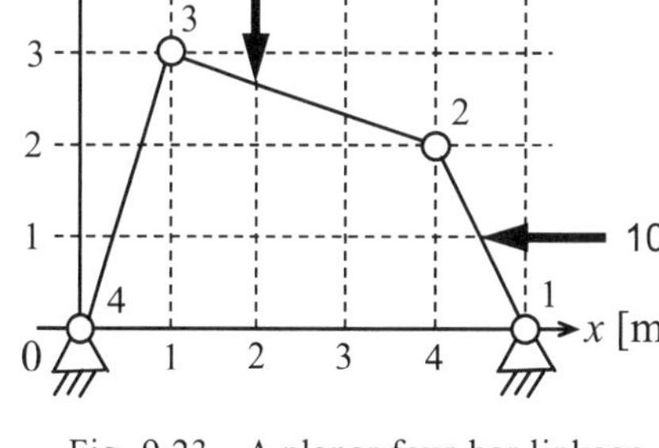

Fig. 9.23　A planar four-bar linkage

【9・7】1 番目の対偶に静止座標系 $O_1-x_1y_1z_1$ を定める．対偶 1 はこの原点 O_1 にあるものとし，DH パラメータが

$$\theta_1 = 0,\ d_1 = 2\text{m},\ a_{12} = 1\text{m},\ \alpha_{12} = -\pi/2\,\text{rad}.$$
$$\theta_2 = 0,\ d_2 = 1\text{m},\ a_{23} = 5\text{m},\ \alpha_{23} = \pi/2\,\text{rad}.$$

である 3 つの対偶を持つ機構を考える．

(1) この機構の対偶の位置とその座標系を，図中にパラメータの値を入れて図示せよ．

(2) この機構の座標変換行列 T_{12}, T_{23} を定め，T_{13} を計算せよ．

【解答】

1. Let an orthogonal matrix be

$$C = [c_1\ c_2\ c_3].$$

Then its characteristic equation is

$$|c_1 - \lambda i \quad c_2 - \lambda j \quad c_3 - \lambda k| = 0.$$

It can be expressed by the vector equation as following.

$$(c_1 - \lambda i)\cdot\{(c_2 - \lambda j)\times(c_3 - \lambda k)\} = 0$$

This is a cubic equation when the matrix is the right hand system, and the following relation can be obtained.

$$\lambda^3 + (B-1)\lambda^2 - (B-1)\lambda - 1 = 0$$

Then factorizing the equation, the next equation can be obtained.

$$(\lambda^2 + B + 1)(\lambda - 1) = 0$$

Thus one of the eigenvalues becomes 1.

The same procedure can be applied to the left hand system and the same result can be obtained.

2. $\dot{p} = [\sqrt{2}\ \ 0\ \ 0]^{\mathrm{T}}$

3. 回転軸に平行な単位ベクトルを $\boldsymbol{d}$ とすると，

$$\boldsymbol{d} = \frac{\boldsymbol{v}_{\mathrm{a}} \times \boldsymbol{v}_{\mathrm{b}}}{|\boldsymbol{v}_{\mathrm{a}} \times \boldsymbol{v}_{\mathrm{b}}|}$$

である．点 $\boldsymbol{a}$ を通り，$\boldsymbol{v}_{\mathrm{a}}$ に垂直な平面内の点 $\boldsymbol{r}$ は

$$(\boldsymbol{r} - \boldsymbol{a}) \cdot \boldsymbol{v}_{\mathrm{a}} = 0$$

を満たし，同様に

$$(\boldsymbol{r} - \boldsymbol{b}) \cdot \boldsymbol{v}_{\mathrm{b}} = 0$$

を得る．これらの 2 つの式は三次元空間内の 2 つの平面を与える．回転軸はこれらの平面の交線であり，上記 2 つの式を満たす $\boldsymbol{r}$ の軌跡で与えられる．回転軸 $\boldsymbol{M}$ が点 $\boldsymbol{r}$ を通ると

$$\boldsymbol{M} = \begin{bmatrix} \boldsymbol{d} \\ \boldsymbol{r} \times \boldsymbol{d} \end{bmatrix}$$

である．ここで

$$\boldsymbol{r} \times (\boldsymbol{v}_{\mathrm{a}} \times \boldsymbol{v}_{\mathrm{b}}) = (\boldsymbol{r} \cdot \boldsymbol{v}_{\mathrm{b}})\boldsymbol{v}_{\mathrm{a}} - (\boldsymbol{r} \cdot \boldsymbol{v}_{\mathrm{a}})\boldsymbol{v}_{\mathrm{b}} = (\boldsymbol{b} \cdot \boldsymbol{v}_{\mathrm{b}})\boldsymbol{v}_{\mathrm{a}} - (\boldsymbol{b} \cdot \boldsymbol{v}_{\mathrm{a}})\boldsymbol{v}_{\mathrm{b}}$$

であるから

$$\boldsymbol{M} = \frac{1}{|\boldsymbol{v}_{\mathrm{a}} \times \boldsymbol{v}_{\mathrm{b}}|} \begin{bmatrix} \boldsymbol{v}_{\mathrm{a}} \times \boldsymbol{v}_{\mathrm{b}} \\ (\boldsymbol{b} \cdot \boldsymbol{v}_{\mathrm{b}})\boldsymbol{v}_{\mathrm{a}} - (\boldsymbol{b} \cdot \boldsymbol{v}_{\mathrm{a}})\boldsymbol{v}_{\mathrm{b}} \end{bmatrix}$$

となる．

4. 静止座標系→アーム c→円板 b→円板 a→静止座標系，の順に角度を取る．円板 a の b に対する相対角速度を ω_3 とすると，

$$\boldsymbol{M}_1 = \begin{bmatrix} \boldsymbol{k} \\ \boldsymbol{0} \end{bmatrix},\ \boldsymbol{M}_2 = \begin{bmatrix} \boldsymbol{k} \\ (r_{\mathrm{a}} + r_{\mathrm{b}})\boldsymbol{i} \end{bmatrix},\ \boldsymbol{M}_3 = \begin{bmatrix} \boldsymbol{k} \\ r_{\mathrm{a}}\boldsymbol{i} \end{bmatrix}$$

であり，

$$\omega_1 \boldsymbol{M}_1 + \omega_2 \boldsymbol{M}_2 + \omega_3 \boldsymbol{M}_3 = \boldsymbol{0}$$

が得られ，これを解いて $\omega_2 = \frac{r_{\mathrm{a}}}{r_{\mathrm{b}}}\omega_1$ を得る．

5.

(1) $6\boldsymbol{i} + 15\boldsymbol{j} - 9\boldsymbol{k}$ [m/s]

(2) $-76\boldsymbol{i} + 18\boldsymbol{j} + 30\boldsymbol{k}$ [m/s^2]

6. The torque is 10 N･m from the stationary link to the link 12.

7.

(1) 図 9.24 のとおり．

(2)

$$T_{12} = \begin{bmatrix} 1 & 0 & 0 & 0 \\ 1 & 1 & 0 & 0 \\ 0 & 0 & 0 & 1 \\ 2 & 0 & -1 & 0 \end{bmatrix},\quad T_{23} = \begin{bmatrix} 1 & 0 & 0 & 0 \\ 5 & 1 & 0 & 0 \\ 0 & 0 & 0 & -1 \\ 1 & 0 & 1 & 0 \end{bmatrix},\quad T_{13} = T_{12}T_{23} = \begin{bmatrix} 1 & 0 & 0 & 0 \\ 6 & 1 & 0 & 0 \\ 1 & 0 & 1 & 0 \\ 2 & 0 & 0 & 1 \end{bmatrix}$$

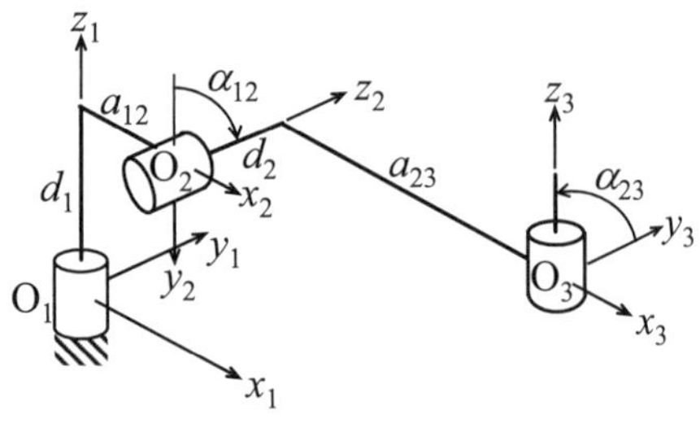

図 9.24　問題 7(1)の解答

SUBJECT INDEX

E

F

G

H

I

J

K

L

M

N

O

P

Q

R

S

T

U

V

W

X

索　　引

さ

た

な

は

ま

や

ら

わ

JSME テキストシリーズ一覧

1　機械工学総論
2-1　機械工学のための数学
2-2　演習　機械工学のための数学
3-1　機械工学のための力学
3-2　演習　機械工学のための力学
4-1　熱力学
4-2　演習　熱力学
5-1　流体力学
5-2　演習　流体力学
6-1　振動学
6-2　演習　振動学
7-1　材料力学
7-2　演習　材料力学
8　機構学
9-1　伝熱工学
9-2　演習　伝熱工学
10　加工学Ⅰ（除去加工）
11　加工学Ⅱ（塑性加工）
12　機械材料学
13-1　制御工学
13-2　演習　制御工学
14　機械要素設計

〔各巻〕A4判

JSME テキストシリーズ　JSME Textbook Series
機　構　学　Kinematics of Machinery

2007年11月30日　初　版　発　行
2019年9月6日　初版第8刷発行
2023年7月18日　第2版第1刷発行

著作兼発行者　一般社団法人　日本機械学会
（代表理事会長　伊藤　宏幸）

印刷者　柳　瀬　充　孝
昭和情報プロセス株式会社
東京都港区三田 5-14-3

発行所　東京都新宿区新小川町4番1号
KDX 飯田橋スクエア2階
郵便振替口座　00130-1-19018番
電話（03）4335-7610　FAX（03）4335-7618　https://www.jsme.or.jp
一般社団法人　日本機械学会

発売所　東京都千代田区神田神保町2-17
神田神保町ビル
電話（03）3512-3256　FAX（03）3512-3270
丸善出版株式会社

ISBN 978-4-88898-336-5　C 3353

本書の内容でお気づきの点は　textseries@jsme.or.jp　へお知らせください。出版後に判明した誤植等は http://shop.jsme.or.jp/html/page5.html　に掲載いたします。